小故事 大历史

一本书读完

发现自然的历史

崔佳◎编著

中华工商联合出版社

图书在版编目(CIP)数据

一本书读完发现自然的历史 / 崔佳编著. — 北京：中华工商联合出版社, 2014.11

(小故事,大历史)

ISBN 978 - 7 - 5158 - 1131 - 4

Ⅰ. ①一… Ⅱ. ①崔… Ⅲ. ①自然科学史 - 世界 - 普及读物 Ⅳ. ①N091 - 49

中国版本图书馆 CIP 数据核字(2014)第 244711 号

一本书读完发现自然的历史

作　　者:崔　佳

责任编辑:于建廷　效慧辉

封面设计:映象视觉

责任印制:迈致红

出版发行:中华工商联合出版社有限责任公司

印　　刷:天津市天玺印务有限公司

版　　次:2014 年 12 月第 1 版

印　　次:2024 年 2 月第 2 次印刷

开　　本:710mm×1000mm　1/16

字　　数:500 千字

印　　张:24

书　　号:ISBN 978 - 7 - 5158 - 1131 - 4

定　　价:98.00 元

服务热线:010—58301130

销售热线:010—58302813

地址邮编:北京市西城区西环广场 A 座

　　　　　19—20 层,100044

http://www.chgslcbs.cn

E - mail:cicapl202@ sina.com(营销中心)

E - mail:gslzbs@ sina.com(总编室)

序言

你知道吗？在大自然的植物中，却有许多变色龙，他们依靠这种特殊的"伪装"本领，在自然界残酷的竞争中生存下来。

你知道吗？花儿为了联络感情，会从内部发出声音和香味，就像人们在黑暗中可以通过声音分辨彼此，花在黑暗里也可以通过香味彼此辨认。

你知道吗？植物也会睡眠，在白天，它们叶片朝阳舒展，以便最大限度地沐浴阳光，进行光合作用，而到了夜晚，它们却把叶子垂下来或折起来"休息"。

你知道吗？植物也喜欢听音乐，但它们只喜欢听古典音乐，而对爵士音乐不太喜欢。美国科学家史密斯，对着大豆播放"蓝色狂想曲"音乐，20天后，每天听音乐的大豆苗重量，要比未听音乐的大豆苗的重量高出四分之一。

你知道吗？植物也有自己的血型，日本警察科研研究所的法医山本茂，在侦破一起凶杀案时，意外地发现了一个奇怪的现象，在现场未沾血的枕头有微弱的血型反应，为了弄清楚原因，他把枕头里装的荞麦皮进行血型鉴定，令人吃惊的是，荞麦皮竟然显示出AB血型的特性。

《发现自然的历史》这本书，会告诉你，大自然是神秘的魔术师，给我们展示它的神奇，也给我们制造了一个个疑问，等我们去寻求其中的答案。

你知道麦田怪圈是怎么形成的吗？麦田怪圈是在麦田或其他农田上，透过某种力量把农作物压平而产生的几何图案。每天，世界上都会新发现大量麦田圈，其中绝大部分是在英国。因此，每年夏季总有大批研究人员来到英格兰进行研究工作，全世界数以万亿的人为解开这个自然之谜而努力。

你知道有一种气体会令人类发笑吗？这种"笑气"无色却有一股甜味，人闻之，即可大笑不停。目前科学家已经利用这种"笑气"来进行医学上的麻醉作用。

你知道维生素是怎么发现的吗？维生素的发现，可是20世纪的伟大发现之一。维生素在人体内的含量很少，却不可或缺，它是维持人体健康的重要活性物质。

你知道海豚为什么拥有超常的智慧和能力吗？海豚是人类的朋友，他们乐意与人类亲近，而且常会按照训练师的指示，表演各种美妙的跳跃动作。

你知道美人鱼真的存在吗？据说美人鱼的上半身美得让人窒息，下半身却是长满鳞片的冰冷鱼尾，再加上其魅惑人心的歌声，无数水手为引向了不归路。现代科学家已经考察出美人鱼的原型了。

你知道野人的秘密？当今世界上，野人已经同飞碟、尼斯湖怪、百慕大三角并称为世界"四大谜"，而野人之谜直接和现代人起源有关，故格外引人注目。

你知道鲸集体性自杀的原因吗？庞大鲸鱼集体性自杀是自然界里最震撼人心的事件之一。对它们自杀的原因，历来说法很多，到底哪一种说法正确呢？

你知道杀人于无形的次声波吗？次声波是一种人耳听不到的声音，但是天气的剧烈变动，如狂风暴雨、电闪雷鸣、火山爆发、海啸台风等，都会引发次声波。某些频率的次声波由于和人体器官的振动频率相近，容易和人体器官产生共振，对人体有很强的伤害性，危险时可置人于死亡。

你知道"死亡谷"的秘密吗？在地球上，许多国家出现了令人谈之色变的"死亡谷"，它们神奇厉害的致命力量，引来了无数科学家的探索与研究。

你知道宇宙是如何起源的吗？你知道生命是如何起源的吗？你知道人类是如何起源的吗？

你知道地球上的水是从哪里来的吗？你知道我们的地球母亲有多大年龄吗？你知道地球母亲有多重的体重吗？

……

如果你想知道这些自然界的神秘现象是如何被发现的，就请翻阅这本《发现自然的历史》！

*** 目 录 ***

人类对植物的发现

象：在现场未沾血迹的枕头上有微弱的血型反应。为了弄清这到底是怎么回事，他把枕头里装的荞麦皮进行了血型鉴定，令人吃惊的是，荞麦皮竟然显示出 AB 血型的特征。

植物"发热"御寒 / 46

植物有自己的抗寒本领。一年生植物，在寒冷到来之前已开花结实，以种子来度过严寒的季节；多年生草本植物，在寒冷来临时，有的地上部分枯死，而以埋在地下的茎或根来过冬，有的将根部收缩，将茎芽拉入土中埋起来以预防冻伤。更为有趣的是，植物学家发现有些植物能够通过自身的"发热"来抵抗寒冷。

人类对动物的发现

无脊椎动物的发展演化 / 50

无脊椎动物是背侧没有脊柱的动物，它们是动物的原始形式。无脊椎动物的出现至少早于脊椎动物 1 亿年。无脊椎动物其种类数占动物总种类数的 95%。分布于世界各地，现存约 100 余万种。包括棘皮动物、软体动物、腔肠动物、节肢动物、海绵动物、线形动物等。科学家们通过考察与研究认为，无脊椎动物的发展演化经历了前寒武纪、早古生代时期、晚古生代时期、中生代时期和新生代时期五个阶段。

脊椎动物的发展演化 / 52

脊椎动物是脊索动物的一个亚门。这一类动物一般体形左右对称，全身分为头、躯干、尾三个部分，有比较完善的感觉器官、运动器官和高度分化的神经系统。包括鱼类、两栖动物、爬行动物、鸟类和哺乳动物等五大类。科学家们通过考察与研究认为，脊椎动物的发展演化经历了 4 个阶段。

恐龙灭绝之谜 / 54

恐龙，一种巨大的爬行动物，在地球上兴旺发达、传种接代达 1.6 亿年之久。然而在距今 6500 万年时，不可一世的恐龙王朝却突然灭亡了，自 19 世纪 20 年代发现恐龙化石以来，对于恐龙灭绝的原因，一直是人们探讨的热点。

发现恐龙化石 / 57

当夫人将新采集到的化石呈现在曼特尔眼前的时候，他惊呆了。他见过许许多多远古动物的化石牙齿，可是没有一种能够与这么大、这么奇特的牙齿相似。在随后不久，曼特尔又在发现化石的地点附近找到了许多这样的牙齿化石以及相关的骨骼化石。为了弄清这些化石到底属于什么动物，曼特尔把这具地说化石带给了法国博物学家居维叶……

寻找熊猫的始祖 / 60

当与大熊猫同享一处生境的猿进化成了人——一个"能改变世界的优势种"，大熊猫被人不断地由沼泽河谷转移到山腰山脊，环境气候因而变得寒冷潮湿。再往后，它们几乎萎缩在青藏高原狭小的地域里，成为了遗在青藏高原东缘的高山中"活的化石"。

"神鸟"孔雀 / 62

鸟类中的一个最精彩的景观就是雄孔雀展示它们的羽毛，注意，不是雌孔雀，雌孔雀跟雄孔雀比就像个"灰姑娘"。孔雀开屏是非常美丽的一道景观，可是孔雀为什么喜欢开屏呢？对此，达尔文提出"性选择说"，而有人提出了一种截然相反的观点——"不易被捕"假说。

动物变性现象 / 64

科学家们发现，诸如黄鳝、沙蚕、牡蛎、红鲷、鳟鱼等等。有人认为这些生物的原始生殖组织，同时具有两种性别发展的因素，当受到一定条件的刺激时，就能向相应的性别变化。然而至今还没有人能够具体解释清楚这种性别逆转的机制，依然留给人们无尽的猜想。

物如熊、猴类或长臂猿等所引起的错觉。

走进蚂蚁王国／94

蚂蚁王国的社会结构与人类早期奴隶制很相像，但似乎温和得多。这一具有严密社会分工的小小王国很有一番神奇色彩，里面存在着众多的谜。蚂蚁为典型的社会性群体。具有社会性的三大要素：同种个体间能相互合作照顾幼体；具有明确的劳动分工；在蚁群内至少二个世代重叠，且子代能在一段时间内照顾上一代。

人类对微生物的发现

虎克发现细胞／98

据科学家推算，地球上的生命现象发生在距今大约 32～37 亿年前。但是，人们对构成生命的最基本单位——细胞的认识却只有二三百年的历史，细胞的发现敲开了生命奥秘的大门，为生命现象的研究奠定了基础。如果把生命比作一座"大厦"，那么细胞就像砌成"大厦"的"砖"。因此对细胞进行观察、分析和研究，是生命科学领域的重要任务。

列文虎克发现微生物／100

列文虎克是荷兰显微镜学家、微生物学的开拓者，由于勤奋及本人特有的天赋，他磨制的透镜远远超过同时代人。他的放大透镜以及简单的显微镜形式很多，透镜的材料有玻璃、宝石、钻石等。他一生磨制了 400 多个透镜，有一架简单的透镜，其放大率竟达 270 倍。他的主要成就有：首次发现微生物，最早纪录肌纤维、微血管中血流。

"睡梦神"吗啡与生物碱的发现／104

欧洲各国化学家们纷纷研究来自植物的碱，发现它们大多不溶于水，溶于醇和一些有机溶剂，有苦味，对人和动物具有明显的生理作用和毒性。德国化学家李比希分析了它们的组成，确定它们分子中共同含有氮原子，作为复杂环状结构的一部分。我们称为植物碱，又因其少数来自动物，因而又称生物碱。

发现细胞核／107

细胞核是细胞中最大、最重要的细胞器，它存在于真核细胞中的封闭式膜状胞器，内部含有细胞中大多数的遗传物质，也就是 DNA。这些 DNA 与多种蛋白质，如组织蛋白复合形成染色质。而染色质在细胞分裂时，会浓缩形成染色体，其中所含的所有基因合称为核基因组。细胞核的作用，是维持基因的完整性，并借由调节基因表现来影响细胞活动。

酶的发现历程／109

酶是催化特定化学反应的蛋白质、RNA 或其复合体。是生物催化剂，能通过降低反应的活化能加快反应速度，但不改变反应的平衡点。绝大多数酶的化学本质是蛋白质。具有催化效率高、专一性强、作用条件温和等特点。人们对酶的发现与了解经历了一个比较漫长的历程。

DNA 的发现／111

人类对于 DNA 的认识，经过了一个漫长曲折的过程。DNA 被深入研究是 20 世纪中叶的事，但 DNA 的发现则早在 19 世纪 60 年代。历史上最早注意到 DNA 这个东西的人是当时年仅 24 岁的瑞士医生米歇尔。

染色体的发现历程／116

染色体是细胞核中载有遗传信息（基因）的物质，在显微镜下呈圆柱状或杆状，主要由脱氧核糖核酸和蛋白质组成，在细胞发生有丝分裂时容易被碱性染料（如龙胆紫和醋酸洋红）着色，因此而得名。

大利亚等地，尤以中国分布最广。

雅丹地貌的发现 / 188

20世纪初，赴罗布泊地区考察的中外学者，在罗布荒原中发现大面积隆起的土丘地貌，当地人称"雅尔当"，即维吾尔语中"陡峻的土丘"之意。发现者将这一称呼介绍了出去，以后再由英文翻译过来，"雅尔当"变成了"雅丹"。从此，"雅丹"成为这一类地貌的代名词。在世界干旱区许多地方的类似地貌，均统称为雅丹地貌。

南极"不冻湖" / 190

零下五六十摄氏度的气温，使南极的一切都失去了活力，丧失了原有的功能。石油在这里像沥青似的凝固成黑色的固体，煤油在这里由于达不到燃烧点而变成了非燃物。然而，在这极冷的世界里，竟然奇迹般地存在着"不冻湖"。

南极缘何多陨石 / 192

陨石，唯一可以向人们揭示宇宙物质结构和太阳系早期形成奥秘的珍贵样品，一向受到人们青睐。与其他大陆的陨石相比，科学家们对南极陨石情有独钟。这是由于几乎所有的陨石之最都被南极陨石占据。诸如地球年龄最长、保持原状最好，类型最多、储存量最大等等，显示了其极高的科学价值。

杀人于无形的次声波 / 195

次声波是一种频率较低的、人耳听不见的声音，一般在20赫兹机械波以下。天气的激烈变动，如狂风暴雨、电闪雷鸣、极光放电、火山喷发、地啸、海啸和台风等，都可能产生强烈的次声波。次声波的波长往往很长，因此能绕开某些大型障碍物发生衍射。某些频率的次声波由于和人体器官的振动频率相近，容易和人体器官产生共振，对人体有很强的伤害性，危险时可致人死亡。

百慕大魔鬼三角 / 197

数百年来，在美国大陆东南部的大西洋里，从佛罗里达半岛的南端到百慕大群岛和波多黎各岛，连成一个三角形的海区，三角形各边长度大约在2000千米左右。在这个三角海区，不断发生船只、飞机神秘失踪的事件，人们无法解释这些遇难事件的原因，惊恐地把这一地区称为"魔鬼三角"。一些从事海洋或航空事业的人，更是谈虎色变，把这一带形容得很可怕。

湍流现象 / 200

坐在清澈的溪水旁，四周鸟声悦耳，正陶醉在自然的美景之中时，平缓流动的溪水倏然忽左忽右旋转起来，漩涡一个套一个，井然有序，一个精巧别致的漩涡体系便形成。这就是湍流，令科学家至今还在探索形成原因的自然奇观。

龙卷风的可怕与"顽皮" / 202

龙卷风是在极不稳定天气下由空气强烈对流运动而产生的一种伴随着高速旋转的漏斗状云柱的强风涡旋。龙卷风的破坏性极强，其经过的地方，常会发生拔起大树、掀翻车辆、摧毁建筑物等现象，有时甚至把人吸走，但有时它又会显示出令人不可思议的"顽皮"……

海底竖起"黑烟囱" / 205

"黑烟囱"是耸立在海底的硫化堆积物，呈上细下粗的圆筒状，因形似烟囱状，所以被科学家形象地称为"黑烟囱"。这些"黑烟囱"不仅能喷"金"吐"银"，形成海底矿藏，具有良好的开发远景。而且很可能和生命起源有关，并具有巨大的生物医药价值。

麦田怪圈之谜 / 209

麦田怪圈是在麦田或其他农田上，透过某种力量把农作物压平而产生出几何图案。最早的麦田怪圈是1647年在英格兰被发现的，常常在春天和夏天出现，遍及全世界。每年，世界上都会新发现一些麦田圈，其中绝大部分是在英国，专家们认为这是由英国的地域特征所决定的。因此，每年夏天总是有大批研究人员来到英格兰进行研究工作。全世界有数以万计的人在为解开这个自然之谜而努力！

人类对宇宙的发现

下一次出现是 1758 年。

16 世纪哥白尼提出的日心地动说，确立了太阳系的概念，正确地描述了太阳系的结构和行星、卫星的运动情况。哥白尼的学说使自然科学摆脱了神学的束缚，促进了自然科学的发展。从此人们对太阳的探索日益走向科学，在太阳系起源这个问题上提出了种种假说。

天王星是太阳系的第七颗大行星，这颗蓝绿色星球的发现过程没有海王星、冥王星那样的传奇色彩，然而它却是人类有史以来第一颗有发现记录的行星。虽然在发现它之前人类就已经知道另外六颗行星，不过谁也不清楚第一个发现它们的人。天王星的发现造就了一位近代著名的天文学家——赫歇尔，他为天文学的发展做出了不可磨灭的贡献。

天文学上把那些亮度时常变化的恒星称作变星。变星是由于内在的物理原因或外界的几何原因而发生亮度变化的恒星。现在已发现的变星有 2 万多颗，著名的造父变星、新星、超新星等都属于变星。按光变的起源和特征，可将变星划分为 3 大类：食变星、脉冲星和爆发星。

我们脚下的地球就好像个巨大的陀螺，当用绳绕上然后拉或用鞭抽打时，可以在地上旋转一样，它也在分秒不停地自西向东旋转，每自转一圈就是一昼夜。因为地球是向东转动，而大铁球的惯性却始终是保持原来南北的摆动方向，这就产生了大铁球摆动而向西偏转的现象，因而和地板上的线段有了一个较大的夹角。

在茫茫宇宙中，太阳是一颗非常普通的恒星，然而对于我们人类来说，它却是非常重要的，我们一切的生存资源几乎全赖太阳的恩赐，所以研究太阳，了解太阳元素的构成是我们一直探究的课题。

所谓宇宙射线，指的是来自于宇宙中的一种具有相当大能量的带电粒子流。宇宙射线的迹象在最初用游离室观测放射性时就被人们注意到了，起初曾认为验电器的残余漏电是由于空气或尘土中含有放射性物质造成的。

星系是一个宏大的天体系统，它包含了几十亿至几百亿甚至上千亿颗恒星及星际气体和尘埃，空间尺度达到几亿亿千米以上，实在是超级"庞然大物"。然而，人们直到 20 世纪初才真正发现它们。按照当今世界上最为流行的哈勃星系分类系统，星系被分为椭圆星系、旋涡星系和不规则星系三种类型。另外还有一种特殊星系。

关于宇宙是如何起源的？这是从 2000 多年前的古代哲学家到现代天文学家一直都在苦苦思索的问题。直到 20 世纪，出现了两种"宇宙模型"比较有影响。一是稳态理论，一是大爆炸理论。

冥王星，或被称为 134340 号小行星，于 1930 年 1 月由克莱德·汤博根据美国天文学家洛韦尔的计算发现，并以罗马神话中的冥王普路托（Pluto）命名。它曾经是太阳系九大行星之一，2006 年，原来身为九大行星之一的冥王星惨遭"降级"，从此以所谓的矮行星的身份示人。

类星体是迄今为止人类所观测到的最遥远的天体，距离地球至少 100 亿光年。类星体是一种在极其遥远距离外观测到的高光度和强射电的天体。类星体比星系小很多，但是释放的能量却是星系的千倍以上，类星体的超常亮度使其光能在 100 亿光年以外的距离处被观测到。类星体的发现是 20 世纪60 年代的四大发现之一。

彭齐亚斯和威尔逊等人的观测竟与理论预言的温度如此接近，正是对宇宙大爆炸论的一个非常有力的支持！宇宙微波背景辐射的发现，为观测宇宙开辟了一个新领域，也为各种宇宙模型提供了一个新的观测途径。这一发现，使我们能够获得很久以前宇宙创生时期所发生的宇宙过程的信息。

脉冲星就像是宇宙中的灯塔，源源不断地向外界发射电磁波，这种电磁波是间歇性的，而且有着很强的规律性。正是由于其强烈的规律性，脉冲星被认为是宇宙中最精确的时钟。

太阳系中有一个距我们 4000 万千米的家族成员金星，它是距离地球最近的行星，却也是人类恐怕最不敢亲近的行星，这里的大气压几乎是地球的 100 倍，其二氧化碳占了气体总量的 96%，而氧仅占 0.4%，这与地球上大气的结构刚好相反，人类在这种环境里根本无法生存。

火星，太阳系中一颗引人注目的红色星球。多少年以来，关于火星的种种美好传说在人群中悄悄流行：几万年前，当人类文明刚刚在地球上产生的时候，火星上已经形成了一个高度发达的文明社会。像地球上有两个冰封雪地的两极一样，火星上也有两个白色的极冠，并且有四季的变化。他们运用先进的挖掘机械，建筑了完整的灌溉运河网，从极区引来丰富的水源，用来征服干旱……

地球到月球的距离是 38 万千米，而地球到水星的最近距离则是它们的 200 多倍，粗计也有 7700 万千米，又由于水星跟月球差不多大小，离太阳又这么近，所以我们很难清楚地看到这颗最靠近太阳的行星真面貌，就连专业天文学家也经常为看不到水星而苦恼，随着美国宇航局成功地把"水手 10号"送上水星，水星的面纱开始被撩开……

银河系是太阳系所在的恒星系统，包括 1200 亿颗恒星和大量的星团、星云，还有各种类型的星际气体和星际尘埃。它的直径约为 100,000 多光年，中心厚度约为 12,000 光年，总质量是太阳质量的 1400 亿倍。银河系是一个旋涡星系，具有旋涡结构，即有一个银心和四个旋臂，旋臂相距 4500光年。

人类对自然科学的发现

最初的生物究竟从何而来？自然科学告诉我们，它既非神创，也非永存，而是从无生命的物质转化而来，"生机"孕育在非生物之中。促使无生命的"死物"向生物转化的根本原因，是原始地球不同圈层内各种物质矛盾运动而产生的。恩格斯总结了当时自然科学的研究成果，指出了解决生命起源的正确方向。他说："生命的起源必然是通过化学的途径实现的。"

人类早期的祖先究竟是谁？地球上什么时候开始有人？他们后来又如何通过一系列的过渡环节一步一步的进化？我们这些千百万年后的子孙又是如何认出自己的祖先来的呢？……要回答这一切，先要从猿类说起。

碘的发现 / 328

一只花猫突然跑了过来，它的爪子碰倒了硫酸瓶。库图瓦非常生气，然而他的眼前突然出现了奇怪的景象：一缕缕紫色的蒸气从盆中冉冉升起，像云朵般美丽……1813 年，经英国化学家戴维和法国化学家盖·吕萨克研究，证实库图瓦发现的是一种新元素，盖·吕萨克给它命名为"碘"。碘在希腊文中的意思是"紫色的"。

发现硒元素 / 330

贝采利乌斯将铅室底部所沉积的红色粉末全部取出来，不厌其烦地进行了反复实验。经过多次认真分析、比较，认为这发出臭味的不是碲，而是一种从未被人们所认识的新的元素。这是一种能够放出特殊臭味的棕色物质，不溶于水，具有燃烧性，他将之命名为硒。

从矿石中发现的锂 / 332

阿弗韦聪分析了透锂长石，发现含氧化铝 17%、氧化硅 80%，其余 3% 是一种碱质。他没有就此停下，而是继续研究。经过研究发现，这种碱质不同于钠，形成的碳酸盐只是少量溶解于水；不同于钾，不能被过量的酒石酸沉淀。于是他认为有一种新的碱质金属存在。后来他的导师贝采利乌斯把这一新金属命名为 lithium，元素符号定为 Li，我们译成锂。

油脂和脂肪酸的发现 / 334

油脂是人类自古以来的食物，但是作为化学物质只是从 19 世纪开始才被人们认识。当时欧洲化学家们掀起研究动物和植物化学的兴趣。动物和植物体内部含有丰富的油脂。在这一领域有最多发现的，当属法国化学家谢弗罗尔。

人工合成尿素 / 336

尿素是人们摄取蛋白质在体内新陈代谢的产物，随尿排出的量依摄取食物蛋白质的量而转移。当摄取普通混合膳食时，一日排出量 20～25 克。它是一种白色结晶体。武勒人工合成尿素表明有机化合物并不都是由生命力造成的了。这一成果打破了无机化合物与有机化合物之间不可逾越的界墙，具有非常重大的意义。

钒的发现 / 338

在发现元素钒的过程中，贝采利乌斯不仅热情告诫维勒，也积极帮助塞夫斯特穆。钒的提纯工作，就是在贝采利乌斯的实验室里完成的。可以说，钒的发现是塞夫斯特穆和贝采利乌斯共同努力的结果。但是，在提交给科学院的论文上，贝采利乌斯只写了塞夫斯特穆一个人的名字，他说："我要让他独享发现的荣誉。"

臭氧的发现 / 340

舍恩拜因赶紧关闭了门窗，开始一处一处地搜寻起来。很快他便发现，那"霹雳的气味"是从电解水的水槽中散发出来的。在经过反复实验后，他收集到一种新气体。这种气体的分子是由 3 个氧原子组成的，比普通氧气分子多 1 个氧原子。因为它有一种特殊的臭味，舍恩拜因叫它"臭氧"。

镓的发现 / 342

1876 年 5 月份的法国科学院《科学报告集》中发表了布瓦博德朗发现镓的报告，门捷列夫读到后意识到镓正是他预言的类铝，于是指出布瓦博德朗发现镓的报告中有不确切的地方，镓的比重 4.7 可能有误，应当是 5.9～6.0。这使布瓦博德朗感到很惊奇，他重新提纯了镓，再次测定了它的比重是5.94。恩格斯对此指出：门捷列夫不自觉地应用黑格尔的量转化为质的规律，完成了科学上的一个勋业。这个勋业可以和勒维耶计算尚未知道的行星——海王星的轨道的勋业居于同等地位。

氟的发现 / 344

在所有的元素中，要算氟最活泼了。氟是一种淡黄色的气体，在常温下，它几乎能和所有的元素化合：大多数金属都会被它腐蚀，甚至连黄金在受热后，也会在氟气中燃烧！如果把氟通入水中，它会把水中的氢夺走，放出氧气。氟是1886年被人们发现的，在这以前，它被人们认为是一种"死亡元素"，是碰不得的。

发现电子／346

在汤姆逊未捕捉到电子之前，电在本质上是什么，电是怎样产生的，是科学界长期以来没有解决的神秘问题。1897年汤姆生在研究稀薄气体放电的实验中，证明了电子的存在，测定了电子的荷质比，轰动了整个物理学界。

原子的核式结构学说／347

1908年，卢瑟福获得了诺贝尔化学奖。他对自己不是获得物理奖而是获得化学奖而感到意外，"我竟摇身一变，变成一位化学家了。"他在得奖演说中风趣地说，"我现在从一个物理学家向一个化学家的变化是我到目前为止所见到的最快的变化。"不过，他一生最大的贡献是提出了原子的核式结构学说。

发现超导现象／350

电阻可以说是一种同时具有优点和缺点的性质。我们知道白炽灯泡能亮是由于灯丝有电阻，电炉能烧饭也得归功于炉丝的电阻。但是，在输电线上，在电动机里，在电子器件中，电阻使电能产生白白的消耗，电阻越大，电的消耗也越大，在这种情况下，我们希望电阻越小越好，最好是没有，如今真的能让电阻消失，这对电气工程来说，真是一个大喜讯。荷兰物理学家卡麦林·翁纳斯就把这个大喜讯带给了我们。

稀有气体的发现／352

稀有气体元素指氦、氖、氩、氪、氙、氡以及2006年新发现的Uuo7种元素，又因为它们在元素周期表上位于最右侧的零族，因此亦称零族元素。稀有气体单质都是由单个原子构成的分子组成的，所以其固态时都是分子晶体。

石油效用的三次发现／354

石油又称原油，是一种黏稠的、深褐色液体。地壳上层部分地区有石油储存。主要成分是各种烷烃、环烷烃、芳香烃的混合物。它是古代海洋或湖泊中的生物经过漫长的演化形成，属于化石燃料。石油主要被用来作为燃油和汽油，也是许多化学工业产品如溶液、化肥、杀虫剂和塑料等的原料。在历史上，对石油效用的开发主要经历过三次。

超铀元素的发现／357

自从1789年发现铀以后，人类认识化学元素的道路，是不是到达终点了呢？起初，有人兴高采烈，觉得这下子大功告成，再也不必去动脑筋发现新元素了，可是，更多的科学家觉得不满足。他们想，虽然从第1号元素氢到第92号元素铀，已经全部被发现了，可是，难道铀会是最末一个元素？谁能担保，在铀以后，不会有93号、94号……

反质子的发现／360

发现反质子标志着人类对反世界的认识又上了一个新的台阶，这是狄拉克理论的一个胜利，也是人工加速带电粒子的努力所取得的又一项重大成果。粒子和反粒子之间的对称性，成了物理学的一个新真理。这个新发现令人们猜测，可能存在一个反世界。

发现J粒子／362

丁肇中同组员们商量，决定称它为J粒子，为了表示他们在探索电磁流性质方面花了10年工夫，才获得了这项了不起的发现。J粒子的发现，是基本粒子科学的重大突破，对于近半个世纪以来物理学家努力寻找解释的自然4种力的作用，具有重大意义和贡献。

人类对植物的发现

　　植物世界是一个庞大而复杂的世界，占据了生物圈面积的大部分，目前人们已知的植物约有50多万种。植物的出现距今有25亿年，地球史上最早出现的植物属于菌类和藻类。直到1亿年前被子植物的花开花落，才把地球装点得格外多彩。植物有动物没有的叶绿素和基质，能进行光合作用，植物有细胞核，能将无机物转化为有机物，有些特例不能将无机物转化为有机物，有些没有叶绿素，有别的光合作用元素。不过，简单地说，植物就是能进行光合作用，将无机物转化为有机物的一类自养型生物。

　　植物与我们的生活息息相关，植物不仅给人类提供了生存必需的氧气，还美化环境、净化空气，并且给人类提供了丰富的食物和不可或缺的能量。了解一些人类对植物的认知与发现的知识，对于我们更好地利用植物，自然是有益的。

植物的发展演化

植物界由于固着生长的特点，使它和自然环境之间有更加密切的联系。经过各国历代科学家的考察与研究，植物的发展阶段大体可以划分为藻菌植物时期、裸蕨植物时期、蕨类植物时期、裸子植物时期、被子植物时期等几个阶段，体现出一个从低级到高级的进化过程。

藻菌植物时期

▲藻菌植物

藻菌植物时期——中志留世以前：太古代、元古代至早古生代地层中的化石证明，植物界是以水生菌藻类为主的，因而为菌藻植物时期。太古代、元古代已有大量的钙质藻类（如蓝绿藻），一直到早古生代均有其代表。澳大利亚志留系中还同时发现石松类最古老的代表，这个事实说明在藻菌植物占优势的时候，储生植物已开始发育了。

裸蕨植物时期

裸蕨植物时期——晚志留世至中泥盆世：早古生代末，加里东运动形成了广泛的海退，陆地扩大，促使那些能适应这种环境变革的植物由水生转为陆生，从而产生了最古老的陆生植物群——裸蕨植物为主的植物世界。原始节蕨类植物也相继出现，植物界孕育着一次大发展。

蕨类植物时期

▲蕨类植物

蕨类植物时期——晚泥盆世至早二叠世：自泥盆纪后，北半球上气候向着更加温暖潮湿的方向变化，原始的裸蕨植物被淘汰了，比它更优越的石松类，真蕨类代之而起，并急速演化和高度发展，节蕨类也重趋繁盛，因而出现了森林，植物界进入了一次大发展时期。在各种蕨类植物演化的高潮中，又由它们演化出一种新的类群，即裸子植物的古老类型，其中以种子蕨纲和科达树纲的迅速发展最为突出。

裸子植物时期

裸子植物时期——晚二叠世至早白垩世：二叠纪晚期，海西运动使大陆进一步扩大，气候干旱，原来宜于温暖潮湿生活的各种蕨类，除真蕨纲比较能适应这一变化外，其他各纲都极大的衰退了。种子蕨类和科达树类虽然以种子繁殖，但因其他构造仍简单，因而也就大大衰退了，并在三叠纪和侏罗纪时绝灭。这一时期是以裸子植物的苏铁类、银杏类、松柏类为主。这些植物由于三叠纪晚期至侏罗纪时，气候温热潮湿，就得以大量繁殖并形成森林。和历次植物界发展一样，旧的植物在其高度发展的同时，它必定要不断改造自己的生活本领而产生新的类型。被子植物的祖先，终于从裸子植物中脱胎而出。

▲裸子植物

被子植物时期

被子植物时期——晚白垩世至现代：白垩纪晚期开始的古地理、古气候变迁，再次给植物界以巨大的影响。苏铁纲、银杏纲等不仅数量大减，而且分布区域也不断缩小，已走向衰退和绝灭。松柏类虽然在新生代还有不少属种，分布也还广泛，但据统计比起中生代也大为减少。而被子植物则迅速繁殖起来，成为占优势的植物群，特别是草本类型被子植物的出现和发展，更开始了植物界征服大陆的新途程。

▲被子植物

拟态：都是为了生存

　　生机勃勃的大自然中，充满了生动有趣的自然现象，拟态就是其中最引人注目的奇景之一。说到拟态，人们往往会想到变色龙、竹节虫、枯叶蛾等，其实，在植物王国中也有许多拟态好手，它们依靠这种特殊的本领，在自然界激烈的生存斗争中生存下来。

骗取雄蜂爱情的眉兰

　　生物学家很早就注意到植物界的拟态现象。18 世纪末，德国人施普伦格尔在观察植物时发现，某些兰花虽然自己并不产生花蜜，但却通过把自己装扮成分泌花蜜的植物，得到昆虫的惠顾，达到为其传授花粉的目的。几十年以后，达尔文受施普伦格尔的启示，对植物异花授粉现象进行了大量观察和研究，写出了《兰花的传粉受精》等专著。其中对兰花拟态现象的研究也颇有见地。

▲眉 兰

　　如果我们到大自然中去认真观察和探索，就不难发现，作为虫媒传粉的高级类群，兰花确实是植物拟态的佼佼者。

　　每当春回大地之时，地中海沿岸地区的草池上，眉兰就绽开了花蕾，将一朵朵奇特的小花展现在温暖的阳光下，静静地等待着媒人的到来。说来也真绝，眉兰的花朵看上去颇似一只落在花丛上的雌性黄蜂：圆鼓鼓、毛茸茸的唇瓣上分布着棕色和黄色相间的花纹，好似黄蜂身躯，而伸向两侧的花瓣，则犹如蜂翅。不久，一些先于雌蜂从蛹变为成虫的未经世面的雄蜂，在寻找配偶时便上了眉兰的当，以为它们的花朵是一只在静候佳期的雌蜂，于是就落在花上求爱。结果，自己的对象没有找到，反而充当了眉兰的红娘。在这种花唇瓣上方伸出的花粉块，正好粘在了黄蜂的头上。当这只求偶心切的黄蜂又被另一朵眉兰花欺骗，落在花上企图求爱时，花粉块也被带到了新骗子那里，使兰花完成了异花授粉的过程。

　　以往，人们仅从外形上观察，认为眉兰是通过对雌蜂形体的模拟，达到授粉目的的。随着生物化学的发展，科学家们对眉兰的拟态有了新的认识，了解到眉兰引诱雄蜂上当的招数中，气味起了很大作用。这类兰花能产生与蜂类性信息素相类似的气味，使雄蜂误认为是雌蜂向它发出的求爱信号。说来也真绝，在地中海附近一共分布着近 20 种眉兰，它们所模拟的对象也各不相同。不仅有蜂类，甚至还有蝇类。每一种眉兰都有一种特定的媒人传粉，因此异花授粉仅在同种间进行，保证了物种的相对稳定和繁衍。

在地中海东部耶路撒冷地区潮湿的旷野上，有一种兰花欺骗雄土蜂的手段更绝。它模拟的不是雌蜂本身，而是它们居住的洞穴。雄土蜂糊里糊涂地钻入这种兰花暗紫色唇瓣中后，发现里面并没有雌蜂，仅仅是一个能暂供栖身的住所。于是便索性住上一夜，第二天再钻出去寻找真正的洞穴。当这只雄土蜂再次上当，钻入另一朵兰花唇瓣时，便不自觉地充当了传粉的媒人。

巨魔芋为什么这样臭

与兰花的拟态不同，许多天南星科植物是靠模拟腐烂尸体的臭味来达到传粉目的的。在这一科中，集中了不少著名的臭花如臭菘和许多种魔芋，其中尤以巨魔芋最著名。

巨魔芋生长在苏门答腊的热带丛林中，具有隔年开花的特性。在它开花时，地面上只有一个巨大的花序，一根短粗的花序柄上生长着一个宽大的紫色佛焰苞，抱合在一起就像一口敞口的大尖底锅，又如同一只巨大的漏斗。这口"大锅"高1米多，上口宽也超过了1米；中央立着一根奇形的柱子——肉穗花序，高达2.5米。如此巨大的花序在天南星科中堪称冠军，在植物王国中也很罕见。更令人吃惊的是，当佛焰苞展开，位于花序下部的众多小花开放时，巨魔芋散发出一股极为强烈的臭气，好像在其中堆放了大量腐烂的臭鱼或其他动物尸体。有人形容说，如果身体衰弱的人走到近前，就会被这种恶臭熏得昏死过去。当地人送给这种奇臭无比的花一个形象的名字——"死尸花"。

巨魔芋开花时散发出臭肉的气味令人反感，但对它本身的繁衍却大有好处。逐臭而来的是一类巨大的甲虫，它们争先恐后地爬进形如大锅的佛焰苞，在花序下部企图找到美味佳肴——腐肉，结果荤食没有吃

▲巨魔芋

上，身上却粘了不少花粉。当这些甲虫再次上当爬进另一口"大锅"中后，便不自觉地当了巨魔芋传粉的媒人。

在非洲，萝摩科的豹皮花也是一类十分奇特的臭花。它们的花朵很大，直径可达三四十厘米，而且肉乎乎的，颜色也呈肉红色，上面还生有许多纤毛，看上去就有几分像腐肉的这类花臭味十足，因此引来了臭味相投的苍蝇。它们在花上爬来爬去，白白地为豹皮花传粉。

能开花的"石头"

在植物王国中，除了为种群繁衍而表现的拟态外，最常见的就是自卫拟态。

在非洲南部及西南部干旱的荒漠上，生长着一类极为奇特的拟态植物——生石花。它们在不开花的时候，简直就像一块块、一堆堆半埋在土里的碎石块或卵石。这些"小石块"，有的灰绿色，有的灰棕色，还有的棕黄色；顶部或平坦，或圆滑；有的上面镶嵌着一道深色的花纹，如同一块块美丽的雨花石，有的周身布满了深点，犹如花岗岩的碎块。它们伪装得惟妙惟肖，甚至使一些不知底细的旅行者真假不分，直到想拣上几块"卵石"留作纪念时，才知上当。其实这些"小石块"就是生石花多肉的叶子。

每年6～12月份，正值南半球的冬春季节，也是生石花类植物生命交响乐中最动人的乐章。每天中午，都有鲜艳、美丽的花朵从"石块"的缝隙中绽开，有黄色的，白色的，还有玫瑰红色的。如果赶上盛花时节，一片片的生石花覆盖了荒漠，远远望去好似在大地上铺了一条巨大的提花地毯。但当干旱的夏季来临后，荒漠上又遍地"碎石"，一派凄凉。

据植物学家调查，世界上这类貌似小石块的植物有100多种，都属于番杏科，而且只生长在非洲大陆的南部，颇为珍贵。它们虽然都十分弱小，而且充满了汁液，却因为成功地模拟了石块的形态，骗过了强大的敌人——食草动物，保护了自己的生命。

▲生石花

无独有偶，在植物生长茂盛的森林中，也有一些靠拟态方式保护自己的弱小植物。但它们模拟的却不是石块，而是光斑。

人们很早就注意到了，在森林的下层植物中，可以见到一些叶片上分布有花斑的植物。不久前科学家对这种现象进行了研究，认为这些花叶植物就像是身穿迷彩服的士兵，能更好地隐蔽自己不易被敌人发现。因为在森林中的食草兽类眼里，叶片上的斑点与透过林冠叶片洒在林下的光斑极为相似。

在自然界中，也有一些植物为了保护自己，采取了更主动的拟态策略。它们不是靠消极地隐蔽，而是模拟具有"防护武器的其他植物，令敌人不敢接近。例如一种被称为死荨麻的植物，茎、叶等形态上与螫人的植物荨麻极为相似，虽然它本身并不具有能释放毒液的螫毛，但同样使取食者望而生畏。

让拟态为人类服务

物竞天择，适者生存。拟态现象在自然界中广泛存在，对于特种的生存和繁衍具有重要作用。但目前人类对这种现象的认识还很有限。在进一步探索植物拟态的奥秘，科学家们也意识到利用这种现象为人类造福的深远意义。

例如，目前人类栽培的许多植物，都有赖于昆虫有效的异花授粉作用。许多植物为了争取昆虫"媒人"的光顾，往往要产生大量花蜜作为"回报"。最近，科学家的研究表明，花蜜的产生过程要消耗植物体内大量的能量和物质，因此过多产生花蜜必然会降低作物的产量。那么如何解决这一矛盾呢？自然界中许多不产生花蜜的植物，依靠模拟花蜜丰富种类的外形，或模拟产生昆虫性信息素的拟态过程，都是极好的启示。在生物工程飞速发展的今天，培育出不产花蜜的虫媒作物，并非幻想。

另外，植物防御敌人的拟态，也为我们培育出更多有效抵抗病虫害的作物新品种，指出了方向。

植物的神经系统

植物是有神经的生命，因此，它们有某种神经系统可能藏在它的奇异的螺旋形纤维中。植物神经之所以看不见，只是由于人类忽视而不是由于植物的天生的缺陷。花从内部发出声音，从内部发出香味，正如同人在黑暗里可以从声音中听出是谁，花在黑暗中也可以从香味中彼此辨认。它们都具有一切物体的原本的灵魂。

费希纳创立"心理物理学"

莱比锡大学医学博士兼物理学教授古斯塔夫·西奥多·费希纳，由于对测量电流和颜色的感知等课题写出了 40 多篇论文而享有盛誉。他以一种人们难以意料的机遇获得对植物的深刻的认识。1839 年，他开始凝视太阳，希望发现图像的本质。那些奇特

▲植物也是有神经的

的图像，在正常的视觉中止之后，似乎长期留在他的视网膜上。几天后费希纳恐惧地发现，他将成为盲人。他因过度工作而精疲力竭，同时，不能面对朋友和同事已成为他新的苦恼。他戴上脸罩隐居于暗室里，生活在孤独中，希望恢复视力。三年后一个春天的早上。他意识到他的视力已恢复，便走进白日的光明中。他愉快地沿着马尔德河走着，立即看出了河岸旁他称之为花朵和树木的"灵魂"的东西。"当我站在河边，注视着花时，我看见了它的灵魂在花中升起，在花中

飘荡，它越来越清楚，直到精神的形态清晰地浮悬在花上。也许它想站立在花房之顶以获得更充足的阳光。它相信不会为人所见，当一个小孩出现时，它大为惊讶。"由此，1848 年他在莱比锡出版了《植物的活的灵魂》一书。他认为，植物是有神经的生命，因此，它们似有某种神经系统可能藏在它的奇异的螺旋形纤维中。他还认为，我们完全有理由同意这样一种看法，即植物有神经，它们之所以看不见，只是由于人类忽视而不是由于植物的天生的缺陷。

根据费希纳的看法，植物的灵性同其神经系统的联系，就像人类一样。植物的神经系统指挥它的各个器官活动。费希纳写道："我的任何肢体都不独自行动，只有我，我的全部精神，才意识到对我发生的一切。"

费希纳创立了一门新的学科，称之为"心理物理学"。他反对身与心之间的人为的距离，坚持两者的结合是一个现实中的不同方面。心是主体，身是客体，像一个圈，既有凹面，又有凸面，取决于观察者是站在圈外还是圈内。费希纳说，因为难以同时

抓住两个观点而易形成混乱。费希纳认为，事物有各种不同的地方，但也有一个共同点，就是它们都有意识。它与宇宙一同存在，宇宙一旦消失，它也消亡。他的生命哲学的基础不言自明：一切生命只有一个，不过是因为本身的分离而有不同的形态。一切事物的臻善至美和圆满结局是最大限度的愉快，不是个别而是全部。费希纳说，这是他的全部道德准则的基础。

花朵用香味进行沟通

因为植物是生根的，费希纳宣称，它们通过摇曳枝叶、蠕动根须以表现其行为，很像动物伸出爪抓物，或者是因畏惧而逃跑，但是它们缺乏像动物所有的行动自由。

费希纳认为"植物人"安静地生活在它们扎根的地方，它们可能感到奇怪，为什么人类这种两足动物如此奔忙？"除了跑、叫、吞食之外，它们在安静中开花，放出香味，以露珠解渴，生长蓓蕾以表示情意，难道不是灵魂？"费希纳问道，"花朵难道不是发出香味来彼此沟通联系，用这种比人类的语言和呼吸更为愉快的方式来理解彼此的存在吗？除了相爱的情人之间，谁能以这种微妙的方式，谁能发出这种自然的芳香来表现自己呢？"

费希纳说："从内部发出声音，从内部发出香味，正如同人在黑暗里可以从声音中听出是谁，花在黑暗中也可以从香味中彼此辨认。它们都具有一切物体的原本的灵魂。"这位德国先哲断然认为，人类呼出二氧化碳供植物呼吸，死后的尸体又肥沃植物，难道这不是终极目的之一吗？花朵和树木不也是最后同泥土、水、空气、阳光一起将人类躯体化作光辉灿烂、色彩斑斓的各种花朵吗？

揭开地衣之谜

地衣并不是一种植物，而是两种不同的植物亲密地、彼此互相依赖地生活在一起，生物学家把这称为互生现象。这两种植物的名字叫水藻和真菌。水藻是一种低等的绿色植物，在房后和枝干背阴处，以及潮湿的石头上都可以找到它。真菌就是蘑菇一类的植物。它们互相依靠，共同生活。正是由于这样一种互惠共生的关系，才使地衣具有强大的生命力和适应性。然而也有人对这一观点提出质疑。

大自然的拓荒者

▲地　衣

在地球上，几乎到处都可见到地衣的足迹，种类很多，全世界被命名的地衣达两三万种。它的生命力极强，能够在其他植物不能生存的环境中生存，像高山峻岭、北极荒原、热带沙漠都可见到它的身影，就连冰天雪地的南极，也发现了400多种地衣。它们生存的条件也十分简单，既不需要土壤，也不需要栽培，可以在光秃秃的岩石上、砖瓦上、木头上、田野上，也就是在毫无生气的荒凉之地生长。所以，人们送给它许多美丽的称号："大自然的拓荒者"、"植物王国中的开路先锋"。

互惠共生说

尽管地衣的种类这样多，分布这样广，可长期以来，人们对它们的生理现象并没有弄明白。起初，多数科学家认为地衣是一种藻类，也有的认为是菌类。直到1867年，地衣之谜才被瑞士—德国著名微生物学家西蒙·施文德纳揭开，后来，著名的真菌学权威狄巴利等人又对地衣的互惠共生现象做了全面描述。至此，人们对地衣才有了进一步的认识。

原来，地衣并不是一种植物，而是两种不同的植物亲密地、彼此互相依赖地生活在一起，生物学家把这称为互生现象。这两种植物的名字叫水藻和真菌。水藻是一种低等的绿色植物，在房后和枝干背阴处，以及潮湿的石头上都可以找到它。真菌就是蘑菇一类的植物。经过研究，科学家们认为，真菌已经失去了制造自身需要养料的能力，但却有吸收大量水分的能力。水藻的生存本领很大，只要把它放在潮湿的空气中，就能从空气中吸取它所需要的养料。可要把水藻放在干燥的空气中，它就会枯黄。水藻这一奇特的本领正好弥补了真菌的弱点，它为真菌提供碳素营养。如果地衣的共生藻是蓝藻，它还能从大气中固氮，供自身及共生菌同化作用之用。而真菌又为水藻提供足够的水分、矿物质和保护。就这样，它们互相依靠，共同生活。正是由于这样一种互惠共生的关系，才使地衣具有如此之强的生命力和适应性。

寄生说

这种观点具有很强的说服力，被许多生物学家所接受和认可。可是，后来人们通过现代化的手段对地衣进行了研究，发现互惠共生说有一个致命的漏洞：科学家们查明，水藻提供给真菌糖醇，却没发现真菌提供给水藻什么东西。说明互惠共生说难以成立。在1902年，苏联地衣学家亚历山大·伊莱金在施文德纳的"寄生假说"基础上，提出了"受控制寄生"的观点。1982年，美国克拉克大学生物学家弗农·阿曼特杰重新提出寄生假说，但这种寄生现象是受某种方式控制的，并被自然界中具有抗性的藻类所改变。

阿曼特杰经过实验发现，真菌只能与共球藻属中的某些种类形成初生地衣体，却不能同其他藻类形成地衣体。其他藻类的细胞会受到真菌的吸收或胞内菌丝充满而死去。阿曼特杰认为，所谓菌、藻共存是相对的。事实上，真菌比任何物质更容易杀死藻类，它们之所以会共存，是因为藻类对真菌能产生植物抗毒素或具有较高抗性的细胞壁。所以被杀死的速度较慢，使被杀死的和新生的藻细胞处于一种平衡的状态，并能不断为真菌输送养料。而那些对真菌没有足够抗性的藻类，就会被真菌杀死，因为被杀死的细胞与新生的细胞不能成比例。阿曼特杰得出结论说：藻类从真菌内并未得到什么好处，而且还不得不与真菌进行生命的抗争。他推论说，地衣也许是真菌遇到一些具有抗性的藻类，并依附其上，勉强发育出的一种特殊生物。

真 菌

真菌一词的"拉丁文"Fungus原意是蘑菇。真菌是生物界中很大的一个类群，世界上已被描述的真菌约有1万属12万余种，真菌学家戴芳澜教授估计中国大约有4万种。按照林奈的两界分类系统，人们通常将真菌门，分为鞭毛菌亚门、接合菌亚门、子囊菌亚门、担子菌亚门和半知菌亚门。其中，担子菌亚门是一群多种多样的高等真菌，多数种具有食用和药用价值，如银耳、金针菇、竹荪、牛肝菌、灵芝等，但也有豹斑毒伞、马鞍、鬼笔草等有毒种。

植物的睡眠

人们工作了一天，到了晚上需要睡眠，以恢复精力。动物活动了一天，晚上也需要睡眠。于是你可能会问：那么，植物也会"睡眠"吗？研究者告诉你的答案是肯定的。许多植物在白天里的叶片朝阳舒展，以便最大限度地沐浴阳光，进行光合作用，而到了夜晚，它们却把叶子垂下或折起来"休息"。

叶子的睡眠

其实，如果你稍加留意的话，就会发现像花生、菜豆、合欢等植物，在白天里它们的叶片朝阳舒展，以便最大限度地沐浴阳光，进行光合作用，而到了夜晚，它们却把叶子垂下或折起来"休息"。人们把这种现象称为"感夜运动"，又叫它"睡眠运动"。

▲ 叶子也要睡眠

每逢晴朗的夜晚，我们只要细心观察周围的植物，就会发现一些植物已发生了奇妙的变化。比如公园中常见的合欢树，它的叶子由许多小羽片组合而成，在白天舒展而又平坦，可一到夜幕降临时，那无数小羽片就成对成对地折合关闭，好像被手碰撞过的含羞草叶子，全部合拢起来，这就是植物睡眠的典型现象。

有时候，我们在野外还可以看见一种开着紫色小花、长着三片小叶的红三叶草，它们在白天有阳光时，每个叶柄上的三片小叶都舒展在空中，但到了傍晚，三片小叶就闭合在一起，垂下头来准备睡觉。花生也是一种爱睡觉的植物，它的叶子从傍晚开始，便慢慢地向上关闭，表示白天已经过去，它要睡觉了。以上只是一些常见的例子，会睡觉的植物还有很多很多，如酢浆草、白屈菜、含羞草、羊角豆……

花朵的睡眠

不仅植物的叶子有睡眠要求，就连娇柔艳美的花朵也要睡眠。例如，在水面上绽放的睡莲花，每当旭日东升之际，它那美丽的花瓣就慢慢舒展开来，似乎刚从酣睡中苏醒，而当夕阳西下时，它又闭拢花瓣，重新进入睡眠状态。由于它这种"昼醒晚睡"的规律性特别明显，才因此得芳名"睡莲"。

各种各样的花儿，睡眠的姿态也各不相同。蒲公英在入睡时，所有的花瓣都向上竖起来闭合，看上去好像一个黄色的鸡毛帚。胡萝卜的花，则垂下头来，像正在打瞌睡的小老头。更有趣的是，有些植物的花白天睡觉，夜晚开放，如晚香玉的花，不但在晚上盛开，而且格外芳香，以此来引诱夜间活动的蛾子来替它传授花粉。还有我们平时当蔬菜吃的瓠子，也是夜间开花，白天睡觉，所以人们称它为"夜开花"。

达尔文的观点与"月亮理论"

关于植物"睡眠"的有趣现象，达尔文早在1880年所著的《植物的运动能力》一书中就提出来了。他在对植物生长现象的长期观察中发现，沾满露水的叶片，往往比没有露水的叶片更容易遭受冻害或寒害。因为沾有露水的叶片负有重量而运动不便，没有露水的叶片可以运动自如。因此，达尔文认为植物叶片的睡眠运动，可以保护自己在夜间免遭冻害，如果阻止叶片的这种运动，霜冻和冷害就容易发生。

可是，后来人们发现，在没有霜冻的地方，植物也会出现"感夜运动"。达尔文的观点却无法解释这种现象。

20世纪60年代，随着科学家们对植物"睡眠运动"研究的进一步深入，解释这种现象的许多假说纷纷被提了出来。其中在当时最为流行的是"月光理论"，持这种观点的人认为，植物叶片的"睡眠运动"，可以保护植物免遭月亮的侵害。因为过多的月光照射，会干扰植物对昼夜长短（光周期）的适应。然而，后来人们发现，许多不具有光周期现象的热带植物，同样也会出现"睡眠运动"，用"月亮理论"对此很难作出解释。

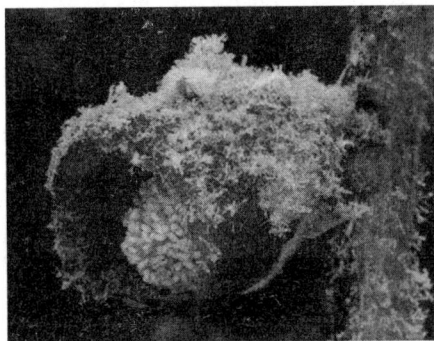

▲植物睡眠是为防霜冻吗

美国科学家恩莱特用一种敏感的测温探针，在夜间测量蚕豆叶片温度时发现，水平方向（不进行"睡眠运动"）叶片的温度，总是比垂直方向（进行"睡眠运动"）叶片的温度要低将近1℃。这一测试结果，似乎证实了达尔文观点的正确性。实验表明，这小小的温差（小于1℃），却可以减缓叶片的生长。由于具有"睡眠运动"习性的植物，比没有"睡眠运动"的植物生长速度要快些，因此也具有更强的生存竞争能力。

但是，不管是达尔文的观点，还是"月亮理论"，都没有对植物"睡眠运动"做出圆满的解释。因此，植物"睡眠"之谜，还有待进一步研究。

植物的防御武器

尽管植物随时面临着微生物、动物和人类的欺凌，却仍然郁郁葱葱、生机勃勃，生活在地球的每一个角落。植物虽然从生到死坚守住一方土地，但也有一套保护自己的方法和防御武器。

原始的防御武器

我们到野外旅游时，总有一种感受，就是在进入灌木丛或草地时，要注意别让植物的刺扎了。北方山区酸枣树长的刺，就挺厉害。酸枣树长刺是为了保护自己，免遭动物的侵害。别的植物长刺也是这个目的。就拿仙人掌或仙人球来说吧，它们的老家本来在沙漠里，由于那里干旱不雨，它的叶子退化了，身体里贮存了很多水分，外面长了许多硬刺。如果没有这些刺，沙漠里的动物为了解渴，就会毫无顾忌地把仙人掌或仙人球吃了。有了这些硬刺，动物们就不敢碰它们啦。田野里的庄稼也是这样，稻谷成熟的时候，它的芒刺就会变得更加坚硬、锋利，使麻雀闻到了稻香也不敢轻易地吃它一口，连满身披甲的甲虫也望而生畏。植物的刺长得最繁密的地方，往往是身体最幼嫩的部分，它长在昆虫大量繁殖之前，抵御它们的伤害。抗虫小麦和红叶棉身上的刚毛，让害虫寸步难行，无法进入花蕾掠夺。在非洲的卡拉哈利沙漠地带，生长着一种带刺的南瓜，当它受到动物侵犯的时候，它的刺就会插进来犯者的身体，因此许多飞禽走兽见到它，就自动躲开了。植物身上长的刺，就像古代军队使用的刀剑一样，是一种原始的防御武器。

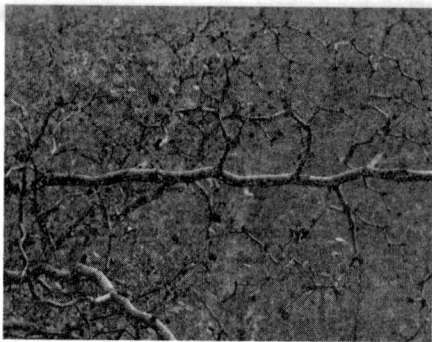

▲酸枣树

为了抵御病菌、昆虫和鸟类的袭击，一些植物长出了各种奇妙的器官，就像我们人类的装甲一样。比如番茄和苹果，它们就用增厚角质层的办法，来抵抗细菌的侵害；小麦的叶片表面长出一层蜡质，锈菌就危害不了它。抗虫玉米的装甲更先进，它的苞叶能紧紧裹住果穗，把害虫关在里面，叫它们互相残杀，弱肉强食，或者将害虫赶到花丝，让它们服毒自尽。

比起它们来，蝎子草的武器就先进多了。这是一种荨麻科植物，生长在比较潮湿和荫凉的地方。蝎子草也长刺。但它的刺非常特殊，刺是空心的，里面有一种毒液。如果人或动物碰上，刺就会自动断裂。把毒液注入人或动物的皮肤里，引起皮肤发炎或瘙痒。这样一来，野生动物就不敢侵犯它们了。

植物体内的有毒物质，是植物世界最厉害的防御武器。龙舌兰属植物含有一种类固醇，动物吃了以后，会使它的红血球破裂，死于非命。夹竹桃含有一种肌肉松弛剂，别说昆虫和鸟吃了它，就是人畜吃了也性命难保。毒芹是一种伞形科植物，它的种子里含有生物碱，动物吃了，在几小时以内就会暴死。另外，乌头的嫩叶、藜芦的嫩叶，也有很大的毒性，如果牛羊吃了，也会中毒而死，有趣的是，牛羊见了它们就躲得远远的。巴豆的全身都有毒，种子含有的巴豆素毒性更

▲龙舌兰

大，吃了以后会引起呕吐、拉肚子，甚至休克。有一种叫"红杉"的植物，含有毒素，叶蝉咬上一口，就会丧命。有的植物虽然也含有生物碱，但只是味道不好吃，尝过苦头的食草动物就不敢再吃它了。它们使用的是一种威力轻微的化学武器，是纯防御性质的。

各种"生物化学"武器

有的植物还拥有更先进的"生物化学武器"。它们体内含有各种特殊的生化物质，像蜕皮激素、抗蜕皮激素、抗保幼激素、性外激素什么的。昆虫吃了以后，会引起发育异常，不该蜕皮的，蜕了皮；该蜕皮的，却蜕不了皮；有的干脆失去了繁殖能力。近30多年来，科学家曾对1000多种植物进行了研究，发现其中有200多种植物含有蜕皮激素。由此可见，植物世界早就知道使用生物武器了。

古代人打仗的时候，为了防止敌人进攻，就在城外挖一条护城河。有一种叫"续断"的植物，也知道使用这种防御办法。它的叶子是对生的，但叶基部分扩大相连，从外表上看，它的茎好像是从两片相接的叶子中穿出来一样，在它两片叶子相接的地方形成一条沟，等下雨的时候，里面可以存一些水。这样一来，就成了一条护城河，如果害虫沿着茎爬上来偷袭，就会被淹死，从而保护了续断上部的花和果。

世界上有一种特殊的粘胶剂，把它洒在机场上，可以使敌人的飞机飞不了；把它洒在铁路上，可以使敌人的火车寸步难行；把它洒在公路上，可以使敌人的坦克和各

激素

激素（Hormone）音译为荷尔蒙。希腊文原意为"奋起活动"。激素是调节机体正常活动的重要物质。它们中的任何一种都不能在体内发动一个新的代谢过程。它们也不直接参与物质或能量的转换，只是直接或间接地促进或减慢体内原有的代谢过程。如生长和发育都是人体原有的代谢过程，生长激素或其他相关激素增加，可加快这一进程，减少则使生长发育迟缓。激素对人类的繁殖、生长、发育、各种其他生理功能、行为变化以及适应内外环境等，都能发挥重要的调节作用。一旦激素分泌失衡，便会带来疾病。

▲瞿 麦

种军车开不起来，可以达到兵不血刃的效果。让人惊奇的是，有一种叫瞿麦的植物，也会使用这种先进武器。这种植物特别像石竹花，当你用手拨它的时候，会感到黏乎乎的。原来在它的节间表面，能分泌出一种黏液，像上了胶水一样。它可以防止昆虫沿着茎爬上去危害瞿麦上部的叶和花。当虫子爬到有黏液的地方，就被粘得动弹不了了，不少害虫还丧了命。

有趣的是，在这场植物与动物的战争中，在植物拥有各种防御武器的同时，动物也相应地发展了自己的解毒能力，用来对付植物。像有些昆虫，就能毫无顾忌地大吃一些有毒植物。当昆虫的抗毒能力增强了的时候，又会促使植物发展更新威力更强的化学武器。

寄生植物之谜

所有的寄生被子植物，不论它们的形态差别多大，所在"家庭"的亲缘关系相差多远，都无一不具有吸器。寄生植物通过吸器从寄主体内获得水分和养料。可以说，吸器是这些寄生者最重要的器官之一，也是唯一的寄生器官。

被子植物家族的畸形儿

"我感到十分荣幸，因为我认为自己见到了植物世界中最伟大的奇观——一朵直径足有 1 码（0.914 米）的巨花。说心里话，要是当时没有同伴在场的话，面对这个庞然大物，我一定会感到惊恐万分。我从没有见到过或听说过如此硕人的花朵。"这是英国博物学家詹姆斯·阿诺德见到大王花后不久，写给友人的一段话。

1818 年 5 月，阿诺德与莱佛士一起在苏门答腊南部丛林中发现的这种巨花，不仅在当时堪称世界花王，就是在 170 余年后的今天，仍使世界上已知的近 30 万种有花植物的花朵黯然失色。然而，颇为遗憾的是，阿诺德与莱佛士当时仅为大王花的硕大而陶醉，却忽视了另一个同样惊人的奇观——世界花王竟然是世界上最简化的寄生被子植物。它根、茎、叶全无，只有在开花时才神奇地出现在寄主植物爬岩藤接近地面的茎上。它短暂而辉煌的一生，全靠来自寄主体内的水分

▲大王花

和养料维持。因此，大王花是一种既令人神往，又难得一见的珍稀植物。

今天地球上的芸芸众生，是经过了 30 多亿年的漫长历史才逐渐演化形成的。在植物世界中，被子植物是进化水平最高的类群。由于它们具有复杂的营养器官——根、茎、叶和完善的生殖器——花、果实，才能使自己在复杂多变的各种环境中生存下来，在严酷的生存竞争中成为优胜者。在生物发展演化的进行曲中，却出现了几个不和谐的音符，被子植物家族中降生了像大王花这样不能自食其力的畸形儿，经过千百万年的演化形成的营养器官，在它们身上完全或部分退化了。

据植物学家统计，在被子植物家族中，有大约 3000 种寄生植物。它们在不同程度上依靠"窃取"其他植物的水分和养料来维持自己的生活。这些高等食客虽然仅占全体被子植物总数的 1% 左右，却分布在地球上的各个植物区系中，从赤道到两极，从热带丛林到高寒草地，从干旱的沙漠到潮湿的沼泽……几乎到处都留下了它们不劳而获的劣迹。它们为了适应各自的生活环境，可谓"八仙过海，各显其能"，不仅形态

▲ 槲寄生

纷呈，而且寄生方式也各有高招。有的仅为高不逾寸的小草，寄生在别的植物根上，如矮生豆。

有的能长成十几米高的乔木，如白檀树。有的一生大部分时间都在地下度过，只有开花时才将花序伸出地面，如肉苁蓉；有的则终生"脚不着地"，被其他树木高高举在空中，如槲寄生。自古以来，形形色色的寄生植物就与人类发生了复杂的关系。它们那奇特的形态和生活方式，令古人迷惘和推崇，也给现代人留下了许多没有解开的谜团。

是朋友，也是敌人

说到寄生植物，人们往往首先想到菟丝子，因为这类无根无叶的寄生者，不仅分布广随处可见，而且很早就在我国出了名。据考证，在《诗经》中菟丝子就以"唐"这个名称出现了。在以后的文献中，它不仅被广为收载，而且名称众多，如蒙、王女、菟芦、鸦萝、赤网、兔丘、菟缕、菟累、野狐丝、金线草、无根草、缠豆藤、莫娘藤、无娘藤等。其中尤以历代本草的记载和菟丝子之名最著名。早在东汉时成书的《神农本草经》中，菟丝子已被列为药中上品。2000年来，中医一直视它的种子为补肝肾、益精髓、明目的良药。其次，菟丝子那宛若金丝缠绕附着于其他绿草身上的轻盈体态，散发出阵阵清香的白色钟形小花，无根无叶却生长自如的奇异特性，历来曾引发过不少文人墨客的诗兴。1000多年前，南朝诗人谢朓曾咏道："轻丝既难理，细缕竟无织。烂漫已万条，连绵复一色。安根不可知，萦心终不测。所贵能卷舒，伊йо蓬生直。"唐代诗人李白也曾写下了"君为女萝草，妾作菟丝花。轻条不自引，为逐春风斜"的名句。

▲ 菟丝子

但也正是这种受医家推崇、文人吟咏，貌似柔弱的"无根草"，使被附着植物深受其害。它尤爱伤害豆类植物。一旦侵入农田，就会造成作物严重减产，要想清除势必造成作物、杂草两败俱伤，今天仍是农民十分厌恶的农田恶性杂草之一，有"魔王的丝线"之称。那么这类寄生者又是如何伤害其他植物的？"魔王"的魔力何在呢？

如果运用现代的植物学知识和手段，全面观察菟丝子的一生，便会发现，"无娘藤"也是在大地母亲的怀抱中长大的。每当春暖花开之时，菟丝子的种子便在田野中萌发了。它向泥土深处伸出根系，以便得到大地的支持；向上将细嫩的茎探出土壤，开始搜寻寄生的对象，一旦遇到较称心的寄主后，便迅速缠绕上去。这时它的茎表皮细胞开始向寄主茎的方向形成指状突起，并逐渐穿过其表皮、皮层，直达"运输大动脉"——维管组织，使其中的水、无机盐和有机物等改道，源源不断地流入自己体内，开始了"吸血"的寄生生活。此时的菟丝子已在寄主身上生了根，于是土壤中的根便死去了，与大地母亲断绝了关系。

在阳光充足、温暖、湿润的气候条件下，菟丝子生长十分迅速，每天茎可伸长10厘米左右，而且分枝极多，甚至犹如一张巨大的金丝网，罩住了成片的绿草或豆类作物。在菟丝子旺盛生长的同时，被寄生的植物却日渐憔悴，尽管它们的根系在拼命地吸收水分和无机盐，绿叶作通过光合作用不断合成有机物质，却入不敷出，不得不忍饥挨饿，轻者生长发育不良，重者往往没等到开花结果便夭折了。而菟丝子在夏秋之际却花丰果盛，一派繁荣景象。

由此可见，菟丝子之所以能脱离大地，舍去绿叶，过完全寄生的生活，全靠茎上形成的伸入寄主体内的"第三只手"。科学家给它起了一个形象的名称——吸器（又称吸根）。

吸器是什么

当我们在电影、电视中见到鲸、海豚等在大海中尽情遨游的场景时，很难想象这些具有鱼一般外形的哺乳类，其祖先也曾是靠四肢行走的陆生动物。但在它们身上，科学家确实找到了四肢退化的证据。

在植物世界，也不乏类似的情况。寄生植物某些营养器官的退化和适应寄生生活的新器官的发达，就是极好的例证。纵观所有的寄生被子植物，不论它们的形态差别多大，所在"家庭"的亲缘关系相差多远，都无一不具有吸器。可以说，吸器是这些寄生者最重要的器官之一，也是唯一的寄生器官。

《神农本草经》

《神农本草经》，简称《本草经》或《本经》，中国现存最早的药学专著。由炎帝尝百草后，后人撰写，成书于东汉，并非出自一时一人之手，而是秦汉时期众多医学家总结、搜集、整理当时药物学经验成果的专著，"神农"为托名。全书分三卷，载药365种（植物药252种，动物药67种，矿物药46种），分上、中、下三品，文字简练古朴，是对中国中草药的第一次系统总结。其中规定的大部分药物学理论和配伍规则以及提出的"七情合和"原则在几千年的用药实践中发挥了巨大作用，被誉为中药学经典著作。

寄生植物通过吸器从寄主体内获得水分和养料的事实，在人们看来似乎已十分明了。但细分析起来，又不那么简单，其中有些谜团至今仍未解开。以往科学家们普遍认为，吸器如同连结寄生植物与寄主"运输系统"的桥梁。但近年的研究结果表明，吸器具有复杂的结构和生理功能，它不仅担负着运输的任务，而且还具有"消化"的作用。因为寄生植物所有的有机物与寄主体内合成的有机物不尽相同；寄主不同，有机物也会有差异。只有能将来自异体的物质，转化为更合自己"口胃"的"食物"，寄生才是成功的。此外，遇到寄主是有毒植物时，寄生植物还必须具有解毒的本领。因此，吸器不仅仅充当了桥梁的角色，而且还是一座化学工厂。但目前，人们对这些化工厂的具体工艺流程和生产情况还所知甚少。

生物体上的任何器官，都是长期演化的结果，吸器也不例外。但这种器官是如何产生的，目前尚无定论，科学家中主要有两种截然不同的观点。以往普遍认为：吸器是由根演化来的。当两株独自生长的植物，它们的根不期而遇时，往往会紧紧地靠在一起，时间长了就会合二而一，像今天在森林中形成的"连理根"那样。这种自然嫁接的结果，使两者的维管组织通连，形成水分和养料的交流。1973 年，美国加州大学欧文分校的彼得·阿扎特独树一帜，提出了一种与上述观点截然不同的理论。他认为，吸器的形成是微生物寄生的结果。吸器与畸形的根和仅发生了一些一般变化的根相比，更接近前者，因此吸器与由于细菌侵染在植物体上形成的肿瘤有关。

种植紫菜的新纪元

1955 年，中国海洋生物学家曾呈奎揭示了紫菜生活史的全过程，解决人工繁殖紫菜的孢子来源。此后，全世界的紫菜养殖才进入全人工化生产时期，产量开始得到大幅度提高。他进而又在实验室内证实了秋季海面上出现的大量孢子正是养殖紫菜需用的壳孢子，从而结束了养殖紫菜靠大自然恩赐"种子"的历史，开启了科学种植紫菜的新纪元。

曾呈奎的海藻梦

曾呈奎（1909 ~ 2005），生于福建厦门，数十年来致力于海洋植物学的教学和海藻学的研究，是我国海藻学的奠基人。他查清了我国海藻资源的分布及区系特点，弄清了紫菜的生活史，解决了有重要经济价值的紫菜、海带栽培和海带南移栽培中的关键问题。首次在中国发现了原绿藻，开拓了海藻比较光合作用和进化的研究领域，丰富了生物进化的理论。首先提出并阐明海洋水产生产必须走农牧化的道路，推动了我国海洋水产事业的发展，对世界水产事业产生了影响。

▲曾呈奎

曾呈奎有一句名言："我要给人们饭桌上添几道菜。"中华人民共和国成立前，他目睹了广大农民食不果腹、衣不遮体的惨况。当他看到当地人采集野生的紫菜、萝带和礁膜等海藻充饥时，一种想法油然而生：人们既然可以在陆地上种庄稼，为什么不能"耕海"产海藻，海藻梦可实现他解救劳苦大众的愿望。他取名"泽农"，以明心志。

成为头号海带生产大国

中国原本不产海带，主要靠从日本等国进口。这是因为海带是一种喜欢低温的孢子植物，我国海区由于夏天水温高，加上北方海区是少氮的瘦水区，海带自然无法生存。

曾呈奎和一些海洋生物学家都把注意力集中到海带能否在中国进行人工栽培的自主科学研究上。对中国藻类分布、形态生活史

▲海 带

研究很深的曾呈奎细心地观察海带在初夏的变化情况，发现海带初夏也放孢子，思路一下子打开了，能不能用夏苗代替秋苗？这个新思路将人工养殖海带引向了成功之路。

曾呈奎与他的助手以及一些科研部门先后培育出海带夏苗，并安全度过炎热的夏天，秋后将苗下海养殖，为海带人工养殖做出了奠基性的工作。曾呈奎又提出陶罐渗漏施肥，对海带生长起到了重要作用。随着切梢增产法、合理密植法、夏苗病害防治法等新方法的诞生，海带养殖南移成功。到 1985 年，我国年产海带干品 25 万吨，占全世界年产量的 80%，成为世界上头号海带养殖生产大国。

解决人工繁殖的难题

紫菜是曾呈奎奉献给人们的又一道美味佳肴。20 世纪 50 年代初，紫菜冬长夏亡的生活史和孢子来源一直是个谜，所以无法人工采苗和养殖，全凭经验和运气从海里捞取野生紫菜养殖，产量甚微。

▲ 紫 菜

如果掌握了孢子的来源，便可像农民在土地上种庄稼一样在海里种紫菜。曾呈奎与助手进行研究，于 20 世纪 50 年代初得出壳斑藻晚秋生成的孢子、萌发为幼体后长成叶状体紫菜，这是紫菜生活史的结论。

1955 年，中国海洋生物学家曾呈奎揭示了紫菜生活史的全过程，解决人工繁殖紫菜的孢子来源。此后，全世界的紫菜养殖才进入全人工化生产时期，产量开始得到大幅度提高。

他进而又在实验室内证实了秋季海面上出现的大量孢子正是养殖紫菜需用的壳孢子，从而结束了养殖紫菜靠大自然恩赐"种子"的历史，开始了科学种植紫菜的新纪元。"壳孢子"一词，就是由曾呈奎定名，得到了国际藻类学界的普遍承认并一直沿用下来。

从 20 世纪 50 年代末，他们的成果在沿海推广，使得人工栽培紫菜业迅速发展起来。我国紫菜年产量达 1 万多吨干品，成为世界上第三大紫菜生产国。

杰出贡献

曾呈奎先后发现并报道了上百个新种，二个新属，一个新科；首次发现并报道了西沙群岛原绿藻，组织领导了西沙群岛海洋生物调查研究；创造了海带夏苗低温培育法、陶罐施肥法，完成了商品海带南移栽培实验，使海带在我国长江以南大面积海域栽培成功；提出了紫菜壳斑藻阶段的大量培养方法，并成功地组织领导了我国紫菜的半人工和全人工栽培实验；创造了利用马尾藻为原料提取褐藻胶的方法，并成功地应用在工业生产上；通过海藻光合作用和色素吸收研究，提出了光合生物的进化途径；

提出并倡导我国海洋水产生产必须走农牧化道路，提出了在我国发展蓝色农业研究和开展大型底栖海藻栽培以改善日益恶化的海洋环境的必要性，并成功组织领导了海洋水产农牧化实验；提出了我国海洋生物技术研究设想，领导开展了海藻的生物技术研究，建立了我国第一个海藻基因工程研究实验室。

由于曾呈奎在藻类研究中的突出贡献，他于2001年获美国藻类学会杰出贡献奖。

孢 子

孢子是生物所产生的一种有繁殖或休眠作用的细胞，能直接发育成新个体。孢子一般微小，单细胞。由于它的性状不同，发生过程和结构的差异而有各种名称。生物通过无性生殖产生的孢子叫"无性孢子"；通过有性生殖产生的孢子叫"有性孢子"。通过孢子进行繁殖的有：蕨类植物，藻类植物，苔藓植物，真菌类等。

植物的"喜怒哀乐"

　　科学家们在实验过程中还发现一个有趣的现象：植物喜欢听古典音乐，而对爵士音乐却不太喜欢。美国科学家史密斯，对着大豆播放"蓝色狂想曲"，20天后，每天听音乐的大豆苗重量，要比未听音乐的大豆苗高出四分之一。

巴克斯特的惊人发现

　　1966年2月的一天上午，有位名叫巴克斯特的情报专家，正在给庭院花草浇水，这时他脑子里突然出现了一个古怪的念头，也许是经常与间谍、情报打交道的缘故，他竟异想天开地把测谎仪器的电极绑到一株天南星植物的叶片上，想测试一下水从根部到叶子上升的速度究竟有多快。结果，他惊奇地发现，当水从根部徐徐上升时，测谎仪上显示出的曲线图形，居然与人在激动时测到的曲线图形很相似。

▲天南星

　　难道植物也有情绪？如果真的有，那么它又是怎样表达自己的情绪呢？尽管这好像是个异想天开的问题，但巴克斯特却暗暗下决心，通过认真的研究来寻求答案。

　　巴克斯特做的第一步，就是改装了一台记录测量仪，并把它与植物相互连接起来。接着，他想用火去烧叶子。就在他刚刚划着火柴的一瞬间，记录仪上出现了明显的变化。燃烧的火柴还没有接触到植物，记录仪的指针已剧烈地摆动，甚至超出了记录纸的边缘。显然，这说明植物已产生了强烈的恐惧心理。

后来，他又重复多次类似的实验，仅仅用火柴去恐吓植物，但并不真正烧到叶子。结果很有趣，植物好像已渐渐感到，这仅仅是威胁，并不会受到伤害。于是，再用同样的方法就不能使植物感到恐惧了，记录仪上反映出的曲线变得越来越平稳。

　　后来，巴克斯特又设计了另一个实验。他把几只活海虾丢入沸腾的开水中，这时，植物马上陷入极度的刺激之中。试验多次，每次都有同样的反应。

　　实验结果变得越来越不可思议，巴克斯特也越来越感到兴奋。他甚至怀疑实验是否完全正确严谨。为了排除任何可能的人为干扰，保证实验绝对真实，他用一种新设计的仪器，不按事先规定的时间，自动把海虾投入沸水中，并用精确到十分之一秒的记录仪记下结果。巴克斯特在三间房子里各放一株植物，让它们与仪器的电极相连，然后锁上门，不允许任何人进入。第二天，他去看试验结果，发现每当海虾被投入沸水后的6~7秒钟后，植物的活动曲线便急剧上升。根据这些，巴克斯特提出，海虾死亡引起了植物的剧烈曲线反应，这并不是一种偶然现象，几乎可以肯定，植物之间能够有交流，而且，植物和其他生物之间也能发生交流。

对植物情感的研究

巴克斯特的发现引起了植物学界的巨大反响。但有很多人认为这难以令人理解，甚至认为这种研究简直有点荒诞可笑。其中有个坚定的反对者麦克博士，他为了寻找反驳和批评的可靠证据，也做了很多实验。有趣的是，他在得到实验结果后，态度一下子来了个大转变，由怀疑变成了支持。这是因为他在实验中发现，当植物被撕下一片叶子或受伤时，会产生明显的反应。于是，麦克大胆地提出，植物具备心理活动，也就是说，植物会思考，也会体察人的各种感情。他甚至认为，可以按照不同植物的性格和敏感性对植物进行分类，就像心理学家对人进行的分类一样。

人们对植物情感的研究兴趣更趋浓厚了。科学家们开始探索"喜怒哀乐"，对植物究竟有多少影响。

有一位科学家每天早晨都为一种叫加纳菇茅的植物演奏 25 分钟音乐，然后在显微镜下观察其叶部的原生质流动的情况。结果发现，在奏乐的时候原生质运动得快，音乐一停止即恢复原状。他对含羞草也进行了同样的实验。听到音乐的含羞草，在同样条件下比没有听到音乐的含羞草高 1.5 倍，而且叶和刺长得满满的。

其他科学家们在实验过程中还发现一个有趣的现象：植物喜欢听古典音乐，而对爵士音乐却不太喜欢。美国科学家史密斯，对

▲ 大豆苗

着大豆播放"蓝色狂想曲"，20 天后，每天听音乐的大豆苗重量，要比未听音乐的大豆苗高出四分之一。

看来，植物的确有活跃的"精神生活"，轻松的音乐能使植物感到快乐，使它们苗壮成长。相反，喧闹的噪音会引起植物的烦恼，生长速度减慢，有些"精神脆弱"的植物，在严重的噪音袭击下，甚至枯萎死去。

倾听植物的声音

苏联科学家维克多做过一个有趣的实验。

他先用催眠术控制一个人的感情，并在附近放上一盆植物，然后用一个脑电仪，把人的手与植物叶子连接起来。当所有准备工作就绪后，维克多开始说话，说一些愉快或不愉快的事，让接受试验的人感到喜悦或悲伤。这时，有趣的现象出现了。植物和人不仅在脑电仪上产生了类似的图像反应，更使人惊奇的是，当试验者高兴时，植物便竖起叶子，舞动花瓣，当维克多在描述冬天寒冷，使试验者浑身发抖时，植物的

叶片也会瑟瑟发抖，如果试验者为感情变化而忧伤，植物也出现相应的变化，浑身的叶片会沮丧地垂下"头"。

为了能更彻底地了解植物如何表达"感情"的奥秘，英国科学家罗德和日本中部电力技术研究所的岩尾宪三，特意制造出一种别具一格的仪器——植物活性翻译机。这种仪器非常奇妙，只要连接上放大器和合成器，就能够直接听到植物的声音。

研究人员根据对大量录音记录的分析发现，植物似乎有丰富的感觉，而且在不同的环境条件下会发出不同的声音。例如，有些植物的声音会随着房间中光线明暗的变化而变化，当它们在黑暗中突然受到强光照射时，能发出类似惊讶的声音。有些植物遇到变天、刮风或缺水时，会发出低沉、可怕和混乱的声音，仿佛表明它们正在忍受某种痛苦。在平时，有的植物发出的声音好像口笛在悲鸣，有些却仿佛是患者临终前发出的喘息声。还有一些原来响声很难听的植物，当受到温暖适宜的阳光照射或被浇过水以后，声音会变得较为动听。

尽管有以上众多的实验依据，但关于植物有没有感情的探讨和研究，迄今还没有得到所有科学家们的肯定。不过在今天，不管是有人支持还是有人反对、怀疑，这项研究已发展成为一门新兴的学科——植物心理学。在这门崭新的学科中，有无数值得深入了解的未知之谜，等待着人们去探索和揭晓。

▲植物园中安装植物助长仪

种子的寿命

不要以为种子待在那儿一动不动，就是"死"的。其实呀，种子在离开它的"妈妈"以后，就有独立的生活能力了。在种子里，有堆满营养物质的仓库。种子，能够忍受严寒与酷热，它里面的细胞，一直在顽强地活着，不停地进行呼吸。

长寿的古莲子

1952 年，我国科学家在辽宁省新金县泡子屯村地下的泥炭里，发掘到一些古代的莲子。这些莲子的外皮已经变得十分坚硬，好像一个个小铁蛋。科学家们如获至宝，小心翼翼地把这些"宝贝蛋儿"包好，带回北京仔细研究。他们用锉刀轻轻地把古莲子外面的硬壳锉破，然后泡在水里。没过多久，这些古莲子居然长出了嫩芽，发芽率达到 90% 以上。在香山脚下的北京植物园里，1953 年种的古莲子，经过精心照料，在1955 年夏天开出了淡红色的荷花。而在 1975 年，科学家们采用放射性岩测定，这些古莲子的寿命长达 835 ~ 1095 年。

1973 年，我国考古学家又在河南省郑州大河村的仰韶文化遗址，发现了两枚古莲子，寿命更长，有 5000 年的历史了，它可以说是世界上最长寿的古莲子了。

关于种子的寿命问题，在国际科学界还引起过一场辩论呢。争论的焦点是在埃及金字塔中发现的小麦种子。过去曾经传说，金字塔里发现了休眠 2000 年的小麦种子，播种

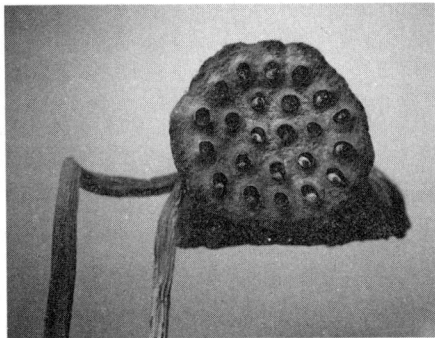

▲ 莲 子

之后依然发芽生长。一些科学家认为这是世界上最长寿的种子，而另一些科学家却不同意这种看法。经过后来的仔细调查研究，才弄清这是一个奸商搞的骗局。现在，国际科学界一致公认，在中国发现的古莲子才是最长寿的种子。

植物种子的寿命是长短不一的，一般来说，能够保持 15 年以上生命力的，已经算是长寿的种子了。

古莲子的寿命之谜

不要以为种子待在那儿一动不动，就是"死"的。其实呀，种子在离开它的"妈妈"以后，就有独立的生活能力了。在种子里，有堆满营养物质的仓库。种子，能够忍受严寒与酷热，它里面的细胞，一直在顽强地活着，不停地进行呼吸。影响种子寿命长短的另一个原因，是它成熟前后和贮藏期间的环境条件。例如在干燥、低温和密

闭的贮藏条件下，种子里胚的活动力特别低，新陈代谢差不多处于停顿状态，过着休眠的生活。这样一来，许多植物的种子在理想的贮藏条件下，就能在较长的岁月里保持着潜在的生命。

莲子的条件就更好了。它是一种小小的坚实果实，种子外面的果皮是一层坚韧的硬壳，它的果皮组织中有一种特殊的栅状细胞，胞壁由纤维素组成，果皮完全不透水，所以挖掘出来的时候，含水量只有 12%。这就是它长寿的秘密。

▲巨大狗尾草种子

在自然界里，古莲子还不算是最长寿的种子。我国科学家又在辽宁岫岩县大房身乡的黄土层里，发现了将近 400 粒狗尾草的种子，经同位素测定，这些种子的埋藏年代已经有一万年以上了。狗尾草出现于地球的白垩纪时代，是恐龙的"邻居"，至今还在大自然中茂盛地生长着。更惊奇的是，那些古代的狗尾草种子种下后还能发芽、开花而且还结了籽。这一发现，为古代植物、古代地理和古代气候环境的研究，提供了新的资料。

短寿的植物

跟这些长寿的种子相比，有些植物种子的寿命又短得可怜。

大多数热带和亚热带的植物，像可可的种子，从母体中取出 35 小时以后，就失去了发芽能力。甘蔗、金鸡纳树和一些野生谷物的种子，最多只能活上几天或几个星期；橡树、胡桃、栗子、白杨和其他一些温带植物种子的生命力，都不能保持很久。

这些植物种子的寿命为什么这样短呢？

早在很久以前，科学家们就对这个问题发生了兴趣，但这是一个极其复杂的问题，直到现在，学者们还没有取得一致的意见。

有的科学家认为，有些植物种子容易死亡，是由于脱水干燥的原因。经过实验，

▲油 茶

某些柳树种子如果暴露在空中，在一个星期内就完全丧失了生命力。但放在冰箱里，在相对湿度只有 13% 的干燥大气中，它们至少能活 360 年。所以，有些科学家不同意这样的说法。

还有的学者认为，生长在热带或亚热带的植物种子，它们的寿命所以这样短，是因为热带的雨水充足，再加上天气热，种子的新陈代谢旺盛，种子里贮存的一点儿养分，很快就被消耗完了，由于没有充足的养分，

也就维持不了种子的生命活动，从而失去了生命力。

另外一些科学家认为，在寿命短的种子中，有的含有大量脂肪，像可可、核桃、油茶什么的，由于新陈代谢的关系，脂肪转化的过程中可能会产生一种有毒物质，会把种子里的胚杀死，或者使种子变质。像花生、核桃放久了，有一股哈喇味儿，就是这个原因。

也有一些人认为，有的植物种子寿命短，是因为种子胚部细胞里的蛋白质分子失去活动能力，以致完全凝固而不能转化。另一部分人认为，由于种子内部的酶失去作用，不能分解复杂物质，胚部得不到养分，种子也就失去生命力了。

近年来，越来越多的科学家认为，这些种子所以寿命短，主要是由于种子胚部细胞核的生理机能逐渐衰退造成的。

白垩纪

"白垩纪"一词由法国地质学家达洛瓦于1822年创用。位于侏罗纪和古近纪之间，约1亿4550万年（误差值为400万年）前至6550万年前（误差值为30万年）。白垩纪是中生代的最后一个纪，长达7000万年。在这一时期，大陆之间被海洋分开，地球变得温暖、干旱。开花植物出现了，与此同时，许多新的恐龙种类也开始出现，包括像食肉牛龙这样的大型肉食性恐龙。恐龙仍然统治着陆地，像飞机一样的翼龙类，例如披羽蛇翼龙在天空中滑翔，巨大的海生爬行动物，例如海王龙统治着浅海。最早的蛇类、蛾、和蜜蜂以及许多新的小型哺乳动物也在这一时期出现了。而白垩纪—第三纪灭绝事件是地质年代中最严重的大规模灭绝事件之一，包含恐龙在内的大部分物种灭亡。

坚硬如铁的 "神木"

彼得大帝的座船为什么不怕土耳其的炮弹？是用什么材料做的？原来，这艘战舰就是用沃罗涅日的神木做成的。神木为什么这么坚固？当时，人们并不知道其中奥秘，只知道这是一种带刺的橡树，木材的剖面呈紫黑色，看上去平平常常的，一点也没有什么出奇之处。

从亚速海战说开来

世界上的木材有软有硬，软的如棉，硬的如铁。人们把坚硬无比的木材喻为 "铁木"，或称为 "神木"。"神木" 刺橡树生长在俄罗斯西部沃罗涅日市郊外。说起神木的神奇之处，还得从 300 多年前发生的一场著名海战说起。

▲彼得大帝

公元 1696 年，在当时俄国和土耳其交界的亚速海面上，爆发了一场激烈的海战。海面上炮声隆隆，杀声震天。俄国彼得大帝亲自率领的一支舰队，向实力雄厚的土耳其海军舰队发起了进攻。只见硝烟滚滚，火光冲天。当时的战舰都是木制的，交战中，不少木船中弹起火，带着浓烟和烈火，纷纷沉下海去。由于俄国士兵骁勇善战，土耳其海军慢慢支持不住了。狡猾的土耳其海军在逃跑之前，集中了所有的大炮，向着彼得大帝的指挥舰猛轰。顿时，炮弹像雨点一样落到甲板上，有好几发炮弹直接打中了悬挂信号旗、支持观测台的船桅。土耳其人窃喜，他们满以为这一下定能把指挥舰击沉，俄国人一定会惊慌失措，不战自溃的。不料这些炮弹刚碰到船体就反弹开去，"扑通" "扑通" 地掉到海里，桅杆连中数弹，竟一

点也没有受损！土耳其士兵吓得呆若木鸡，还没有等他们明白过来，俄国船舰就排山倒海般冲过来，土耳其海军一个个当了俘虏……这场历史上有名的海战使俄国海军的威名传遍了整个欧洲。

彼得大帝的座船为什么不怕土耳其的炮弹？是用什么材料做的？原来，这艘战舰就是用沃罗涅日的神木做成的。神木为什么这么坚固？当时，人们并不知道其中奥秘，只知道这是一种带刺的橡树，木材的剖面呈紫黑色，看上去平平常常的，一点也没有什么出奇之处。这些不起眼的橡树木质坚硬似钢铁，不怕海水泡，也不怕烈火烧。木匠们知道，要加工这种刺橡树木材，得花九牛二虎之力。当年，为了建造彼得大帝的指挥战舰，木匠们不知使坏了多少把锯子、凿子和刨子。

亚速海战以后，俄国海军打开了通向黑海的大门。彼得大帝把这种神奇的刺橡树封为俄罗斯国宝，还专门派兵日夜守卫着刺橡树森林。沃罗涅日这座远离海洋的内陆城市，也因为生产神木，而以俄国"海军的摇篮"的名分载入了史册。

300多年过去了，关于神木的故事一直在民间流传，可谁也解不开其中的谜。

解开神木之谜

到了20世纪70年代，神木的传说引起了当时苏联著名林学家谢尔盖·尼古拉维奇·戈尔申博士的重视，他决心用现代科学技术来解开神木之谜。

博士要做的第一件事就是测试一下神木的硬度，神木究竟是不是像传说中所描写的那样坚硬呢？为此，他在野地里用刺橡木板圈起很大一个靶场。靶场中央竖起2000多个刺橡木做成的靶子。谢尔盖命人对着神木靶子发射了几万发子弹，结果只有少数子弹穿透了靶子，绝大多数子弹都被坚硬的神木靶子弹了回来。

这个现象使博士非常惊奇，神木果真名不虚传！他取下几根靶上的木纤维，拿到显微镜下观察，结果发现，在木纤维的外面全裹着一层表皮细胞分泌的半透明胶质，这种胶质遇到空气就会变硬，好像一层硬甲。用仪器分析胶质成分，结果表明，胶质中含有铜、铬、钴离子以及一些氯化物等，正是由于这些物质的存在，才使得这种刺橡木坚硬如铁，不怕子弹，不怕霉蛀。

为了测试刺橡木的耐火和耐水性能，博士用刺橡木做成了一个大水池，水池的接合部分用特种胶水胶合。池子内灌满海水，并把各种形状的刺橡木小木块丢进去，将池子封闭好，过了三年，谢尔盖打开了密封的水池，取出小木块。他惊奇地发现，池子里的木块好端端的，一块也没腐烂变形。博士又检查了池壁和池底，那儿的木质也是好端端的，没有损坏。这证实了神木的确不怕海水腐蚀。

▲硬如铁的阴沉木

另一个项目是测试刺橡木的防火能力。博士把一个刺橡木房屋模型投入炉膛，这时，炉里的温度是300℃。一个小时以后，他打开炉门，模型竟原封不动地出现在他面前。原来，刺橡木分泌的胶质在高温下能生成一层防火层，并分解成一种不会燃烧的气体，它能抑制氧气的助燃作用，使火焰慢慢熄灭！

植物的血红蛋白与固氮

　　人和动物的红细胞里有血红蛋白，其作用是与氧结合，通过血液循环把氧运送到身体的各个部分，供细胞呼吸。那么植物有没有血红蛋白呢？植物没有类似动物的血液循环系统，如果有血红蛋白，它存在的部位在哪儿？它也起运输氧的作用吗？答案也许令你感到吃惊，是肯定的！

"小小化肥厂"

　　植物确实有血红蛋白，它也能与氧结合，但它出现的部位比较特殊，既不在根、茎、叶中，也不在花或果实里，而是在豆科植物的固氮根瘤内，所以又叫植物豆血红蛋白。至于它为什么只在豆科植物的根瘤中出现，还是让我们从根瘤的形成说起。

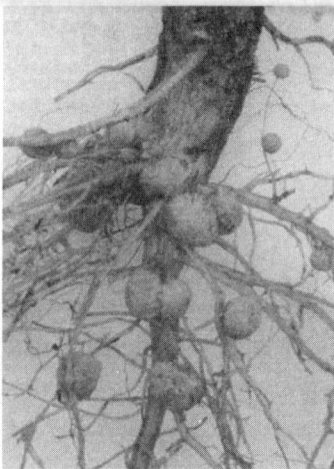
▲豆科植物根瘤

　　我们都知道，根瘤菌能在豆科植物的根部结瘤，其体内有固氮酶，能固定空气中的氮气。根瘤菌利用植物体内的碳水化合物产生能量，把氮气同化成氨，让植物吸收利用，这个过程叫作共生固氮。如果你在田间拔下一棵大豆或豌豆，观察一下它的根系，就会发现上面长着很多瘤子，这就是根瘤。根瘤虽小，功劳却很大，它把氮转变成氨，为植物提供氮肥，所以有人形象地把根瘤比作"小小化肥厂"。

　　但是根瘤从形成到开始固氮却是个非常复杂的过程，需要豆科植物和根瘤菌的很多物质共同参与，互相配合。根瘤菌先诱导根毛弯曲变形，然后通过一个叫侵入线的管状结构进入根毛和根皮层细胞，并刺激细胞分裂，形成根瘤。这时根瘤菌在形态上变成各式各样，称作拟菌体。它们被植物细胞"吞下"，外边包着一层植物的细胞质膜。最后拟菌体内的固氮酶开始工作，固定空气中的氮气，把固氮产物氨提供给植物，用于合成蛋白质、核酸，或者参与其他代谢过程。在上述过程中，植物的根瘤细胞非常活跃，合成了一套蛋白质参与根瘤的形成并使固氮作用顺利进行，这一套蛋白质叫结瘤素。结瘤素的功能多种多样：有帮助根瘤菌侵染植物细胞的，有与根瘤结构的形成相关的，有帮助植物吸收固氮产物氨的，有帮助拟菌体从植物上吸取碳水化合物营养的，还有保护拟菌体的固氮酶的，等等，这种具有保护固氮酶功能的蛋白就是豆血红蛋白。

豆血红蛋白

为什么要由豆血红蛋白保护固氮酶呢？这是因为固氮酶合成氨的过程要在厌氧条件下进行，固氮酶一旦接触氧就失去活性，豆血红蛋白便承担了排除氧的任务。它与氧结合，使固氮酶周围环境中氧的浓度大大降低，使固氮作用顺利进行；同时，它还可以把结合的氧供给拟菌体，帮助其呼吸。豆血红蛋白之所以重要，就是因为没有它，固氮反应就不会发生，形成的根瘤就成了无效根瘤。

豆血红蛋白在各种结瘤素中含量最高，占根瘤细胞内可溶性蛋白的 30% ~ 40%。与人和动物的血红蛋白相同，它也有颜色，因为它也是色素蛋白，由血红素和珠蛋白两部分组成，血红素上二价的铁离子可以结合氧，有趣的是，豆血红蛋白的珠蛋白部分是由豆科植物生产的，而血红素部分则是由根瘤菌（拟菌体）合成的，二者结合在一起，才形成了有功能的蛋白，所以从这个意义上说，豆血红蛋白是真正的共生蛋白。

豆科植物根瘤内的豆血红蛋白的组分不止一种。不同植物，其组分数也不相同。例如，大豆血红蛋白有 8 个组分，4 个主要组分和 4 个次要组分；一种叫苜蓿的牧草，其豆血红蛋白有 5 种，2 个主要组分和 3 个次要组分，次要组分是主要组分加工修饰的结果。在普通田菁的根瘤中发现 5 种豆血红蛋白；有一种叫毛塔田菁的豆科植物，主要生长在热带地区，它不仅根上能长瘤，连茎干上也能长瘤，这种瘤子表面呈绿色，在它的茎瘤中分离到 7 个豆血红蛋白组分。

虽然不同豆科植物豆血红蛋白的组分不同，但各种植物豆血红蛋白的分子量却基本一致，大约为 15000 道尔顿，它们的氨基酸组成、蛋白质等电点等生化性质也大致相

▲ 苜 蓿

同。正因为它们有这么多相同的性质，使得它们在免疫学上能发生交叉反应。这种免疫反应的试验方法是，分离并纯化某种植物根瘤的豆血红蛋白，把它作为抗原注射到兔子身上，经过一段时间，兔子的血液中就产生了豆血红蛋白的抗体，这种抗体在体外遇到它本身的抗原（豆血红蛋白），就会发生沉淀反应。有时，一种豆科植物血红蛋白的抗体遇到其他植物的豆血红蛋白时也会形成沉淀，这就是免疫交叉反应。通过研究发现，苜蓿豆血红蛋白的抗体与豌豆血红蛋白有免疫交叉反应，但与大豆血红蛋白没有反应；普通田菁豆血红蛋白的抗体，与大豆和牛豆的血红蛋白都能形成沉淀。

豆血红蛋白基因

从遗传学角度看，蛋白质的合成是由遗传物质——基因编码的。具体地说，豆血

红蛋白基因，即豆科植物根瘤细胞的细胞核内一段脱氧核糖核酸链（DNA），先经过一个叫作转录的过程，把遗传信息表达为一段与其 DNA 链对应的核糖核酸链，称为使信 RNA（mRNA），这个核糖核酸链再经过一个翻译过程，就合成了这个基因的蛋白产物——豆血红蛋白。说到这儿，可能有人要问：植物的每个细胞包含的遗传物质是相同的，那么豆血红蛋白基因是不是在所有的细胞里、从种子萌发到开花结实一直都在表达呢？答案当然是否定的。事实是这样，在没有根瘤菌侵染时，在豆科植物的根、茎、叶中都检测不到豆血红蛋白，即使在根瘤菌侵染植物形成根瘤后，在上述部位仍然检测不到，只有在根瘤里，而且在根瘤形成的后期才能找到豆血红蛋白。这说明这个基因的表达在时间上和空间上都受一定的机制调控，属于诱导表达。这样，搞清这个基因如何控制其表达就成了十分有趣的问题。

科学家们从豆血红蛋白的 mRNA 入手，先分离纯化它，然后经反转录过程，合成与它互补的 DNA（cDNA）。用这个 cDNA 作探针，通过 RNA 与 DNA、或者 DNA 与 DNA 杂交的方法，研究豆血红蛋白基因表达的特点，确定基因的拷贝数、结构和调控序列。

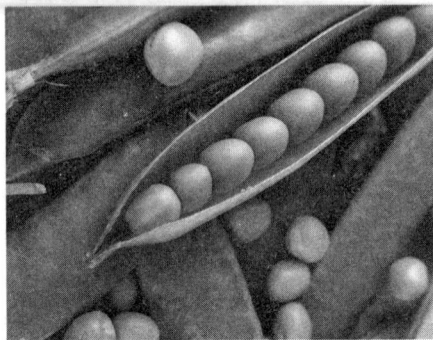

▲ 豌 豆

结果发现，不同豆科植物豆血红蛋白基因的表达有不同的特点。例如，大豆有 4 个豆血红蛋白基因，在根瘤的发育过程中，这 4 个基因的表达并不同步，有先后之分。苜蓿有两组豆血红蛋白基因，与大豆的不同，它们同时开始表达，同时达到最高水平，而且一直维持在稳定状态。

对基因结构的研究表明，所有豆科植物的豆血红蛋白基因的结构都非常相似，它们都含有 3 个内含子，其插入位置都相近。有趣的是，它们与人和动物的血红蛋白基因的结构也非常接近，具有很大的同源性，这说明这个基因对动物和植物有共同的起源。

科学家们还利用 DNA 序列分析和基因转化的方法，在豆血红蛋白基因的上游发现了很多对基因表达有调控作用的序列。有的序列对基因表达有增强作用，有的起减弱作用，有的专门控制该基因在根瘤中表达，比较不同植物的豆血红蛋白基因的调控序列，发现它们的同源性也很高。尽管这方面的研究已经很深入，但至今对该基因表达的诱导因子还不清楚。

非豆科植物也能结瘤固氮

除了豆科植物，非豆科植物是不是也有血红蛋白、也能长固氮根瘤呢？答案是肯定的。20 世纪 70 年代，有人发现一种榆科植物能结瘤固氮。它的根瘤内也有血红蛋白，一个主要组分和一个次要组分。进一步研究发现，它的基因组里有一个血红蛋白基因，其结构与豆科植物的相似，也有 3 个内含子，DNA 序列与豆科植物的有很大的同源性。这个例子打破了两个概念：一是原来认为根瘤菌只能侵染豆科植物，结瘤固氮，现在看来它也可以侵染非豆科植物；二是血红蛋白不完全限于豆科植物的根瘤内，非豆科植物的根瘤内也有。

如果搞清根瘤菌与豆科植物或非豆科植物相互识别、建立共生关系的机制，就可望通过改造根瘤菌或植物的办法，使非豆科植物也能结瘤固氮的梦想得以实现。这是一个非常诱人也非常艰巨的任务，需要几代科学家的共同努力。

杨柳树的祖先之谜

在全部有花植物之中，杨树和柳树共有500多种。杨树皆归杨属，柳树皆归柳属，另有钻天柳属仅1种。3个属组成了杨柳科，且有独立的杨柳目。植物分类学家认为杨柳科形态特殊，因此一个科就单独成立杨柳目。对于杨柳目的起源问题，即它们的祖先是什么植物，既感兴趣，又感棘手……

疑似杨柳树的祖先——金缕梅目

植物分类学家早就为杨柳科的奇异特征所吸引，他们一直在思索：杨柳科究竟是原始植物还是进化的他物呢？在这个问题上，科学家们分为两派。早在19世纪末，德国著名植物学家恩格勒建立他的有花植物系统设想时，就认为杨柳科（与木麻黄科）极为原始。杨柳科的裸花（无花被）极为突出，他认为这种花极为简单，因此应该是有花植物中最原始的类群。

▲杨　树

恩格勒的看法，也可从古植物学上得到佐证：古植物化石的发掘证明：从晚白垩世（约7000万年以前）地层中就发现了有杨柳科的叶化石，到第三纪地层，则更常见。杨属和柳属在西欧古新世和始新世（4000－6000万年前）的植物群中，就已经存在。这说明杨柳科起源的确是比较早的。

与恩格勒持相反看法的学者较多。如英国的哈钦松1926年建立他的有花植物系统演化设想图时，认为杨柳科是进化的类群，不是原始类群。在他的图上，杨柳科与壳斗科等有柔荑花序的，都被放在金缕梅目的后面，说明与金缕梅目有相近关系，而金缕梅目也不是最原始植物，最原始植物是木兰目。

哈钦松等学者，分析了当今杨柳科植物的形态特征后认为，杨柳科的花确实简单，但这种简单不应从表面上去看。有花植物一经出现在地球上，就与它周围的环境有密切关系。从杨柳科看，它们的祖先可能全是虫媒植物，当虫媒没有保证时，如在高山或寒冷地区，昆虫活动减少，使传粉受阻等。杨柳科的祖先逐渐分化适应风媒了。适应风媒的结果是，花的形态结构发生变化。花被退化消失了，蜜腺也退化了。这些变化都有利于风媒，如杨属植物就是如此。柳属虽还保留了蜜腺，但花被也退化了。因此杨和柳是在它们的祖先演化进程中各走了不同的路。钻天柳属从柳属中分出来，它既像柳也像杨，似乎是中间类型。

另外，杨柳科植物的雄蕊数目，并不是特多的，柳属就常常只2个雄蕊。它们的雌蕊心皮仅2个且合生。这些都不是原始植物的特征。

从古植物上看，晚白垩世时，与杨柳科同时存在的有木兰科及其他一些科。这说明木兰科出现时间并不比杨柳科晚。木兰科有一系列特征，如雄蕊数多，心皮数多，又都分离，花托突起等等皆比杨柳科原始。因此同木兰科（实际应指木兰目，木兰目还包括一些原始科）为原始被子植物的学者占多数。

看来，金缕梅目似乎是最接近杨柳科的植物类群，应该是杨柳科的祖先了。金缕梅有些植物确有像杨柳科的地方，如金缕梅科中的蜡瓣花属，心皮2个合生，花先叶开放，组成下垂的总状花序，外形似柔荑花序。但花为两性，有花瓣；果为蒴果，显然比杨柳科原始。金缕梅目中的折扇叶科，只有折扇叶1属2种。其花作雌雄异株，花序直立，如柳属，但是是穗状花序，而外形极似柔荑花序。每苞片内1花，无花被。果为蒴果，种子细小，与杨柳科不同处是子房3室，种子无毛。

▲杨柳树

全面衡量金缕梅目，既像杨柳科，但又比杨柳科原始。因此把它认作杨柳科的祖先是有些道理的。实际上，这一看法一直风行了四五十年之久。但哈钦松1959年、1973年对他的观点作了修正，认为杨柳目与金缕梅目非直接关系，而修正为两者各自与蔷薇目植物接近，各走各的演化路线。这样，杨柳目与金缕梅目的关系一下又拉远了许多。1974年，日本学者田村道夫发表了他的有花植物系统，仍主张杨柳目来自金缕梅目。

杨柳科位置大改动

正当科学家们为金缕梅目是不是杨柳科的祖先而争论不休时，1980年和1981年，苏联学者塔赫他间和美国学者柯朗奎斯特，先后发表了自己经过修订的有花植物系统。在杨柳目的系统位置处理上，两人有共识。他们都把杨柳目放在五桠果亚纲内，放在堇菜目的后面与堇菜目相联系。从外表看，似乎堇菜目是杨柳目的祖先了。这与以前学者的看法大相径庭。他们的系统中，金缕梅目列入金缕梅亚纲中，与杨柳目真可谓相差十万八千里了。

▲金缕梅

为什么会对杨柳目的系统位置作这么大的改动？柯朗奎斯特在他的一部著作中作了说明，他认为堇菜目中的大风子科与杨柳科有密切关系。因为二者都具有侧膜胎座。特别是，大风子科中的山桐子属（只有山桐子1种及1变种），含有水杨甘，而杨柳科植物也含水杨苷。其他有花植物各个科都无水杨苷。这一点似乎很有力地证明两者的特殊关系。

风 媒

风媒是以风作为受粉的媒介。靠风媒传粉的称为风媒花或风媒植物。例如，禾本科、莎草科、松科、银杏等。风媒花一般花被不发达，也不美丽。花粉粒不组成团块，也不具附着的特性，而且较小，容易被风传送，使距离在数百米以外的雌花能够受精是极其普通的现象。由于花粉粒的数量多且具有在空中飘浮的特点，在美洲等地松类和菊科的花粉往往侵入人们的鼻和喉，从而成为花粉热和枯草热等的病因。一般认为风媒传粉比虫媒传粉更具有原始性的传粉方式。

再看看两者形态对比，山桐子属形态有像杨柳科处，如同为落叶乔木，雌雄异株，花序下垂，无花瓣，雌蕊的胎座见侧膜胎座等。但也有不同处，如花序为圆锥花序，雄蕊数很多，胎座有3~6个，果为浆果等。

由于强调水杨苷成分之特殊关系，加上形态上拥有相似处，因此他们将杨柳目放在与堇菜目相近的位置，而且认为比堇菜目进化。杨柳目更进化一点也有理，因为堇菜目心皮多为3个或更多，显然比较原始些。

杨柳目的系统地位如何，其祖先究竟是谁，可以说至今尚未彻底解决，谜底还有待进一步揭开。近一个世纪以来，对这些问题的探讨已有了一定的进展，尤其随着各有关学科研究成果的积累，对探讨有花植物亲缘关系大有帮助，以上两位学者对杨柳目位置的大改动，即为一明证。可以预见，在不久的将来，杨柳目的祖先之谜一定会被进一步揭开！

探索神奇的多倍体

多倍体，是指体细胞中含有 3 组以上染色体数目的生物体。像三倍体、四倍体……统称为多倍体。绚丽多彩的各种植物中，多倍体植物尤为神奇：多倍体花卉植物，可以开出比二倍体植物大而鲜艳的花朵；多倍体作物，可以结出比二倍体作物更加丰硕的果实；多倍体的瓜果，还常常产生无籽的果实。

多倍体的神奇

西瓜，是夏季消暑解渴佳品。从有籽西瓜变为无籽的西瓜，正是多倍体神奇的一个侧面。

普通西瓜为二倍体，细胞内有两组染色体，共 22 条。用 0.2 ~ 0.4% 的秋水仙素溶液处理普通西瓜，可使染色体数加倍，成为具有 44 条染色体的四倍体。将四倍体的西瓜与二倍体的西瓜杂交，就能得到有 33 条染色体的三倍体，无籽西瓜的 33 条染色体分为 3 组，每组 11 条。性细胞在减数分裂时一分为二，即每一半应有 16.5 条染色体，但实际上 3 组染色体并不均匀分配，而是有两组以整组各转移到一方，剩下的一组染色体自由的各加入一组，这样就导致染色体数目有多有

▲西 瓜

少，致使不能形成正常配子。所以三倍体西瓜雄株的花粉发育不好，空瘪的多，不能给雌花正常授粉，自然也就结不了籽。

香蕉的情况也很类似，不过它是由野生香蕉自然演变而形成的三倍体。野生香蕉为二倍体，细胞内有 22 条染色体。野生香蕉进行有性繁殖时，它的卵细胞内的 22 条染色体同时跑到了一极，形成了没有减数的二倍体卵细胞。当这种卵细胞和一倍体的精子结合后，也就成了三倍体，所以结出的是无籽果实。

三倍体的植物一般不能结籽，对植物本身来说，于传宗接代、发展进化是不利的，但对人类则常常是极好的优良性状。在自然进化和人工培养的情况下，现已形成了不少优良的三倍体作物新品种，如大而鲜嫩的三倍体甜菜、生长迅速的三倍体杨树及无核蜜桔、巨型葡萄，等等。它们都是通过巧用染色体数目变化而获得的。

多倍体植物

由于多倍体植物细胞内的染色体数目增多，它的细胞体积也明显增大。如四倍体

萝卜叶片上的气孔就比二倍体的几乎大一倍；三倍体西瓜的花粉也大约比二倍体的大15%。多倍体植物除了细胞增大之外，生理活动也很活跃，新陈代谢旺盛，这些均为植物的生长发育提供了更多的物质基础。所以，多倍体植物常常比二倍体植物要高大，花朵更大更艳，果实更加饱满。例如，世界闻名的郁金香，大约经历了近400年的栽培过程，由二倍体演变为三倍体以后，才以它大而艳丽的花朵赢得了人们的赞誉，水仙在19世纪80年代以前还是其貌不扬的"丑小鸭"，直到它由二倍体变成了四倍体以后，才飘飘欲仙一跃而成了"凌波仙子"。

▲湖北海棠

多倍体作物在经济性状上也往往发生飞跃改变。如四倍体"巨峰"葡萄，单果重增加到15～20克；四倍体黑麦、大麦、水稻，其个粒重比二倍体的分别增加38.4%、51.2%和66.8%；三倍体甜菜不但比二倍体甜菜生长发育快，而且可增产15%以上。

在地球上现存的20多万种被子植物中，有不少种类是多倍体植物。像智利草莓、麝香草莓、深红草莓以及巨型芋艿、欧洲李、华北野红菊、湖北海棠等，都是大自然慷慨奉献给人类的宝贵礼物。

人工创造多倍体

多倍体的植物是怎样形成的呢？经过科学家们长期的研究发现，主要是由于地质、光照、气候，特别是温度等环境因素的急剧变化所造成的。在骤变的外界条件下，引起植物性细胞减数分裂发生异变，使有的配子失去染色体，有的配子则含有未减数的双倍染色体。特别是在后一种情况，只要未减数的精子和卵细胞结合，就很容易形成多倍体。正因为如此，所以冰川边缘地区、沙漠和高山地带的多倍体植物明显地增多。像帕米尔高原，多倍体植物的比例达85%；在北极的柯尔古耶夫岛上，多倍体植物竟占92.4%大自然的启示，为人类提供了打开多倍体秘密之门的金钥匙。科学工作者模仿大自然的规律，采用各种物理方法来诱导产生多倍体。如模仿大自然变温的作用，把授粉时的玉米放在25℃的条件下，20小时以后，把温度突然升高到43～45℃，经20～30分钟后，再将温度降至25℃。这样，可促使玉米受精卵细胞的染色体加倍形成四倍体玉米。又如，用切割或嫁接的方法，从产生的愈伤组织上分化出小苗，再从小苗中也可选出多倍体。再如，对番茄进行反复摘心，在

▲玉 米

伤口处产生的愈伤组织上也可以分化出四倍体的番茄来。而采用化学药剂诱导多倍体的方法则更为有效。秋水仙素是使用最为普遍和效果最佳的药物。用秋水仙素溶液（0.5% ~1%左右）浸种、涂抹芽、喷雾或注射于植物体内，都可以有效地获得多倍体。前边谈到的无籽西瓜就是最好的例子。

八倍体小黑麦，是典型的人工合成的多倍体新种。我国的农业科学工作者，经过20多年的努力，将优质的六倍体小麦与抗性强的黑麦杂交，得到杂种一代，再将杂种一代染色体加倍，终于育成了体细胞具有56条染色体的八倍体小黑麦。八倍体小黑麦适合我国西南、西北等高寒地区栽培，产量分别比"阿波"、"778"等小麦品种提高了24%和61%。

多倍体育种，是大有希望的一种技术。虽然，在用化学药剂诱导多倍体成功以后，人工创造多倍体已完全成为可能。但如何更有意识、更有目的地去控制多倍体植物的大量形成，仍有很多理论和技术问题有待于我们去探索。在生产中，由于多倍体植物具有优质、抗逆性强、丰产性好等许多优点，在农、林、园艺上的应用是前程似锦，大有可为的。

植物之间的"语言"交流

人类有自己的语言，通过语言来交流情感。每种动物也有自己的"语言"，通过特殊的"叫声"，相互联络或寻找配偶，那么，植物也有"语言"吗？你也许会回答说，植物怎么会有语言呢！是的，以往在人们眼里，植物既不会动也不会说，不管外界环境条件有什么变化，它们只会无声地忍受。可是，随着科学的飞速发展和人们不断探索，对这一问题有了新的发现和认识。

惊人的发现

植物到底有没有语言？这是科学家们长期以来一直在探索的一个谜。20世纪70年代，一位澳大利亚科学家偶然发现了一个惊人的现象：当植物生长在干旱的环境下，会发出"咔嗒咔嗒"的响声。后来，他又通过仪器测量，发现这种微弱的声音发自植物的输水组织。但是当时他却无法解释这一现象，于是推测说，这可能是植物在严重缺水情况下要求"喝"水而发出的一种"特殊语言"。

▲玉　米

随后不久，加拿大科学家通过实验，也发现了这一现象，当土壤中严重缺水和缺肥时，玉米等作物的根部或茎部就会发出有节奏的响声，声音的强弱，与植物植株"饥渴"的程度成正比。

植物活性翻译机

这些发现引起科学家们的极大兴趣，英国科学家罗德和日本科学家岩尾宪三，为了能更彻底地了解植物发出声音的奥秘，特意设计出一台别具一格的"植物活性翻译机"。这种机器只要接上放大器和合成器，就能够直接听到植物的声音。

这两位科学家说，植物的"语言"真是很奇妙，它们的声音常常伴随周围环境的变化而变化。例如有些植物，在黑暗中突然受强光照射时，能发出类似惊讶的声音；当植物遇到变天刮风或缺水时，就会发出低沉、可怕和混乱的声音，仿佛表明它们正在忍受某些痛苦。在平时，有的植物发出的声音好像口笛在悲鸣，有些却似患者临终前发出的喘息声，而且还有一些原来叫声难听的植物，当受到适宜的阳光照射或被浇过水以后，声音竟会变得较为动听。

罗德和岩尾宪三充满自信地预测说，这种奇妙机器的出现，不仅在将来可以用作植物对环境污染的反应，以及对植物本身健康状况诊断，而且还有可能使人类进入与植物进行"对话"的阶段。

录制植物的声音

美国科学家也对植物"语言"之谜进行了探索。他们将两个微型电极接到植物的叶片上，来接收植物发出的信号，然后用一种精密的仪器将信号转换为声音，再经过增幅机放大，便可收听到或录制到植物的奇妙声音。

经科学家测试，不同种类的植物。发出的声音也不一样。比如，豆科植物有的发出的响声似口哨，有的却像伤心的哭泣声。又如，茄科植物西红柿发出的声音，既响亮又好听。

科学家们还发现，外界的环境条件可以影响植物发出的声音。当光照条件良好、雨露滋润时，植物便会发出优美动听的声音；当遇到干旱或刮大风时，植物就会发出低沉而痛苦的"喊声"。生长在黑暗环境中的植物，突然受到光照时，便会发出惊喜的"叫喊"；平时叫声难听的植物，适当地浇水后，所发出的声音会变得好听起来。

更有趣的是，有的植物发出的响声好似"歌声"，当植物在"歌唱"时，若有人走近它们时，"歌声"便会立即停止。美国的沙乌斯·利士纳堡录音公司，已录制了植物的"歌曲"。

▲西红柿

窃听庄稼"说话"

为了进一步探索植物"语言"的奥秘，美国亚利桑那大学的威廉·杰斯勒博士，于1980年在亚利桑那州图森市附近的一个气候干燥的山谷里，安装了一套遥控测向系统装置，来窃听庄稼"说话"。他把一些很细的钯电极插入植物体内，这些用金属线联结起来的电极，都通向装有微型电子计算机的中心控制箱。植物生长发出的电信号，每隔15分钟就用无线电传送到他的办公室，白天黑夜24小时从不间断。结果发现，当植物本身的养分在变换、太阳光照射到刚发出的新芽上时，便会产生出电信号。杰斯勒是在植物进行光合作用时，测得这些电信号的。他解释说：当叶绿素将太阳能转变为电能后，电能以电子的形式在植物体内运转，从而就产生了能够测得到的那种电信号。他认为，这种电信号，可能就是植物的"语言"。他还确信，通过对这种电信号的图像识别，就可监视作物从发芽到收获的生长过程，而无需跑到田里去。

杰斯勒通过实验，将植物体中的电位变化与生理变化联系起来，并已测得植物电压起伏对灌溉的电反应，这样通过电信号便可判断作物什么时间应该灌水，以便提高作物产量。

植物也有血型

　　1983年，日本警察科学研究所的法官山本茂在侦破一起凶杀案时，意外地发现了一个奇怪的现象：在现场未沾血迹的枕头上有微弱的血型反应。为了弄清这到底是怎么回事，他把枕头里装的荞麦皮进行了血型鉴定，令人吃惊的是，荞麦皮竟然显示出AB血型的特征。

令人吃惊的发现

　　我们知道，血液有不同的类型，科学家们称之为"血型"。目前已经知道人类的主要血型有A型、B型、AB型和O型4种。

　　科学家们通过研究证实，动物也有不同的血型：类人猿、猴子的血型与人类相同，也有A型、B型、AB型和O型4种血型。食肉动物如狮、虎、豹、狼等，以及食草动物如马、牛、鹿等，有A型、B型和O型3种血型。两栖类动物青蛙有A型、B型和AB型3种血型。老鼠和蛇只有A型和B型两种血型。

　　有趣的是，就连肉眼看不见的细菌也有血型，如伤寒杆菌、痢疾杆菌等，有A型、B型和O型3种血型。细菌的血型还可以相互转换，比如从A型或B型血，可以转变为O型血。

　　那么植物有血型吗？答案是肯定的。

▲荞麦皮

　　1983年，日本警察科学研究所的法官山本茂在侦破一起凶杀案时，意外地发现了一个奇怪的现象：在现场未沾血迹的枕头上有微弱的血型反应。为了弄清这到底是怎么回事，他把枕头里装的荞麦皮进行了血型鉴定，令人吃惊的是，荞麦皮竟然显示出AB血型的特征。

　　这一出人意料的发现，引起了山本茂的浓厚兴趣。于是他对150种蔬菜、水果和食品佐料，以及其他500多种植物的种子，分别进行了化验，结果前者有19种植物出现了血型反应，而后者则有60种植物的种子出现了血型反应。在这79种植物中，半数血型为O型，其余的为B型和AB型。经过这些化验，他在世界上首次宣称："植物也有血型。"

　　山本茂的这一偶然发现，引起了人们的注意，不少学者也对植物血型进行了研究和探索。现在已经知道了一些植物的血型。例如，桃叶珊瑚等为A型；扶芳藤、大黄杨等是 B 型；荞麦、李子、地棉槭以及忍冬科植物是 AB 型；葡萄、山茶、高雄槭等为 O 型。更为有趣的是，人们还发现，同一种植物有不同的血型。比如，槭科植物的血型有 O 型和 AB 型两种，在秋天枫叶红了的时候，叶片呈红色的为 O 型，叶片呈黄色的为 AB 型。

血型物质

人和一些动物的血液是红色的，里面有红细胞，在红细胞的表面有一种特殊的抗原物质，是它决定了血液的类型（即血型）。但是植物没有红色的血液，也没有红细胞，为什么会有血型呢？科学家通过研究发现，植物体内有类似于人的附在红细胞表面上的血型物质，即血型糖。人体的血型也是由血型糖来决定的，O 型血、A 型血、B 型血，分别由岩藻糖、N－乙酰－D－半乳糖、D－半乳糖所决定。植物体内也有和人类这些血型物质相同的东西，其中以红色果实的植物中数量最多。科学工作者还发现，大多数植物的种子和果实都含有血型物质，并且植物的血型物质在果实成熟和发育过程中，从无到有逐渐增多，到发育成熟后，血型物质便达到最高点。

大部分生物的机体内部有血型物质，决定血型的抗原性的基本物质是氨基多糖和蛋白质。由于各种氨基多糖的差别很大，结构也不稳定，所以血型物质种类很多。因而造成了不同种生物血型物质的不同，即使是同种生物，血型物质也不相同。

那么，生物界为什么会存在血型物质呢？目前还不十分清楚。但是，科学家对血型物质的作用已有了一定的了解。比如，通过实验发现，生物体内的糖链合成达到一定长度时，在它的顶端就会形成血型物质，然后合成就停止了。也就是说，血型物质是起一种信号作用。有的科学家认为，植物的血型物质，还具有贮藏能量的作用；由于它的黏性大，似乎又担负着保护植物体的任务。

利用植物血型破案

植物血型之谜，虽然目前还没有全部揭开，但是已开始在侦破案件中应用。据报道，在日本中部地区的某县里发生了一次车祸，一名儿童被撞伤，但是肇事司机把车开跑了。后来警察在一个乡村发现了这辆汽车，经过验证轮子上的血型，除了有被撞儿童的 O 型血外，还有 B 型血和 AB 型血。当时警察认为，这辆汽车除了撞伤这位儿童外，还撞伤或撞死过其他人，但司机只承认撞伤了那名儿童，不承认还撞过其他人。后来经过科学研究所的验证，原来其余两种血型是植物的血型，这样才使案件得到正确处理。此外，植物血型还能帮助破案。比如，根据遇害者胃里的食物化验结果，可以知道死者在遇害前吃过什么东西，从而可发现破案线索。

现在日本已研究出了检验荞麦、胡萝卜等一些植物的抗血清。山本茂等人声称，一旦有了已经确定血型的植物的全部抗血清，就能准确地判断植物的种类，这样，利用植物血型侦破案件的时代就将到来。

植物"发热"御寒

植物有自己的抗寒本领。一年生植物,在寒冷到来之前已开花结实,以种子来度过严寒的季节;多年生草本植物,在寒冷来临时,有的地上部分枯死,而以埋在地下的茎或根来过冬,有的将根部收缩,将茎芽拉入土中埋起来以预防冻伤。更为有趣的是,植物学家发现有些植物能够通过自身的"发热"来抵抗寒冷。

耐寒的雪莲

当冬季来临而天气变冷时,人们会增添衣服或生火取暖来抗御寒冷;动物则增厚毛、羽和皮下脂肪,或钻入地洞进行冬眠,以度过寒冬。而生长在寒冷地区的一些植

▲雪莲花

物,如生长在帕米尔高原的一种叫罗合带的植物,因为那里的夏季很短,在6月份刚有暖意时,它就匆匆发芽生长,在短短一个月的时间里又开花又结果,在严霜到来之前完成生命全过程。更令人吃惊的是一些耐寒植物。如我国的西藏高原,生长在海拔4000多米高处的雪莲花,能在皑皑白雪中开出紫红色的花朵。阿尔泰山的银莲花,能在零下10℃的环境下,从很厚的雪缝中钻出来生长。在苏联的西伯利亚有一种植物,能在零下46℃的低温下开花,它要算植物界不怕寒冷的"大英雄"了。

各种"发热"植物

更为有趣的是,植物学家发现有些植物能够通过自身的"发热"来抵抗寒冷。20世纪80年代初,瑞典植物学家克捷尔伯雷等人发现,生长在冰天雪地的北极地区的植物,它们花朵内的温度总是要比外界高一些。为了探索这些植物花朵"发热"的奥秘,他们进行了认真的观察和研究,结果发现一个十分有趣的现象:北极植物的花朵,犹如向日葵一样,能跟随着太阳转动,也就是说,花朵始终朝向太阳。于是,他们推测,那些植物花朵里的热量,可能是来自太阳的照射。

为了验证这一推测是否正确,他们又设计了一个巧妙的实验:用细铁丝将一种叫仙女花的植物的花萼固定,使它不能随着太阳转动,再在花朵上安放一个带有细铁丝探针的温差电阻束来测量其温度。测量结果是,当太阳高高升起时,被固定而不能向阳转动的花朵,比没有固定花萼而能够向阳转动的花朵的温度低0.7℃。

瑞典科学家的实验结果，似乎使北极植物花朵"发热"之谜得到了解释。但是，在种类繁多的奇妙植物界，有着无穷无尽的新奇植物和奥秘，有待人们去发现和探索。

美国科学家丹·沃尔发现，在南美洲中部冻结的沼泽地里，生长着一种叫臭菘的植物，它的花虽然有臭味，但"发热"本领更大。臭菘为佛焰花序，每年三四月份便冒着严寒开放出花朵，在长达两周的花期内，它的花苞里始终保持着22℃的温度。显然，臭菘花朵里具有如此高的恒温现象，用瑞典科学家提出的"植物向阳运动"的观点是无法解释的。那么，臭菘花朵里的热量是怎样产生的呢？

▲仙女花

科学家通过一系列的研究和测定，发现在臭菘花朵中有许多"发热细胞"，"发热细胞"内含有一种酶，能够氧化光合产物——葡萄糖和淀粉，释放出大量的热。其氧化速度简直令人感到惊奇，几乎能与鸟类翼肌和心肌对能量的利用相比。

更为有趣的是，科学家还发现，在臭菘体内还存在一种特殊的结构，在这里通过酶的催化作用，可以将脂肪转变为碳水化合物后，再被"发热细胞"利用。

▲臭　菘

正当科学家们准备进一步研究臭菘为什么要将脂肪转化为碳水化合后才能利用时，他们又发现了一种叫喜芋的芳香植物，它们的花朵具有一些变态的"发热细胞"，这些细胞可以直接利用脂肪来产生热量，因此产热效率更高。它们的"产热"本领可以与人类相比，在整个开花期间，花中的温度可达到37℃，和人的体温相同。这种植物为什么有如此高的"产热"本领，还需要人们去探索。

更为奇妙的是，在阿尔卑斯山上也有一种奇异的发热植物，在种子成熟后将要散落时，它就释放出大量的热，使周围的积雪融化，这样种子就不会落到冰雪之中，而是直接落到土壤里了，这就为种子萌发和后代生存创造了有利的条件。

植物发热的意义

上面讲述了几种奇趣的"发热"植物。那么，植物发热对其本身有何意义呢？这是科学家十分感兴趣的问题。有的学者认为，这些植物的花朵产生出的热量，可以促进花朵气味的挥发，大大加速花香的四溢，以引诱昆虫来为它们传粉，这对于喜芋这类芳香植物很重要。而对于像臭菘这样有臭味的植物来说，也可以招引逐臭昆虫来为它传粉。也有的学者认为，昆虫在温度过低时很难帮助传粉，如蜜蜂在低于15℃时飞行就会发生困难，行动也不灵活。这时发热的植物花朵，犹如昆虫的"天堂"，是它们理想的御寒场所。昆虫前来寄宿时，也就很自然地为植物传播了花粉。

有的科学家认为上述说法不够充分，又对"发热"植物进行了深入的研究，结果发现，这类植物不仅在花朵里有"发热细胞"，而且在根部和韧皮部等部位也有"发热细胞"。这说明植物体内也会发热，热量对植物本身的物质运输和生化反应有利，从而可提高植物对严寒的抵抗能力。同时，还可相对地延长植物自身的生长季节，以便完成开花、结果和产生种子整个生命过程。也就是说，植物"发热"是对严寒环境的一种适应本领。

人类对动物的发现

  从生物学的角度来讲，动物是多细胞真核生命体中的一大类群，它们不能将无机物合成有机物，只能以有机物——植物、动物或微生物为食物；它们有神经，有感觉，有细胞核，会动，没有细胞壁，没有基质，没有光合作用元素，因此具有与植物不同的形态结构和生理功能，以摄食、消化、吸收、呼吸、循环、排泄、感觉、运动和繁殖生命进行活动。

  动物是人类的朋友，像家养的猫、狗等宠物更是许多人心灵上的伙伴；动物有着各种各样的神奇本领，人类对之模仿，进行发明创造，从而形成了一门造福无穷的仿生学；许多动物的肉是食用价值很高的食品，可烹调成美味佳肴，维系人体的生命活动与健康。因此，了解一下人类对动物的认知与发现，对于我们人类与动物和谐相处或更好地利用动物为我们造福，显然是有帮助的。

无脊椎动物的发展演化

无脊椎动物是背侧没有脊柱的动物，它们是动物的原始形式。无脊椎动物的出现至少早于脊椎动物1亿年。无脊椎动物种类数占动物总种类数的95%。分布于世界各地，现存约100余万种。包括棘皮动物、软体动物、腔肠动物、节肢动物、海绵动物、线形动物等。科学家们通过考察与研究认为，无脊椎动物的发展演化经历了前寒武纪、早古生代时期、晚古生代时期、中生代时期和新生代时期五个阶段。

前寒武纪

前寒武纪（距今约5.7亿年前）：前寒武纪生物处于开始发生阶段，比较原始的无脊椎动物已在繁衍，特别是前寒武纪后期地层中，已常见的有水母、蠕虫、软舌螺等后生动物化石。但总的说来，这个时期无脊椎动物化石发现零星，保存不多。

早古生代时期

早古生代时期（约5.7亿–4.09亿年前）：是无脊椎动物发展的初期阶段，无脊椎动物的许多较原始的类型开始出现。如节肢动物门的三叶虫；奥陶纪至志留纪的笔石；头足类的鹦鹉螺超目；腕足动物无铰纲的似海豆芽和有铰纲的正形贝、五房贝类等；珊瑚类则从奥陶纪出现至志留纪开始大量发展，以床板珊瑚为主。除上述一些在地层学上有重要作用的类别以外，其他如海绵动物、软体动物中的瓣鳃纲、腹足纲，棘皮动物中的有茎类海百合，海林檎等在这个时期均已出现。

晚古生代时期

晚古生代时期（约4.1亿–2.45亿年前）：是无脊椎动物进一步发展的时期。许多早古生代时期的古老类群已经衰退，如笔石、三叶虫、鹦鹉螺类、腕足类的无铰纲等，除个别种属延续下来以外，已无地层学上的意义。代之而起的是以长身贝和石燕类为代表的腕足类的兴起；以头足类菊石超目中棱菊石及菊面石为代表的兴起，以及有孔虫目蜓科在石炭、二叠纪的出现、发展到衰退；珊瑚类除继续存在的床板珊瑚外，四射珊瑚中的三带型大量出现，构成了晚古生代无脊椎动物的另一繁荣景象。至晚古生代末期，上述类别的大多数相继绝灭。

中生代时期

中生代时期（约2.5亿–6500万年前）：这时期的主要特点是古生代常见的一些类别已衰退或绝灭。如珊瑚类的四射珊瑚和床板珊瑚就被六射珊瑚和八射珊瑚取代，节肢动物开始了一个新的、有意义的发展方向，这就是节肢动物昆虫类、甲壳纲中介形类和叶肢介类大量出现；软体动物如双壳纲、腹足纲自古生代出现以后，到中生代也进一步发展，更加繁荣，特别是它们在征服大陆淡水环境中，是无脊椎动物的优胜者；软体动物头足纲中的菊面石类初期仍存在，中后期为菊石类所代替；与此同时内壳亚纲中的箭石也是海洋生物界的主要类群。

新生代时期

新生代时期（约 6500 万年前开始延续至今）：中生代发育的一些无脊椎动物，如菊石类、箭石类已绝灭。而瓣鳃类、腹足类、昆虫类则在水陆空中分布。海生无脊椎动物则以孔虫的大量繁殖为特点，整个无脊椎动物的总体特征已与现代接近。

寒武纪生命大爆发

寒武纪是地质年代划分中属显生宙古生代的第一个纪，距今约 5.7 亿至 5.1 亿年，寒武纪常被称为"三叶虫的时代"，这是因为寒武纪岩石中保存有比其他类群丰富的矿化的三叶虫硬壳。这一时期绝大多数无脊椎动物门在几百万年的很短时间内出现了。这种几乎是"同时"地、"突然"地出现在寒武纪地层中门类众多的无脊椎动物化石（节肢动物、软体动物、腕足动物和环节动物等），而在寒武纪之前更为古老的地层中长期以来却几乎找不到动物化石的现象，被古生物学家称作"寒武纪生命大爆发"。这种"激进"式的发展是对达尔文进化论的极大挑战，至今仍被国际学术界列为"十大科学难题"之一。

脊椎动物的发展演化

脊椎动物是脊索动物的一个亚门。这一类动物一般体形左右对称，全身分为头、躯干、尾三个部分，有比较完善的感觉器官、运动器官和高度分化的神经系统。包括鱼类、两栖动物、爬行动物、鸟类和哺乳动物等五大类。科学家们通过考察与研究认为，脊椎动物的发展演化经历了4个阶段。

奥陶纪－志留纪时期

奥陶纪－志留纪时期（约5亿－4亿年前）：脊椎动物最原始的类型——无颚纲出现，其结构简单，无颚，无真正偶鳍，体内也没有硬骨，因此不是真正的鱼，仅具鱼的外形。志留纪末由无颚纲演化为盾皮鱼纲，盾皮鱼已是真正的鱼，但无内骨骼，仅具盾皮而得名。

泥盆纪－二叠纪时期

泥盆纪－二叠纪时期（约4亿－2.5亿年前）：盾皮鱼纲达到极盛，特别从泥盆纪至石炭、二叠纪盾皮鱼类已大大衰退，软骨鱼纲和硬骨鱼纲代之而起。在脊椎动物的演化中，泥盆纪末期，由硬骨鱼类的一种总鳍鱼演化出了两栖纲，是脊椎动物演化中极重要的一个进程。它标志着脊椎动物由水生过渡到陆生，征服陆地的开始。两栖纲在石炭－二叠纪达到了它自己历史中的繁盛时代。二叠纪爬行纲就由其演化而来，是中生代爬行动物演化的前奏。

二叠纪末期生物大灭绝

二叠纪（约2.95亿－2.5亿年前）末期发生了有史以来最严重的大灭绝事件，估计地球上有96%的物种灭绝，其中95%的海洋生物和75%的陆地脊椎动物灭绝。三叶虫、海蝎以及重要珊瑚类群全部消失。陆栖的单弓类群动物和许多爬行类群也灭绝了。这次大灭绝使得占领海洋近3亿年的主要生物从此衰败并消失，让位于新生物种类，生态系统也获得了一次最彻底的更新，为恐龙类等爬行类动物的进化铺平了道路。科学界普遍认为，这一大灭绝是地球历史从古生代向中生代转折的里程碑。灭绝原因一直在争论，有人认为是海平面下降和大陆漂移引起的，有人认为是气候突变、沙漠范围扩大、火山爆发等一系列原因造成，有人认为是陨石撞击引起的，但大多数生物科学家认为这场灭绝是由地球上的自然变化引起的。

三叠纪－白垩纪时期

三叠纪－白垩纪时期（约2.5亿－6500万年前）：鱼类中，软骨鱼退居次要地位，硬骨鱼继续发展。两栖纲兴旺时间并不长，在完成了它的历史使命后，三叠纪开始大量减退。中生代是爬行动物的时代，有名的恐龙即为其代表。爬行动物在向环境作斗争中，还产生了辐射适应，向空中发展，出现了飞龙，重新返回水中生活又出现了鱼龙，可能是哺乳动物鲸类的祖先。中生代的爬行动物，在白垩纪晚期很快衰退和灭亡。在爬行动物大发展的同时，由它演化出了两个新的类型鸟纲和哺乳纲，但其数量很少，化石也很少，在仅有的化石研究中，已知其当时为极原始的类型，体小，尖齿和臼齿尚未分化出来。

新生代时期

新生代时期（约6500万年前开始延续至今）：从新生代开始动物界已发展进入高级阶段。除硬骨鱼类继续发育外，其他如两栖纲，爬行纲都极大的衰退了，只遗留了少数后裔，而鸟类开始大发展。最有意义的是哺乳动物的演化发展，由于其高度的适应性，精细的器官分化等在与环境的斗争中，终于成了优胜者。哺乳纲中人类出现是划时代质的飞跃。从此，利用自然规律改造自然，在改造自然环境中也不断改造自己的最高代表——人类的时代开始了。

恐龙灭绝之谜

恐龙，一种巨大的爬行动物，在地球上兴旺发达、统治地球达 1.6 亿年之久。然而在距今 6500 万年时，不可一世的恐龙王朝却突然灭亡了，自 19 世纪 20 年代发现恐龙化石以来，对于恐龙灭绝的原因，一直是人们探讨的热点。

统治地球 1.6 亿年

从 2.45 亿年前到 6500 万年前的中生代，爬行类成了地球生态的支配者，因此中生代又被称为爬行类时代。大型爬行类恐龙即出现于中生代早期。爬行类在地球上繁荣了约 1.8 亿年左右。这个时代的动物中，最为大家所熟知的就是恐龙。

▲棘　龙

恐龙是生活在距今大约 2.35 亿年至 6500 万年前的、能以后肢支撑身体直立行走的一类动物，支配全球陆地生态系统超过 1.6 亿年之久。大部分恐龙已经灭绝，但是恐龙的后代——鸟类存活下来，并繁衍至今。

人们一说起恐龙，眼前就会浮现出一只巨大而凶暴的动物，其实恐龙中亦有小巧且温驯的种类。目前已知最长的肉食性恐龙棘龙，身长 16 ~ 19 米，重量 16 ~ 26.5 吨。最大的植食性恐龙易碎双腔龙，身长可达 58 米，重 150 ~ 180 吨。最小的恐龙体型相当于鸽子。目前已知最小型的成年恐龙标本属于近鸟龙，体重估计为 110 克左右。而且已知最小型的草食性恐龙则是微角龙与皖南龙，身长约 60 厘米。

生活于地球上的恐龙很可能在 1000 种以上，但是恐龙时代和我们相距如此遥远，我们只能通过已发现的化石去了解它们。被发现的恐龙有上百种。随着恐龙研究工作的不断进展，我们所知的恐龙种类还会不断增加。

恐龙在地球上生存了 1.6 亿年的时间，在这么长的时间里，地球的环境也发生了许多变化。原本连成一整片的盘古大陆逐渐漂移，分裂成为我们熟知的形态。这些地球板块漂移到全球各处后，由于光照不再均匀，热量的传导也被海洋阻断，气候环境也跟着发生了改变。在恐龙时代早期，蕨类植物构成的矮灌丛是地球上主要的植被。板块漂移，再加上气候变化，使得地球上的植物种类产生了巨大的变化。不过，由于这些变迁是在非常漫长的时间内逐渐发生的，因此生长其中的动物依然能够很好地适应。但是由于恐龙时代中期，地壳运动加剧，使得地质活动频繁，造成了陆地气候变化。到了恐龙时代晚期，由于气候变得干燥寒冷，地球上出现了沙漠。由于地球板块的漂移，造成高山隆起，深谷下沉，板块携带大陆向不同的方向运动，使得环境发生了一系列翻天覆地的变化。

恐龙统治地球 1 亿多年，可是在白垩纪末期，它们却突然在世界各地销声匿迹了。恐龙的灭绝是地球生命史上的一大悬案，自 20 世纪 70 年代以来，各种有关恐龙灭绝的理论、假说纷纷出台，展开了一场规模空前的大争论。

灭绝原因探讨

物种斗争说：7000 万年前，比恐龙更高等的哺乳动物已大量存在，哺乳动物对外界环境的适应能力以及生活能力都比恐龙强，尤其是哺乳动物常以恐龙蛋为食，这样在二者的生存竞争中，哺乳动物占了上风，恐龙逐渐走向衰亡。

气候变迁说：中生代，四季常春，气候温暖，适宜恐龙生息繁衍；而到了白垩纪晚期，整个地球发生了广泛的寒冷，恐龙皮肤裸露，缺乏调节体温的机制和保温的羽毛，同时因为脑量太少，行动迟钝，不能像其他小型爬行动物那样挖洞穴居，冬眠度寒，而最终走向了灭绝。

大陆漂移说：在恐龙生存的时代，地球的大陆只有一块，被称为泛古陆，气候温和，植物常青。但到了侏罗纪，从三叠纪末期即已开始缓慢割裂的两块古陆，发生了漂移，

▲ 暴 龙

而大陆漂移导致造山运动、地壳变化以及环境和气候的变化，裸子植物逐渐消亡，为春天开花结果、秋冬落叶的被子植物所取代。食物的短缺以及气候的寒冷加快了恐龙走向灭亡的脚步。

地磁变化说：实验生物学证明某些生物的死亡与磁性有关，如细菌在低磁场下 72 小时，其再生繁殖能力降低非常明显；鸟类在低磁场下影响飞行能力；老鼠在低磁场下体内酶的活动能力发生强烈变化，从而影响其新陈代谢作用，使其寿命缩短。对磁场敏感的生物，在磁场发生变化时都可能导致灭绝。由此推论，恐龙的灭绝可能与地磁的变化有关，因为在地质历史时期的古地磁曾发生过多次变化。

▲ 翼 龙

碰撞说：在 6500 万年前，曾有一颗直径 7～10 千米的小行星坠落地球，引起大爆炸，把大量的尘埃抛入大气层，形成了遮天蔽日的尘雾，使植物因光合作用停止而普遍枯萎，地球上的生态系统为之崩溃，导致

了恐龙灭绝。这一理论的依据是，在地中海、丹麦、意大利、西班牙、中国、新西兰、美国以及太平洋和大西洋的若干处沉积岩中发现铱的含量相当高，而铱在地球上的岩石中不多见，含铱量较高的是陨星和宇宙尘埃，通过对化石绝对年龄的测定，发现该铱层沉积的年代恰巧与恐龙灭绝的年代吻合。

周期性灭绝说：以美国的约翰·赛特考斯为首的古生物学家通过对地层中古生物化石的研究，发现生物大批死亡是有规律的，每隔 2600 万年发生一次，因此提出了生物周期性灭绝理论。美国的丹尼尔·瓦特还推测太阳有一颗叫尼米西斯的伴星，它沿着椭圆轨道以 2600 万年的周期运行，当它来到离太阳最近点时，能使彗星云的一部分落到地球上，从而引起生物灭绝。

综合因素说：古生物学家通过对采自法国比利牛斯山考维尔地区的一些恐龙蛋的研究，发现有两种非正常的结构现象：一种是蛋壳加厚，这种加厚部分把原来那一层的微气孔道都掩盖起来，使壳体内外无法通气；另一种蛋壳则有变薄现象，即蛋壳尚未发育到应有的厚度就被恐龙排出了，而恐龙蛋壳变厚变薄的原因是某种外界因素突变引起内分泌失调所致。地质学家也发现，变异的恐龙蛋多埋藏在干湿、冷暖多变的

▲角　龙

复杂气候条件下形成的含有石膏、盐类沉积的红色岩层中，这说明当时的气候肯定对恐龙的生理刺激有不利影响。加上当时动物界的生存竞争也相当激烈，心理刺激随时会发生。所有这些，使恐龙体内的激素分泌失调，以致厚壳蛋或薄壳蛋经常产生，恐龙的繁衍受到影响，终于使它们逐渐走向灭绝。

关于恐龙灭绝的原因不止上述这些说法，但是每一个说法还都有其不完善的地方。经考察，某些小型的虚骨龙的脑重和体重的比值超过早期的哺乳动物，足以阻挡哺乳动物的竞争，这就使"物种斗争说"存有漏洞；"气候变迁说"又不能圆满地解释异常寒冷是怎样产生的；"大陆漂移说"的原动力问题本身就是一个悬而未决的谜，以谜释谜难免谜上加谜；"碰撞说"的问题在于：迄今未发现碰撞在地面形成的环形坑，而且地层中高含量的铱又很可能是地下水搬运或是其他途径而在某地方汇集起来的；"地磁变化说""周期性灭绝说""综合因素说"又都是一种假说，缺少充分的依据。因此恐龙灭绝的真正原因还是一个巨大的谜团。

发现恐龙化石

当夫人将新采集到的化石呈现在曼特尔眼前的时候，他惊呆了。他见过许许多多远古动物的化石牙齿，可是没有一种能够与这么大、这么奇特的牙齿相似。在随后不久，曼特尔又在发现化石的地点附近找到了许多这样的牙齿化石以及相关的骨骼化石。为了弄清这些化石到底属于什么动物，曼特尔把这些化石带给了法国博物学家居维叶……

妻子的偶尔发现

吉迪恩·曼特尔（1790～1852），英国医生、地质学家和古生物学家。他对大自然充满了好奇心，特别喜爱收集和研究化石。行医治病之余，他常常带着妻子一起爬山涉水去寻找和采集化石。

1822年3月的一天，天气异常寒冷，可是曼特尔还是照常出门去给人看病。曼特尔夫人在家里等着丈夫回来，心理总是惦记着他会不会着凉。后来，曼特尔夫人实在坐不住了，就带上一件丈夫的衣服出门向着他出诊的方向去迎接他。她走在一条正修建的公路上，公路两旁新开凿出的陡壁露出一层层的岩石。她习惯性地边走边观察两边新裸露出来的岩层，忽然，一些亮晶晶的东西引起了她的注意。"这是什么东西呢？"她一面自言自语，一面走上前去仔细观看。哇！原来是一些样子奇特的动物牙齿化石。这些化石牙齿太大了，曼特尔夫人从来没有见过这么大的牙齿。发现的兴奋使得曼特尔夫人忘记了给丈夫送衣服这件事。她小心翼翼地把这些化石从岩层中取出来带回了家里。

▲吉迪恩·曼特尔

质疑居维叶的鉴定

晚些时候，曼特尔回到了家中。当夫人将新采集到的化石呈现在他眼前的时候，他惊呆了。他见过许许多多远古动物的化石牙齿，可是没有一种能够与这么大、这么奇特的牙齿相似。

在随后不久，曼特尔又在发现化石的地点附近找到了许多这样的牙齿化石以及相关的骨骼化石。为了弄清这些化石到底属于什么动物，曼特尔先生把这些化石带给了法国博物学家居维叶，请这位当时世界闻名的学者给予鉴定。

居维叶也从来没有见过这类化石，而他看过的所有的由前辈科学家撰写的书籍和论文中也从来没有提到过这种化石。不过，居维叶还是根据他掌握的相当丰富的动物学知识做了一个判断，他认为牙齿是犀牛的，骨骼是河马的，它们的年代都不会太古老。

曼特尔对居维叶的鉴定非常怀疑，他认为居维叶的结论太草率了。他决定继续考证。从此，只要一有机会，他就到各地的博物馆去对比标本、查阅资料。

"鬣蜥的牙齿"

两年后的一天，他偶然结识了一位在伦敦皇家学院博物馆工作的生物学家，此人当时正在研究一种生活在美洲的现代蜥蜴——鬣蜥。于是，曼特尔就带着那些化石来到伦敦皇家学院博物馆，与博物学家收集的鬣蜥的牙齿相对比，结果发现两者非常相似。喜出望外的曼特尔先生就此得出结论，认为这些化石属于一种与鬣蜥同类、但是已经绝灭了古代爬行动物，并把它命名为"鬣蜥的牙齿"。

后来，随着发现的化石材料越来越多，人类对这些远古动物的认识也越来越深入，我们知道所谓的"鬣蜥的牙齿"这种动物实际上是种类繁多的恐龙家族的一员；它确实与鬣蜥一样属于爬行动物，但是它与真正的鬣蜥的亲缘关系比起与其他种的恐龙的关系还要远了！但是，按照生物命名法则，这种最早被科学地记录下来的种名的拉丁文字并没有变，依然是"鬣蜥的牙齿"的意思。不过，它的中文名称则被译成为禽龙。禽龙是科学史上最早记载的恐龙。

曼特尔在发现禽龙后，并没有获得很大声誉，这是因为一个叫威廉·巴克兰的牧师于牛津郡的一个采石场发现了另一块恐龙骨头。它被命名为斑龙。巴克兰写了一篇关于斑龙的文章，并先于曼特尔发表。这篇文章写得很不好，但他还是历史上第一篇介绍恐龙的文章，所以人们没有把第一个发现恐龙的功劳归功于更有资历的曼特尔，而是巴克兰牧师。

免费参观的私人博物馆

到1833年时，曼特尔发现了另一个庞然大物——雨蛙龙。后来他又有了新的发现。在当时已知的5个属的恐龙中，有4个属是曼特尔发现的。

曼特尔善于收集骨头，也是个杰出的医生，但他不能一心二用。他忽视了医生职业，同时他的大部分财产用于购买化石，另一部分用来支付他的书的出版费用，而他的书买的人很少，如1827年的《苏赛克斯的地质说明》只卖掉了50本，倒贴了300英镑——这在当时不是一笔小数目。

曼特尔灵机一动，把自己的房子改为博物馆，收门票赚钱。但他意识到这种商业行为会损害他的绅士地位，且不说科学家的地位。于是他让人免费参观他的私人博物馆。大量的人来参观，日久天长，中断了他的行医工作与家庭生活。最后，为了还债，他变卖了他的大部分收藏品。不久，他的妻子带着他的四个孩子离他而去。

发现功绩被抹杀

在失去妻子、子女、医生职业和大部分收藏品后，曼特尔搬到了伦敦。1841年是决定性的一年，理查德·欧文在伦敦将获得命名和发现恐龙的殊荣——而曼特尔遇上了一场可怕的事故。当马车穿过克莱翰公地的时候，他不知怎的从车座上掉下来，缠在缰绳中间，被受惊的马匹飞快拉过粗糙的地面。这起事故造成他背部弯曲，走路跛脚，常年疼痛，脊椎受损，再也无法恢复。

欧文利用曼特尔体弱多病的姿态，着手系统地从档案中勾销他的贡献，重新命名曼特尔多年以前已经命名过的物种，把他发现这些物种的功劳占为己有。曼特尔还想搞一些创新的研究工作，但欧文利用自己在皇家学会的影响，确保曼特尔的大部分论文被拒绝采用。1852年，曼特尔再也无法忍受疼痛与迫害，结束了自己的生命。曼特尔死后不久，《文学》杂志刊登了一篇极其无情的悼文。在那篇文章里，曼特尔被描述成一名二流的解剖学家，他对古生物学的一点儿贡献"由于缺乏过硬的知识"而受到限制。悼文甚至抹去了他发现禽龙的功劳，把这个功劳归于居维叶和欧文等人。

曼特尔死后，剩下的收藏品留给了他的子女，其中许多被他的儿子沃尔特带到了新西兰，他于1840年移居到那个国家。沃尔特成为一名杰出的新西兰人，最后官至土著居民事务部部长。1865年，他把他父亲收藏品中的主要标本，包括那颗可以说是古生物学里最重要的牙齿——禽龙牙齿，捐赠给了惠灵顿的殖民博物馆（就是现在的新西兰博物馆），此后一直存放在那里。

> **居维叶**
>
> 居维叶（1769～1832），法国动物学家，比较解剖学和古生物学的奠基人。他一生经过了大革命、执政府、帝政和王政时期。他多次出任政府的大臣、部长等职位，但由于对时间和精力的充分利用，他同时在科学上做出了惊人的成就。他留下的不朽遗产，主要是那些堪称经典的比较解剖学、古生物学、动物分类学和科学组织各方面的著作。其著述之繁多，收集材料之广泛，世所罕见。居维叶生前的影响就已遍及西方世界，被当时的人们誉为"第二个亚里士多德"。

寻找熊猫的始祖

当与大熊猫同享一处生境的猿进化成了人——一个"能改变世界的优势种"，大熊猫被人不断地由沼泽河谷转移到山腰山脊，环境气候因而变得寒冷潮湿。再往后，它们几乎萎缩在青藏高原狭小的地域里，成为孑遗在青藏高原东缘的高山中"活的化石"。

法国神父的发现

1869 年 3 月，法国神父戴维在四川省宝兴县第一次看见大熊猫——一种奇特的黑白熊。1869 年 5 月 4 日戴维真的获得一只朝思暮想的活的大熊猫，要把它运回自己的祖国，介绍给法国人民，介绍给世界。可惜的是这只被戴维神父视为无价珍宝的"黑白熊"丧生于运输途中。于是戴维只能把一张大熊猫的皮送到了巴黎国家博物馆。有的人对这种戴着"一副墨镜"的黑白熊表示好奇，也有人表示怀疑：以为戴维假造了一张无中生有动物的皮。法国国家博物馆主任米勒·爱德华认真研究了这个他从来没见过的动物——它身体的结构像熊，但是所有的熊都没有它漂亮，它有一张圆乎乎憨态可掬的"娃娃脸"；它的圆脸像猫科动物，但是它的爪它的四肢它几乎没有尾巴跟猫科动物相差甚远。它似乎与小熊猫比较接近。（小熊猫在发现大熊猫的 42 年以前在中国西藏发现并命名）于是参照小熊猫的命名定名为大

▲四川省宝兴县风光

猫熊——一种像猫的熊。后来由于误会猫熊的名称变成了熊猫。中国人原来的竖行的书写顺序是从右到左，而英文横行的书写顺序是从左到右，中国人按照自己的习惯想当然地把英文的猫熊念成了熊猫，约定俗成，今天全世界的人都叫大熊猫——包括法国人在内。

大熊猫的起源

100 多年来，世界科学家对大熊猫的起源和分类上的细节—它们究竟是属于熊科还是自成一科有不少争论。有人认为熊猫是高度特化的熊，有人认为熊猫接近浣熊和小熊猫，尤其接近小熊猫；还有人认为把大熊猫独立出来相对于熊科单立为大熊猫科。

探讨大熊猫的起源，第一个重要的化石是 1942 年在匈牙利中新世地层中发现的牙化石。当时就把它定为一个新属。后来结合在法国发现的化石进行比较研究，认为它与大熊猫有直系的血缘关系，并把匈牙利发现的标本，由过去的学者认为是一种野熊，

明确地定为葛氏郊熊猫。

我国学者邱占祥和祁国琴在云南禄丰晚中新世禄丰古猿的地层发现大熊猫的祖先型化石，即始熊猫。禄丰化石标本是一种小型的大熊猫，有很完整的颊臼。其牙齿的特点无可非议地属于大熊猫类的，但它又具有不少的始熊的原始特征。而始熊又无可置疑地属于熊类的直系祖先。目前为止它是已知最早的大熊猫化石。禄丰化石为解决熊猫起源之谜提供了最直接的证据，熊猫和熊类亲缘关系的肯定要比跟浣熊类的亲缘关系密切得多。它们在距今800－900万年前晚中新世与熊类分道扬镳而成始熊猫，由它演化的一个旁支郊熊猫类分布于欧洲，在中新世灭绝。它的主支演化为大熊猫类，其中有一种小型大熊猫在更新世初期出现，以后灭绝了。另一种是现今的大熊猫。

在更新世中期化石种类在我国华南一带非常普遍，20世纪以来在中国的广大地区、在缅甸东部、在越南北部等数百处地点发现了越来越多的熊猫化石，使得它的演化历程越来越清晰可辨。在300万年以前，那时人类还没有从古猿进化为真正的人，大熊猫就已经在中国的南方出现了。那时它的数量还不多，分布区也很狭窄，是中国南方热带、亚热带丛林中巨猿动物群中的成员。始熊猫和早期的熊猫大概只有现代熊猫的一半大，身材大小就像一只稍稍肥胖的狗，但嘴和腿比狗要短一点。从它的牙齿化石推断，那时它的食性与现在的大熊猫没有很大的区别，特化为专门食用竹子的"素食者"。以后熊猫家族经历了200多万年的进化磨练，随着它的躯体逐渐地增大"富态"，成了一个"肥猪"，体长约160～180厘米，体重大约80～125千克。因为竹子不像动物性食物有较高的营养，当熊猫的身体在进化过程中增大一点，其体表面积相对来说反而减少了，因此它们新陈代谢的代谢率也就相

▲ 大熊猫吃竹子

对的减少了。另一方面它们的身躯的增长是为了适应较为寒冷的环境。正像东北虎比华南虎大，北方人通常要比南方人高。身材体积大，体表的面积相对减少，也就减少了热的散发。

距今约75万年以前开始，大熊猫的分布区域从珠江流域、长江流域向北越过横亘于中国西部的秦岭山脉，扩大至黄河流域，直达北京的周口店。这是大熊猫在数量上分布区最为鼎盛时期，是当时亚洲南部大熊猫—剑齿象动物群中的优势种，其体形也向大处发展，比现代大熊猫约大1/8。处于鼎盛时期的大熊猫不仅广泛生活于南方亚热带森林中，而且也逐渐适应北方暖湿带森林气候。当与大熊猫同享一处生境的猿进化成了人——一个"能改变世界的优势种"，大熊猫被人不断地由沼泽河谷转移到山腰山脊，环境气候因而变得寒冷潮湿。再往后，它们几乎萎缩在青藏高原狭小的地域里，成为孑遗在青藏高原东缘的高山中"活的化石"。

"神鸟" 孔雀

鸟类中的一个最精彩的景观就是雄孔雀展示它们的羽毛，注意，不是雌孔雀，雌孔雀跟雄孔雀比就像个"灰姑娘"。孔雀开屏是非常美丽的一道景观，可是孔雀为什么喜欢开屏呢？对此，达尔文提出"性选择说"，而有人提出了一种截然相反的观点——"不易被捕"假说。

孔雀开屏

孔雀的发源地在亚洲和东印度洋一带，孔雀就是从这里流传到世界各地的。孔雀只有两个品种，并且都与野鸡有亲戚关系。在古时候，希腊人和罗马人都把孔雀当作神鸟。

▲ 孔雀开屏

由于孔雀在展示它们的羽毛时总是大摇大摆地，好像是在向周围炫耀自己。所以人们常常这样说："像孔雀一样虚荣。"这对孔雀实际上是太不公平了。因为在交配季节它不会比其他鸟更虚荣。

雄孔雀只是因为雌孔雀才展示自己华丽的羽毛，它们也只为雌孔雀展示羽毛。在各种鸟中，一般都是雄性的鸟有一身更为华丽的羽毛。孔雀的羽毛比起其他鸟来当然就更华丽了。

雄孔雀的头部、脖子和胸部是丝红色的，上面还不时有绿色、金色的小斑点在闪耀。雄孔雀头顶上有一簇长羽毛组成的孔雀冠，最早的孔雀就是这个样子。雄孔雀的背部是绿颜色的，翅膀顶端的羽毛是古铜色。

雄孔雀最引人注意的特征当然是它的大长尾巴。孔雀的身长大约为 2 ~ 2.5 米，而它的尾巴就占去了 1 ~ 1.5 米。

雄孔雀的尾巴由蓝色、绿色和金色羽毛所组成。这些羽毛都很像"眼睛"的形状，并且一层层的颜色都不相同。当雄孔雀的尾巴毛竖起来的时候就是美丽的孔雀屏，收起来的时候就是真正的尾巴了。

雌孔雀的个头要比雄孔雀小一些，头上的冠也比雄孔雀的短，色彩也单调。雌孔雀一般每次生 4 ~ 8 枚蛋，蛋皮呈土黄色。孔雀那华丽的外衣就这样一代代流传下来了。

鸟类羽毛的颜色存在着千差万别，有的灰暗单调，有的绚烂艳丽；有的雌雄相仿，有的两性差异甚大。鸟羽的不同色彩作用何在呢？这显然是一个令人感兴趣的问题。

两种假说的交锋

英国著名生物学家达尔文19世纪中期曾对此提出一个颇令人信服的假说——性选择假说。他认为，在实行一雄多雌婚配的鸟类中，每只雄鸟所交配的雌鸟数目越多，产生的后代也越多。因此，任何能使雄鸟与更多雌鸟交配的特征都有利于繁殖后代，而雄鸟的鲜艳色彩就是这样的特征，因为雌鸟似乎更乐意与装饰华丽的雄鸟交配。这种"性选择"假说在当时曾被广泛接受，尤其是在解释孔雀开屏的原因时更是如此。

"性选择"说，得到了比较广泛的认同，但是有人还是向它发起了有力的挑战。

英国曼彻斯特大学的动物学家罗宾·佩克和利物浦大学的吉奥夫·派克，通过大量的实验，提出了一种截然相反的观点——"不易被捕"假说。他们认为，凡是善于发现敌害，或者因为活泼机灵而极易逃脱的鸟，都以鲜艳的色彩来显示出自己的长处。他们经过调查发现，凡是不活泼的鸟，颜色都偏向于灰暗，而几乎所有生性活泼的鸟，则都有鲜艳的色彩。除此之外，在一雄多雌婚配的鸟类中，雌鸟负有孵卵的任务，故较之雄鸟更不活泼，因此在这一类鸟中，色彩鲜艳的都是雄鸟。

▲雌孔雀

罗宾和吉奥夫认为，孔雀开屏曾作为"性选择"假说的经典例子，但用"不易被捕"假说也能进行很好的解释。比如在雄孔雀开屏后，张开的尾羽上有许许多多艳丽的"眼点"，可以用来迷惑敌人，因为其他动物很容易被同时呈现于眼前而又活动着的形象所迷惑。于是，就在敌人疑惑迷茫和举棋不定之际，雄孔雀便可以伺机逃脱。

动物变性现象

科学家们发现，诸如黄鳝、沙蚕、牡蛎、红鲷、鳟鱼等等。有人认为这些生物的原始生殖组织，同时具有两种性别发展的因素，当受到一定条件的刺激时，就能向相应的性别变化。然而至今还没有人能够具体解释清楚这种性别逆转的机制，依然留给人们无尽的猜想。

大肠杆菌的性逆转

男变女、女变男，对人类来说是咄咄怪事，但在生物界中，这却是一种比较常见的性变现象。

人类对这种性逆转现象的研究首先是从低等生物——细菌开始的。在人的大肠里寄生着一种杆状细菌，被称为大肠杆菌。在电子显微镜下可以发现，大肠杆菌有雌雄之分，雌的呈圆形，雄的则两头尖尖。令人惊奇的是，每当雌雄互相接触时，都会发生奇异的性逆转，即雄的变为雌的，雌的则变为雄的。后来经科学家研究，发现雌雄互变的媒介在于一种叫"性决定素"的东西，当雌雄接触时，就将彼此的"性决定素"互赠给对方，从而改变了彼此的性别。

黄鳝性逆转的首次发现

有的动物的性逆转是偶尔的，非正常的，是外部因素导致的，如鸡。有些动物的性逆转是正常的，比如黄鳝的性逆转。1944年，我国杰出鱼类学家、淡水生态学家刘建康首次报道黄鳝存在性转变现象。他在研究黄鳝繁殖习性的过程中，首先观察到黄鳝的性别明显与体长和年龄有关，中小个体主要是雌性，而较大个体为雄性，雄鳝都是由雌鳝产卵后通过转变而来，而该转变不可逆转。

▲ 黄　鳝

黄鳝从胚胎到性成熟期都是雌性，雌性性成熟产卵后，卵细胞败育，卵巢逐渐退化，同时，分布于生殖褶上的原始精原细胞开始生长发育，形成精小囊。此时残留的雌性生殖细胞与发育的雄性生殖细胞共同存在于生殖囊腔内，为雌雄间性发育阶段，然后向雄性过渡，这一发育过程是单向的，即发生性变化后不再由雄性个体逆反为雌性个体。刘建康揭示鳝鱼性别转变规律，为低等脊椎动物性别决定机制提供了有意义的新论据。

奇异的变性现象

科学家们还发现，诸如沙蚕、牡蛎、红鲷、鳟鱼等等。有人认为这些生物的原始生殖组织，同时具有两种性别发展的因素，当受到一定条件的刺激时，就能向相应的性别变化。然而至今还没有人能够具体解释清楚这种性别逆转的机制，依然留给人们无尽的猜想。

沙蚕是一种生长在沿海泥沙中、长得像蜈蚣一样的动物。当把两条雌沙蚕放在一起时，其中的一条就会变为雄性，而另一只却保持不变。但是，如果将它们分别放在两个玻璃瓶中，让它们彼此看得见摸不着，那它们都变不了。这是什么原因呢？现在还搞不清楚。

还有一种一夫多妻的红鲷鱼，也具有变性特征。当一个群体中的首领——唯一的那条雄鱼死掉或被人捉走后，用不了多久，在剩下的雌鱼中，身体强壮者，体色会变得艳丽起来，鳍变得又长又大，卵巢萎缩，精囊膨大，最终成为一条雄鱼而取代原来丈夫的职位。若把这一条也捉走，剩余的雌鱼又会有一条变成雄鱼。但是如果把一群雌红鲷鱼与雄红鲷鱼分别养在两个玻璃缸中，只要它们互相能看到，雌鱼群中就不能变出雄鱼来，但如果将两个缸用木板隔开，使它们互相看不见，雌鱼群很快就变出一条雄鱼。这究竟是为什么，还是一个未解之谜。

再有，海边岩礁上常见的软体动物——牡蛎也是一种雌雄性别不定的动物。有一种牡蛎，产卵后变为雄性，当雄性性状衰退后又变为雌性，一年之中可有二次性转变。然而牡蛎过的是群聚生活，不乏雄性个体与雌性个体，为什么还会有"朝雌暮雄"的性变态呢？

▲ 鳟 鱼

鱼类的变性之谜

有人对鱼类的"变性之谜"进行了研究，认为鱼类改变性别的目的主要是为了能够最大限度地繁殖后代和使个体获得更多的异性刺激。美国犹他大学海洋生物学家迈克尔认为，在一种雌鱼群或一种雄鱼群中，其中个头较大者，几乎垄断了与所有异性交配的机会。这样，当雌鱼较小时能保证有交配的机会，待到长大变成雄性时，又有更多的繁育机会。与性别不变的同类相比，它们的交配繁育机会就相对增加了一半。同样，在从雄性变为雌性的鱼类中，雌鱼的个体常大于雄体。雄鱼虽小，但成年的小雄鱼所带有的几百万精子，足够使再大的雌鱼所带的卵全部受精。另外这些雌鱼与成熟的无论个体大小的雄鱼都能交配。因此，它们小一点的时候是雄鱼，长大以后变雌鱼，不仅同样受到交配的双重机会，而且与那些从不变性的鱼类相比，又多产生一倍的受精卵，这对繁殖后代大有益处。

动物冬眠之谜

　　每当冬季来临，有些蠕虫、昆虫、两栖类、爬行类、某些鸟类和兽类，便钻进它们预先挖好的洞穴里，在洞穴中一动不动地进入一种较长时间的休眠状态，这就是动物的冬眠。冬眠不是所有动物都有的，而是动物中一些种类所特有的一种越冬方式。动物冬眠无论在行为上还是在生理上，不能不说是一种奇妙而神秘的现象。

动物的冬眠

　　在加拿大，有些山鼠在冬季到来之前，它们便开始行动，挖好地穴，钻进洞中，将身体蜷缩成一团，开始越冬—冬眠。这时它们呼吸很慢，心脏每分钟只跳动 1~2 次，体温也逐步下降，下降到和外界的温度几乎一致。如果人们用脚踢它，它动也不动没有任何反应，好像死了一样。但它的爪和鼻？却显微红，这说明氧气还在它体内的血液中运行，它并没有死，而是冬眠越冬。

▲刺　猬

　　松鼠冬眠也很奇特，有人曾把一只冬眠的松鼠从树洞中挖出，只见它的头就像折断了一样，任人们怎样摇动，它都没有反应，甚至用针去刺它，它也不醒。刺猬冬眠也别具一格，它的呼吸几乎停止，因为它在冬眠时，喉头上的一块软骨可将口腔和咽喉隔开，并掩紧气管的入口。最有趣的是蝙蝠，它们用两脚倒悬着冬眠，这样经过一个冬天，竟然不会跌下来，真是妙极了。

▲松　鼠

　　科学家对冬眠动物进行研究和观察后认为，冬眠动物在一年中要经历 3 种状态：活动状态、冬眠状态和苏醒状态。在夏季，它们是非常活跃的，处于活动状态。随着秋季的到来，它们就开始进入若干个冬眠周期，在各个冬眠周期之间，还有若干个短暂的苏醒期。一般说，开始冬眠周期稍短些，以后便越来越长，到了严冬时冬眠周期最长，这以后冬眠周期便越来越短，直到春季最后苏醒，尔后便进入活动状态。在严冬冬眠高峰期，黄鼠一次入眠约为 14 天，山鼠则为 30

天。在各冬眠周期之间有一个历时2~3天的短暂苏醒期。

冬眠动物在冬眠期，其体内某些系统、组织和器官将发生一系列变化，以适应冬眠。其主要变化是体温下降，心搏减慢到正常时的1/200，心脏跳动不规则；血液循环系统变化很显著，血管变窄，红细胞和白细胞减少，但红细胞的寿命则比正常情况下长3倍，血凝固较慢，在低温情况下，红细胞不会聚集在一起。在冬眠期，动物的呼吸系统也发生显著变化，呼吸次数可降到每5分钟只进行一次，其需氧量也大幅度下降，下降到只相当于它们在活动期所需氧气的1/100，而它们血液中的含氧量却处于高度的饱和状态，这就使血液始终是鲜红色。这时，动物皮下有一层白色的脂肪，它有隔热作用，保护体内热量不致失散，而在肩胛骨和胸骨周围的棕色脂肪，用以供给能量，以便维持冬眠动物生命和苏醒时所需要的能量。

冬眠动物苏醒过来的情况也是很有趣的。这时动物全身会剧烈颤抖和抽动，并大口大口地喘气，表明它们体内细胞急需要氧。呼吸变得越来越深，越来越快，血液的颜色也迅速变深。尽管当时的外界温度很低，但体温会迅速上升，大约2小时之后，动物就会完全苏醒过来，并开始它的正常活动。

动物冬眠的奥秘

早在20世纪60年代，动物冬眠现象和随之而发生的生理变化，科学家研究得已经比较清楚了。但到底是什么因素在每年的冬季到来之前使动物进入冬眠状态，则了解得还很不够。1968年以后，英国海洋局研究动物冬眠的科学家道厄和他的合作者斯里伯尔，对动物冬眠奥秘的研究作出了重要的贡献：他们用一系列实验，证明了在冬眠动物的血液里有一种能诱发冬眠的物质。他们从一只正在冬眠的黄鼠身上抽出了3毫升血，并立即把其中的2毫升分别注射到已脱离冬眠状

▲黄　鼠

态的2只黄鼠的静脉中。结果，把这2只黄鼠放进室温为7℃的冷房中，它们在几天之内又回到了冬眠状态。按照同样的方法，他们从2只正在冬眠的黄鼠身上抽血，立即注射到正处在活动期的黄鼠静脉中，结果它们也都进入冬眠状态。这些实验证明了正在冬眠的黄鼠血液中可能有一种能诱发自然冬眠的物质。

接着，他们用离心机把处于冬眠状态的黄鼠血液分离成血细胞和血清2个组分，并进一步查明了只有血清这个组分可以诱发黄鼠进入冬眠。用处于冬眠状态的旱獭血清给黄鼠注射，黄鼠也进入了冬眠。他们还用同样的方法，使冬季养在温室里的动物进入冬眠。一般说，冬眠动物在温室里，即使在冬季的冬眠季节，它们也不会进入冬眠状态。他们先用21只黄鼠分3组做实验，每只黄鼠身上均植入一个热敏电阻温度计，然后分别用旱獭和黄鼠的冬眠血清向两组（每组各7只）黄鼠注射血清，同时，

又给第三组注射处于活动期的黄鼠血清，结果发现，注射冬眠血清的两组黄鼠体温都下降了，有几只还真正地进入了冬眠。然后，把这三组黄鼠放进冷房，接受冬眠血清的两组黄鼠，正如它们在冬季应该发生的那样，都很快地进入了冬眠；而只接受活动期血清的第三组黄鼠，并未进入冬眠。

以上这些实验结果说明，这些诱发物不论在冬季或夏季都能发生作用，而且在冬季不论在冷的或者暖的环境里都能起作用。

这两位科学家在实验中还发现，某些血清样品似乎对冬眠诱发物起对抗作用。他们把处于冬眠和活动期的黄鼠血清以及残留物，按不同比例混合，并用这些混合物分别在动物身上进行实验，结果发现含有活动期血液残留物的混合物，即使在混合物中有诱发物存在的情况下，仍能使动物的冬眠开始比正常时间大大推迟，这说明血液残留物中含有抵抗冬眠诱发物的抗诱发物。因此可以设想，冬眠的开始时间取决于诱发物和抗诱发物之间的比例变化。这就是说，冬眠动物在一年之中的某一时期，如在冬季到来之前，它产生的诱发物比它所产生的抗诱发物大到一定浓度时，诱发物终于抑制住抗诱发物，并把诱发物渗透到动物的组织和器官内，因此就产生了第一次冬眠。而当春季到来之时，它所产生的诱发物和抗诱发物的比例及浓度恰好相反，抗诱发物在血液中的比例越来越大，变得足以抑制住诱发物时，动物就又回到了活动状态。

那么，这种诱发冬眠和抗诱发冬眠物到底是什么呢？1991年，我国学者向忠民和蔡益鹏在研究黄鼠冬眠作用时发现，在自然冬眠黄鼠入眠前，黄鼠脑内儿茶酚胺下降，并在整个冬眠期始终维持一个低水平。他们还用儿茶酚胺的拮抗剂6－羟多巴胺在黄鼠的脑室内注射，发现黄鼠可以提早进入冬眠，最长冬眠阵持续时间及总冬眠天数都较对照为长。这提示脑内儿茶酚胺的降低，可能在冬眠的发动和维持中起重要作用，则6－羟多巴胺可视为动物冬眠的诱发物。

他们在同一实验中还发现，将肾上腺髓质组织移植侧脑室，则肾上腺髓质可分泌儿茶酚胺，并使移植的黄鼠中的2只在整个冬季都不冬眠，而其余的4只则总冬眠天数、最长冬眠阵天数和冬眠阵数都较对照组短。这说明儿茶酚胺可能是冬眠动物的抗诱发物。前人在血液中发现的诱发物和抗诱发物，究竟是不是这两种物质或这两种物质的类似物，还有待进一步地实验和分析，才能最后得出结论。不过我国学者提出的产生冬眠诱发物和抗诱发物的实验，无疑对研究动物冬眠的发生机制提出了明确的新观点。

动物导航

　　人类最初的旅行和远航是靠太阳和星星来辨认方向的。太阳和星星好比是地球的灯塔，人们靠着它，可以旅行和远航。后来，人类发明了指南针，这就为人类的旅行和远航指明了前进的方向。那么动物的远航靠什么呢？它们在漫长的远航中，凭借什么来辨别方向，认识路线的？在它们身上是否有导航器？

动物奇异的远航能力

　　世界上有许多种动物有着奇异的远航能力。例如绿海龟，每年6月中旬便成群结队地从南美洲的巴西沿海出发，历时2个多月，行程2000多千米，到达大西洋上一个全长仅有9千米的阿森松岛。在那里完成它们生儿育女的神圣使命后，又下海返回它们原来的老家——巴西沿海。2个月后，小龟纷纷破壳而出，像它们的先辈一样，争先恐后地爬向大海，游回它们父母的栖息之地巴西沿海。

　　这种奇异的远航本领，鸟类也不逊色。短尾海鸡每年迁徙飞行，两次越过赤道。它们每年4月从大洋洲的产卵孵育地，经印尼、菲律宾、日本、阿留申群岛和美洲西海岸，绕太平洋一圈，9月份又飞回原产卵孵育地。红颜蜂鸟每年从美国北部或加拿大南部起飞，横跨墨西哥湾，行程800多千米，然后飞回原地。身长仅4厘米的名叫北极燕鸥的海鸟，它的远航能力更令人瞩目。它们每年筑巢产卵育雏在新英格兰，到8月份便携儿带女飞往南方，12月份到达南极洲，到第2年春季，又北迁，每年迁飞约35000千米。

　　昆虫远飞的能力也不可小视，昆虫虽小而瘦弱，但它们能迁飞很远的距离。如生活在北美东部的一种褐色大蝴蝶，每到冬季它们就迁飞到墨西哥中部山区，在那温暖潮湿的森林里过冬，行程达3900千米。

　　最令人感兴趣的是与人类有密切关系的家养动物，也有远途外出而不迷失方向的能力。如猫是很喜欢同主人生活在一起的，但它更留恋自己的故居，当主人把它们带到数百千米以外的地方，它们仍可以长途跋涉独自返回故居。

动物导航的奥秘

　　动物在漫长的远航之中能找到它们的归途，说明在动物体内有一个复杂的导航系统。这个导航系统是什么呢？科学家用蜜蜂和信鸽做了实验，证明这个导航系统有3套：第一套是以太阳为主的罗盘系统，第二套是由太阳散射到空中的紫外偏振光系统，第三套是动物体内的磁性导航系统。

　　诺贝尔奖金获得者、奥地利生物学家弗里希，曾在20世纪40年代用一系列实验测出了蜜蜂的基本导航能力。他首先证明了蜜蜂通常是利用太阳作为罗盘进行导航的，指出蜜蜂通过"舞蹈"告诉其他采集蜂如何到达它所发现的花源地，就是以太阳作为参考点的。例如，要是太阳位于蜂箱入口的前方，而采集蜂所发现的花源地在蜂箱左侧40°，那么返回蜂箱的采集蜂就在垂直的巢框上朝左侧40°方向"跳舞"。类似的实验也显示了太阳对蜜蜂导航的重要性。例如，将水平蜂箱中舞蹈蜂所见到的太阳实际位置用镜子颠倒过来，人们发现舞蹈蜂也将舞蹈方向倒过来；可是若将蜂箱完全遮盖起来，则舞蹈方向就乱了套。由此可见，蜜蜂是利用太阳来导航的。

信鸽的实验则进一步证明了动物的远航是以太阳罗盘进行导航的。科学家曾做过这样的实验，他们将一群鸽子关在离家以西160千米的一间屋里，在中午打开电灯来模拟黎明，过了几分钟后把鸽子放出来，鸽子以为是黎明，太阳在东方，但此时太阳却正好在南方，鸽子看到太阳后，就自动根据太阳来导航，飞向南方，它们以为这就是向东方朝家飞。

▲ 信 鸽

弗里希的同事、德国动物学家马丁和林道尔发现，蜜蜂不仅在有太阳的时候能顺利导航，就是在没有阳光的阴天，它们也绝不会转向，照样能准确无误地返回自己的家园。这又是什么原因呢？弗里希的进一步研究终于揭开了蜜蜂在阴天不靠太阳导航的秘密。他让水平地舞蹈着的蜂通过各色滤光镜看到一小块天空，但不让它看到太阳。这时，大部分光色对舞蹈蜂无妨碍作用，可是当滤掉紫外光后，舞蹈蜂就转了向。然后，弗里希把紫外光之外的所有光滤掉，并使紫外光偏振，这样紫外光就产生了特定方向的波，这时蜜蜂又开始方向无误地舞蹈起来。当弗里希转动一下偏振器，舞蹈蜂也随之改变了舞蹈的方向。这个实验证明了蜜蜂是能够利用偏振光根据太阳的方向导航的。这就是动物的第二套导航系统，是动物在阴天没有太阳情况下的一套备用系统。

除了太阳和紫外偏振光系统外，生物学家还测出了蜜蜂对磁场很敏感，首先发现蜜蜂与磁场有关系的是德国动物学家林道尔和马丁，他们发现所有采集蜂发出的太阳与食物源之间角度信号很少与实际角度相吻合。例如，采集蜂中午也许在正确方向偏右5°，而在下午3点钟却是偏左10°。这是为什么？他们用一套亥姆霍兹消磁线圈，把蜂箱四周围住，蜂箱中的磁场即可消除，然后又在玻璃壁上放置一个格栅，并从格栅中测量舞蹈蜂舞蹈的角度，实验结果使他们大吃一惊，通常的舞蹈偏差消失了。这就证明蜜蜂对磁场是有反应的。

鸽子同蜜蜂一样，在晴天靠太阳导航，但在阴天没有太阳时也能顺利回家。因此，推测鸽子也可能有另外一套导航系统。美国生物学家沃尔科特在70年代做过这样一个实验，他把鸽子带上一个亥姆霍兹线圈的头盔，利用这种头盔，他可以精确地控制每只鸽子飞行时的磁场。他报道说，晴天时每只鸽子均能返回，而在阴天时，当头部线圈按预定步骤产生一个北极朝上的磁场时，鸽子就飞不回来；可是当产生南极朝上的磁场时，鸽子就能直接飞回，这就证明阴天鸽子是利用磁北极导航的。

动物利用磁场可以导航，则动物体内必然有磁性物质，于是一场在动物体内寻找磁性物质的研究开始了。1918 年，科学家终于解开了动物磁体之谜。美国普林斯顿大学生物学家古尔德及其同事，在用蜜蜂做寻找磁性物质的实验中发现了蜜蜂的腹部有磁性物质，并用磁强计测出了每只蜜蜂总共含有大约 1 亿个磁畴（1 个磁畴就是 1 组最小的可起磁铁作用的原子），接着，他们又用地质勘探局的磁强计测出了鸽子头部的脑与颅骨之间含有磁性物质。为了证实他们的发现，他们与生物学家沃尔科特和柯希文克合作，用马萨诸州的伍兹霍尔海洋所的一台高灵敏度的磁强计，在大约 20 多只的鸽子身上找到并分离出含有磁体的组织。并测出鸽子体内同蜜蜂一样含有磁畴，其数目大约比一个"磁罗盘"实际所需要的还多 1 亿个。

动物导航的未解之谜

科学家用蜜蜂和鸽子所做的动物导航实验，虽然已初步揭示出这两种动物导航的秘密，但是太阳、星星的位置是随时间而变化的，即使是地磁场强度的大小，也会因时、因地而有微弱变化。那么蜜蜂和鸽子是怎样识别这种变化并进行处理的，从而不断调整自己的导航行为呢？至今尚无人知晓。

动物的种类是繁多的，它们的远航本领也是各异的。是否所有动物的导航都与蜜蜂和鸽子一样呢？有没有其他的导航系统呢？鸟类特别是候鸟，它们因季节的不同而作长距离的迁飞，变更其栖息的地区。它们飞过高山，越过重洋，飞回自己曾经住过的地方，而从不迷失方向。有些候鸟在出生后当年就迁飞越冬地，并先于它们的父母而出发，飞经的是从未走过的路线，它们是靠什么来定向识途的？

家养动物猫的远途旅行，也是令人很感兴趣的。据有关报道，有一只叫贝拉的猫，在西伯利亚的契尔诺哥尔斯克市住了 6 年。有一次，猫的主人到克拉斯诺雅尔斯克去，也把他心爱的猫带到那里，但这只猫不喜欢这个新地方，于是它便独自出走，几个月之后，这只猫又回到契尔诺哥尔斯克自己的老家里。这样，它走了 600 多千米，经历了一段它完全不熟悉的道路，遇到了许多河流和障碍，通过大片的森林地带。谁也无法解释贝拉是怎样找到自己回家的道路的。

昆虫、大蝴蝶、鲑鱼和海龟一类的动物，凭借什么，是怎样飞行、洄游或爬回自己的老家，这都是尚未揭开的谜。

总之，有关动物导航之谜，科学家已做了

地球磁场

由于地核的体积极大，温度和压力又相对较高，使地层的导电率极高，使得电流就如同存在于没有电阻的线圈中，可以永不消失地在其中流动，这使地球形成了一个磁场强度较稳定的南北磁极。历史上，第一个提出地磁场理论概念的是英国人吉尔伯特。他在 1600 年提出一种论点，认为地球自身就是一个巨大的磁体，它的两极和地理两极相重合。这一理论确立了地磁场与地球的关系，指出地磁场的起因不应该在地球之外，而应在地球内部。

一些工作，揭示了一些动物导航之谜，还有许多动物导航之谜没有被揭开，或还知之甚少。如在动物导航的几种理论中，哪一种是主要的，普遍存在的，起决定性作用的？是否还有新的未被发现的动物导航系统等。又如，动物体内可能有一些微小的磁体，那么它们又是怎样准确无误地定向和导航的？这种磁体又是怎样与神经系统相联系而产生导航指令的，这些都是需要今后进一步探索的问题。

美人鱼的传说

据说美人鱼上半身美得让人窒息，下半身却是长满鳞片的冰冷鱼尾，再加上其魅惑人心的歌声，无数的水手被引向不归路。而在安徒生的笔下，作者通过美人鱼对爱情的执著追求和为爱而不惜牺牲自己生命的感人故事，来表现美人鱼崇高的精神境界和美好善良的心灵。经过科学考察，现在一般认为美人鱼的生物原型是儒艮或海牛。

美人鱼的雕像

自古以来，美人鱼一直深受人们的喜爱和赞美。许多古老的民族和国家都曾有过许许多多关于美人鱼的神话和传说。

丹麦首都哥本哈根的郎宁海滨公园里，建造了一座美人鱼铜像，这是丹麦艺术家爱德华德·艾里克森根据安徒生的童话《海的女儿》雕铸成的，它披着一头美丽的长发，有着一双深情的眸子，无论晴天、雨天或夜晚，总是凝视着波涛滚滚的大海，沉思遐想，它的脸上似乎略带着羞怯，眉宇之间似乎稍有忧郁，仿佛是在焦急地等待着它心爱的王子远航归来。美人鱼的形象是丹麦国家的标志，来到丹麦的游客，总要买点有关美人鱼方面的纪念品带回去。

美人鱼的真身

神话传说中的美人鱼，究竟是一种什么样的动物呢？这曾经是历史上的一个大谜，引起了历代人们的极大兴趣和探求。

一些科学家认为：所谓美人鱼，其实是一种生活在海洋中的高等哺乳动物——海牛目的儒艮。儒艮分布在中国、日本、东南亚以及印度洋沿岸国家的海洋里，它的身躯呈纺锤形，长约三四米，重约400千克，体色灰白，遍身皮肤上稀稀拉拉地长着一些硬毛，脑袋光秃秃的，嘴巴朝下开，上嘴唇很厚。它的性情温和，从不伤人，不吃鱼虾贝类，专门吃海藻、海草之类的海洋植物。吃饱以后，就在岩礁旁似睡非睡地休息。雌儒艮有两个大乳房，长在胸鳍的下方，哺乳期乳房

▲ 儒 艮

胀大，雌儒艮喂乳时，有时侧卧在水面上，身子向外转，这样好让小儒艮吸住它的乳头。这时，那分叉很深的叉形尾鳍或可露出水面，或可接近水面，两片长大的胸鳍搂住儒艮——那形态，远远望去好像妇女在给小孩哺乳的样子，不明真相的人，往往误

认它为"美人鱼"。

20世纪50、60年代初，每当春季，在舟山群岛的海面上，有时看到一种形象似人的鱼，抱着一个光头的"胖小孩"，出没于海洋之中，那就是有名的"舟山人鱼"。它的头圆圆的，有个不很明显的颈项，嘴和眼睛都很小，鼻孔生在头的两侧，身体也圆圆的。雌的人鱼胸部有一对突起的乳房，到了春天，常常抱着"小人鱼"露出海面，它的叫声似婴儿啼哭，远远看去，好像一个母亲抱着婴儿傲然挺立于海洋上。

海牛一般栖息在浅海中，产于加勒比海，在巴西大西洋沿岸也有它的踪迹。它浑身光滑无毛，皮厚达2.5厘米，头部粗大，长着一对小眼睛，没有耳朵，也没有耳道，蹄爪呈翅状，有较大的圆形尾巴。雌海牛的胸部有一对乳房，在怀仔时，乳房就发育长大起来。一般每两年繁殖一次，一次生一至二仔。雌海牛在喂乳时，用像人手一样的翅状蹄爪抱着小仔。由于人们站在很远的地方，没有看清海牛的躯体，往往把母海牛误称为美人鱼。

▲ 海 牛

美洲巴西的牛鱼有两种：一种生活在北部的亚马孙河流域，叫淡水牛鱼；另一种生活在北部沿海，叫海水牛鱼。牛鱼在动物分类学上属海牛科，它的体型似鲸，又近似于海豚，呈流线型，一般长约3～6米，体重可达400～500千克，它的身体，特别是头部同牛有许多相似之处，胃也有四室，肉味鲜美，具有鱼肉与牛肉两种味道，营养价值很高，因此，被称为牛鱼。它的性情十分温和，从不恃强凌弱，能与其他水生动物和平共处，友好往来，当它身上有寄生虫时，一些鱼类就来为它打扫干净。它不易繁殖，雌牛鱼一生只产一仔，孕期为7个月。它的胸部长着两个乳房，如拳头大小，与女人的乳房位置相似。哺奶时，它用前身善于游泳的桨状两鳍抱着幼子，如妇女抱小孩一样，十分有趣。由于牛鱼是一种食水草的哺乳动物，最喜欢在水草多的地方生活，每当它露出水面时（尤其天气晴朗时，最喜欢露出水面来晒太阳），头上往往挂满水草，胸前大大的乳房也露出水面，远远望去，如同披着长发的女人，因此，古代航海家们戏称它为"美人鱼"。牛鱼的皮肤如同大象，据科学家考察，几百万年前，牛鱼和大象原是一家，它们的老祖宗都是以食草为生，后来由于自然界的变化，才分成两家。

光学变形现象

据1981年1月29日出版的英国《自然》杂志发表的文章报道：加拿大两位科学家——莱恩博士和施洛德博士，用电子计算机对与美人鱼的出现有着制约关系的空气温度、海水温度，从海面到目击者眼睛的高度，以及目击者与被目击物的距离进行了试验。试验的结果揭开了古人看到美人鱼之谜：这是由于光线受到一种特殊的海洋气候的影响，人们远远看到的模糊不清的所谓"美人鱼"只不过是海象或鲸鱼等露出海面身体部分的光学变形。这两位博士解释说：当风暴来临时，海洋上空的冷空气层受到外来的热空气袭击，然后冷空气与热空气混合成一体，形成一个温度不断变化的新空气层。这个新形成的空气层如同使物体变形的透镜，使通过它的光线屈曲。因而，透过这种新空气层看东西，将会看到一个物体的光学变形。例如，在符合这两位博士所确定的标准天气里（即新形成的空气层里），他俩在温尼伯河上拍下了一张远远看去形似"美人鱼"的照片，跑到近处一看，其实所谓"美人鱼"原来是一块大石头，这是由于光学变形所造成的。

英国《自然》杂志

英国《自然》杂志是世界上最早的国际性科技期刊，1869年由约瑟夫·诺尔曼·洛克耶爵士创办，天文学家和氦的发现者之一洛克耶是《自然》的第一位主编，直到1919年卸任。《自然》自创刊以来，始终如一地报道和评论全球科技领域里最重要的突破。其办刊宗旨是"将科学发现的重要结果介绍给公众，让公众尽早知道全世界自然知识的每一分支中取得的所有进展"。如今杂志每星期在全世界发行6万份，大约四分之一发行到图书馆和研究机构。

动物的迁飞与洄游

随着季节变化，许多鸟儿也在有规律地往返旅行。春天，它们飞向北方地区；秋天，又返回南方地区越冬，它们每年都要往返搬家，这种现象叫做鸟类的"迁徙"。鱼类也是这样，春天，有的鱼儿常常游到北方水域；到了秋天，又回到南方水域越冬，它们每年也要往返搬家，这种现象叫做鱼类的"洄游"。

鸟类的迁徙

每年春暖花开时，我国北方大地到处莺歌燕舞，百鸟争鸣。可是，到了秋天，很多鸟类都不见了，而春天一到，它们又都飞了回来。这些随季节变化而迁移居住地的鸟叫做候鸟。在候鸟中，根据它们在我国停留的季节不同，又可分为夏候鸟和冬候鸟。夏候鸟，夏天在我国境内繁殖，秋天飞往南方地区或国家越冬，来年春天又重返回我国，如燕子、杜鹃、黄鹂等。汉乐府诗中有"翩翩堂前燕，冬藏夏来见"的诗句。这10个字把燕子飞翔的姿态，秋去夏来的候鸟特征表达得非常清楚。燕子每年春季从印度和南洋群岛，千里迢迢飞到我国各地，在房檐下或房梁上筑巢、生蛋繁殖后代；深秋，幼燕长大了，它们的爸爸妈妈又带领它们飞往印度、南洋群岛去越冬。冬候鸟，是指冬天在我国境内越冬，春天飞往北方繁殖，而秋天又迁回我国，如野鸭、天鹅、大雁等。

由上可见，候鸟的迁徙，通常是一年两次。春季是由南向北，飞往繁殖地；秋季是由北往南，飞往越冬地。所以，同一种候鸟在不同时间和地区，可以有夏候鸟和冬候鸟两种称呼。

但是，在同一地区也有一些鸟终年留居，没有迁徙现象，如喜鹊、乌鸦和麻雀等，这些鸟人们称为留鸟。有一些鸟没有固定的栖息地区，随着食物而转移，这类鸟叫做漂泊鸟。也有一些鸟繁殖和越冬都不在我国，只是在迁徙过程中途经我国，人们称它为旅鸟。如某些鹬。还有一些鸟，不是常来常往这个地区，而是在迁飞时由于自然条件变化，因迷路而飞到这个地区的，所以把它称作迷鸟。

候鸟的迁徙非常有趣，各种候鸟迁徙飞行的路线通常是固定不变的，并往往沿着山脉、河流、海岸线飞行，且大多都是南北纵飞的，只是稍稍有些曲折。因此，有人认为鸟类是借助于山脉、河流、海岸线来导航的；也有人认为鸟类是靠地磁来导航的，因为有些鸟类对地磁有敏锐的感应，它们内耳半规管的壶腹里的器官像磁针一样，起着导航作用。还有人认为鸟类是利用太阳和星星来导航的。那么，究竟鸟类靠什么来导航，还有待于科学家们去进一步探索。

鸟类迁徙飞行的路程也令人十分吃惊。黄胸鹀在春天到来时，从印度半岛和中南半岛，向北飞到西伯利亚，再经过东欧、西伯利亚，最后再回到印度半岛和中南半岛。

白喉莺在秋天到来后向南迁飞，经巴尔干半岛，飞过地中海，沿尼罗河到上游地区去过冬；第二年春天，又沿着原来的路线飞回故乡去繁殖。

身长仅 11 厘米、体重不过 15 克的田西鸣雀，每年秋天从加拿大和美国北部飞越 5000 多千米的北美上空，到中、南美去越冬；到了春天，它们又飞回原地。小小的鸣雀，从北美飞到南美去过冬，要在海上飞行 86 小时，途经 3700 千米，有时为了寻找合适的风，还要在 6400 米寒冷缺氧的高空飞行。

▲黄胸鹀

鹳鸟从北欧迁飞，途经地中海、撒哈拉沙漠，一直飞到南非去越冬，飞行时间长达 3 个月。鹳鸟飞行距离令人惊叹不已，人们曾发现，一只幼鹳鸟夏季在北极圈内的格陵兰岛孵出后，向南迁飞，经过漫长旅行，一直飞到远离故乡上万千米外的西非各国。

海洋鳐的飞行距离更远，它们在北极区极昼时产卵繁殖，这时南极是极夜，当产完卵孵出幼鸟，再飞迁到南方越冬时，南极正好开始了极昼。它们每年往返的旅程达四五万千米。

鱼虾的洄游

对虾味道鲜美，营养丰富，是有名的菜肴。有趣的是，对虾具有随季节变化而洄游的习性。每年当春季来临时，海水温度逐渐回升，在我国黄海中、南部海域过冬的对虾便开始洄游，它们成群结队地向北方海域前进。3 月初对虾游到山东半岛东南的石岛附近海域，在这里集聚；4 月初，大批对虾经威海、烟台、蓬莱附近海面，向渤海进发，部分转向山东半岛南部，还有部分向辽东半岛、朝鲜半岛游去。4 月底，进入渤海湾的对虾，先后到达黄河、海河、滦河、辽河等海口后，就逐渐分散开来，并在这里产卵繁殖后代。到了秋末，水温急剧下降，它们又群集起来，沿着老路，慢慢地洄游到黄海的南部海域，在那里越冬。

黄鱼是我国著名的海鱼，它们的肉质细嫩而鲜美，深受人们喜爱。黄鱼分大黄鱼和小黄鱼两种。小黄鱼也有洄游的习性，每年春天，在黄海越冬的小黄鱼便开始成群结队沿着山东半岛向渤海进发，5 月份到达黄河口、大沽口和营口等沿海一带，并在这里产卵繁殖。在东海越冬的小黄鱼，每年春天便游到舟山群岛和江苏沿海去产卵；秋季，水温下降，寒气袭来，它们就离开产卵地，初

▲小黄鱼

冬时又洄游到东海越冬。

迁徙和洄游的奥秘

为了揭示动物迁徙和洄游的奥秘，科学家进行了长期的研究。

有人认为，鸟类春季的迁徙与繁殖有关。因为越冬地夏季酷热，不适宜鸟的产卵繁殖，所以春季要迁徙到相对较冷的北方进行繁殖，那里纬度高，夏季日照长，有利于哺育幼鸟。而越冬迁徙则是由于食物缺乏引起的，繁殖地区冬季严寒，大地被冰雪覆盖，万物萧疏，昆虫、谷物几乎绝迹，对鸟类觅食和生活十分不利，所以秋天时就南去越冬，迁徙到食物丰富的地方栖息。

但是，气候、食物等外界条件，对有些鸟类的迁徙却无法解释。例如，在北方繁殖的鹟和莺，育雏后，夏季就开始南迁了；在南方越冬的鸲和蓝矶鸫，冬末就开始北飞了。因此，有人认为，鸟类迁徙的根本原因，是受体内某种物质的周期性刺激而引起的，这种刺激物质可能是性激素。

▲ 蓝矶鸫

由于鸟类的迁徙主要发生在北半球的欧洲、亚洲和北美洲，所以有些鸟类学家从历史上寻找鸟类的迁徙原因，认为与冰川有关。当冰川期发生和形成时，使鸟类向南迁徙；当冰川向北退却时，鸟类则随之向北迁徙。

近年来，有的科学家认为，鸟类的迁徙，与体内的生物钟有关，即鸟类体内的"日钟"和"年钟"，使得它们能够准确地进行迁徙。

有的动物学家认为，鸟类的迁徙是外界环境条件变化与其体内生理状况相互作用的结果，如日照和温度的变化，影响到鸟类的神经系统、内分泌器官和性器官的机能也随之变化，促使鸟类发生相应的反应，这种反应逐年加强，世代相传，就形成固定不变的迁徙本能。

有的科学家认为，蝴蝶迁飞和鱼虾的洄游与生殖和气候条件有关。例如，美洲的"彩蝶王"每年秋末从加拿大迁飞到墨西哥马德雷山脉的陡峭山谷中去繁殖后代；欧洲的蛱蝶，每年秋季都要迁飞到非洲，以避开严冬的威胁。又如，对虾和小黄鱼春天的洄游是为了产卵繁殖，所以叫做生殖洄游；而秋末的洄游，是为了躲避隆冬的寒冷，寻找合适的越冬场所。也有的科学家认为，蝶类的迁飞和鱼虾的洄游，是气温、气压、光照、风雪、水温、食物等环境条件的变化和生理上的刺激相互作用的结果。

总之，动物迁飞和洄游之谜，迄今还没有完全揭开，还有待于科学家们去进一步研究和探索。

感人至深的父爱

动物的母爱也是无私的、伟大的，动物母亲们可以为子女献出一切！动物的父爱如何呢？人们对此似乎了解不多。动物学家和博物学家对这个问题曾做过长期的观察，获得了许多有趣的动物父爱的资料，发现父爱的无私与伟大并不逊于母爱。

瓣蹼鹬的父爱

每年春季，一群群瓣蹼鹬来到大陆北部的冻土地带，这里有广阔的沼泽平原。僻静的小河湾和长满青苔的沼泽地，到处都有青苔和木贼的小水洼，这是瓣蹼鹬称心如意的小天地，它们离开南方热带海洋，又回到了梦寐以求的故乡。

瓣蹼鹬的主要食物是蚊子的幼虫——孑孓，也捕食蚊子。瓣蹼鹬捕食蚊子的样子很滑稽，它们慢慢游近成群的蚊子，把头低下，伸长脖子，然后猛然向前冲去，把蚊子吞掉。

瓣蹼鹬从老远的地方飞回这里，并不单单是为了吃蚊子，它们早就考虑到生儿育女的大事。雌瓣蹼鹬想用叫声和飞飞落落的仪式引起雄鸟的注意。在瓣蹼鹬的生活中，好多事情似乎是雌雄颠倒了。鸟类一般是雄鸟追求雌鸟，瓣蹼鹬却是雌鸟向雄鸟求爱。雌鸟亲自选择造巢的地方，还要保护雄鸟，以防别的雌鸟来打扰。而雄鹬也正好相反，它要去忙应该属于雌鸟做的一些事，如负责孵卵和照料雏鸟。为了与这种不寻常的劳动分工相适应，瓣蹼鹬的雌雄打扮也和一般鸟

▲ 瓣蹼鹬

类的常规颠倒了。雌鸟打扮得花枝招展，像大公鸡那么漂亮！而雄鸟却是灰灰的，很不起眼。这些可怜的雄鸟要孵卵，因此就不能用鲜艳的羽毛打扮自己，以免惹人注目，不然是会招来敌人的。

雄鹬的性情温和、恬静；而雌鸟却很好战，它会毫不犹豫地冲向情敌，把它们赶出自己占据的小水洼。一旦雌鸟看到了雄鸟，便立即向雄鸟飞去，温情脉脉地鸣叫着落在它身旁。雌鸟像鹅一样伸长脖子，仿佛要把雄鸟赶走似的，其实完全是另一回事。雌鸟向雄鸟走去，然后又高高地抬起头跑回去，接着它又带着嬉戏而威胁的神态靠近胆怯，雄鸟，但突然又摆出一副骄傲的样子跑走了。这样重复不止，一到雄鸟动心才算完事。

过了不久，便到了重要时刻：雌鸟将把母亲的职责转交给雄鸟。雌鸟在自己感到

称心如意的一个小坑里产下4枚卵。这时，雌鸟觉得自己完全尽到了母亲的全部义务，它们便集聚成群，无忧无虑地向沼泽地区巡游，并一天天向南，朝着热带的海洋飞去，它们将在那里过冬。而雄鸟依然要趴在巢里，孤独地在巢里孵育雌鸟给它留下的后代。当雏鸟孵出以后，它又带领它们在水里游泳。雄鸟尽全力去保护自己的儿女，以免发生意外。对雄性动物来讲，这可是一件了不起的功劳。

如果颁发奖章，瓣蹼鹬会得到第一枚父爱奖章的，生活在巴西的雉鸻是瓣蹼鹬的近亲，雄鸟在抚育后代方面花费的时间和力气也不小；还有南美洲的鸻鸟，澳大利亚的鸸鹋和鹤鸵，它们的雄鸟都是应该获得父爱奖章的。

操心的棘鱼爸爸

棘鱼是一种并不怎么起眼的小鱼，然而到了春季，它们却变得像童话里的灰姑娘那样面目一新。雄棘鱼变换装束：腹部变成西红柿一般的红色，棕褐色的背部开始变绿，而那时天蓝色的眼睛会发出海蓝宝石般的光彩，结果变成了衣着漂亮的新郎。它们又是那样的好斗。一条条雄棘鱼离群而去，在河底上寻找造巢的场地，把其他各种鱼赶走——自然都是些它能对付得了的一些鱼类。它就像大公鸡一样，冲向不速之客。然而一般也达不到大打出手的程度。当没有谁来打扰时，梭棘鱼总是忙于造巢。棘鱼会分泌一种黏液，能把小草粘成很结实的一大团。雄棘鱼在里面掏一个洞，通过中心穿过去，这样巢就造好了。

▲ 棘　鱼

雌棘鱼在巢里产完鱼子，便又追赶鱼群去了。这时雄鱼还要送它一程呢！多么好的一对啊，然后雄鱼赶忙回到巢里去。这时它的操心事可不少：巢要进行修理，因为大腹便便的雌鱼把圆球状的巢给弄坏了；还要把鱼子好好隐蔽起来。但主要的麻烦事，是要给巢通风。为了鱼子能更好地发育，需要的氧气越来越多。它就待在自己的家门口，用胸鳍不停地拍打水面以给鱼子送去新鲜的氧气。将近一周时，雄鱼一昼夜要用3/4的时间守护在巢旁，用力划着水，使新鲜水不断地从巢里流过。操心的棘鱼爸爸是多么辛苦啊！

到了第8天，小鱼孵化出来了。雄棘鱼又有了新的操心事。幼鱼软弱无力，而且又没有经验。它要保护幼鱼，时时注意不让它们跑远。幼鱼挤在一起，跟在棘鱼爸爸后面，就和雏鸡跟在老母鸡后面一样。雄棘鱼守护自己的小鱼约两周之久，幼鱼逐渐长大，在游动时，离开家的距离也越来越远。小棘鱼从此开始了独立的生活。

慈父大奖赛

如果棘鱼和瓣蹼鹬比赛"父爱"，毫无疑问棘鱼要占上风。但是在评定是否给雄棘鱼一等奖之前，我们还应考虑是否还有其他有希望得到一等奖的动物。

首先看一看海马。它的尾巴卷成一圈圈的，头抬得高高的，腹部鼓鼓的，不断地扇动着扇子一样的鳍，向前游去。

海马在乔装打扮方面，并不次于变色龙。周围有什么样的背景，海马的肤色也就随着变成相一致的颜色，能起不让敌害发觉的作用，雄海马不单单是为了保卫自己，原来，它的"怀里"还装着自己的后代呢！

雄海马在性成熟以前，在它尾部腹面的两侧，先长出一对皮褶，两个皮褶不断生长，最后愈合成一个透明的囊状物，这很像袋鼠的育儿袋，但一般称为育儿囊。雌雄海马在繁殖期间相互追逐嬉戏，达到高潮时，雌雄海马的尾部会缠在一起，它们腹部相对，雌海马就把卵悄悄地产到了雄海马的育儿囊里。雄海马给卵受精，并把育儿囊的口封闭，这以后，雄海马就要带着这个大肚子艰苦度日。

卵在雄海马的育儿囊里要孵20天左右。它从育儿囊的血管获得各种维生素和其他营养，就像人类的胚胎从母体的胎盘得到营养物质一样，当小海马快要出世的时候，雄海马在海底的水草丛中寻找一个僻静的地方，用长尾巴牢牢地缠住草茎。可怜的雄海马，"分娩"前的阵痛使它弯曲着身子，疼得它前前后后地不断弯来弯去。它用力收缩腹肌，希望育儿囊快些破裂，好把在里面折腾的小海马"生"出来。

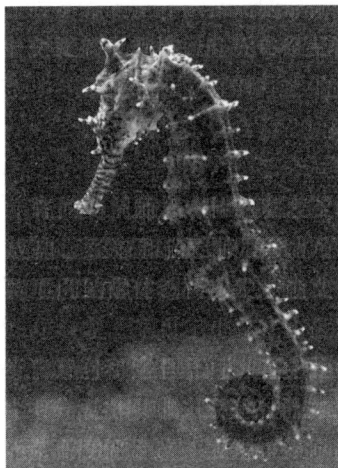

▲海　马

海马的近亲——海龙，也是用这种方法养育子女。但雄海龙的育儿囊不如海马的完整，它的两个皮褶就好像两扇门，平时敞开，到了孵卵期才关闭起来。当幼体孵出时，雄海龙采取大开门的方式，让小海龙倾巢而出。有趣的是，小海龙一遇危险，还可以回到父亲的育儿囊里。这一点就比海马强多了。

有些海生鱼类，例如圆鳍鱼，也是雄鱼守护鱼子。雄鱼不分昼夜地守候在鱼子旁边，即使产卵的地方选得不好，甚至海水退潮露出了海底，可是雄鱼还是和鱼子留在浅滩里，用嘴竭力吞着最后一滴滴在石缝间慢慢流动的海水。

斗鱼是很出名的，它们会选用最轻的建筑材料筑巢。筑巢时，雄鱼把嘴巴伸出水面吸气，接着吹出一个气泡。很黏的唾液给每个气泡蒙上一层薄膜，这样气泡就不会爆破了，可以长时间地漂浮在水面上。接着在一

▲斗　鱼

旁又吹出一个个气泡。最后有一堆气泡浮在水面上，这就是斗鱼产卵的巢。

雌鱼在气泡堆下开始产卵，鱼子向上漂去，停在浮动的气泡上。如果水流将琥珀色的小鱼子冲到一边去了，雄鱼便追上去用嘴叼住，再送回原处。担惊受怕的日子开始了。警惕性很高的爸爸，一分钟都不会擅离职守；遇到强敌时，它就设法把它们引开。它还不时地翻动着鱼子，以便使鱼子能更好地发育。当幼鱼出世之后，爸爸的操心事儿就更多了。4 天以后，小鱼就都远走高飞了，从此大鱼就再也见不到它们了。

有些蛙类也有资格参加"父爱大奖赛"。例如长吻蛙——达尔文在智利旅行时，曾经研究过这种蛙养育子女的独特办法。这种蛙竟用鸣囊作为孵卵器，在这种蛙的舌下两侧有两个孔可通鸣囊。

雌蛙将 20 ~ 30 粒卵产在青苔上。在卵的周围，几只雄蛙一天天地等待着，过了十多天以后，蛙卵胚胎开始蠕动，雄蛙便跳向前去吞蛙卵，一只蛙能吞多少，那就要看它抢得快慢了。吞蛙卵的雄蛙自然不是吃下肚去了，而是送到鸣囊里。卵在鸣囊里继续发育。过不久，就会从卵里钻出一条条小蝌蚪。

蛙爸爸怎么喂这些小蝌蚪呢？大自然倒想出了奇妙的办法。一开始是蝌蚪的小尾巴和小爪子，以后是整个背部都长在鸣囊的内壁上。这样就可以从爸爸的血液里吸取营养。小蝌蚪生长很快，鸣囊会向四面胀大，一直胀大到腹部和背部的皮下。当蝌蚪变成小青蛙时，它们会把自己的肉从爸爸的肉上拉扯开来。小青蛙从爸爸的嘴里钻出后，就去过自由的生活了。

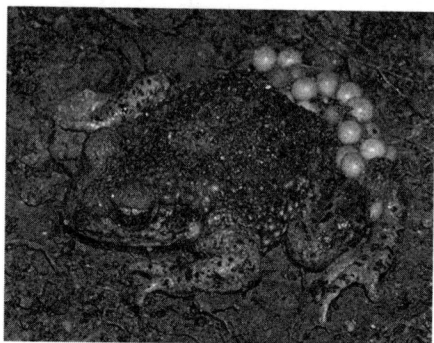

▲ 产婆蟾

欧洲有一种皱蟾，俗称产婆蟾。美国的一些厂家，竟向这种蟾学会了一种据说是世界上最好的包装鸡蛋的方法。

早春三月，雌蟾开始产卵，它的卵被"包装"在一条很粘的长丝带里。雄蟾会立即把卵丝放在自己的大腿上，然后把整个卵丝都放在自己的背上跳走了。此后它藏在树根下或地洞里。

蝌蚪即将孵化出来时，雄蟾便潜入水中，不久，小蝌蚪自己会用尾巴顶开卵壳，立即钻出来。这时，完成使命的蟾爸爸也就挣脱挂在水草上的空卵丝带，高兴地跳上岸去。

动物的记忆力

科学家们发现，动物的记性，与存在于脑中核糖核酸、乙酰乙酯等物质有关。这种核糖核酸可以抽取注射，因此动物的记忆力也可以转移。世界著名的神经化学家乔治·昂加尔认为：动物的记忆力是一种具有化学物质的特性，由细小的蛋白质分子有序排列组合而成。

是记忆还是本能

动物是否有记忆力？这是长期以来颇具争议的问题，按照传统的医学生理常识，记忆的基础是高级思维，记忆不仅是储存信息，而且是整理信息，以便能输出信息，为此人们将记忆视为人类的特有功能。

然而，一系列的事实又证明某些动物确实有惊人的记忆力，且不说较高等的动物海豚、黑猩猩等，即使是较低等的动物老鼠、螃蟹、海龟、蟾蜍、星鸦、沼泽山雀也都具有记忆力。比如，老鼠能走出迷宫；海龟、蟹群、蟾蜍能准确无误地重复前辈的路线去产卵；而具有贮藏食物本能的沼泽山雀和星鸦，总能准确地找回自己很久以前埋藏的食物；如何解释这种现象呢？是先天的本能还是后天的记忆？是参照了环境的特点，还是根据气味信息？

▲黑猩猩

很显然，单用"本能行为"或"条件反射"的含糊解释，是不能完全回答上述问题的，动物中确实存在记忆力的问题，只是有些动物的记忆基础还未完全认识清楚。为了揭示这其中的奥秘，科学家们做了大量的实验和研究，已找到了某些动物的记忆基础，如海龟的记忆基础是气味；蟹群的记忆基础是行星与地磁的位置；而星鸦的记忆力是借助于贮藏区地貌特点。然而，仍有一些动物的记忆基础令人迷惑不解。

沼泽山雀实验

为了揭开英国沼泽山雀记忆的奥秘，人们做了一系列的实验：在一座大房子里放置了 12 株树枝，每株树枝上都钻了一些大小正好容纳 1 颗大麻籽的小洞，总数为 100 个，每个洞塞着一块小布团，鸟儿为了贮藏或者寻找大麻籽，必须首先起走塞着的布团。

第一个实验是让一只沼泽山雀从房间中央地板上的一个碗内，叼了 12 颗大麻籽去贮藏。由于受洞大小的限制，每颗种子都必须藏在不同的洞中。等大麻籽藏好，就把山雀关到房外，过了2.5小时，再放进来，让它寻找贮藏着的大麻籽。大家清楚，如果这种寻找完全是盲目的话，那么就需要大约搜索8个洞才能找到1颗种子。而实际上，沼泽山雀只探查24个洞，便找到了其中的10颗种子，即平均2.4次就有一次命中的机会，可见这远非机遇类假设所能解释的。

▲沼泽山雀

有人推测，这可能与气味有关，于是又设计了第二个实验。

这一次在同样的树枝上，首先让沼泽山雀把13颗种子贮藏起来，随后又人为地把贮藏好的种子转移到别的洞中，然后让沼泽山雀进来寻找。在它探索的24个洞穴中，其中11个是原先用来贮藏种子的（现有已成为空洞），和第一次实验的成绩不相上下。如果以实际找到的种子而论，这一次总共只有4颗，即平均每搜寻6个洞才得到1颗，可见沼泽山雀的确不是依气味探寻贮藏物。为了进一步验证鸟类是凭记忆力贮藏食物，人们又设计了第三个实验。

这一次首先让沼泽山雀贮藏好第一批种子，然后相隔两个小时，再放进房间里，让它贮藏第二批种子。如果沼泽山雀记住了哪些洞里已经装有种子，那么在贮藏第二批时，就会避开那些已经装着种子的洞穴，如果记忆不起作用，而仅仅凭偏爱或随机地寻找洞穴，那么就会发现重复事故。

可是鸟儿在贮藏第二批种子时，几乎从不去探寻已经贮藏着种子的树洞。它的确记忆了哪些洞是已经藏有食物的，哪些洞是还没有利用的。

然而，沼泽山雀的记忆基础是什么，还有待于进一步探寻。

动物的记忆力也可以转移

▲章 鱼

目前，动物的记忆力已成为各国科学家感兴趣的研究课题。研究对象也扩大到蜘蛛、章鱼、马、银粉蛇、蜜蜂、乌鸦等等。

科学家观察到，蟾蜍为了繁殖，在冬眠以后会集体向池塘进发，有时这一征途竟有几百米之远。令人不可思议的是，如果蟾蜍在进发途中遇到了其他池塘，那蟾蜍并不会就近跳入这些池塘中产卵繁殖下一代，它们会向特定的池塘艰难爬去。事实证明，蟾蜍进发的产卵之途，恰恰是它们前辈的产卵之途，而且这些池塘也是临产蟾蜍的出生之地。

最初人们推测，蟾蜍的记忆基础也与气味或行星和地磁有关，然而日本早稻田大学石居进教授的实验却否定了这一推测，石居进将临产蟾蜍放在繁殖池塘对面稍远的地方，则蟾蜍再也不会返身向此池塘行进，它们会迷失方向。

科学家们发现，动物的记性，与存在于脑中核糖核酸、乙酰乙酯等物质有关。这种核糖核酸可以抽取注射，因此动物的记忆力也可以转移。世界著名的神经化学家乔治·昂加尔认为：动物的记忆力是一种具有化学物质的特性，由细小的蛋白质分子有序排列组合而成。他通过训练大白鼠受电击时发生的恐怖情绪使之产生记忆力，然后把这种恐怖记忆物质抽取出来，又注射到另一只大白鼠身上，它不经电击就产生出那种恐怖的情绪，说明前者的记忆力已被后者继承了。

条件反射

原来不能引起某一反应的刺激，通过一个学习过程，就是把这个刺激与另一个能引起反映的刺激同时给予，使他们彼此建立起联系，从而在条件刺激和无条件反应之间建立起的联系叫做条件反射。俄国生理学家巴甫洛夫是最早提出经典性条件反射的人。他注意到狗在嚼吃食物时会分泌大量的唾液，唾液分泌是一种本能的反射，巴甫洛夫还观察到，较老的狗一看到食物就满口水，而不必尝到食物，也就是说，单是视觉就可以使狗产生分泌唾液的反应。

鲸的集体自杀

庞大的鲸经常集体性自杀，是自然界里最震撼人心的事件之一。对其自杀原因，历来说法很多：有人认为是由于某种寄生虫使其听觉神经发生病变，导致声呐系统失灵而造成的；有人认为鲸是为了救助同伴；有人认为是因鲸群中带头的首领判断方向有误，导致众鲸盲目跟随……

集体自杀记录

鲸集体"自杀"在自然界中是屡见不鲜的事。

1784年3月13日，一批抹香鲸游进了法国奥栋港，当时刚好涨潮，海面刮起大风，有32条抹香鲸在沙滩上遇难，它们的吼叫声一直传到4千米以外。

▲鲸的集体自杀

1946年10月10日，在阿根廷马德普拉塔城海滨浴场，发生一次大规模的鲸"自杀"事件，海滩上竟躺下了835条伪虎鲸。

1966年12月1日，在菲律宾的库约岛岸边，102条鲸集体"自杀"。

1970年1月11日，150头伪虎鲸冲上美国佛罗里达州皮尔斯堡附近的海滩。海岸警卫队想救出这些搁浅的鲸，把它们驱赶回大海去，可是这些鲸却拒绝营救，到大海后又顽强地游回原地，重新躺在沙滩上。拯救工作从中午一直持续到夜晚，却毫无结果，150头伪虎鲸全部死亡。

1970年3月18日，在新西兰海岸的奥基塔浴场，有59头抹香鲸冲上海滩而死亡。

1971年1月10日，在美国洛杉矶附近的圣克莱门特荒岛海岸，有29头伪虎鲸集体"自杀"。

1979年7月16日，在加拿大纽芬兰的波林半岛，有100多条巨头鲸拼命地冲上海滩。当地的居民发现后，想方设法要拯救这些鲸，他们开启水龙头，企图把鲸赶回大海，并用渔船努力阻止鲸冲向海岸，还将冲向海滩的鲸搬下海去，但这一切均未能奏效，最后这些巨头鲸全部死在海滩上。

1985年12月22日，我国福建省打水呑湾有12头抹香鲸搁浅，横卧海滩，渔民们奋力驱赶鲸群返回海洋，用机帆船拖曳，但被拖下海的鲸又冲上海滩，最后全部毙命。这是我国有记录的第一次抹香鲸集体"自杀"事件。

据英国大英博物馆所作鲸"自杀"记录统计，自1913年以来，有案可查的鲸搁浅

"自杀"总数已超过1万头。

自杀原因探讨

鲸为什么会发生集体"自杀"呢？这是科学家们一直感兴趣的问题，为解开这个谜团，他们进行了不懈的探索。

由于鲸遇难多发生在低洼的海岸、沙质的浅滩、海滨浴场、布满砾石或淤泥的冲击土层，以及远离海洋中心的凸出的海角，因此有科学家认为，鲸搁浅"自杀"是因为它们迷失了方向，即不利的地形使鲸的回声定位受到了干扰。当水浅不能浸没它们的喷水孔时，它们的回声定位装置就会失效，这样，它们的行动方向被扰乱了，因此冲上了陆地而死亡。

有人认为，海水的涨潮和退潮、暴风雨和海浪所造成的水位波动，加上海边倾斜的浅滩，这些地理条件是导致鲸登陆的原因。

美国生物学家拉·沃尔森认为，由于生物具有保护物种的本能，而鲸是一类眷恋性很强的海洋哺乳动物，当一头鲸遇难时，便通过定向声呐系统发出呼救信号，同伴们闻讯后便迅速赶来相救，只要有一个同类没有脱险，其他鲸都不愿离去，最后同归于尽。

日本学者森满保通过解剖研究认为，鲸发生集体"自杀"的悲剧，是由于某种寄生虫使其听觉神经发生病变，导致声呐系统失灵而造成的。

美国地球生物学家乔·金斯彻维克等人，在研究鲸"自杀"之谜的过程中，把一张记录美国东海岸鲸搁浅"自杀"事件的地图，与美国地质局绘制的一张磁力地形图相比较时，惊奇地发现一个有趣的规律：搁浅事件多发生在磁力低的地区或极低的地区。因此，他认为鲸与鸟类、鱼类一样，借助于地球磁

▲小男孩伤心地趴在自杀的鲸身上

场来决定迁徙途径，并沿磁力低的方向前进，即使在前进中搁浅在海滩上，至死也不改变路线。

有人认为，鲸冲上海滩的主要原因是听觉失灵。因为鲸的视力较差，行动基本上依靠听觉。它们靠鼻部和咽喉部的气囊发出一种特殊的高频声波，利用回声定位来辨别方向和捕捉食物。但当它们游到平坦多沙或泥质的浅海水域时，反射回来的是低频声波，因此就无法对环境进行正确判断，从而迷失方向。尤其当它的躯体一触到海滩，就立刻恐慌万分，猛力挣扎，往往就冲到了岸上。

也有人认为，鲸一头接一头地冲上海滩，是为了救助同伴。鲸有一个突出的特性，就是爱成群结伙地活动。它们组成一个团结友爱的集体，一起觅食，共同抵御敌害，保障共同的安全。一旦它们当中某个成员不慎搁浅，必然会痛苦地挣扎，发出哀鸣。

声 呐

声呐是英文缩写"SONAR"的音译，其中文全称为："声音导航与测距，Sound Navigation And Ranging"。这是一种利用声波在水下的传播特性，通过电声转换和信息处理，完成水下探测和通讯任务的电子设备。是水声学中应用最广泛、最重要的一种装置。它有主动式和被动式两种类型，属于声学定位的范畴。声呐是各国海军进行水下监视使用的主要技术，用于对水下目标进行探测、分类、定位和跟踪；进行水下通信和导航，保障舰艇、反潜飞机和反潜直升机的战术机动和水中武器的使用。此外，声呐技术还广泛运用于鱼雷制导、水雷引信，以及鱼群探测、海洋石油勘探、船舶导航、水下作业、水文测量和海底地质地貌的勘测等。

其他的鲸听到了遇难同伴的呼叫，全都会奋不顾身地前来救助，以致接二连三地搁浅。

更有人认为，鲸几十头、几百头地大规模搁浅，是因鲸群中带头的首领判断方向有误，导致众鲸盲目跟随。因为鲸都有结群习性，而且对首领极为忠贞，不论首领走到哪里，后面的都会"赴汤蹈火，在所不辞"。因此，一旦领头鲸出了错，众鲸也都随之赴难。但有人却认为，鲸成群地游向浅滩后悲惨地死去，与地球的磁场有关。

迄今，人们正多方面探究鲸集体自杀的原因，众说纷纭，但目前仍无定论。探索鲸集体自杀的奥秘，是一项有益的工作。它将为研究鲸的生物学、生态学提供宝贵的资料，人们期望着早日解开这一十分引人注目的谜团。

海豚的高智慧之谜

提起海豚，人们都知道它拥有超常的智慧和能力。海豚与鲸同属一个家族，它有一个发达的大脑，而且沟回很多，沟回越多，智力便越发达。在水族馆里，海豚能够按照训练师的指示，表演各种美妙的跳跃动作。作为人类的朋友，海豚十分乐意与人交往亲近，常常给人们带来莫大的欢乐和惊奇。

大洋里的智能动物

在浩瀚无边的大海里，海豚是人类最可爱的朋友。早在 2000 多年前，一些靠海为生的民族就把海豚视为能带来好运的吉祥动物，甚至把它们当作神来膜拜。在 20 世纪 60 年代，西方的报刊上曾登载过大量的文章，把海豚比喻为"大海中的人类"、"人类的海洋兄弟"、"大洋里的智能动物"等等。有人甚至夸张地提出"人与海豚，谁更聪明"之类的问题。

这一切起源于美国神经生理学家琼·李里在加勒比海的圣托马斯岛上对海豚所做的大量测试。通过试验，李里惊异地发现海豚非常聪明，以致他情不自禁地向人们宣称：海豚可称为地球上唯一能与人交流的动物！与此同时，李里的追随者也向人们声称：或许有一天，尊敬的"海豚老师"会用"宇宙语"来给我们讲授导航课程！李里本人更做了一次惊世骇俗的创举：在美国科普杂志《科学》上介绍其测试结果时，居然专门"对海豚伙伴所给予的合作表示感谢"！

▲海豚与人

渔夫的好帮手

李里对海豚的推崇虽然不无哗众取宠，却向人们证实了海豚的确是海洋动物中最聪明、最善学的种类之一。这种善解人意的动物在古代就赢得了渔民的好感。古罗马的勃里尼在他的《自然史》中就写道："地中海的海豚会把鱼群围逼在海湾里，让渔民享受到丰收的喜悦。所以当地的渔民每次收获后都不会忘记犒劳这些'海洋'助手。"公元 2 世纪，希腊学者艾·克拉夫基在他的《动物世界》里也描写了海豚帮助埃维厄岛的渔民在夜间捕鱼的故事。

在欧洲西部的北海，就曾发生过这样的趣闻：一天，一艘拖网船无意中捕到一头大海豚，对海豚素有好感的渔民立刻将它放回了大海。从此，这艘船一来到北海海区，这条知恩图报的海豚立即会来迎接，然后久久地在渔轮旁边伴游。有一次，这条海豚忽然带来了大群同伴，它们围着渔轮慢慢地游弋，似乎有什么心事要告诉渔民。不一会儿，其他的海豚相继离去，只剩下当初被放回去的那条海豚仍在船边焦急地翻腾跳跃。渔民们不明白怎么回事，幸好测探员及时打开了回声探测仪。原来，有好大一片鱼群正围拢着船的周围。渔民们立即下网，终于获得了前所未有的丰收！

救命的天使

海豚不仅是渔夫的好帮手，还是人类救命的天使，它们会奋不顾身地救人。

1966 年，韩国一艘渔船在太平洋海面上捕鱼时不幸沉没，16 名船员中有 6 名当即丧生。其余 10 名船员在水中游了近 10 个小时，一个个累得筋疲力尽。就在他们求生无望之际，一群海豚匆匆赶来，围在他们周围，好像是来营救他们。这 10 名船员喜出望外，抓住海豚胸鳍就往海豚背上爬。不料，海豚却把身子往下沉，自动游到他们下面，然后把身子往上一抬，就把他们驮在背上了。就这样，海豚们驮着 10 名船员，一直游了 46 海里，然后猛地一使劲，把他们安全地甩到了海岸上。

▲海豚与驯兽师

1972 年 9 月，南非一位 23 岁的姑娘伊瓦诺所乘的船在离海岸 40 千米处的海面上，不幸被海浪打翻了，她拼命往岸边游，这时有一头鲨鱼向她游来，她甚至已经清楚地看见鲨鱼狰狞的面目了，不由得下意识地闭上了眼睛，呼吸都快停止了。就在这时，有两头海豚出现在她身边，把鲨鱼赶跑了，护送她到靠近港口的安全地带。

1992 年，一艘印尼货轮正在大西洋航行，有两名海员不小心掉入海中。这时一群海豚赶来，它们围成一个圆圈，把落水的一人托出水面，直到被救起为止。另一名船员正在水中挣扎，突然感到腰间被撞了一下，原来也是一只海豚。这只海豚一直陪伴着他，与他并肩游泳，直到船员游到船边。

海豚睡眠之谜

关于海豚的由来，有一则古希腊神话：一次，酒神狄俄尼索斯在伊卡里亚岛租了一艘渡船去纳克索斯岛。不料船主是海盗，而海盗也不知道他们的雇主是一位神仙，因而暗中打着如意算盘——要把这位英俊的年轻人当作奴隶贩卖到亚洲。

不久，船到了纳克索斯，却没有靠岸。酒神看着鬼鬼祟祟的船主，很快识破了他们的伎俩，于是施展仙术，将船桨变成毒蛇，又用盘根错节的葡萄树藤缠满船帆。海盗们见此情景，吓得魂飞魄散，纷纷跳海逃命。谁知一到水里，他们全变成了海豚。狄俄尼索斯因而责令它们不得再危害人类，而要对人友善。就这样，海豚成了人类的朋友。所以在 2 世纪，希腊诗人沃比安曾颂扬道：在陆地上根本没有像海豚这样聪明的动物，因为它们原本就是人类。

然而，不管听起来多么美妙，神话总归是神话。如今，科学家们不仅痴迷于海豚惊人的智力，还热衷于它非凡的游泳本领。根据理论计算，以海豚这样的体形游泳最多能达到时速 20 千米，可实际上，海豚的最高游速却是每小时 50～60 千米。为此，各行各业的专家纷纷对海豚进行观察、试验和训练：造船专家对它那光滑细腻、与流水摩擦力极小的皮肤格外关注，以期制造出类似性能的新型材料来提高轮船的航速；而潜水专家们则在琢磨：它们靠什么生理机能在水中如此迅速地上下游弋，全不在乎海水压力的大起大落？水声专家则希望能从海豚的超声搜索能力中找到改善水下通信的办法。而神经专家呢？他们关注的是海豚的大脑如何工作问题。

说到这里，不禁让人联想到海豚的睡眠。生活中，人需要睡眠，动物也要睡眠，这是再简单不过的道理。可是，多少年以来，谁也没见过睡着了的海豚。难道日夜与风浪搏击，它们就不会疲倦吗？

为了解开海豚睡眠之谜，科学家们将微电极插入海豚的大脑，一边记录脑电波的变化，一边详细测定了它头部个别肌肉、眼睛和心脏的活动情况及呼吸的频率。通过长时间的观察，他们发现海豚的睡眠同其他哺乳动物一样，也是充裕的。与众不同是，海豚

▲海豚顶球表演

在睡眠中依然是继续游动，这种游动并非无意识地随波浪漂流，而是有意识地在海面上不断变换着各种姿势。

通过进一步研究，科学家们又发现睡眠中的海豚，它的大脑两半球处于明显不同的两种状态之中：当一个大脑半球处于睡眠状态时，另一个却在觉醒中，并且每隔十几分钟，它们的活动状态便要更换一次。

尽管目前人们还未真正看到睡眠中的海豚，但是这些旷古未闻的发现却使科学家们坚信：研究海豚的睡眠，将为揭示人类睡眠的奥秘提供新的启示。

也许有一天，在生物学家的帮助下，我们可能像海豚那样，大脑两半球轮流处于睡眠状态，从而使工作和学习的时间大大延长。

扑朔迷离的"野人"

在当今世界上，有人把"野人"同飞碟、尼斯湖怪、百慕大三角称为世界"四大谜"，而"野人"之谜直接与现代人的起源相关，格外引人瞩目。大部分学者则根据动物群体生态学和现代动物地理分布的现有概念，否认存在"野人"这种人形动物，认为民间流传的所谓"野人"是一些已知动物如熊、猴类或长臂猿等所引起的错觉。

野人现身

关于"野人"，我国的史书在 3000 年前就有过记载。明代李时珍在《本草纲目》中就提到了"野人多毛、善笑、体格灵巧"的特征。而近代遭遇或目击"野人"的报道则更为多见。

▲传说野人与"北京人"相似

1940 年，生物学家王泽林在甘肃地区曾亲眼看到一个被打死的"野人"，这个"野人"是雌性个体，身高约 2 米，全身被覆着灰褐色的厚毛，乳房很大，面部的形态与著名的"北京人"很相似。

20 世纪 50 年代，地质学家樊井泉在陕西省宝鸡附近的山林中，由当地向导带领，曾近距离地观察了生活在该地区的两个"野人"。这两个"野人"为母子，小的身高 1.6 米，形象与人相近。

在浙江九龙山一带，也时有"人熊"出没的流传。1957 年，当地农民打死了一头人熊，一位中学生物教师将其手脚制成了标本。

1976 年 5 月 14 日凌晨 1 时，湖北神农架林区党委的任新有及 5 位干部在开完会返回住所的途中，在椿树垭公路 144～145 千米路碑处，发现了一个有棕红色体毛的"野人"。

据统计，从 20 年代至 80 年代，在神农架地区目击"野人"者达 300 人次，在云南的沧源县约 50 人次，在广西的柳北山区约 21 次。

寻找野人

为了弄清"野人"的真相，我国从 20 世纪 50 年代末起，先后有组织地在西藏、云南、湖北、陕西和浙江 5 个省份进行了有关"野人"的考察活动，其中规模最大的一次是 1977 年由中国科学院主持的对神农架地区的考察，历时近 1 年，考察人员达

100 人以上，获得了"野人"的脚印、毛发、粪便等间接证据。1980 年对浙江遂冒九龙山的"人熊"考察，则鉴定出"人熊"的手脚标本并非"野人"手脚，而可能是当地的一种科学上未见记录的大型短尾猴的手脚。

1986 年 6 月 19 日，《科学晚报》又发了一篇报道：1985 年 12 月我国一支前往喜马拉雅山区的探索队，在山顶洞内捉到了一个活生生的"毛孩"。这个半人半兽的婴孩能直立双脚走路，除了脸上外，身上布满了一层短毛。他有一双特别的眼睛，似一双深不见底的黑池，隐约带有一些细微血管。他现在被养在山西一家医院内。一位研究员说，他是现今世界上最神奇的动物品种，可以说是人类进化初期的活化石。

根据"野人"目击者的描述以及历年来的考察资料，传说中的"野人"身高一般在 1.2~2.5 米之间，能直立行走，外貌似介于人猿之间，手、耳及雄性外生殖器、雌性的双乳与人相像，脚印 20~40 厘米，四趾并拢，大趾大，稍朝外岔开，没有语言，多单独活动，无冬眠习性，食性主要为蔬食性，不会使用、制造工具等等。

一部分学者认为，可能存在名为"野人"的未知动物，但对这种未知动物的分类属性又有不同见解。有人认为"野人"是猿科范围的生物，可能是更新世曾繁盛一时的中国南部地区的巨猿或褐猿的后代，因为在现代传说有"野人"活动的地区，大多数是还保留封闭或半封闭状态的原始森林，林中保存不少第三纪的残存树种，如连香树、鹅掌楸、香果树等，说明生活环境古老，巨猿或褐猿改变它原有习性而残存下来是有可能的。然而，还有一部分学者认为"野人"可能是人类远祖腊玛猿或南猿，特别是粗壮南猿残存下来的后代。

大部分学者则根据动物群体生态学和现代动物地理分布的现有概念，否认存在"野人"这种人形动物，认为民间流传的所谓"野人"是一些已知动物如熊、猴类或长臂猿等所引起的错觉，也可能是幻觉，甚至是故意捏造的。

综上所述，"野人"究竟为何物，至今还是一个待揭晓的谜。由于至今没有获得一件有关"野人"的直接证据，因而在其是否存在这一问题上，观点和看法也颇有分歧。

鹅掌楸

鹅掌楸，落叶乔木，中国特有的珍稀植物，为木兰科鹅掌楸属。叶大，形似马褂，故有马褂木之称。树高可达 60 米以上，胸径 3 米左右，树干通直光滑。它生长快，耐旱，对病虫害抗性极强。花期 5~6 月，果期 9 月。花大而美丽，秋季叶色金黄，似一个个黄马褂，是珍贵的行道树和庭园观赏树种，栽种后能很快成荫。树皮入药，祛水湿风寒。它也是建筑及制作家具的上好木材。主产华东、华中；山东青岛、河南郑州等地有栽培。

走进蚂蚁王国

蚂蚁王国的社会结构与人类早期奴隶制很相像，但似乎温和得多。这一具有严密社会分工的小小王国很有一番神奇色彩，里面存在着众多的谜。蚂蚁为典型的社会性群体。具有社会性的三大要素：同种个体间能相互合作照顾幼体；具有明确的劳动分工；在蚁群内至少2个世代重叠，且子代能在一段时间内照顾上一代。

不可或缺的蚁后

在蚂蚁王国有一个怪现象：一个没有蚁后的部落会整个地死去。因此，很多蚂蚁都有接纳其他蚁后的习惯，尤其是在没有自己的能生育的蚁后时，这样做，可以使相邻的蚁群都能繁殖下一代。这在生物学上具有"连环保"的意义。

▲ 蚂 蚁

蚂蚁这种奇特的求生本能，是通过什么方式进化而来的呢？昆虫学家们把接纳其他蚁后这一怪现象，称为"收义女"。令人感兴趣的是，新蚁后的后代长大后，接纳这个蚁后的蚂蚁就带着全家老小——卵、蛹和幼虫迁到新的地方去，重新建立起自己的独立的蚂蚁王国。

有一种红蚁是公认的"奴隶主"。它的颜色接近鲜红，腹部呈棕褐色。红蚁一般喜欢在腐朽的树墩中筑巢。深棕蚁和红棕蚁是红蚁的"奴隶"。如红蚁接纳红棕蚁的年轻蚁后居住在自己的巢中，红棕蚁就会大量繁殖起来，使得好客的主人家成员日趋复杂。到冬季红蚁与红棕蚁就会分开，来年春季它们又重新联合起来。

红蚁收纳新蚁后，并不是为了奴役他人，往往是在红蚁濒于灭绝时才这样做，新蚁后为它们繁育后代，其中必然出现新蚁后，于是濒于灭亡的家族就得救了。

蚂蚁的"时钟"

蚂蚁不仅有着自己的"小王国"，而且就是小小的蚂蚁本身也奥妙无穷。有些科学家对蚂蚁能准确返回自己的巢里，很觉奇怪，因此推测它体内一定有某种"时钟"。

瑞士苏黎世大学昆虫学家维纳尔和兰弗朗科尼，对生活在突尼斯沙漠地区的一种大蚂蚁做了一次有趣的实验。这种蚂蚁中的工蚁在离蚁室几百米以外的地方觅食时，都是单独行动的。它们的奇特之处在于，它们不是用芳香物质在沿途做标记，而是利用太阳作为"指南针"。

我们知道，许多昆虫都利用体内的天体定向器来保持正确的方向。然而主要定向标——太阳在天空中的视运动是不均衡的，中午是早晚的 4 倍。这样要利用太阳做定向标，昆虫们就要时刻随着太阳的变化而不断修改对太阳的方位角，以弥补太阳视运动的不均衡。这就要求昆虫具有某种"时钟"。

研究人员捉来蚂蚁，经过 3~6 小时后，把它放到一个不熟悉的地方。然后，一边跟着它走，一边在蚂蚁头顶上移动一个特制的小车。在小车上装有滤光的车顶，能使天空的面貌失真。负责移动小车的助手也不知道蚂蚁窝所在方向和实验目的。他们的具体做法是，首先，把一些在清早捉到的蚂蚁，在中午时放出进行实验。如果它们仅仅按照太阳在天空中的位置测定方向，并根据被捕捉前最后一次看到太阳的时刻来定向，那么，它们就会估计失误，走错方向。其次，把中午捕捉到的蚂蚁在傍晚时释放出来。它们本应过高地估计太阳在天空中的视运动速度，找错方向。可是，实验结果表明，153 只蚂蚁都没有发生这样的错误，这不得不令人吃惊！

无疑，是"时钟"系统在起作用。这种蚂蚁能够记住一天中在不同时刻太阳在天空中所经过的弧度，使它能够弥补太阳视运动的不均衡速度，准确地找到家。

小小的蚂蚁，竟然有如此缜密复杂的"时钟"定向系统，不仅令人叹服，而且也为人类更好地改进现代交通中的导航设备提供了可以追寻的线索。但蚂蚁的"时钟"定向系统是如何构成的，它们又是怎样来发挥定向作用的，这都还是待解之谜。

▲蚂蚁搭桥过天堑

人类对微生物的发现

　　微生物是指一切肉眼看不到或看不清楚，因而需要借助显微镜观察的微小生物。包括属于原核类的细菌、放线菌、支原体、立克次氏体、衣原体和蓝细菌，属于真核类的真菌的酵母菌和霉菌、原生动物和显微藻类，以及属于非细胞类的病毒、类病毒和朊病毒等。

　　一提起微生物，我们就容易想到那些危害我们健康的细菌和病毒，其实这些致病微生物只占全部微生物中很小的一部分。大部分非但无害，反而是我们人类的好朋友。它们中有一些生活在我们的身体里，起着营养作用，免疫作用，拮抗作用，抗衰老作用，等等，正是它们的存在为我们的健康保驾护航，维持着我们的生理平衡，它们为我们人类健康地繁衍、生活在地球上，提供了必要的保证。正因为如此，了解一些人类对微生物的认知与发现的知识，对于我们科学地认识微生物，合理地利用微生物，是大有裨益的。

虎克发现细胞

据科学家推算，地球上的生命现象发生在距今大约32～37亿年前。但是，人们对构成生命的最基本单位——细胞的认识却只有二三百年的历史，细胞的发现敲开了生命奥秘的大门，为生命现象的研究奠定了基础。如果把生命比作一座"大厦"，那么细胞就像砌成"大厦"的"砖"。因此对细胞进行观察、分析和研究，是生命科学领域的重要任务。

从小学徒到皇家学会会员

罗伯特·虎克于1635年出生于英格兰南部威特岛的弗雷施瓦特。父亲是当地的教区牧师。虎克从小体弱多病，性格怪僻但却心灵手巧，酷爱摆弄机械，自制过木钟、可以开炮的小战舰等。10岁时，虎克对机械学发生了强烈的兴趣，并为日后在实验物理学方面的发展打下了良好的基础。

1648年，虎克的父亲逝世后，家道中落。13岁的虎克被送到伦敦一个油画匠家里当学徒，后来作过教堂唱诗班的领唱，还当过富豪的侍从。在威斯特敏斯特学校校长的热心帮助下，虎克修完了中学课程。

1653年，虎克进入牛津大学里奥尔学院作为工读生学习。在这里，他结识了一些颇有才华的科学界人士。这些人后来大都成为英国皇家学会的骨干。此时的虎克热心于参加医生和学者活动小组，并且显露出独特的实验才能。1655年虎克成为牛津大学医学家、脑及神经科专家威力斯的助手，还被推荐到玻意耳的实验室工作。由于他的实验才能，1662年被任命为皇家学会的实验主持人，为每次聚会安排三四个实验。

1663年，他获牛津大学医学硕士学位，并被选为英国皇家学会会员。同年，虎克就起草了皇家学会章程草案，规定学会的宗旨是"靠实验来改进有关自然界诸事物的知识，以及一切有关的艺术、制造、实用机械、发动机和新发明（不牵涉神学、形而上学、道德、政治、语法修辞或逻辑）"。虎克作为该学会的实验工作与日常事务操办人，在长达20多年的学会活动中，接触并深入到当时自然科学活跃的前沿领域，且均做出了自己的贡献。

1664年，他任格雷沙姆学院力学讲师，并任英国皇家学会珍宝馆馆长。1665年他担任格雷沙姆学院几何学教授。

发现细胞

1665年，罗伯特·虎克根据一会员提供的资料设计了结构相当复杂的显微镜。他开始应用显微镜于生物研究，他将蜜蜂的刺、苍蝇的脚、鸟的羽毛、鱼鳞片以及跳蚤、蜘蛛、荨麻等，用显微镜详细地予以考察比较。

有一次，他切了一块软木薄片，放在自己制造的显微镜下观察，发现软木片是由很多小室构成的，各个小室之间都有壁隔开，像蜂房似的。虎克给这样的小室取名为"细胞"。其实软木是由死细胞构成的，只是细胞壁，没有原生质。但细胞这个名词就此被沿用下来。绝大多数细胞都非常微小，超出人的视力极限，观察细胞必须用显微镜。所以 1677 年列文·虎克用自己制造的简单显微镜观察到动物的"精虫"时，并不知道这是一个细胞。

虎克又通过对大量矿物、植物、动物的显微观察，1665 年，虎克发表了《显微图集》一书，其中收集的就有著名的软木切片细胞图。这是在他全部成就中最重要的一部著作，也是欧洲 17 世纪最主要的科学文献之一。

▲ 虎克制作的显微镜

虎克的这一发现，引起了人们对细胞学的研究。现在知道，一切生物都是由无数的细胞所组成的。虎克对细胞学的发展做出了极大的贡献。这本图集向人们提供了许多鲜为人知的显微图画信息，它涉及化学、物理、地质和生物学。

虎克对科学的贡献是巨大的，他不仅是一位伟大的生物学家，还是了不起的物理学家、天文学家。他在力学、光学、天文学等诸多方面都有重大成就，他所设计和发明的科学仪器在当时是无与伦比的，他本人被誉为是英国皇家学会的"双眼和双手"。

列文虎克发现微生物

　　列文虎克是荷兰显微镜学家、微生物学的开拓者，由于勤奋及本人特有的天赋，他磨制的透镜远远超过同时代人。他的放大透镜以及简单的显微镜形式很多，透镜的材料有玻璃、宝石、钻石等。他一生磨制了 400 多个透镜，有一架简单的透镜，其放大率竟达 270 倍。他的主要成就有：首次发现微生物，最早纪录肌纤维、微血管中血流。

自己磨制显微镜

　　列文虎克于 1632 年出生在荷兰代尔夫特市的一个酿酒工人家庭。他父亲去世很早，在母亲的抚养下，读了几年书。16 岁即外出谋生，过着漂泊苦难的生活。后来返回家乡，才在代尔夫特市政厅当了一位看门人。

▲列文虎克

　　由于看门工作比较轻松，时间宽裕，而且接触的人也很多，因而，在一个偶然的机会里，他从一位朋友那里得知，荷兰的最大城市阿姆斯特丹有许多眼镜店，除磨制镜片外，也磨制放大镜，并告诉他说："用放大镜，可以把看不清的小东西放大，并让你看得清清楚楚，神妙极了。"

　　具有强烈好奇心的列文虎克，默默地想着这个新鲜有趣的问题，越想越产生了兴趣。"闲着也没事，我不妨也买一个放大镜来试试。"可是，当他到眼镜店一问，原来价钱却贵得吓人，他只好高兴而去，扫兴而归了。

　　列文虎克从眼镜店出来，恰好看到磨制镜片的人在使劲地磨着。但磨制的方法并不神秘，只是需要仔细和耐心罢了。

　　"索性我也来磨磨看。"从那时起，列文虎克利用自己的充裕时间，耐心地磨制起镜片来……列文虎克除懂荷兰文之外，其他文字一窍不通。尤其一些科学技术的著作都以拉丁文为主，所以，列文虎克没法阅读这些参考资料，他只能自己摸索着。

　　列文虎克经过辛勤劳动，终于磨制成了小小的透镜。但由于实在太小了，他就做了一个架子，把这块小小的透镜镶在上边，看东西就方便了。

　　后来，经过反复琢磨，他又在透镜的下边装了一块铜板，上面钻了一个小孔，以使光线从这里射进而反照出所观察的东西来。这就是列文虎克所制作的第一架显微镜，它的放大能力相当大，竟超过了当时世界上所有的显微镜。

列文虎克有了自己的显微镜后，便十分高兴地察看一切。他把手伸到显微镜旁，只见手指上的皮肤，粗糙得像块柑桔皮一样，难看极了；他看到蜜蜂腿上的短毛，犹如缝衣针一样地直立着，使人有点害怕。随后，他又观察了蜜蜂的螫针、蚊子的长嘴和一种甲虫的腿。

总之，他对任何东西都感兴趣，都要仔细观察。可是，当他把身边和周围能够观察的东西都看过之后，便又开始不大满足了。他觉得应该再有一个更大、更好的显微镜。

为此，列文虎克更加认真地磨制透镜。由于经验加上兴趣，他毅然辞退了公职，并把家中的一间空房改作了自己的实验室。

几年以后，列文虎克所制成的显微镜，不仅越来越多和越来越大，而且也越来越精巧和越来越完美了，以致能把细小的东西放大到两三百倍。

从保密到公开

列文虎克的工作是保密的，他从不允许任何人参观，总是单独一个人在小屋里耐心地磨制镜片，或观察他所感兴趣的东西。他作为自学者，从动物学各科中，获得了广博的知识。他把从于草浸泡液中所观察到的微生物，称之为"微动物"。

但是，列文虎克却对他的朋友——医生兼解剖学家德·格拉夫是个例外，因格拉夫既是代尔夫特城里的名医，同时也是英国皇家学会的通讯会员。他早听人说，列文虎克正在研制什么神秘的眼镜。

▲列文虎克在做实验

一天，格拉夫终于专程前来拜访列文虎克。面对这位知名人士和朋友的来访，他热情地接待了客人，并拿出自己的显微镜请格拉夫观看。不看则已，看着看着倒使格拉夫抬起头来，严肃地说道："亲爱的，这可真是件了不起的创造发明啊！"格拉夫接着又说："你知道吗？你的创造发明具有极其伟大的意义。你不能再保守秘密了，应该立即把你的显微镜和观察记录，送给英国的皇家学会。"

"难道连显微镜也要送去?!"这可是列文虎克从来没有考虑过的严肃问题——要公开自己的显微镜。他认为这是自己的心血，自己的财富。所以，当他听了格拉夫的劝告后，他竟情不自禁地把显微镜收了起来。

"朋友，这种公开不是坏事，谁也不会侵占你的成果，你必须向世界公众表明：你的观察是如此非凡，这是人类从未发现的新课题。"

听了朋友的好心劝告，列文虎克点了点头。

乡巴佬征服皇家学会

1673 年的一天，英国皇家学会收到了一封厚厚的来信。打开一看，原来是一份用荷兰文书写的、字迹工整的记录，其标题是：《列文虎克用自制的显微镜，观察皮肤、肉类以及蜜蜂和其他虫类的若干记录》。

当时，在场的学者们看了标题后，有人开玩笑说："这真是一个咬文嚼字的啰嗦标题。""这肯定是一个乡巴佬写的。迷信加空想。这里边说不定写了些什么滑稽可笑的事呢！"不料，他们读着读着，却一下被其中的内容牢牢地吸住了——这竟是科学家们毫无所知的神秘事情啊！

列文虎克这样写道："大量难以相信的各种不同的极小的'狄尔肯'……它们活动相当优美，它们来回地转动，也向前和向一旁转动……"

"好，好，这是一篇极有价值的研究报告。"此时，大家的态度来了个 180 度的大转弯。然而，当他最后向皇家学会担保说："一个粗糙沙粒中有 100 万个这种小东西；而一滴水——在其中，狄尔肯不仅能够生长良好，而且能活跃地繁殖——能够寄生大约 270 多万个狄尔肯"时，显赫的皇家学会，竟觉得这又是件太令人不可思议的事了，以至于不得不委托它的两个秘书——物理学家罗伯特·虎克和植物学家格鲁，为皇家学会弄一个质量最好的显微镜来，以进一步证实列文虎克所报告的事实是否真实。

经过几番周折，列文虎克的科学实验，终于得到了皇家学会的公认。

于是，列文虎克的这份记录被译成了英文，并在英国皇家学会的刊物上发表了。这份出自乡巴佬之手的研究报告，果真轰动了英国学术界。列文虎克也很快成了皇家学会的会员。

观察"小动物"

成功的喜悦，并没有使好奇心强的列文虎克冲昏头脑。相反，更加促进他那锲而不舍的探索精神。

他将自己的观察报告继续不断地寄往伦敦。皇家学会的科学家们一如既往地抢先阅读。

1673 年，列文虎克详细地描述了他对人、哺乳动物、两栖动物和鱼类等红细胞的观察情况，并把它们的形态结构，绘成了图画。

1675 年，他经过多次对雨水的观察之后，又将他的观察记录送往了皇家学会："我用 4 天的时间，观察了雨水中的小生物，我很感兴趣的是，这些小生物远比直接用肉眼所看到的东西要小到万分之一……这些小生物在运动的时候，头部会伸出两只小角，并不断地活动，角与角之间是平的……如果把这些小生物放在蛆的旁边，它就好像是一匹高头大马旁边的一只小小的蜜蜂……在一滴雨水中，这些小生物要比我们全荷兰的人数还多许多倍……"

1677 年，列文虎克同他的学生哈姆一起，共同发现了人以及狗和兔子的精子。

"这些小家伙几乎像小蛇一样用优美的弯曲姿势运动。"这是 1683 年，列文虎克在人的牙垢中所观察到的比"微动物"更小的生物。诚然，由于他的显微镜效能还不能完全清晰地看清这些小生物，所以，他的描述和绘图，并不够准确。尽管如此，谁又能怀疑，列文虎克不是发现微小生物的最早鼻祖呢?

列文虎克在牙垢中所发现的微小生物究竟是什么呢? 当时就连他自己也不得而知。直到 200 年之后，人们才认识了它们——无处不在的细菌。

在他的一生当中磨制了超过 500 个镜片，并制造了 400 种以上的显微镜，其中有 9 种至今仍有人使用。虽然他活着的时候就看到人们承认了他的发现，但要等到 100 多年以后，当人们在用效率更高的显微镜重新观察列文虎克描述的形形色色的"小动物"，并知道他们会引起人类严重疾病和产生许多有用物质时，才真正认识到列文虎克对人类认识世界所作出的伟大贡献。

▲列文虎克在观察中

"睡梦神"吗啡与生物碱的发现

欧洲各国化学家们纷纷研究来自植物的碱，发现它们大多不溶于水，溶于醇和一些有机溶剂，有苦味，对人和动物具有明显的生理作用和毒性。德国化学家李比希分析了它们的组成，确定它们分子中共同含有氮原子，作为复杂环状结构的一部分。我们称为植物碱，又因其中少数来自动物，因而又称生物碱。

吗啡的发现

1805年，德国一位年轻的药剂师塞尔杜纳发表了一篇文章，阐明从鸦片中分离出一种物质能与酸作用形成盐，经猫和自己服用试验，发现具有催眠效果。11年后即1816年他提纯获得这一物质的结晶体，再次发表论文，并用希腊神话中"睡梦神"命名它为吗啡。

这一发现引起法国药学家们和化学家们的重视，因为早在1803年，法国巴黎药剂师德罗斯和赛甘曾从鸦片中分离出吗啡，只是混合物，没有进一步仔细研究。

法国化学家盖吕·萨克高度评价这一发现，鼓励法国同行们仔细认真寻找更多更有效的这类物质。法国巴黎药学院药学教授罗比凯重复塞尔杜纳的实验，肯定了他的发现，他在1817年和1832年先后又从鸦片中发现那可丁、可待因。接着法国巴黎药学专科学校教授彼尔蒂埃和卡万图在1818～1821年共同发现奎宁、辛可宁、马钱子碱、番木鳖碱、咖啡碱和藜芦碱等。

欧洲各国化学家们纷纷研究这些来自植物的碱，发现它们大多不溶于水，溶于醇和一些有机溶剂，有苦味，对人和动物具有明显的生理作用和毒性。德国化学家李比希分析了它们的组成，确定它们分子中共同含有氮原子，作为复杂环状结构的一部分。我们称为植物碱，又因其中少数来自动物，因而又称生物碱。

▲美丽的罂粟是制造毒品的原材料

鸦片的成分

鸦片，是由罂粟果的汁液干燥而成的黑色膏状物，原产小亚细亚（今土耳其亚洲部分），在7世纪由当时称为波斯的伊朗传入我国，有"米囊子"、"御米"等名称。明朝李时珍编著的《本草纲目》中称为阿芙蓉。

吗啡是鸦片的主要组成成分。它是白色结晶体，无臭，味苦，易溶于水，具有镇痛、止咳、兴奋、抑制呼吸及肠蠕动作用，常用会成瘾，中毒。

那可丁也存在鸦片中，含量仅次于吗啡，是一种无色针状结晶体，是许多医治咳嗽药物的组成成分。

可待因在鸦片中的含量小于那可丁，又称甲基吗啡，是一种无色结晶体，也有镇痛作用，较吗啡弱，成瘾性较小，使用较安全。

从鸦片中发现的植物碱还有蒂巴因、罂粟碱等。

蒂巴因是一种白色结晶体，能引起强烈痉挛的毒物。1835年，法国彼尔蒂埃实验室一工作人员从鸦片中发现它。

罂粟碱是无色结晶体，具有轻微的麻醉作用。1848年德国化学家摩克从鸦片中发现了它。它在鸦片中的含量小于那可丁，大于可待因。

鸦片中约含有20多种植物碱。

各种植物碱的发现

奎宁又称金鸡纳霜，是一种白色粉末，因而称为"霜"，存在于南美洲秘鲁出产的金鸡纳树皮中。当地人很早就用这种树皮的浸泡液医治发烧发热。

辛可宁也存在于金鸡纳树皮中，是无色针状结晶体，生理作用与奎宁相似。它比奎宁在水中的溶解度要小，而其硫酸盐在水中的溶解度较大，因此二者可分离。

金鸡纳树皮中也存在20多种植物碱，1847年，德国化学家温克勒从这一树皮中又发现了辛可尼定，是辛可宁的同分异构物。

马钱子碱和番木鳖碱都存在于马钱子的树皮和种子中。马钱子树是一种常绿乔木，原产印度、缅甸、越南等番邦，它的种子如小鳖状，因而名番木鳖碱。

咖啡碱又名咖啡因，存在于咖啡豆和茶叶中，是一种白色粉末或结晶体，能兴奋呼吸中枢及血管运动中枢。

▲金鸡纳树

1827年，法国一位化学家从茶叶中又发现了一种植物碱，从法文"茶"命名它为茶碱，后来分析证实茶碱和咖啡碱是同一物质。

茶叶中还含有另一种茶叶碱，是一种白色结晶体，和咖啡碱一样是一种弱碱，是在1888年由德国生理学教授柯塞尔从茶叶中发现的，用"茶叶"和"树叶"缀合命名。

藜芦碱存在于藜芦中。藜芦品种很多，属百合科，是多年生草本。我国产的多是黑藜芦，根供内服，能催吐、祛痰，有大毒，农业上用作杀虫药。德国药剂师迈斯纳在1819年独自从墨西哥产的种子中发现了它，而佩尔蒂埃和卡万图是从它的根茎中发现的。

佩尔蒂埃早在1821年就独自从胡椒中发现胡椒碱，它是一种无色结晶体。医药上用作解热剂。不过，丹麦物理学家、化学家艾尔斯泰德比佩尔蒂埃更早两年独自从胡椒中发现它。胡椒中含胡椒碱7%～9%。

佩尔蒂埃和马根迪共同发现吐根碱。吐根碱存在于吐根的根中，是一种白色无定形粉末。吐根是一种多年生草本，原产巴西，我国台湾也有栽培，医药上用它的根作催吐剂。

在法国药剂师们发现多种植物碱的同时，德国药剂师布兰德斯在1819～1920年发现莨菪碱、阿托品和飞燕草碱等。

▲飞燕草

莨菪碱存在于茄科植物莨菪和曼陀罗等中，是一种白色结晶体。莨菪是多年生草本。我国古代很早就以莨菪的种子作为药用，称为天仙子。阿托品又称颠茄碱，是无色晶体，剧毒，医药上用途颇广。飞燕草碱，又称翠雀宁，存在于飞燕草的种子中，是一种白色结晶体，有毒，用作杀灭头发中的虱子。

飞燕草中含有多种植物碱。飞燕草属植物中还可能含有乌头碱，是一种白色结晶体。1860年，英国化学家格罗夫斯分离出它。

植物碱中还有古柯碱，又称可卡因，因存在于南美古柯树树叶中而得名，是一种无色结晶体。1859年，德国化学家尼曼首先分离出它。1860年，武勒分离出其纯净物，分析确定了它的分子组成。

古柯树原生长在南美洲玻利维亚、哥伦比亚等地。当地印第安人很早就咀嚼古柯树叶，以消除疲劳和引起欣快感。英国医生克里斯蒂森将这种植物引种到欧洲。1884年，美国医生柯勒发现古柯碱有镇痛麻醉作用，从而引起医药界对它的研究。

金鸡纳霜

金鸡纳霜是奎宁的俗称，是茜草科植物金鸡纳树及其同属植物的树皮中的主要生物碱。是在1820年由佩尔蒂埃和卡芳杜首先制得纯品，它是一种可可碱和4－甲氧基喹啉类抗疟药，是快速血液裂殖体杀灭剂。奎宁是喹啉类衍生物，能与疟原虫的DNA结合，形成复合物，抑制DNA的复制和RNA的转录，从而抑制原虫的蛋白合成。另外，奎宁能降低疟原虫氧耗量，抑制疟原虫内的磷酸化酶而干扰其糖代谢。不过，奎宁对疟原虫的红细胞前期，红细胞外期及配子体期均无作用，对疟疾的传播、复发、病因性预防均无效。

另外，1821年法国化学家德福塞发现了存在于茄属植物马铃薯的芽中、龙葵等的果实中有毒的茄碱。这就告诉人们发芽的马铃薯不能食用。1812年，德国化学家施拉德从毒芹中发现毒芹碱。1831年，法国医学科学院实验室主任亨利从芥种子中发现芥子碱。1826年德国化学家瓦肯洛德从紫堇属植物根中发现紫堇碱。1866年德国化学家施布勒从甜菜汁中分离出甜菜碱等等。

发现细胞核

细胞核是细胞中最大、最重要的细胞器，它存在于真核细胞中的封闭式膜状胞器，内部含有细胞中大多数的遗传物质，也就是DNA。这些DNA与多种蛋白质，如组织蛋白复合形成染色质。而染色质在细胞分裂时，会浓缩形成染色体，其中所含的所有基因合称为核基因组。细胞核的作用，是维持基因的完整性，并借由调节基因表现来影响细胞活动。

最早的描述

细胞核是由弗朗兹·鲍尔在1802年对其进行了最早的描述。到了1831年，苏格兰的植物学家罗伯特·布朗在兰科植物和其他几种植物的叶片表皮细胞中发现了细胞核，并在伦敦林奈学会的演讲中，对细胞核做了更为详细的叙述。布朗以显微镜观察兰花时，发现花朵外层细胞有一些不透光的区域，并称其为"areola"或"nucleus"。不过他并未提出这些构造可能的功用。

▲ 兰科植物

争论中深入

施莱登在1838年提出一项观点，认为细胞核能够生成细胞，并称这些细胞核为"细胞形成核"。他也表示自己发现了组成于"细胞形成核"周围的新细胞。

不过弗朗兹·迈恩对此观念强烈反对，他认为细胞是经由分裂而增值，并认为许多细胞并没有细胞核。由细胞形成核作用重新生成细胞的观念，与罗伯特·雷马克及鲁道夫·菲尔绍的观点冲突，他们认为细胞是单独由细胞所生成。至此，细胞核的机能仍未明了。

面纱逐渐揭开

在1876到1878年间，奥斯卡·赫脱维奇的数份有关海胆卵细胞受精作用的研究显示，精子的细胞合会进到卵子的内部，并与卵子细胞核融合。首度阐释了生物个体由单一有核细胞发育而成的可能性。这与恩斯特·海克尔的理论不同，海克尔认为物种会在胚胎发育时期重演其种系发生历程，其中包括从原始且缺乏结构的黏液状"无核裂卵"，一直到有核细胞产生之间的过程。因此精细胞核在受精作用中的必要性受到了漫长的争论。赫脱维奇后来又在其他动物的细胞，包括两栖类与软体动物中确认了他的观察结果。而爱德华·施特拉斯布格也从植物得到相同结论。这些结果显示了细胞核在遗传上的重要性。

　　到了 20 世纪初，有丝分裂得到了观察，而孟德尔定律也重新面世，这时候细胞核在携带遗传讯息上的重要性已逐渐明朗。

酶的发现历程

　　酶是催化特定化学反应的蛋白质、RNA 或其复合体。是生物催化剂，能通过降低反应的活化能加快反应速度，但不改变反应的平衡点。绝大多数酶的化学本质是蛋白质。具有催化效率高、专一性强、作用条件温和等特点。人们对酶的发现与了解经历了一个比较漫长的历程。

对酶的逐步发现

　　人们在日常生活中发现酵母能使果汁和谷类加速转化成酒。这种转化过程叫做发酵。1680 年荷兰微生物学家列文虎克首先发现酵母细胞，一个半世纪以后，法国物理学家卡格尼亚尔·德拉图尔使用一台优质的复式显微镜，专心研究酵母，他仔细观察了酵母的繁殖过程，确定酵母是活的。这样，在 19 世纪 50 年代，酵母成为热门的研究课题。

　　人们还发现在肠道里也进行着类似于发酵的过程。1752 年，法国物理学家列奥米尔用鹰作实验对象，让鹰吞下几个装有肉的小金属管，管壁上的小孔能使胃内的化学物质作用到肉上。当鹰吐出这些管子时，管内的肉已部分分解了，管中有了一种淡黄色的液体。

　　1777 年，苏格兰医生史蒂文斯从胃里分离出一种液体（胃液），并证明了食物的分解过程可以在体外进行。这样，人们知道了胃液里含有某种能加速肉分解的东西。1834

▲鹰

年，德国博物学家施旺把氯化汞加到胃液里，沉淀出一种白色粉末。除去粉末中的汞化合物，把剩下的粉末溶解，得到了一种浓度非常高的消化液，他把这种粉末叫做"胃蛋白酶"（希腊语中的消化之意）。

　　同时，两位法国化学家帕扬和佩索菲发现，麦芽提取物中有一种物质，能使淀粉变成糖，变化的速度超过了酸的作用，他们称这种物质为"淀粉酶制剂"（希腊语是"分离"之意）。

酵母的命名与提取

　　科学家们把酵母细胞一类的活体酵素和像胃蛋白酶一类的非活体（无细胞结构的）酵素作了明确的区分。1878 年，德国生理学家库恩提出把后者叫做酶（希腊语是

"在酵母中"的意思）。库恩当时根本没有意识到，"酶"这个词以后会变得那么重要，那么普遍。

1897年，德国化学家毕希纳用砂粒研磨酵母细胞，把所有的细胞全部研碎，并成功地提取出一种液体。他发现，这种液体依然能够像酵母细胞一样完成发酵任务。这个实验，证明了活体酵素与非活体酵素的功能是一样的。

因此，"酶"这个词现在适用于所有的酵素，而且是使生化反应的催化剂。由于这项发现，毕希纳获得了1907年诺贝尔化学奖。

生命的催化剂

酶到底是一种什么物质？这个问题使人们困惑了好长时间。美国康奈尔大学的生物化学家萨姆纳与洛克菲勒研究院的化学家通过实验揭开酶的面纱，并因此分享了1946年的诺贝尔化学奖。

酶是生物体内产生的有催化能力的蛋白质，是生命的催化剂。催化剂能加速化学反应，而它本身的量和化学性质在化学反应后不发生改变。

一切酶分子都是由许许多多氨基酸分子组成的高分子蛋白质，分子量在1万~100万之间。天然酶分子有单纯酶与结合酶两类，前者的分子组成只含蛋白质，后者分子组成中除蛋白质外还含有非蛋白质成分，有的还含有金属离子。酶分子内非蛋白质成分称为辅因，辅因与酶蛋白的结合物称全酶。

酶能使化学反应的速度提高10^6~10^{12}，一个酶分子在一分钟内能使几百个到几百万个食物分子转化。一个人吃了两个汉堡包，吃后感到肚子饱了。然而过不了几小时又觉得饿了。两个汉堡包里面的淀粉、脂肪和蛋白质到哪里去了呢？它们被消化掉了。它们在酶的催化下变成简单的有机分子，由肠壁吸收了。参加这一化学反应的酶主要是淀粉酶、脂肪酶和蛋白酶。没有这些酶参加活动，食物不会发生什么变化。这就是酶的神奇功能。

一种酶只能催化一种化学反应。到目前为止，在自然界中发现的酶大约有3000种，它们催化的化学反应也有3000种左右。一种酶只控制和调节一种化学反应。一个人患消化不良的病，很可能是缺少胃蛋白酶引起的，吃上一点药用胃蛋白酶就可以治疗。

DNA 的发现

人类对于 DNA 的认识，经过了一个漫长曲折的过程。DNA 被深入研究是 20 世纪中叶的事，但 DNA 的发现则早在 19 世纪 60 年代。历史上最早注意到 DNA 这个东西的人是当时年仅 24 岁的瑞士医生米歇尔。

第一管 DNA 粗提物

图宾根是一流的科学家汇聚之地，米歇尔的第一位导师施特雷克就是当年声望卓著的有机化学家，是人工合成氨基酸（丙氨酸）的第一人，这个反应现在还是以他的名字命名的，就叫施特雷克合成反应。但是比起研究化学合成路径，米歇尔对细胞里面的各种化学组分更感兴趣，于是他于 1868 年跳槽到了生化学家霍佩·赛勒那儿，这又是一位大师级人物，生理化学的奠基人之一。"蛋白质"这个概念是他率先引入的。霍佩·赛勒后来还做了一系列对蛋白质性状的研究，最有名的当属血红蛋白。

米歇尔一开始着手的方向是淋巴细胞，但很快发现很难从淋巴腺里分离出纯度够高的淋巴细胞，于是才转向研究白细胞的化学组分——附近的诊所提供给他大量刚换下的外科绷带，上面那些新鲜的脓就是极佳的白细胞来源，高浓度与高纯度兼备。

米歇尔用了个笨方法分离脓中的各种组分——老老实实地拿各种溶剂一点点冲洗，然后把洗出来的东西在显微镜下一一观察并加以分类。这个工作非常耗费时间，关键就是要整理出什么盐度与酸碱度下会析出怎样的蛋白与脂类。

▲地灵人杰之地图宾根

虽然工作繁琐枯燥，不过米歇尔做啊做啊的也就习惯了，无非冲洗、沉淀、观察，循环往复的三部曲。直到有一天，他发现这回析出的一个东西有点不太一样：它在弱酸性溶液里会沉淀，提高碱性后又会重新溶解。1869 年，他在给他的叔叔身为生化学家的威尔赫尔姆·希思的信里这样写"在以往用弱碱性溶液做的实验中，只要我中和这个溶液，就会得到一些沉淀，这些沉淀不溶于水、醋酸、极其低浓度的盐酸、氯化钠溶液。因此这不可能是任何已知的蛋白质。"

其实，米歇尔得到的这个沉淀就是有史以来第一管 DNA 粗提物。

命名核素

米歇尔观察得十分细致，因此他注意到这些沉淀的来源似乎是白细胞的核内。这引起了他极大的兴趣。因为当时的科学家们对细胞核仍然所知甚少，虽然早在1802年细胞核的存在就为人所知，但直到三年前，即1866年，德国生物学家恩斯特·海克尔才首次提出细胞核可能与生物特征的遗传有关。米歇尔认为他发现的新物质应该可以告诉人们一些关于细胞核的化学组分的信息，说不定还能有助于猜想细胞核的功能。

米歇尔再次进行试验，他非常细致地用一定温度、盐度、酸度的溶液把细胞质和细胞核彼此分离。然后把细胞核加入乙醚和水的混合溶液中震荡，他发现在水相那层出现了白色的丝状沉淀。米歇尔往水相中加了点碱，沉淀慢慢溶解了，他又加了点酸，沉淀又渐渐出现。米歇尔松一口气，他再次得到了那个神秘的物质，而且这次他确定这个物质来源于细胞核内，因此他决定把它命名为核素。

米歇尔下一步就是按照当时研究的惯例，对这个新物质进行元素组成分析。主要方式是把新物质与一些只会与特定元素反应的物质一一放在一起加热。用这种方法，米歇尔检测到了一些一般有机物里都有的元素：碳、氢、氧、氮，还有一点儿硫——实际上这是因为他分离出的DNA还不够纯净，还多少混了些蛋白质的缘故。

令他惊讶的是，米歇尔还发现了核素含有大量的磷元素——蛋白质可不会这样。他并且通过燃烧试验证实了那些磷在核素中是以有机磷而非无机磷的形式存在。随后，他又找来其他组织与细胞，证实了从肝细胞、肾细胞、酵母……无数的细胞组织中都可以提取到核素这个东西。

一切的线索都指向一个方向：核素是一种广泛存在于各种细胞核内的、含丰富有机磷的、不同于现在任何已知蛋白的分子。

但对核素具体的功能，米歇尔就没什么把握了。他先是推测核素可能起到一个储存磷元素以供其他分子合成的作用，但缺乏手段来证实或证伪这一点。因此他开始另辟蹊径，决定观察不同状态下的细胞内核素的比例变化，希望能得到一些线索。同样是在1869年，他给他的叔叔威尔赫尔姆·希思的另一封信里提到："在那些细胞倍增的组织，比如肿瘤里，在细胞快要分裂之前的一段时期，细胞核里面的物质出现了增长"。

这是极其犀利而准确的观察。

米歇尔当时与事实真相间可说只隔着薄薄的一张纸，但他还是没能抓到核素倍增与随后的细胞分裂之间的关联。

遭受质疑的核素

就在1869年的秋天，已经在整理核素相关资料准备发表的米歇尔又跳槽到了莱比锡大学，接受物理学家兼生理学家卡尔的指导。卡尔是一名非常优秀的导师，他交给米歇尔的课题也极其富有挑战性：研究痛觉是怎样沿着脊髓内的神经束传递的。米歇尔全心全意地投入新课题，相比之下，核素就不再是他思索的重点了，尽管如此，他还是在当年的圣诞节前把核素相关的研究成果写成手稿，寄给了他的前任导师霍佩·

赛勒。

不幸的是，霍佩·赛勒对这个核素是抱着比较怀疑的态度的。米歇尔在纯化这个核素的过程中，曾经用到从猪胃中提取的蛋白酶来去除蛋白质的污染。霍佩·赛勒担心这个步骤可能造成蛋白质的降解物与一些含磷的化合物反应，最终生成米歇尔所观察到的东西——核素。

有了这些疑虑，再加上当时的外部环境也不安稳——德国（普鲁士王国）与法国正在轰轰烈烈地开战，霍佩·赛勒没有立刻让米歇尔的研究成果发表，而是选择先压了下来。

不过最终，霍佩·赛勒还是重复了米歇尔的实验并得到了一样的结果，于是 1871年，在米歇尔实验做完的两年后——同时也是德法战争结束的时候，德国大获全胜，建立了德意志第二帝国，法国则在被迫签下《凡尔赛和约》不久以后爆发了无产阶级革

▲莱比锡大学

命，建立了巴黎公社——总之，这一年德国的纷纷扰扰总算尘埃落定，象牙塔内的学者们在和平的氛围中再度开始活跃，米歇尔的手稿终于以《论脓细胞的化学组成》之题发表，同一期还发表了霍佩·赛勒实验室对核素的两篇后续研究，一篇讲的是核素在鸟类与蛇类的有核红细胞中也可以提取到，但在牛的无核红细胞中就没有。另一篇则是霍佩·赛勒亲自撰写，他肯定了米歇尔的发现，还着重提到了核素非同寻常的高磷元素含量。

米歇尔当时其实已经隐隐意识到核素的非同一般，这个分子对细胞的重要性或许不亚于蛋白质，在手稿中他这样写："……很显然我（对核素）所做的研究还十分初步，还缺少许多简明的实验来发掘核素与其他已知的组分之间的关系。……我相信就我给出的结果，虽然零碎，仍重要到值得邀请别的化学家加入共同研究这个物质的行列。一旦我们知晓核中的物质与蛋白质、以及它们的转化产物间的关系，我们也许就能逐渐揭开蒙在细胞生长的内在过程之上的那层薄纱。"

尽管米歇尔十分看好核素，莱比锡的新课题还是占据了他大部分的心神，于是核素这个课题就被他暂时搁置到了一边，直到一年多后。

通过精卵研究核素

1872 年，年仅 28 岁的米歇尔接受了瑞士家乡巴塞尔大学抛来的橄榄枝，出任该校生理学教授一职。之前与他常常通信的叔叔威尔赫尔姆·希思也在那儿研究鸟类与鱼类的胚胎发育。这启发了正想重拾核素这一课题的米歇尔，他开始用各种生物的卵子和精子研究核素。

世上最适合研究 DNA 的细胞几乎就是精子——作为生殖细胞，精子为了传递遗传

物质，那是绝对的轻装上阵。精子内除了遗传物质外，就是一点儿必要的提供能量的酶，以及一些协助游动的蛋白。米歇尔无意间选中了最适合的实验材料——虽然科研中最重要的是下苦功，但是一开始研究的切入点也非常重要。

早在图宾根大学时，米歇尔就十分重视研究材料的新鲜度。毕竟，细胞的状态是会变化的，环境中也存在着许多微生物以及分解各种分子的酶类：蛋白酶，DNA 酶，RNA 酶……一旦材料放置时间过长而开始腐败变质，就会极大地影响整个实验的结果。你所测得的组分就可能根本是降解后的产物。

巴塞尔大学附近有蜿蜒曲折的莱茵河。米歇尔为了做实验自己跑到莱茵河里去捞鲑鱼。

▲图宾根大学

不止如此，米歇尔还考虑到了整个实验如果能在低温下进行，能最大程度地防止材料降解——现在一般的生物实验室都配备有这样的冷室，里面有的恒温 4℃，有的恒温零下 20℃，人在里面做实验，就像待在一特大号冰箱的保鲜格或冷藏格里似的。

可在那个年代，巴塞尔还没有这样的冷室。所以米歇尔就决定只在冰寒彻骨的冬天做这些实验。于是，无数个冷风呼啸的冬夜中，米歇尔大半夜地跑到莱茵河边，逮上一只鲑鱼——嗯，可能还得看看是不是公的，要是不是，还得再继续逮——然后迅速把它带回实验室，在凛冽的冬日清晨里，大开着实验室的窗户杀鱼取精、分离核素。

靠着最新鲜的实验材料，米歇尔很快发现，精子的组分中含有大量的核素，因此从精子中，可以轻易地提取到大量高纯度的核素。事实上，这已经可说是那个时代的研究者们在既有的技术手段制约下，所能拿到的纯度最高的 DNA。

在 1872 年到 1873 年间，米歇尔还成功地从蛙类、鲤鱼、公鸡与公牛的精子细胞中提纯出了核素，不过最好的样品还是来自鲑鱼。靠着这些质量上佳的核素样品，米歇尔再次进行了组分测定的实验，这次，他推翻了他在图宾根大学做出的结论，认为核素中不含有硫元素——这次的结论是正确的，因为此前他在图宾根大学观测到的硫实际上是缘于从白细胞提取的核素里面混杂的蛋白质太多。他还对核素中的磷元素进行定量分析，得出两个结论，一，磷元素在核素中以磷酸根的形式存在；二，磷酸酐约占核素质量的 22.9%——与 22.5% 的实际值间仅有 0.4% 的误差。

否定核素是遗传物质

对于核素的功能，米歇尔也开始根据新得到的信息进一步推理。最初他曾以为核素是细胞内的磷元素仓库，后来他猜想核素可能是卵磷脂一类的分子的前体，但这些假说都或多或少与观测到的现象有所矛盾，因此被米歇尔自己一一推翻了。

现在，考虑到核素在生殖细胞，尤其是精子细胞里的大量存在，米歇尔开始猜测一个大胆的可能性——会不会核素与受精过程有关呢？

米歇尔在他完成于 1874 年的一篇手稿中写下了这样的句子："假如有人要假设某一分子是受精的具体原因，那么他无疑应该首先且侧重考虑核素。"这与最后的答案只隔着薄薄的一层窗户纸。

但是米歇尔终于还是否定了核素作为遗传物质的可能。在他看来，核素的存在实在太过广泛，也太过同质了。从完全不同的动物那里提取到的核素性质是如此近似，假如核素是遗传物质，那么实在很难解释丰富多彩的生物多样性。

米歇尔最后还是同意了他时代的主流意见：受精过程中，精子给了卵子一个内在的动力冲击，引发了受精过程以及随后的胚胎发育过程。米歇尔觉得，核素可能就是那个传递动力的小分子。

米歇尔的发现引发生命科学大革命

1875 年以后，米歇尔对核素的热情有所减退，他开始转向研究精子细胞与卵子细胞的分化过程。在否认核素作为遗传物质的可能后，他猜测遗传信息也许是藏在细胞内的哪个大分子的立体构象中——毕竟，一个蛋白质内只要含有 50 个手性碳原子（对有 4 个不同基团的碳原子的形象称谓），就代表它的立体异构体能有 2 的 50 次方那么多种，那是十万亿那个数量级。米歇尔猜想，生命的奥秘，应该记录在那样的大分子中。其实我们今天回顾起来，也不能说米歇尔的猜想毫无根据。

米歇尔是一名勤奋的研究者，他除了对生殖细胞的生化分析外，还做了不少其他方向的研究，包括分析人体血液组成如何随着海拔高度的变化而改变，他甚至第一个发现了影响呼吸频率的是血液中二氧化碳的浓度——而不是人们广泛猜想的氧气浓度。

1895 年，米歇尔因此前染上的肺结核在 51 岁的壮年逝世。他的叔叔威尔赫尔姆·希思整理了他一辈子的研究成果，并为之写下了这样导语："对米歇尔与他的工作的认可将不会减少；恰恰相反，它会与日俱增，并终将作为一颗种子，结出累累的硕果。"

米歇尔的发现开创了一个崭新的科学领域，引起生命科学研究的一场大革命，使人类取得了解开生命之谜的金钥匙。半个世纪后的 1944 年，威尔赫尔姆·希思的预言终于应验了，这一年美国生物化学家奥斯瓦尔德·艾弗里证明 DNA 是真正的遗传学基础。

染色体的发现历程

染色体是细胞核中载有遗传信息（基因）的物质，在显微镜下呈圆柱状或杆状，主要由脱氧核糖核酸和蛋白质组成，在细胞发生有丝分裂时期容易被碱性染料（如龙胆紫和醋酸洋红）着色，因此而得名。

发现细胞核

1875 年，德国科学家斯脱劳伯格在显微镜下，就已经观察到了细胞里有细胞核。而且，令人振奋的是：如果把一个细胞分成两半，一半有完整的细胞核，一半没有细胞核，同时，可以发现有细胞核的那一半能够生长分裂，而没有细胞核的那一半就不行了。

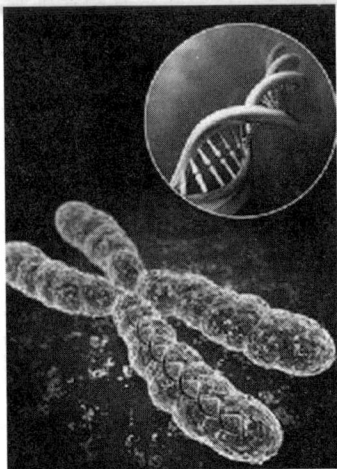

▲染色体放大图

令人遗憾的是，由于细胞基本上是透明的，即使是在显微镜下也不大容易看清它的精细结构，所以在很长一段时间内，人们都没有弄清楚细胞核分裂的机理。

染色体命名出现

当科学发展到了 1879 年，一位名叫弗莱明（1843～1915 年）的德国生物学家发现，利用碱性苯胺染料可以把细胞核里一种物质染成深色，这种物质称作染色质。

1882 年，弗莱明更加详细地描述了细胞分裂过程。细胞开始分裂的时候，染色质聚集成丝状，随着分裂过程的进行，染色质丝分成数目相等的两半，并且形成两个细胞核。这种分裂过程称作有丝分裂。1888 年，染色质丝被称作染色体。

人们发现，各种生物的染色体数目是恒定的。在多细胞生物的体细胞中，染色体的数目总是复数。例如，人的体细胞染色体数目为 46，果蝇为 8，玉米为 20 等等。其中，具有相同形状的染色体又总是成对存在着。因此，人的染色体为 23 对，果蝇为 4 对，玉米为 10 对。

追溯每一对染色体的来源，其中一个来自精子，一个来自卵子。成对的染色体互为同染色体。细胞中成对染色体一般说来是相似的，但有一个例外，就是性染色体。

人有 23 对染色体，其中 22 对男女都一样，称为常染色体。另一对男女不一样，就是性染色体。女人的一对性染色体，形态相似，称为 X 染色体。男人的一对性染色体，一个为 X 染色体，另一个为 Y 染色体。XX 为女性，XY 为男性。染色体的数目同生物物种有联系，又同生物的繁殖有联系。

萨顿的发现

1903 年，美国生物学家萨顿最早发现了染色体行为和孟德尔因子的分离组合之间存在着平行关系。即每条染色体有一定的形态，在连续的世代中保持稳定；每对基因在杂交中保持它们的完整性和独立性。

其次，染色体成对存在，基因也成对存在；在配子中，每对同源染色体只有其中一条，每对等位基因也只有一个。

再次，不同的等位基因在配子形成时是独立分配的；不同对染色体在减数分裂后期的分离也是独立的。

1906 年，英国生物学家本特森在几种植物中发现了几个"连锁群"，但他拒绝接受染色体学说，而是固执地认为，基因的物质基础在细胞结构中没有任何直接的证据。但是，不管怎样，萨顿的假说还是引起了广泛的注意，因为染色体是细胞中可见的结构，这个假说就显得十分具体。

基 因

基因是遗传的物质基础，是 DNA 或 RNA 分子上具有遗传信息的特定核苷酸序列。基因在染色体上的位置称为座位，每个基因都有自己特定的座位。基因通过复制把遗传信息传递给下一代，使后代出现与亲代相似的性状。人类大约有几万个基因，储存着生命孕育、生长、凋亡过程的全部信息，通过复制、表达、修复，完成生命繁衍、细胞分裂和蛋白质合成等重要生理过程。生物体的生、长、病、老、死等一切生命现象都与基因有关。它也是决定人体健康的内在因素。

发现多种致病菌

科赫，德国医生和细菌学家，世界病原细菌学的奠基人和开拓者，与巴斯德并驾齐驱的微生物学奠基者。对医学事业所作出开拓性贡献，使科赫成为在世界医学领域中令德国人骄傲无比的泰斗巨匠。因其在病原学领域的伟大成就，毫无争议地荣获了1905年度的诺贝尔医学奖。

从幻想走向现实

▲科　赫

科赫于1843年12月11日出生，是德国克劳斯塔尔—策勒费尔德一位矿工的儿子。母亲是一位为人高尚、非常聪明的女子。科赫同他12个兄弟姐妹都受到了极好的教育。他作为班上品学最优的学生从中学毕业后，便到著名的哥延根大学学习数学和自然科学，后来又学习医学，1866年毕业于哥延大学医学院。学生时代的科赫，极富于幻想，渴望过中世纪那种浪漫的骑士生活，常常梦见自己跨着骏马，穿山越岭，去捕捉猛虎。

毕业后，他又亲身经历了1866年汉堡流行的霍乱和1870~1871年的普法战争。这两件事对他的人生产生了决定性的影响。一方面对他后来在医学上的发展起了作用，瘟疫和战争让他看到了传染病的可怕和战胜它的紧迫性；另一方面使他开始慢慢地由幻想型的生活态度转变为现实型的生活态度。

发现炭疽杆菌

他的未婚妻对他的个性非常了解，为了使他彻底放弃那些不切实际的浪漫想法，建议他过一种平静的乡村医生的生活。科赫接受了未婚妻的建议，1872年担任东普鲁士一个小镇的地方医生。他一边行医，一边开始研究当地一种流行的病害——炭疽病。为了顺利地进行研究工作，他的未婚妻再次给予他有力的支持，送给他一架精美的显微镜。经过不懈努力，科赫证明这种病的病原是一种杆菌。在此之前，包括巴斯德在内的好几位微生物学家都研究过炭疽病的病原问题，但由于他们缺乏严格的分离培养病菌的方法，并没有准确地揭示病菌与炭疽病之间的因果关系，对病原菌本身的特点也不是很清楚。

科赫则在人类历史上第一次科学地证明了某种专门的微生物是某种专门疾病的病

原体。他的研究成果以《根据炭疽杆菌的发展史阐述炭疽病病原学》为题发表了。由于这个发现，他在 1880 年被聘请任职于柏林的皇家卫生局。

发现结核杆菌

对我们现代人来说，结核病已不是什么可怕的疾病了。但在 19 世纪，甚至 20 世纪 30 ~ 40 年代，人们提起结核病就如同我们今天谈起癌症一样"谈虎色变"，那是当时的一种不治之症。当年曾幻想上山打虎的科赫现在想看看是什么"老虎"在作怪，使人们得可怕的结核病的。科赫在柏林与他的两位助手勒夫勒和加夫基在科研工作中进行了富有成果的合作，最终得到了他一生最著名的发现——找到了引起结核病的"老虎"——结核杆菌。

1882 年 3 月 24 日，科赫在柏林大学卫生学院生理学协会上对此发表了评论，他总结说："在结核性病变的组织里，经常出现杆菌，这种杆菌能够从机体中分离出来，并能长时间保持在纯培养状态。分离出的杆菌用各种方式传染给动物，这种动物也就有了结核性疾病。对此，可以认为结核菌是结核病的病因，因此也就把它看作是寄生性疾病。"

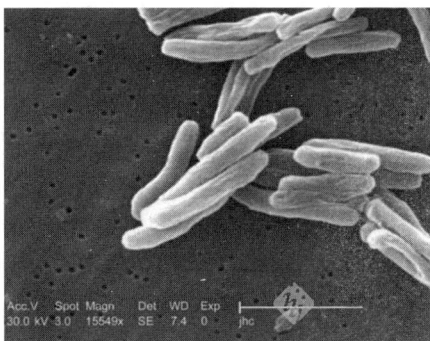

随着结核菌是结核病病因这一认识的确定，也确立了科赫在全世界的声誉。直到逝世前，他一直研究尚未解决的战胜结核病的问题。他创制了当时用于诊断结核病的不可缺少的诊断液——结核菌素，直到今天，结核菌素试验仍在使用。他战胜结核病的愿望终于在抗生素发现以后得以实现。

▲ 结核杆菌

发现霍乱弧菌

1882 年以后，科赫又取得了一系列重要的科学成果。1883 ~ 1884 年，受政府委派，赴埃及和印度考察霍乱，发现了霍乱弧菌；在其他旅行中，曾发现鼠疫和疟疾的病原体。

科赫不是一个出色的演说家，正如勒夫勒所说的，他讲话慢慢地，但是他的报告清楚，"充满了制胜的逻辑"，是"纯金"。

他于 1885 年担任柏林大学卫生研究所的所长，1891 年辞去该职，担任柏林传染病研究所所长直到 1904 年退休为止。除于 1905 年荣获诺贝尔医学奖外，他还是柏林科学院院士和巴黎科学院外籍院士。

发现吞噬细胞

　　病菌进入人体以后是不是一定会使人生病或者死亡呢？不是的。病菌在自然界分布很广，人很容易与它们相遇，但是生病的只是其中的一部分人。原来，我们的身体里有一种细胞，像哨兵一样在体内巡逻，一旦发现了病菌，就会把它们吃掉，这样我们就不会生病了。除非我们的"哨兵"太少或者战斗力不强，吃不掉病菌，病菌才会在机体内大量增殖，引起疾病。而发现这种微妙细胞的人正是梅契尼科夫。

秘密实验

　　梅契尼科夫，犹太人，1845 年生于俄国南方的哈尔科夫附近。梅契尼科夫是乌克兰农家子弟，17 岁进入哈尔科夫大学学习，但仅读了两年便去德国留学，后来成了欧洲很有成就的青年动物学家。他爱自己的祖国，接受了圣彼得堡大学之聘。谁料昏庸的沙俄在那个年头，已不再重视学者，他出逃了。

▲海　星

　　梅契尼科夫来到了地中海的西西里岛。这时正是巴斯德和科赫的发现使大学对微生物像着了魔似的时候，他凭直觉知道微生物现在成了科学上的大事情，他梦想获得微生物的伟大的新发现，然而当时他还从未看见过微生物，也完全不知道研究微生物的方法。但这位奇才还是凭着他想做出新发现的强烈愿望从动物学家摇身一变而成为微生物研究者。在西西里岛上，他跟一位留学德国的法国同学终日躲在实验室里，埋头于微生物以及各种病菌的本性和习惯的研究。整整 6 年时间不问世事，人们几乎忘掉了这人间还有他这么一个人。

　　有一天，梅契尼科夫开始研究海星和海绵消化食物的方法。好久以前，他已发现这些动物体内有一些奇怪的细胞，它们自由自在，在体内游走，就像是小变形虫一样。他把一些洋红色的颗粒放进了一只海星的幼体内，因为海星幼体透明得如同一扇明净的玻璃窗，因此，他能通过透镜看清楚这动物体内所发生的一切。他兴高采烈地看着那些爬着的自由自在的细胞，在海星体内趋向洋红色颗粒，并把它们吃掉！这时一个改变他整个生涯的念头在他的大脑中一闪，"在海星幼体内的这些游走细胞吃食物，他们吞下了洋红色颗粒，那么它们也一定吃掉微生物！它们就是对疾病免疫的原因……使人类不受杆菌杀戮的就是它们！"以后他又用玫瑰刺去扎小海星，结果第二天不出所料，他发现在海星体内，围绕着玫瑰刺周围的，是一堆懒洋洋的海星游走细胞。

于是他向在西西里岛墨西拿这个港口城市的欧洲各位教授们说明了他的卓见。"这就是动物经受得住微生物攻击的原因"。接着梅契尼科夫给他发现的游走细胞起了个希腊文名称——吞噬细胞。

巴斯德的肯定

后来为了充实他的吞噬细胞理论，他又做了许多实验，但在欧洲大陆他的理论遭到一些学者的反对。梅契尼科夫去巴黎访问了巴斯德，他向巴斯德畅谈了他的吞噬细胞理论，将吞噬细胞与微生物之间的斗争讲得活灵活现，有声有色……巴斯德听完后说道："梅契尼科夫教授，我与你所见略同。我曾观察到的种种微生物之间的斗争，使我深有所感，我相信你走的路是正确的。"

梅契尼科夫把他一生的心得，写成一部《人的本性》。这是现代医药宝典之一，其中对微生物与人类的生死攸关阐述得非常详尽。在生活上，他也严格遵守自己的新理论，不让自己的免疫功能受到影响，他不吸烟、不喝酒、不过放纵生活，常喝酸牛奶，并时常检查自己的大小便和各种体液。

梅契尼科夫是细胞免疫理论的创始人，他的理论使人们加深了对微生物感染原理的认识，为推动微生物学的发展，做出了巨大的贡献。因此，于 1908 年荣获诺贝尔生理学奖。

白喉杆菌和抗毒素的发现

保罗·埃米尔用培养白喉杆菌的肉汤注射豚鼠，结果豚鼠得了白喉，他成功了，白喉的确是由细菌的毒素引起的。发现了白喉杆菌，接着又发现了白喉毒素，但事情还没有完结。1891年在柏林的一家医院用贝林发明的抗毒素治好了一个白喉病孩子，从而开创了生物学的又一个新时期。

证实白喉是由细菌毒素引起的

19世纪80年代初期，有一种叫做白喉的疾病特别猖獗，而且专找孩子的麻烦。医院的儿童病房里，可怜的啜泣声令人揪心：咯咯的干咳声预示着孩子将要窒息；在一排排凄凉的小床上，白色枕头上枕着的小脸，已经被一只不可知的手扼得脸色发青。医生们在病房里进进出出，装出欢欣的神色以掩饰绝望的心情；他们束手无策，从这一张病床走到那一张病床，时而给被白喉病膜塞住而透不出气来的孩子的气管里放进一根管子，让他能呼吸一下……

在柏林，科赫的学生弗雷德里克·莱夫勒在辛勤地工作着。他在病孩的布满白喉病膜的咽喉发现了一种瓶状的杆菌，而其他部位却没有发现这种细菌。他不能理解，为什么只在咽喉这一小部位有细菌就能置人于死地？他怀疑自己的发现，不敢肯定白喉是不是由细菌引起的。然而这个发现给后人指出了方向。

在巴黎，那些急得发昏的母亲们，纷纷给巴斯德写信，要求他救救她们的孩子。有一位妇女写信给他说："只要你愿意，你一定会找到一种药来治一种叫做白喉的死症。我们的孩子就靠你了，我们是教他们拿你当作救命恩人的！"

巴斯德已经衰老得无能力了，但他的助手保罗·埃米尔却决心从地球上消灭白喉。保罗·埃米尔受莱夫勒的启发，想象白喉虽然没有许多细菌侵入，但杀伤力很强，可能这些细菌能产生一种毒素来杀伤人体。他用培养白喉杆菌的肉汤注射豚鼠，结果豚鼠得了白喉，他成功了，白喉的确是由细菌的毒素引起的。

征服白喉

发现了白喉杆菌，接着又发现了白喉毒素，但事情还没有完结，怎么样才能治好白喉呢？让我们回到柏林，看看另外一个"中心"在干些什么吧。巧得很，科赫的学生中也有一个埃米尔，他是埃米尔·奥古斯特·贝林。这时，他年龄刚过30岁，他原是一名军医。贝林有一撮散文格调的小胡子，却有一颗诗人气质的脑袋。他有两个念念不忘的科学思想，那也是富有诗意的：一是他认为血是循环于生物体内最奇妙的液体；另一个怪念头是，认为一定存在各种化学品，能清除侵犯人畜体内的微生物，而不伤害人畜。

他在了解了保罗·埃米尔的工作后，也投入到研究白喉的战斗。经过长期的探索，他进行了一个著名的、决定他成败的实验。先用一只从未患过白喉、也没有用杆菌免疫注射过的豚鼠的血清与白喉毒素混合，然后注射给新的豚鼠，结果豚鼠很快死亡；而用经过免疫的豚鼠血清与白喉毒素混合，再注射给新豚鼠，结果这些豚鼠安然无恙。他把这种能治疗白喉的血清叫做"抗毒素"，并常常低声自语：

"现在，我也许可以使较大的动物也免疫了，而且它们身上获得大量灭毒血清，然后用到白喉患儿身上进行试验……能保全豚鼠的东西，应该能治疗婴儿！"

他成功了！他于 1891 年在柏林的一家医院用抗毒素治疗一个白喉病孩子，从而开创了生物学的又一个新时期。

由于发现白喉抗毒素，贝林于 1901 年获首届诺贝尔生理学或医学奖。在获奖演说中，贝林说道："中国人远在两千年就知道以毒攻毒的医理。这是合乎现代科学的一句古训！"也许正是这句古训，启发他完成了自己的伟业。

白 喉

白喉是由白喉棒状杆菌引起的急性呼吸道传染病，属于乙类传染病，主要通过呼吸道飞沫或与感染患者接触传播。临床特征为咽喉鼻等处灰白粗厚的假膜形成及外毒素引起的心肌、神经及其他脏器的损害，伴有全身中毒症状如发热、乏力、恶心呕吐头痛等。人群普遍易感，呈世界性分布，尤多见于温带地区。四季均可发病，以秋季、冬季、初春较多，大多预后良好，重症患者有一定的死亡率。

病毒发现始末

病毒由蛋白质和核酸组成，颗粒很小，以纳米为测量单位，结构简单，寄生性严格，以复制进行繁殖的一类非细胞型微生物。在病毒大家庭中，有一种病毒有着特殊的地位，这就是烟草花叶病毒。无论是病毒的发现，还是后来对病毒的深入研究，烟草花叶病毒都是病毒学工作者的主要研究对象，起着与众不同的作用。

与"病毒"擦肩而过

1886 年，在荷兰工作的德国人麦尔把患有花叶病的烟草植株的叶片加水研碎，取其汁液注射到健康烟草的叶脉中，能引起花叶病，证明这种病是可以传染的。通过对叶子和土壤的分析，麦尔指出烟草花叶病是由细菌引起的。

▲烟　草

1892 年，俄国的伊万诺夫斯基重复了麦尔的试验，证实了麦尔所看到的现象，而且进一步发现，患病烟草植株的叶片汁液，通过细菌过滤器后，还能引发健康的烟草植株发生花叶病。这种现象起码可以说明，致病的病原体不是细菌，但伊万诺夫斯基将其解释为是由于细菌产生的毒素而引起。生活在巴斯德的细菌致病说的极盛时代，伊万诺夫斯基未能做进一步的思考，从而错失了一次获得重大发现的机会。

发现病毒

1898 年，荷兰细菌学家贝杰林克同样证实了麦尔的观察结果，并同伊万诺夫斯基一样，发现烟草花叶病病原能够通过细菌过滤器。但贝杰林克想得更深入。他把烟草花叶病株的汁液置于琼脂凝胶块的表面，发现感染烟草花叶病的物质在凝胶中以适度的速度扩散，而细菌仍滞留于琼脂的表面。

从这些实验结果，贝杰林克指出，引起烟草花叶病的致病因子有三个特点：1. 能通过细菌过滤器；2. 仅能在感染的细胞内繁殖；3. 在体外非生命物质中不能生长。根据这几个特点他提出这种致病因子不是细菌，而是一种新的物质，称为"有感染性的活的流质"，并取名为病毒，拉丁名叫"Virus"。神奇的病毒"诞生"了！

几乎是同时，德国细菌学家勒夫勒和费罗施发现引起牛口蹄疫的病原也可以通过细菌滤器，从而再次证明伊万诺夫斯基和贝杰林克的重大发现。

荷尔蒙的发现

内分泌腺产生的化学物质为"激素（hormone）"，音译为荷尔蒙。源于希腊文，意思是"激活"，是人体内分泌系统分泌的能调节生理平衡的激素的总称。各种荷尔蒙对人体新陈代谢内环境的恒定，器官之间的协调以及生长发育、生殖等起调节作用。它不但影响一个正常人的生长、发育及情绪表现，更是维持体内各器官系统均衡动作的重要因素，它一旦失衡，身体便会出现病变。

互补性的合作

斯塔林 1866 年生于伦敦，英国生理学家，曾研究跨毛细血管壁的液体平衡、内分泌的调节作用和心脏功能的机械调节等。1882 年入伦敦盖伊医院医学院学习。1889 年获医学学士学位。1885 年夏季在海德堡的威廉·屈内实验室工作。1890 年在大学学院谢弗实验室兼职，这对他否定经验主义，形成以生理学为基础科学与临床之间的桥梁的思想很有影响。1899 年任大学学院教授。第一次世界大战期间到希腊服役，战后继续研究循环生理。晚年健康不佳但仍坚持科学研究直至逝世。

贝利斯 1860 年生于英格兰斯塔福德郡温斯伯里，是内分泌学的奠基人之一，在消化生理、循环生理、普通生理学方面有建树。他 1882 年获伦敦大学科学学士学位。1888 年在牛津大学瓦特哈姆学院获生理学博士学位。此后一直在伦敦大学学院任职。1912 年升为普通生理学教授。第一次世界大战期间，在皇家学会研究创伤性休克。1917 年曾赴法国前线服务。他于 1890 年被选为英国生理学会会员并任过秘书和司库。1903 年被选为英国皇家学会会员、常任理事。还被选为丹麦与比利时皇家科学院院士、巴黎生物学会会员，并应邀访问过美国。自 1911 年以来，先后荣获过英国皇家勋章、巴利勋章、科普利勋章。1922 年被英国政府封为爵士。

▲斯塔林

斯塔林和贝利斯在大学学院即开始了两人的终生合作。斯塔林活跃、急躁、有时不切实际，其实验往往设计简单，有时实验结果不能充分支持其论点，但他善于对资料与观点进行有意义的综合概括与准确理解；而贝利斯博学、谨慎、注重科研方法。他们的合作取长补短，成绩卓著；他们使传统生理学的面貌发生巨大改变，其影响遍及生理学和医学的数个领域。

他们用化学及物理学原理说明生理学问题。设计的动物实验技术也影响很大。最初主要研究淋巴液生成，提出毛细血管内压与渗透压之间的平衡（后称"斯塔林平衡"）。

荷尔蒙的作用

1902 年他们发现肌反射、证明十二指肠受盐酸刺激可产生促胰激素，促胰液素进入血循环到胰脏，促进胰液分泌。这是第一个被认识的激素，他们由此提出了机体功能受体液调节的新概念，开辟了内分泌学研究的新领域。

1903 年，他们阐明了轴索反射，同年还发现了胰蛋白酶原在小肠内被肠激酶激活的现象。这些发现对消化生理学的发展有重要影响。

1905 年他们将内分泌腺产生的化学物质称为"激素（hormone）"，音译为荷尔蒙。源于希腊文，意思是"激活"，是人体内分泌系统分泌的能调节生理平衡的激素的总称。各种荷尔蒙对人体新陈代谢内环境的恒定，器官之间的协调以及生长发育、生殖等起调节作用。它不但影响一个正常人的生长、发育及情绪表现，更是维持体内各器官系统均衡动作的重要因素，它一旦失衡，身体便会出现病变。一个人是否能达致身心健康，荷尔蒙担当举足轻重的地位。

维生素的发现

维生素又名维他命，通俗来讲，即维持生命的物质，是维持人体生命活动必需的一类有机物质，也是保持人体健康的重要活性物质。维生素在体内的含量很少，但不可或缺。各种维生素的发现是 20 世纪的伟大发现之一。

发现维生素 B

1897 年，荷兰病理学家克里斯蒂安·艾克曼在爪哇发现只吃精磨的白米即可患脚气病，未经碾磨的糙米能治疗这种病。并发现可治脚气病的物质能用水或酒精提取，当时称这种物质为"水溶性 B"。

1906 年证明食物中含有除蛋白质、脂类、碳水化合物、无机盐和水以外的"辅助因素"，其量很小，但为动物生长所必需。

1912 年波兰生物化学家卡西米尔·冯克在阅读了艾克曼关于食用糙米可以比食用精制白米的人减少患脚气病的可能的文献后，决定将糙米中的这一成分分离出来。1912 年，他成功地分离出了治疗脚气病的有效成分。因为这种物质含有氨基，所以被他命名为 vitamine，这是拉丁文的生命（Vita）和氨（－amin）缩写而创造的词，在中文中被译为维生素或维他命。后来他提取出的这种物质被称为硫胺或维生素 B_1。卡西米尔·冯克又发展了自己理论认为维生素还可以治疗佝

▲ 糙米饭

偻病、糙皮病等。Vitamine 现在被称为 Vitamin，因为后来发现的维生素中很多并不含有氨基。

卡西米尔·冯克定义了当时存在的几种营养物质，维生素 B_1、维生素 B_2、维生素 C 及维生素 D。他在 1936 年确定了硫胺的物质结构，后来又第一个分离出了烟酸（维生素 B_3）。

发现其他的维生素

自冯克发现并给维生素命名以来，各类维生素相继发现，以前发现的如抗血酸等也重新命名。

抗坏血酸，维生素 C，水溶性。由詹姆斯·林德在 1747 年发现。亦称为抗坏血酸。多存在于新鲜蔬菜、水果中。

维生素 A，抗干眼病维生素，亦称美容维生素，脂溶性。由爱尔墨·麦科勒姆和戴维斯在 1912 年到 1914 年之间发现。并不是单一的化合物，而是一系列视黄醇的衍生物（视黄醇亦被译作维生素 A 醇、松香油），别称抗干眼病维生素。多存在于鱼肝油、绿色蔬菜中。

维生素 D，钙化醇，脂溶性。由伊德瓦尔第在 1922 年发现。亦称为骨化醇、抗佝偻病维生素，主要有维生素 D_2 即麦角钙化醇和维生素 D_3 即胆钙化醇。这是唯一一种人体可以少量合成的维生素。多存在于鱼肝油、蛋黄、乳制品、酵母。

维生素 E，生育酚脂溶性。由赫尔波特及卡斯林在 1922 年发现。主要有 α、β、γ、δ 四种。多存在于鸡蛋、肝脏、鱼类、植物油中。

维生素 B_2，核黄素，水溶性。由史密斯和亨利爵士在 1926 年发现。也被称为维生素 G，多存在于酵母、肝脏、蔬菜、蛋类中。

维生素 K 是维生素的一种，黄色晶体，熔点 $52℃ \sim 54℃$，不溶于水，能溶于醚等有机溶剂。丹麦化学家达姆于 1929 年从动物肝和麻子油中发现并提取。具有防止新生婴儿出血疾病、预防内出血及痔疮、减少生理期大量出血、促进血液正常凝固的作用。绿色蔬菜含量较多。多存在于菠菜、苜蓿、白菜、肝脏中。

▲ 菠　菜

维生素 B_5，泛酸，水溶性。由罗杰威廉姆斯在 1933 年发现。亦称为遍多酸，多存在于酵母、谷物、肝脏、蔬菜中。

维生素 B_6，吡哆醇类，水溶性。由盖奥尔吉在 1934 年发现。包括吡哆醇、吡哆醛及吡哆胺。多存在于酵母、谷物、肝脏、蛋类、乳制品中。

维生素 B_3，烟酸，水溶性。由埃尔维耶姆在 1937 年发现。也被称为维生素 P、维生素 PP、包括尼克酸（烟酸）和尼克酰胺（烟酰胺）两种物质，均属于吡啶衍生物。多存在于烟碱酸、尼古丁酸、酵母、谷物、肝脏、米糠中。

维生素是维持生命的元素，是维持人体生命活动必需的一类有机物质，也是保持人体健康的重要活性物质。维生素在体内的含量很少，但不可或缺。

胰岛素的发现

19世纪以前，糖尿病像妖魔一样，肆意成批地夺走人们的生命。面对这旷日持久的大浩劫，人类一筹莫展。在那时，糖尿病患者的平均生存时间仅4.9年。然而，自胰岛素发现并用于临床后，使过去的不治之症——糖尿病，可以得到有效的控制甚至治愈。

发现胰岛

1869年德国医生朗格汉斯发现，在胰腺内除有众多的腺泡外，还散在有一群群非腺泡细胞，它们在宛如大海的胰腺中，犹如点缀着的星星小岛，称为胰岛，也曾被称为"朗格汉斯岛"。胰腺具有100～300万个胰岛，如此数量庞大的胰岛却只占胰腺总体积的2%，其余胰腺组织的主要职责是分泌消化液。用一个比喻来说：胰腺最大，就像是"一家之长"，而胰岛则是"孕育"了胰岛素的"母亲"，它们和胰岛素一起，就像是一个三口之家。

1889年德国科学家发现将狗的胰脏摘除后，狗就会发生糖尿病。当初他们认为，狗可能是由于缺少胰腺所分泌的消化酶而发生糖尿病。可是，当他们保留狗的胰腺，而只是将狗的胰腺管结扎，使消化液不能分泌到肠道里的时候，却发现狗并不发生糖尿病。由此，他们认为，胰腺内一定存在着一种可能与糖尿病发生有关的物质。

三位科学家的伟大贡献

1920年，年仅29岁的加拿大生物学家、外科医生班廷读到一篇关于朗格汉斯细胞和糖尿病方面的文章，他突发奇想，先将正常活狗的胰腺导管统统结扎掉，使胰腺无法分泌消化液；然后再进行收集工作，如果能够收集到一些物质，则必定是由朗格汉斯细胞分泌出来的。为了证实自己的想法，班廷去找多伦多大学医学院的麦克劳德教授，想借一间实验室和实验所需要的动物。他说服了生物学家麦克劳德，答应给他实验室和实验物，并且委派自己的学生贝斯特给他当助手，然后麦克劳德离开那里去度暑假。

1921年4月班廷和贝斯特开始了实验，他们前后进行了两次实验，第二次实验非常成功。4个星期后，他们取出两条狗的胰脏，将之搅碎过滤，并收集到少量的液体。当他们将这些液体注射到一只经出现糖尿病昏迷的小狗身上时，奇迹发生了。当头几滴液体注入狗的体内，昏迷中的小狗有了反应，血糖也开始下降。当液体注射完毕，世界上第一只从糖尿病昏迷状态下苏醒过来的小狗就站起来跑开了。

从狗的胰脏中取得的神奇液体，班廷和贝斯特称为isletin，而麦克劳德主张用一有趣味的、比较古老的名称insulin（胰岛素）。

1922 年 1 月班廷第一次使用从牛胰腺中提取的胰岛素，对一个患糖尿病两年、已被医生放弃治疗的男孩进行治疗，结果"药到病除"，男孩的病情立即好转，不久痊愈出院。

麦克劳德很快又改进提取方法，使胰岛素能批量生产，一经推出立即挽救了许多糖尿病患者的生命。

胰 腺

在我们身体上腹部深处有一个很不显眼的小器官——胰腺。胰腺虽小，但作用非凡，可以说，它是人体中最重要的器官之一。之所以这么说，因为它是一个有外分泌功能的腺体，它的生理作用和病理变化都与生命息息相关。胰腺"隐居"在腹膜后，知名度远不如其近邻胃、十二指肠、肝、胆，但胰腺分泌的胰液中的好几种消化酶在食物消化过程中起着"主角"的作用，特别是对脂肪的消化。

1923 年班廷和麦克劳德获得诺贝尔生理学或医学奖，这是加拿大人首次获得诺贝尔奖。自那时以后，许许多多的糖尿病患者便能够正常生活了，其中有伊斯特曼、迈诺特，还有英国的乔治五世和作家威尔斯。

至今用于临床的胰岛素几乎都是从猪、牛胰脏中提取的。不同动物的胰岛素组成均有所差异，猪的胰岛素结构与人的最为相似，只有 B 链羧基端的一个氨基酸不同。

胰岛素的发现并用于临床，使过去的不治之症——糖尿病，可以得到有效的控制甚至治愈。

发现链霉素

链霉素是一种氨基葡萄糖型抗生素，1943年由瓦克斯曼从链霉菌中析离得到，是继青霉素后第二个生产并用于临床的抗生素。它的抗结核杆菌的特效作用，开创了结核病治疗的新纪元。从此，结核杆菌肆虐人类生命几千年的历史得以有效遏制。

分离出链霉素

瓦克斯曼1888年生于俄国普里鲁基，1910年离俄赴美。他进入拉特格斯大学学习，于1915年毕业，1916年成为美国公民。后来，他去加利福尼亚大学深造；1918年在该校获博士学位，此后回到拉特格斯大学任教。

他对生活在土壤中的微生物特别感兴趣，1937年当杜博斯在一种土壤微生物中发现了一种杀菌剂时，土壤微生物就立即成为一种新的研究方向。这就促使人们对弗莱明的青霉素作出新的评价，特别是从二次大战爆发以来，非常需要为受伤战士提供各种处理感染的新方法。

瓦克斯曼为从微生物中获得的杀菌化学制品创造了一个新术语——抗生素，同时他开始寻找这类化学制品。杜博斯的杀菌剂和青霉素两者仅对革兰氏阳性细菌有效，而对

▲瓦克斯曼

革兰氏阴性细菌不起作用。因此，瓦克斯曼对于能制服革兰氏阴性细菌的物质特别感兴趣。他偶然得到一种链霉菌族的霉菌；这种霉菌是从他当研究生时一开始就从事研究的。1943年，他终于从其中分离出一种有效地抵抗革兰氏阴性细菌的抗菌素并称之为链霉素。

1945年5月12日在人类身上第一次成功地应用了链霉素。由于这一发现，瓦克斯曼荣获1952年诺贝尔生理学或医学奖。他把奖金转作拉特格斯大学的研究基金。链霉素的霉性稍大，不过由于它的发现，人们为了获得其他的抗菌素开始对土壤微生物进行积极和系统的探索，不久人们就发现了四环素。

1942年，他作为第一位土壤微生物学家当选为美国科学院院士。不久又当选法国科学院院士。1954年，由他创建的拉格斯特大学微生物研究所（现名瓦克斯曼微生物研究所）是国际微生物学学术活动的中心之一。

克鲁格曼发现乙肝病毒

在1967年5月的《美国医学联合会杂志》上，克鲁格曼发表了在病毒学历史上具有里程碑意义的《传染性肝炎：两种临床上、流行病学上和免疫学上都截然不同的感染》。接着他又投入到乙肝疫苗的研制中，1971年7月，他又将自己的试验结果正式发表。以感染者血清制备疫苗的方法此后被进一步完善，并从小规模实验室制备走向商业化生产。

发现乙肝病毒

萨尔·克鲁格曼1911年出生于纽约布朗克斯，父母是"十月革命"前后涌入美国的俄国移民。因为家境贫寒，克鲁格曼的求学之路相当曲折，直到1939年才在弗吉尼

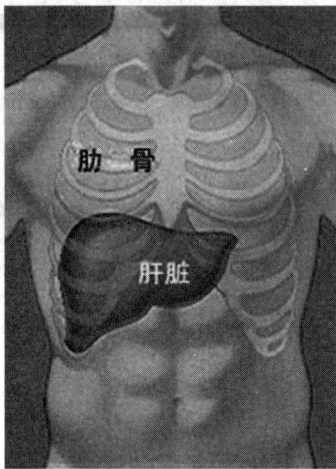

▲肝脏的位置图

亚医学院拿到医学学位。1941年，克鲁格曼加入空军，成为南太平洋战区的一名随机外科医生，直到1946年2月才回到纽约。从贝尔维尤医院一名不拿薪水的实习医生做起，到1960年，因为出众的业务水平，他已经成为这家医院的儿科主任，并担任纽约大学医学院的教授和系主任。

为萨尔·克鲁格曼带来最大荣誉和最大争议的，是他从20世纪50年代中期开始的一系列与传染病有关的工作。建成于30年代的杨柳溪州立学院是一所专门收容精神病患者的精神病院。由于经费削减、收容者众多、管理不善，这里的条件极其恶劣，成为麻疹和肝炎等众多恶性传染病的渊薮。时任议员的罗伯特·肯尼迪在一次演讲中，曾将这里比成"蛇窟"。

为了解决杨柳溪州立学院传染病泛滥的问题，院方找到萨尔·克鲁格曼和他的好朋友罗伯特·瓦尔德。之后不久，琼·吉列思也加入这一队伍。在进行了细心的临床和流行病学研究后，萨尔·克鲁格曼和他的同事发现，新入院的精神病患者一入院，很快就会感染上肝炎，除非是此前就已经感染过。而且，虽然看起来都是一样的肝病，事实上，它们却是由两种不同的病毒所引起。以前人们以为的"复发"，其实是再次感染了不同的病毒。克鲁格曼将这一发现写成论文，发表在1967年5月的《美国医学联合会杂志》上，这就是病毒学历史上具有里程碑意义的《传染性肝炎：两种临床上、流行病学上和免疫学上都截然不同的感染》。

制备乙肝疫苗

萨尔·克鲁格曼继续寻找可能治疗或预防这两种不同肝炎，尤其是潜伏期更长、长期预后不佳的后一种肝炎——今天我们所称的乙型肝炎——的方法。在一次试验中，萨尔·克鲁格曼将乙肝患者的血清用10倍的水稀释，在98℃下加热1分钟，结果他惊奇地发现，血清中的病毒被杀死了，但抗原似乎还有活性。他因此猜想，将这种血清制品注射到未感染过乙肝病毒的人体内，或许可以起到免疫作用。

他在杨柳溪州立学院开始了大规模人体试验。主要的试验对象，是院中和新入院的患有精神病的儿童。在试验中，克鲁格曼及其同事给29名儿童注射了用上述办法灭活的带病毒血清，然后加以观察。证据显示，这些血清中的乙肝病毒并没有全部被杀死，因为一部分试验对象因此感染上了乙肝病毒。而在那些没有感染的儿童中，为了测试注射灭活血清是否能产生免疫以及免疫效果如何，克鲁格曼又给他们注射了完全没有加热灭活的乙肝患者血清。结果显示，59%的试验对象获得了完全的免疫。

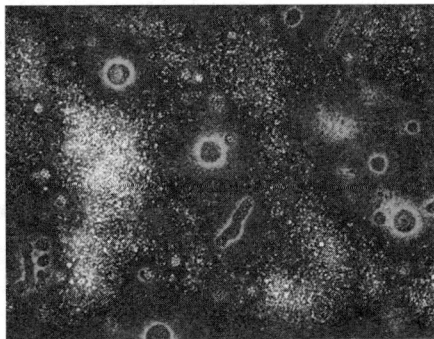

▲乙肝病毒

1971年7月，萨尔·克鲁格曼将这一试验结果正式发表。以感染者血清制备疫苗的方法此后被进一步完善，并从小规模实验室制备走向商业化生产。1981年，第一种经过FDA许可的血清乙肝疫苗在美国上市，数以千万人因此而不再被乙肝病毒所威胁。

第一个可致癌的原核生物——幽门螺杆菌

1984 年，澳大利亚的病理学家罗宾·沃伦和消化科临床医生巴里·马歇尔共同提出幽门螺杆菌涉及胃炎和消化性溃疡的病因学，二人因此获得 2005 年的诺贝尔生理学或医学奖。二人的发现，打破了当时已经流行多年的人们对胃炎和消化性溃疡发病机理的错误认识，被誉为是消化病学研究领域的里程碑式的革命。自此溃疡病从原先难以治愈反复发作的慢性病，变成了一种采用短疗程的抗生素和抑酸剂就可治愈的疾病，大幅度提高了胃溃疡等患者获得彻底治愈的机会。

发现幽门螺杆菌

▲罗宾·沃伦（右）和巴里·马歇尔（左）

罗宾·沃伦 1937 年出生于南澳大利亚州阿德莱德市。1979 年，他在慢性胃炎患者的胃窦黏膜组织切片上观察到一种弯曲状细菌，并且发现这种细菌邻近的胃黏膜总是有炎症存在，因而意识到这种细菌和慢性胃炎可能有密切关系。

1981 年，生于澳大利亚西部城市卡尔古利的年仅 30 岁的消化科临床医生巴里·马歇尔与罗宾·沃伦合作，他们以 100 例接受胃镜检查及活检的胃病患者为对象进行研究，证明这种细菌的存在确实与胃炎相关。此外他们还发现，这种细菌还存在于所有十二指肠溃疡患者、大多数胃溃疡患者和约一半胃癌患者的胃黏膜中。

经过多次失败之后，1982 年 4 月，巴里·马歇尔终于从胃黏膜活检样本中成功培养和分离出了这种细菌。为了进一步证实这种细菌就是导致胃炎的罪魁祸首，巴里·马歇尔不惜喝下含有这种细菌的培养液，结果大病一场。

基于这些结果，巴里·马歇尔和罗宾·沃伦提出幽门螺杆菌涉及胃炎和消化性溃疡的病因学。1984 年 4 月 5 日，他们的成果发表于在世界权威医学期刊《柳叶刀》上。成果一经发表，立刻在国际消化病学界引起了轰动，掀起了全世界的研究热潮。

弄清致病机制

世界各大药厂陆续投巨资开发相关药物，专业刊物《螺杆菌》杂志应运而生，世界螺杆菌大会定期召开，有关螺杆菌的研究论文不计其数。通过人体试验、抗生素治疗和流行病学等研究，幽门螺杆菌在胃炎和胃溃疡等疾病中所起的作用逐渐清晰，科学家对该病菌致病机理的认识也不断深入。

医学界对该菌与胃部疾病关系的认知较为缓慢，他们一直认为没有任何细菌能够长时间在胃部强酸的环境下生存。以后经过更详细的研究，包括马歇尔曾喝下试管内的杆菌得胃炎，并以抗生素治疗，医学界才开始改变对胃病的看法。

1994 年，美国国立卫生研究院（NIH）提出大多数常见的胃炎疾病均由幽门螺杆菌所造成，在治疗过程应加入抗生素。在正确认识该细菌以前，胃溃疡患者通常会以中和胃酸及减少分泌的药物来治疗，但经此方法治疗后大多会复发。而胃炎患者则会服用碱式柳酸铋，这方法通常会见效，当时人们仍不知道其机制，后来才发现药物中的柳酸盐会杀死胃部的杆菌，可作为抗生素。现时，这类疾病会以抗生素来杀灭病菌。

消化病学研究领域的里程碑

幽门螺杆菌是人类至今唯一一种已知的胃部细菌，其他种的螺杆菌也于部分哺乳动物及雀鸟体内找到。长期的溃疡，会导致癌症，因此 WHO 宣布胃幽门杆菌为微生物型的致癌物质，也是第一个可致癌的原核生物。

大量研究表明，超过 90% 的十二指肠溃疡和 80% 左右的胃溃疡，都是由幽门螺杆菌感染所导致的。目前，消化科医生已经可以通过内窥镜检查和呼气试验等诊断幽门螺杆菌感染。抗生素的治疗方法已被证明能够根治胃溃疡等疾病。幽门螺杆菌及其作用的发现，打破了当时已经流行多年的人们对胃炎和消化性溃疡发病机理的错误认识，被誉为是消化病学研究领域的里程碑式的革命。由于他们的发现，溃疡病从原先难以治愈反复发作的慢性病，变成了一种采用短疗程的抗

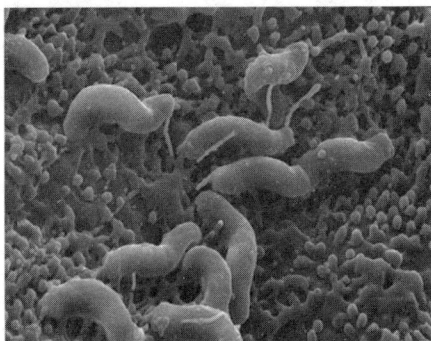

▲幽门螺杆菌示意图

生素和抑酸剂就可治愈的疾病，大幅度提高了胃溃疡等患者获得彻底治愈的机会，为改善人类生活质量作出了贡献。

这一发现还启发人们去研究微生物与其他慢性炎症疾病的关系。人类许多疾病都是慢性炎症性疾病，如局限性回肠炎、溃疡性结肠炎、类风湿性关节炎、动脉粥样硬化。虽然这些研究目前尚没有明确结论，但正如诺贝尔奖评审委员会所说："幽门螺杆菌的发现加深了人类对慢性感染、炎症和癌症之间关系的认识。"

神奇的植物激素

植物激素是一个成员众多的大家庭，概括起来，可以分为生长素、细胞分裂素、赤霉素、脱落酸和乙烯五大类。不同的植物激素对植物有不同的作用，它们能调节与控制植物器官的分化、开花、结实、成熟与衰老。是植物生长发育过程中不可缺少的物质。

赤霉素的妙用

赤霉素又叫920，它的一个突出特点就是能引起植物速生快长。在一些原是矮生性的植物里（如矮生玉米、矮生豌豆），由于顶芽里的生长素为一种活性很强的酶所破坏，其株高比一般正常的要矮得多，这时若用赤霉素去喷洒茎叶或浇到根上，就可以使它长得和正常植株一样高。利用赤霉素能促进植物长快长高的特点，在芹菜收获前2～3周，用50～100ppm赤霉素水溶液喷洒1～2次；在菠菜4～6片叶时用20ppm的赤霉素溶液喷洒一次，都可以提高它们的产量。

▲啤酒

在啤酒生产上，赤霉素还有一个意想不到的妙用。因啤酒生产中需要利用大麦芽中的水解酶，而这种水解酶的产生与赤霉素有关，于是，人们设法先抑制大麦萌发，然后再用赤霉素处理，这样既避免了大麦发芽时的物质消耗，同时又保证了水解酶的正常产生，从而使啤酒生产节省了原料，增加了产量。

更有趣的是，赤霉素对诱导开花也有作用。对那些没有经过低温处理不能开花的植物，用赤霉素处理它的顶端，就可以促使这种植物抽薹、开花。难怪有人称它为"开花素"了。在农业生产中，用赤霉素溶液涂棉铃，可以防止棉铃脱落；用赤霉素溶液喷洒齐穗期的水稻，可以防止早衰。另外，用赤霉素还可以打破土豆休眠，等等。

橡胶生产的助手

乙烯能促进果实成熟，早已为人们所共知。殊不知，乙烯是植物体内普遍存在的一种物质，由于它能促进细胞呼吸和加快物质转化，所以对植物体内的代谢和生长具有重要作用。

乙烯是气体，在实际应用中不太方便，所以现在在生产上常使用一种酸性较强的名叫乙烯利的液体。当将这种液体配成水溶液喷洒到植物上时，它就会随着它的酸性降低而放出乙烯。在西瓜、甜瓜、番茄、柑橘等青果上，用0.1%乙烯利水溶液喷1～2次，它们就可由硬变软，提早成熟，对于那些提早上市的生香蕉、生柿子之类的水果，如果用0.1%乙烯利水溶液浸一下，也可以起到催熟作用。

在橡胶生产上，可以用乙烯利来刺激伤流，增加胶乳的流量。具体做法是：将橡胶树割线下约2厘米宽的树皮浅浅地刮去一层，以露出青皮，用10%乙烯利油剂（与油棕油混合涂抹），一天后，胶乳排出量明显增加。用这种方法可以使橡胶树产量增加2～10倍，目前已在生产中推广应用。乙烯利的这种作用，在漆树或松树上也有类似的效果。

乙烯利的用途是多方面的，它还能使植物停止生长、变矮、落叶、落果，以及促进菠萝开花，等等。对黄瓜、甜瓜这些雌雄异

▲橡胶树

花同株的植物，在它们二叶期时，用2501ppm浓度的乙烯利溶液喷洒，可以改变花的性别，使雄花大部分变为雌花。

人工合成植物激素

植物体内激素的含量很低，一般只占植物体重的百万分之几，很难将它用于生产。因此，人们根据天然植物激素的化学分子结构，模拟合成了许多激素的类似物，如2.4-D、萘乙酸、矮壮素、青鲜素等。

人工合成的植物激素，在生产中用来处理种子或处理不同发育时期的植物，均显示出对壮苗增产的良好效果。像冬小麦用矮壮素浸种，就可明显促进小麦根系的生长发育，并能增加小麦的总分蘖数。由于这种药品有抑制植物的细胞伸长，促使植物变矮，茎秆加粗，节间缩短等特点，所以在小麦拔节初期，每亩用250～500克505的原液配成水溶液喷洒，可以防止小麦倒伏，增产5%以上。对于棉花，在成蕾初花期，用20%浓度的矮壮素喷射，则可防止棉花疯长。

B9也是一种生长抑制剂。高粱用它来浸种，可以抑制茎秆伸长，促进穗分化，增加穗粒数。在土豆的花蕾期，用3000ppm的B9水溶液喷射，可以防止植株徒长，提高产量。

三碘苯甲酸，是一种性质比较和缓的抑制剂。在大豆开花期，用10%的三碘苯甲酸溶液喷洒植株，对防止大豆徒长、多生分枝、促进开花和提高结荚率有明显效果，并且比一般植株早熟5～7天。

小麦、水稻、玉米等，在灌浆期用萘乙酸、乙烯利或增产等等处理，有促进灌浆、提高籽粒重的效果。

还有一些称之为增甘膦、青鲜素等的生长调节物质，对甜菜、甘蔗之类的糖料作物，有催熟和增加糖分的作用。如在越冬甜菜抽薹前7～10天，用0.3%的青鲜素处

理，就能抑制秋播甜菜越冬后的抽薹，延长甜菜的生长期及增加产量。

植物激素的作用是神奇的。它不但种类多，使用范围广，而且，一种激素有多种用途，不同植物激素在植物的不同生长发育时期又有不同效果。神通广大的植物激素是通过什么机制来控制植物所发生的各种效应的呢？这也正是科学工作者们希望寻求解答的问题，已经知道，植物激素除了可参与植物的新陈代谢过程，从化学上影响某些物质增加或减少以促进或延缓组织或器官发育，从而达到调节植物生长发育进程以外，再就是对细胞生长的作用，如使细胞长得更大，细胞壁变薄或细胞长得小而壁厚，以适应植物长高或茎秆短粗等的变化。而进一步怎样影响到细胞内在的质的变化，如在生理生化上的调控以改变雌雄性别或发育程序（促进开花）等问题，目前仍是未完全解答之谜。好在在理论研究的同时并不妨碍去实践、试探和使用。所以在进行科学实验的过程中，只要我们勤于观察，勇于实践，一定可以使植物激素在农业、林业、果树、花卉等的生产中大显身手，发挥更大作用。

▲ 甜 菜

人类对生物的发现

　　生物是具有动能的生命体，也是一个物体的集合，而个体生物指的是生物体。其元素包括：在自然条件下，通过化学反应生成的具有生存能力和繁殖能力的有生命的物体以及由它（或它们）通过繁殖产生的有生命的后代。生物最重要和基本的特征在于生物进行新陈代谢和遗传。生物具备合成代谢以及分解代谢，这是互相相反的两个过程，并且可以繁殖下去，这是生命现象的基础。

　　生物界中的动物、植物和微生物种类繁多，多种多样的生物不仅维持了自然界的持续发展，而且是人类赖以生存和发展的基本条件。然而，令人担忧的是，现存的动物急剧减少，只有原来地球上的动物的十分之一。正因为如此，了解一下人类对生物的认识与发现的知识，对于维护生态平衡，让我们人类更好地在生物界中生存，是会有启示意义的。

生物钟

候鸟南去又北回，花朵绽放又凋谢。随着时间的推移，地球上的生物周而复始地显现出千姿百态。人们不禁要问，生物体这种准确变化的时间规律是怎么回事呢？科学家通过研究和探索，终于揭开了其中的奥秘，原来生物体内有自己的"时钟"，人们称它为"生物钟"。

各种各样的"钟"

如果我们留心就会发现：一些植物如豌豆、花生、三叶草等的叶片白天昂起，以便最大限度地接受阳光，进行光合作用；而到了晚上，它们的叶片又垂下或折起来，以防止水分散失。植物叶片的这种"昂起"和"垂下"节奏，早在1729年就被法国的一位科学家发现，他当时出于好奇，将这类植物搬进暗室，令他吃惊的是，它们虽然见不到阳光，但是仍然按照往常的时间昂起或垂下叶子。

▲三叶草

更有趣的是，在海滨的浅滩上，生活着一种微小的藻类——黄棕色硅藻。每当涨潮海水淹没沙滩之前，它们便钻到沙石下面，以免被汹涌的潮水冲刷而去；潮水退去后，它们又重新移动到沙石表面，沐浴在金色的阳光里，进行光合作用、科学家将一些黄棕色硅藻移到实验室内，装进玻璃瓶里，这里虽然没有潮水的涨落，但每天它们仍然按涨潮和退潮的时间上升和下潜。

植物开花的准时性更令人惊叹。例如，牵牛花在清晨4点开放，蔷薇花开在5点，芍药花开在7点，半枝莲开在10点，马齿苋花开在中午12点，茉莉花开在17点，晚香玉开在20点，昙花开在21点，月亮花开在22点。有人巧妙地设计了一个钟面模样的花坛，将一些植物按其开花的时候顺序栽种到花坛里，这样只要看一下什么植物在开花，就知道是几点钟了，这就是著名的"花钟"。

动物体内也有生物钟。"鸡叫三遍天亮，青蛙冬眠春晓"。这些动物活动与昼夜交替和四季变更有关的现象，是动物体内的"钟表"在起作用的缘故。

有一种鹭，它虽然生活在远离海岸几十千米的地方，但每天飞到海边的时间，总比前一天推迟50分钟，由于潮汐时间每天恰好向后推迟50分钟，所以它们总是退潮后海滩上的第一批"食客"。

招潮蟹的活动也非常有节律。每当涨潮时，它们就钻进洞穴里静静地休息；退潮后，沙滩露出水面，招潮蟹便钻出洞来到处找吃的。贻贝、蛤蜊和牡蛎的活动规律，正好与招潮蟹相反，涨潮时它们张开贝壳捕捉食物；落潮时它们又把贝壳紧紧关闭着。

人体内也有"时钟"存在。有些人不用闹钟，每天醒来的时间前后相差不到 5 分钟。人体的呼吸、体温、脉搏、血压等都有它的节律，如正常人的呼吸是白天快，夜里慢；体温在清晨 2～6 时偏低，下午 5～6 时偏高；脉搏在早晨较为平稳；血压早晨最低，傍晚偏高。人体的排尿量和尿的成分，也随昼夜而发生周期性变化。

人体内细胞的有丝分裂、血液成分、眼内压和瞳孔的光反射等，都有昼夜周期性变化。这些现象都与人体内的生物钟有密切关系。

运动员的成绩好坏，也有一定的规律性。每当夕阳西下时，跳高运动员感到特别兴奋，能够轻快地跳过较高的高度；体操运动员和举重运动员，往往在晚上 7～9 时，感到精力特别充沛，能干净利落地完成高难动作和举起较重的杠铃。这种兴奋状态是怎么产生的呢？据科学家研究，很可能与生物钟的作用分不开。

更有趣的是，患者的病情变化也表现出周期性。一位帕金森氏病患者，因手和腿都强烈地震颤而不能独立行走，但每天晚上 9 点钟左右，病症会暂时自行消失，行动自如，完全像个健康的人。一个 12 岁的男孩患有周期性麻痹症，每周发病 3 次。狂郁精神病患者，以 12 小时为周期交替和抑郁；精神分裂症症状，比较严重的表现也是以 12 小时为周期。

▲ 招潮蟹

患者对药物的敏感性也有一定的节律。心脏病患者对药物洋地黄的敏感性，在上午 4 时大于平时 40 倍；糖尿病患者也是在上午 4 时对胰岛素最敏感。

生物钟的实际应用

人们对生物钟的研究很有意义，并已开始在实际中应用。例如，利用生物对环境变化有周期性的节律反应，花农用改变温度和光照的办法，便可在最需要的时候供应盛开的鲜花。农民用增加光照时间，可使母鸡多产蛋，使牛羊延长发情期，增加交配次数，即可多生小牛和小羊。

由于昆虫的发育过程与白天和黑夜的长短有关，这样可在实验室里将害虫的生物钟重新调整一下，使它在缺乏食物或温度不适的季节成熟，从而无法生活而死亡。也可利用生物对药物的敏感有周期性变化，来喷洒药物消灭害虫。例如，用除虫菊杀灭苍蝇，下午 3 时特别有效；而用来杀灭蟑螂，则在下午 5 时半最有效。用三氯甲烷杀灭蟋蟀，在晚上 11 时效果最佳。

有的生物学家发现，生物体内某些酶和激素的分泌，每日也显示出周期性。在一定的时间给某种有害动物吃一种药物，即可改变其体内某些酶和激素的周期节奏，从而扰乱这种动物的性周期。如果我们能掌握这一"秘密"，就可用来干扰害虫和老鼠的繁殖，从而达到消灭它们的目的。

科学家还发现，与运动员成绩有密切关系的肾上腺皮质激素的分泌有一定的时间规律，因此他们的运动能力和成绩的提高也有周期性的变化。如果通过人体生物钟的研究，掌握其规律性，就可以利用电子计算机，推算出各种运动项目从多大年龄开始训练最合适，什么时间能出现最好的竞技状态，从而帮助运动员和教练员科学地制定训练计划，合理地安排训练周期，这就能多出人才、快出人才。

▲ 北极熊

癌症被人们称为不治之症。科学家发现，癌细胞的增殖也是有节律的，在某些时刻癌细胞分裂的速度比在其他时间快；同时，在某些时刻癌细胞更容易受 X 光的破坏。如果我们通过研究，掌握其规律性，便可找到应用 X 光治疗癌症的最有效时间。

北极熊冬眠时，躲在洞里蜷着身躯度过寒冬。冬眠状态下的北极熊，其体内的新陈代谢节律非常缓慢，消耗能量非常少。因此，科学家们设想，如果从北极熊体内提取出由基因控制产生的冬眠物质，将可帮助宇航员通过冬眠的方式在宇宙空间中作远程航行。

生物钟的奥秘

人们发现，微生物、植物、动物和人类这些形形色色的生物中，都有生物钟存在。可以说，生物钟已成为生物体的一个特征。那么，生物钟的本质是什么？它究竟在生物体的什么地方？为了揭开这个谜，科学家们做了一些有趣的实验。

豆科植物在自然条件下生长，其叶片白天昂起而晚上垂下。人们将其置于连续光照的条件下，这些豆科植物的叶片仍然有节律地昂起和垂下，节律周期近似 24 小时。

又有人用老鼠来做实验，将老鼠放入可以转动的笼子里，上面半月有自动计数器和计时器，然后放置在连续的光照下。几个星期后，老鼠的睡觉和活动时间，仍然与正常的昼夜变化的节律几乎完全一致。

通过上述实验，有些科学家认为，生物钟是生物体内固有的。生物在几百万年乃至上千万年的进化中，只有那些在生理上和行为上适应这些节律的物种才能生存下来，宇宙的自然节律在生物体基因上刻下了深深的烙印，因此是可以遗传的。这些节律在人为的控制条件下，仍然起作用，好像完全不受环境中各种因素变化的影响。

但是也有一些科学家持不同意见，他们认为，生物钟是生物体的生理功能对外界环境某种信号的反应，因此是受外力调节的。

当然，这一派科学家也有自己的实验根据。他们将招潮蟹放在接近冰点的水中，6小时后把水迅速加热到室温，结果招潮蟹的颜色变化推迟 6 小时（应在中午颜色变得最深，却到下午6时才变深）。这就是说，剧烈的温度变化，使招潮蟹的生物钟停摆6个小时。

还有人用马铃薯来做实验，因为它的新陈代谢不仅具有日节律，而且还具有年节律。将马铃薯密封在容器里，由于它本身既有养料又有水分，从理论上说，它不会受环境中任何能调节新陈代谢的信号的影响。但实际上，马铃薯却能感知每日的温度和气压变化，它的呼吸率受到某些宇宙变化的影响，而这些宇宙变化又与太阳和月球的周期有关。

科学家通过研究发现，各种生物的生物钟是不同的，特别是植物和动物的生物钟相差很大。比如说，控制植物开花时间的"钟表"是一种色素——光敏素。光敏素以两种形式存在，一种能吸收红光，叫红光吸收色素！另一种能吸收红外光，叫红外光吸收色素。通过吸收光线两者可以互变：当红光吸收色素吸收红光后，即变为红外光吸收色素；而红外光吸收色素吸收红外光后，即变成红光吸收色素。它们的互变可以形成振荡系统，由它控制植物的开花时间。而蟑螂的"时钟"却是在食管正下方的一种神经组织，这一神经组织调节着它的内分泌，同时控制着它的活动和休息，其周期为23小时53分。有趣的是，如果把这种神经组织从一只蟑螂身上移植到另一只蟑螂身上，仍然能继续起着"时钟"作用。当把它冷却到0℃时，就会使"钟表"停止走动；温度升高后，"钟表"仍按原先的时刻走动计时。更令人吃惊的是，把蟑螂的这一神经组织摘除后，过不多久它的活动又变得有规律了。因此，有的科学家认为，蟑螂的体内可能有几只"时钟"。不过，至今人们还不知道它们在什么地方。

科学家还发现，人体的衰老也是受生物钟控制的。有人通过实验证明，在人的细胞内有一个"钟"，规定它们在死亡前要繁殖多少次。初生婴儿的细胞在最终死亡前繁殖约50次，中年人的细胞约繁殖25次以上。如果把细胞长期冷藏起来，解冻后还会依照剩下的繁殖次数完成"任务"。因此，一旦人们弄清其中的奥秘，便可用来"推迟"人的衰老，延长人的寿命。

生物钟的帷幕只是刚刚揭开，生物钟的机理仍然是个谜。生物钟到底是什么，科学家还没有统一的看法；每种生物体内的"钟表"究竟藏在哪里，大都还不清楚。当人们航天远远离开地球时（超过10~20个地球半径），生物钟是否还起作用？如不起作用，对生命有何影响？这些问题，还有待于科学家们去探索。

X光

X光即是X射线，这是一种波长介于紫外线和γ射线间的电磁辐射。由德国物理学家伦琴于1895年发现，故又称伦琴射线。X光具有很高的穿透本领，能透过许多对可见光不透明的物质，如墨纸、木料等。这种肉眼看不见的射线可以使很多固体材料发生可见的荧光，使照相底片感光以及空气电离等效应，波长越短的X射线能量越大，叫作硬X射线，波长长的X射线能量较低，称为软X射线。波长小于0.1埃的称超硬X射线，在0.1~1埃范围内的称硬X射线，1~10埃范围内的称软X射线。

揭秘生物神奇的"隐生"术

　　水是一切生命不可缺少的物质。大多数动物、植物，甚至包括人类，其重量的50%～70%是水分。如果人体失去水分的20%，就会死亡。青蛙、蚯蚓失去自身液体的60%，还没有达到受伤害的程度，这种能力是不可轻视的，但青蛙和蚯蚓还不能和隐生生物相比。一些隐生生物能失去自身水分的99%，当再有合适的水分时，竟能神奇地恢复生命活动。

隐生生物的种类

　　许多有机体是典型的隐生生物类型。动物界也有很好的代表，特别是3种低等动物：轮虫、线虫和熊虫。随着生物的进化，隐生生物种类变得越来越少。一些昆虫已经获得忍耐干燥的诀窍：一种非洲的摇蚊能有规律地生活在干旱和有水的池塘里。苔藓、蕨类、地衣、真菌、活动的干酵母和一些高等植物，在抗干燥中都有自己的特色。非洲南部有一种叫复苏植物的开花植物和一种蕨类植物中的卷柏，能抗沙漠的干旱，体内的含水量可降低到5%或更少。

▲卷　柏

　　这些有天赋才能的动植物，为我们理解生与死的分界线提出一个严肃的问题，在极端干燥时，它们没有通常的生命迹象，如运动、对周围环境中的气体和营养的反应和变化。然而，如果不把它们当作生命，我们就轻率地认为，生命可能是一个不连续的现象，能被一个很短的死亡和再生所打断。隐生生物的新陈代谢是停止呢，还是缓慢地进行？这确实是个很难回答的问题，即使用最敏感的生物技术测量，也不能揭示隐生生物的新陈代谢。但许多生物学家确信，在隐生生物的有机体中，完全停止的新陈代谢可能是可逆的。

　　由于这类生物新陈代谢基本停止，它们的寿命很长，一些线虫在干燥状态下，至少能生存23年或39年。如果熊虫遭遇一场干旱，生命至少延长1～60年。据说一块干燥苔藓在博物馆中度过了120年。隐生生物的这些能力，如果扩展到寄生在作物上的蠕虫或致病的细菌上时，就给它们带来更凶恶的特性，然而干燥有机体的长寿命也给人类带来益处，如在处理种子时常利用这个特性。生物组织的长寿命，就意味着给未来育种者提供丰富的种质资源。

适应人干燥的能力

隐生生物除了长寿命外，还能抗各种逆境。在完全水合状态下，Polypedilum 幼虫（昆虫）在 43℃ 下不适应，然而干燥的幼虫在高温 102～104℃ 下一分钟或更长时间后，仍能恢复发育成成虫。干燥的苔藓在 100℃ 下能生存下来，干燥的熊虫、轮虫在 151℃ 下能生存 3 分钟。干燥的熊虫比人类抗 X 射线的能力强 1000 倍，并且在电子显微镜下表示出活力，在这里大气压是 10^{-6} 米水银柱。

隐生生物的这些能力，主要是由于干燥。研究者发现，进入隐生生活的生物，最适应缓慢地干燥，苔藓植物对快速干燥是敏感的，但在开始几个小时相对的水逆境，以后能抵抗相当的干燥。把熊虫直接放入干燥的空气中，它就会死去；如果最初使熊虫逐步干燥，它就能生存下来。许多动物在干燥过程中，试图控制它自身的干透速率，如线虫卷曲起来，减少躯体表面积，避免体内水分较快地跑出；熊虫把它的躯体卷曲成桶状，以遮蔽躯体的表面皱折，皱折部位表皮特别薄，容易失去水分。线虫可以浓缩躯体外部覆盖层或角质层中的成分，使之成为稠密层，当干燥时，减少水分蒸发速度。

缓慢地干燥可能给这些动、植物带来另外的好处。为应对严酷的干燥，许多隐生生物在它们能完全忍耐干燥以前，需要产生大量碳水化合物，如丙三醇和海藻糖（由两个葡萄糖组成的糖）研究者认为：这些糖能代替水分子，紧紧束缚核酸和蛋白质分子，在干燥时能帮助保存细胞膜和细胞器（线粒体和叶绿体）。膜是由两层类脂组成，同蛋白质一起，在细胞生命活动中起着重要作用，当水分留在细胞时，膜对干燥特别敏感，已经干燥的生物，它们的类脂不存在正常的构

▲ 苔藓植物

型，而形成一个充满水的管状、窄的复杂排列，这对细胞有特别的保护作用。

隐生生物和特殊的化学物质之间的联系，在植物中还不太明显，但糖和氨基酸在苔藓和复苏植物中可以保护膜。也有人认为，在复苏植物中没有特殊的溶质使它们忍耐干燥，但大量膜的稳定剂在植物脱水时似乎能阻止膜结构不可逆的损坏。

隐生生物的复苏

干燥蠕虫的肌肉组织和它们的丝状体是紧紧靠在一起的，这些丝状体在再水合时，20～30 分钟后与肌肉组织分开。蠕虫的肌肉组织里含有线粒体。干燥蠕虫的线粒体一开始吸水时，线粒体膨胀，变成球形，然后收缩，恢复正常的外形。这些变化显示出，线粒体正在恢复，其功能的恢复，可能涉及到膜、离子平衡的恢复，以及稍后的多余水分移动。研究者还发现，干燥蠕虫吸收水分和生命恢复之间有一个"延迟期"，通常"延迟期"为 2～3 小时，但也有 30 分钟，或多于 5 个小时，因为恢复水分时，线

虫立即"接通"它们的新陈代谢，但不能运动。实际上在这个"延迟期"中，隐生生物是在修复干旱时所遭受的损失。

一些另外的隐生动、植物，从海虾到干燥的种子都有类似的机能，如干燥的苔藓线粒体，再水合时，经历的变化和蠕虫相似。

没有一个人声称，动、植物隐生生活的难题已经解决，但也出现一些一致意见：隐生生活的动植物依赖它们的膜来处理逆境中的各种问题，当遇到恶劣环境和水分供应不足时，使突然的灾祸变得柔和，也许用海藻糖来保护它们的膜，当水分恢复时，仍然不清楚的机制使膜首先恢复。

▲ 干燥蠕虫

隐生生物研究的里程碑

隐生生物的研究始于1702年，英国学者利温霍克报告了他的著名试验：在屋檐水槽的沉淀物中发现一些微生物，他拿一些干燥的沉淀物（已在铅制的水槽中放置2天）放在试管里，然后倒一点煮沸后放凉的雨水，再进行观察，先看出一些微生物素紧堆在一起，经过一个短时间后，微生物开始展开它们的躯体，1.5小时后能在试管里游动；1743年，英国学者尼德哈姆又发现：在小麦中过隐生生活的线虫，这些"无生命"的线状物，当加上一滴水时，躯体就能扭动。但是，对这些研究也是有争论的，意大利生物学家斯帕兰扎尼不承认尼德哈姆的观察结果，把他的研究归因于水分的再进入，引起无生命纤维的可能运动。大约到了1775年，一些科学家工作者指出，尼德哈姆的观点是正确的，斯帕兰扎尼也承认了潜生命的事实，并做了许多干燥轮虫、线虫忍受极端环境，如干热、冷、真空、电击等的重要试验。

新陈代谢

新陈代谢是生物体内全部有序化学变化的总称，其中的化学变化一般都是在酶的催化作用下进行的。它包括物质代谢和能量代谢两个方面。物质代谢是指生物体与外界环境之间物质的交换和生物体内物质的转变过程。能量代谢是指生物体与外界环境之间能量的交换和生物体内能量的转变过程。

1850年，对隐生生物的观察渐入高潮。主要的研究者是法国学者多耶雷，他认为由于干旱而带来新陈代谢完全停止的有机体能恢复生命；而法国的另一位学者普舍特认为，新陈代谢停止生命就不能恢复。两个人都做了轮虫和缓步类动物的试验，但对潜生命问题，两个人得到的却是完全相反的结论。1859年，多耶雷和普舍特说服了法国生物学会，按照他们的各自观点进行自己的实验。

一年后，解剖学家、人类学家布罗卡撰写了一篇6000字的报告，认为他俩的实验是隐生生物研究的里程碑，是给20世纪留下的一篇很有影响的文献。

揭秘生物电

从原始的单细胞生物到高等的动植物，都可测量出它们不同程度地带有电，人们称之为生物电。实验证明，动物肌肉和神经确实是靠电来工作的。人的心脏能够产生1毫伏左右的电压，人脑也会产生电脉冲。医学上的心电图和脑电图，就是用仪器记录下心脏和脑子发出的电。捕蝇草的捕食运动，含羞草的"害羞"现象，是其自身的动作电位在起作用。

达尔文的发现

达尔文曾对一种叫捕蝇草的食虫植物进行了精心的研究。他发现捕蝇草的捕食夹上有6根绒毛非常敏感，只要一被触动，便立即关闭捕食夹，从而捕住昆虫。达尔文称它为"世界上最奇妙的植物"。那么，捕蝇草为什么会产生捕虫动作呢？达尔文推测，可能是有类似动物神经的电脉冲信号从绒毛传到捕食夹的运动细胞上，从而产生运动。

为了证实自己的想法，达尔文写信求助于伦敦著名的医学生理学家伯当·桑德松教授。伯当教授通过实验，证实了达尔文的推测是正确的。当他触动捕蝇草的任何一根绒毛时，测量仪器便从捕虫夹表面记录到一种特别的电脉冲，正是这种电信号调节了捕蝇草的捕食运动。这种电脉冲，实际上就是今天大家所熟悉的动作电位。

▲捕蝇草

含羞草是大家熟悉的接触性植物，只要轻轻地碰它一下，它那羽状叶便会"害羞"地闭合起来，如果触动的力量较大，整个叶片就会下垂。含羞草的奇妙运动，长期以来使人迷惑不解，直到1913年杰克迪斯·博斯爵士测出了它的动作电位，才解开了这个谜。

现在已经证实，含羞草的电信号是沿木质部及韧皮部传递的，而且它所独具的伸长的韧皮部细胞，能加速电信号的传递，含羞草的动作电位传播速度为每秒14毫米，含羞草与捕蝇草的电信号十分类似。在植物王国

▲含羞草

里，还有不少具有运动行为的植物，如一些"睡叶"植物，它们的叶片白天展开，而夜晚闭合起来"睡觉"。

强烈的鱼电

生物细胞的电位是很微弱的，需要有精密的电子仪器才能测量到。可是，有些鱼类却能生产较高的电压，有的高得使人吃惊。

▲电 鳗

海洋中的鳐是发电能手，它所产生的电压虽然不算太高，一般只有 50 ~ 80 伏，但电流却很大。在太平洋北部有一种大电鳐，发出的电流可达 50 安培，如果以电压 60 伏计算，功率就达 300 瓦，这样大的功率足以击死一条大鱼。

在鱼类中，还有更强的发电能手。非洲河流里的电鲶，能够发出 350 ~ 400 伏的电压；美洲的电鳗发出的电压还要高，一般能发出 500 伏的电压，最高电压竟达 886 伏，可称为"冠军"了。这么高的电压，足以击毙水中任何动物，即使是凶猛的鳄，也常常因捕食电鳗被击中而丧生。但是，电鳗也有弱点，它不能连续放电。当体内的电量因放电被消耗得差不多时，必须静下来休息一会进行蓄电。当地的印第安人利用电鳗的这一弱点，采用一种有趣的捕鱼方法：他们手持标枪和长棍，将成群的壮马赶进河里，让电鳗放电击马，以消耗其电量。电鳗放电后，游近岸边进行休息蓄电时，印第安人便用手中的标枪迅速地将它捕获。探险家亚历山大·洪博曾亲眼目睹过印第安人赶马捕鱼的情景，并看到有匹马被击倒在河里，可见电鳗的"电击"武器是多么厉害。

有趣的生物电池

▲柠 檬

1962 年，美国科学家研究成功了一部无线电发报机，播程为 24 千米，而这台发报机的电源是由一些细菌构成的生物电池。这一研究成果轰动了当时的科学界。

这种生物电池以有机物质作为"燃料"，微生物在分解这些有机物时，不是放出热量，而是从物质的氢中取得电子，释放电能而产生电流。生物电池的优点是，"燃料"来源广，成本低，可节省大量金属，使用寿命长。不过，这种生物电池还处于试验阶段。

更有趣的是，英国一位叫托尼·埃希尔

的钟表匠，1981年用一个柠檬做成了一个生物电池。他在一个柠檬里插上两个电极，一个是锌制的，一个是铜制的，然后用导线把两个电极与小型钟表电动机连接起来，钟表就开始走动。令人吃惊的是，一个小小的柠檬竟是一个"植物电池"，使钟表足足走了5个月。

这些事例说明，植物中蕴藏着电能。美国科学家伊利莎白，格洛丝及其同事，对植物电池进行了更深一步的研究。他们将叶绿体从叶片中分离出来，把分离出的叶绿体涂在微型的过滤薄膜上，用此薄膜将两种溶液（一种溶液含有释放电子的化学物质，另一种溶液含有电子受体）隔开，当光线透过受体溶液照射到叶绿体上时，二者都受到了激发，另一种溶液中的电子通过叶绿体进入受体溶液，形成电流。不过，这种叶绿体"电池"离实用阶段相差甚远。

在能源匮乏的今天，科学家正在千方百计寻找能源。如何将生物电利用起来，让它成为一种新能源，是一个十分有趣而又诱人的课题。

对生物电的探索

早在2000多年前，罗马的医生就知道电鳐会发电，并用这种电来治疗精神病。后来，这种"生物电疗"法逐渐被人工电所代替，成为一种专门治疗技术，人们称之为"电疗"。目前，电疗已在临床上广泛应用。

随着科学技术的不断发展，科学家对电鱼"发电"之谜进行了探索。经研究发现，电鱼的发电结构和原理与人工电池相似。

大家知道，最早的电池是由意大利物理学家伏打发明的。他把一块铜板和一块锌板同时浸入硫酸的溶液里，两块金属板之间便

▲电鲶

形成一定的电动势，用电线将它们连接起来，就能使小灯泡发光。电板越多，电动势就越大，小灯泡也就越亮。现在常用的铅蓄电池，是把一块块的铅板浸在稀硫酸溶液里而制成的。

电鱼有专门的发电器官，发电器官也是由许多"电板"组成的。电板是特化了的细胞，大多数电鱼的电板是由肌肉细胞演变来的。电板呈扁平状，厚度一般为7～10微米，直径为4～10毫米。电板的一面凹凸不平，而另一面较光滑，并有神经与它们连接。电板具有一定的静息电位，其膜外带正电，膜内带负电。当从神经传来价信号时，电板受神经支配的一面就会产生动作电位，而电板的另一面，由于没打神经控制，仍保持原来的状态。这样，电板两侧的电荷就不平衡了，于是就形成了电流。虽然一块小小的电板放电的电压和电流是微不足道的，但是许许多多电板串联或并联起来，发电的功率就相当可观了。现在已经知道，大电鳐的电板总数有200万块，电鲶的电板总数达500万块。

那么，生物电对生物本身有何意义呢？这是科学家非常感兴趣的一个问题。

科学家在对电鱼的研究过程中发现，生物将本身发出的电用来探索环境、捕食、御敌和照明。电鲶、电鳗和电鳐把电击作为一种武器，用于猎食和防御敌害。有一种电鱼叫裸臀鱼，它的发电器官犹如一部精巧的水下"雷达"，可探知周围环境情况。有人做了一个有趣的实验：把裸臀鱼放养在大水箱里，在两个具有许多小孔而又不透明的瓶子里，分别装入导电性能略有差别的物质，即在一个瓶子里装满水箱里的水，在另一个瓶子里除装满水箱里的水外，再放入直径为 2 毫米的玻璃棒。将这两个瓶子同时沉到大水箱里，裸臀鱼就能很快把它们区别开来。由于两个瓶子都不透明，无法看见瓶里装的东西；玻璃瓶、水和玻璃棒都没有气味，这就排除了裸臀鱼用视觉和嗅觉来辨认瓶子的可能性。看来，裸臀鱼只能依靠它那部"活雷达"了。

近些年，科学家对电鳗的生理进行研究时发现，电鳗发出的强弱不同的电流，能使体内的水分解为氢和氧，氧气直接进入血液，以弥补水中氧气的不足；氢气进入肠道，由口中排出。所以，电鳗在较浅的河水中也能生活。

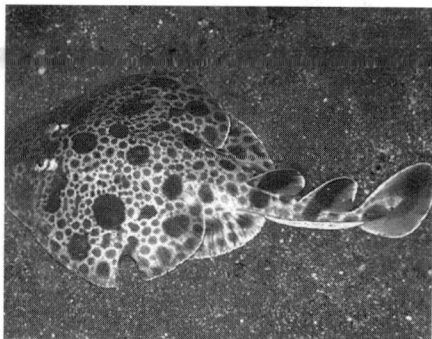

▲ 电 鳐

随着对生物电研究的不断深入，后来人们发现，在动物的肌肉和神经里也有电，并通过实验证明，动物肌肉和神经确实是靠电来工作的。就连人类的体内也有微弱的电流，人的心脏能够产生 1 毫伏左右的电压，人脑也会产生电脉冲。医学上的心电图和脑电图，就是用仪器记录下心脏和脑子发出的电。现在在临床上，医生常常将心电图和脑电图作为判断心脏和大脑机能是否正常的生理指标。

人们对生物电之谜的研究，只是刚刚揭开帷幕，还有许多奥秘有待人们去探索。例如，电鳗能以一种生物结构而产生出如此高的电压，其中的秘密是什么，科学家一旦把它揭开，也许对解决人类的能源危机大有帮助哩！又如，人类大脑的秘密是科学家最感兴趣的问题，如能揭开其中的奥秘，便能仿造出类似人脑的"电脑"。还有，生物电对生命有什么意义，目前不十分了解，其中之谜还有待于科学家们去继续探索。

昆虫培育蘑菇的奥秘

蘑菇是人类的美味佳肴。人类探索着培育蘑菇的奥秘，不断解决着培育蘑菇的技术问题。科学家们研究发现，有很多种昆虫从事着培育蘑菇的工作，仅仅能培育蘑菇的蚂蚁就有上百种！它们的农业活动不是有目的的，只是出自本能，但令人惊讶的是它们是完全遵照农业科学规律办事的。

"园艺家"切叶蚁

巴西有一种很有害的蚂蚁，当它们成群结队地活动时，就像绿色的波浪在地面上滚动。因为这成千上万只蚂蚁，每只都昂头叼着一枚绿树叶。这种蚂蚁叫切叶蚁。当切叶蚁的前导队伍爬上树枝，树叶就会从树上纷纷如雨地散落下来。一些较大的蚂蚁在树上将叶柄咬断。一些身体较小的蚂蚁，在树下负责加工树叶，然后交给负责运输的蚂蚁把叶片运到蚁窝中去。切叶蚁喜欢在夜间活动，它们在一夜之间可以把很多树的叶子剪光。

切叶蚁要树叶有什么用呢？科学家们研究发现：它们是在培育蘑菇。培育蘑菇的工作是由蚁群中最小的蚂蚁进行的，它们把叶片咬成碎块，铺在蚁洞地窖的地面上。这些蚂蚁园艺家还要给蘑菇园施肥：它们分泌出一小滴排泄物，抹在一小撮绿叶上，然后把它埋在碎叶中。施肥以后，蚂蚁园艺家们从其他育菌室取来一小块菌种，种在准备好的混合肥料堆上。

▲切叶蚁

过了不多久，一层白色的和棕褐色的菌丝长出来了。这时，园艺家们用它们锐利的双颚进行掐尖，被咬断的菌丝末端形成愈伤组织，这是一种富含蛋白的肿瘤，被称为蚂蚁"球茎甘蓝"。蚂蚁不但自己吃这种奇怪的果实，还用来喂养它们的幼虫。

一旦培育蘑菇的土壤变得贫瘠时，蚂蚁常常要去开辟新的蘑菇园。临行前，这些蚂蚁园艺家还要用土和垃圾把遗弃的育菌室填满，这些蚂蚁做工作是多么有始有终啊！

蚁窝内，主要是由于树叶腐烂，气温经常保持25摄氏度，相对湿度为56度。因此，切叶蚁的育菌室可以和理想的人工育菇室媲美。

"园艺家"的绝活

科学家们观察了数百种切叶蚁，发现它们的生活方式和培育蘑菇的办法各不相同。

有的直接把窝安在地面上，例如树根上、朽树墩中、石块下、石台阶下、荒废的住房中等。它们培育蘑菇的小畦有时长达2米左右。

另一些切叶蚁的菌丝一串串地挂在洞顶上；而栖息在朽树中的一种切叶蚁，它们那悬吊式的温室，四周都是极细的"蛛网"。但那可不是蜘蛛结的网，而是切叶蚁不知如何，让边缘上的菌丝长出了薄膜，就像蚕茧一样，把所有的蘑菇畦都套了起来。

还发现有的蚂蚁并不用绿树叶培育蘑菇，而是用毛毛虫的粪便培育。它们从早到晚不知疲倦地去拣粪。在毛毛虫粪便做成的畦上，生长出梨形的小蘑菇，粗约0.5毫米。

在蚂蚁窝中生长的是哪一种蘑菇呢？是特殊的品种，还是森林中普普通通的蘑菇？科学家们早就在探讨这个问题。

有的研究人员认为，蚂蚁园艺业的基本作物，是一些低等的霉菌。这种霉菌是提取青霉素的著名的青霉素菌的近亲。那些高级的帽状蘑菇不过是偶然长的。所以，蚂蚁所培育的是各种霉菌和一部分帽形真菌的混合体。

蚂蚁的唾液很特殊。这种特殊的唾液，可以把有害的菌类杀死，可以抑制不需要的菌类生长，而只促进它们需要的菌类生长。

蚂蚁嚼碎树叶，再给肥堆洒一些唾液，这样就形成了仅仅适合于它们可食用菌类生长的土壤。这是一种多么奇妙的唾液！如果人类了解了这种唾液的奥秘，不是也可以在人类的蘑菇园中使用吗？不是也可以用来让大自然中只生长人类需要的蘑菇吗！

▲ 蘑 菇

有的学者认为：切叶蚁不仅仅靠蘑菇生活。它们为了能正常发育成长，在嚼碎树叶时，还喝了一些植物的新鲜汁液。

白蚁也能培育蘑菇

科学家们研究白蚁如何消化食物，结果发现了令人惊奇的情况。原来，白蚁的肠子里有一些特殊的囊，那里有很多微生物，如：纤毛虫、鞭毛虫和细菌等。加在一起竟有200多种低等动植物。这些微生物的总重量有时几乎等于白蚁体重的一半！这些微生物能分解纤维素，使纤维素变成各种糖，然后才由白蚁的机体吸收。有的学者认为，只有细菌能分解纤维素，而纤毛虫和鞭毛虫只是白蚁肠中的不速之客。也很可能，这些微小的动物是白蚁的蛋白食品，白蚁可以把它们消化掉。

在白蚁的肠子里，发现有能用空气制造食物的怪菌。这类细菌可以吞食气体氮，使之生成蛋白质化合物。白蚁食用蛋白质的另一个来源是鸟兽的皮、毛、粪便，昆虫的尸体以及活白蚁非常爱吃的死白蚁等。此外，白蚁也能培育蘑菇，为了养活庞大的白蚁群，白蚁必须培育蘑菇。

非洲、亚洲的森林中和热带草上，有很多白蚁园艺家。白蚁巢中最小的育菌室如榛子大小，最大的有人头那么大。每间温室，都堆满了经过施肥和加工过的木屑堆，那里纵横交错。白蚁给育菌畦施肥的办法与蚂蚁不同：它们将木屑经过肠子再排出来。长出的菌丝多次分枝，在枝的末端形成像蚂蚁的球茎甘蓝一样的增生物。

科学家们挖掘新建的白蚁巢，没有找到菌类，但后来在白蚁巢里却长出很多。新蚁巢里的菌种是哪里来的呢？这是一个谜，有待于研究。有的学者认为，是雄白蚁和雌白蚁在自己的肠子中带走一部分菌种；也可能是工白蚁从森林中将菌孢子带回巢里。

小蠹虫也不笨

白蚁靠培育蘑菇用来补充蛋白质的不足，当肯定了这一令人惊奇的事实之后，科学家们很自然地到其他吃木头的动物住处去寻找同类。有的科学家仔细地察看小蠹虫在木头上蛀成的巢。但有的学者认为这种调查纯粹是浪费时间，他们认为蚂蚁是有"智慧"的动物，与聪明的蚂蚁相比，小蠹虫简直是个笨蛋。它们终生呆头呆脑地咬啮树木，根本不会想到什么种植园的事……

其实，小蠹虫也不笨。

科学家发现，小蠹虫的幼虫并不吃树木，而是吃一堆堆像酸奶油的东西。这种东西就堆在洞口的壁上。这种"酸奶油"是什么东西呢？后来调查明白了，原来就是真菌！除了小蠹虫的洞，任何地方都没有这种真菌。这种真菌长在蠹虫通道的四壁上，乳白色的菌丝扎进树木很深，在外端长出"果实"，那是一种富有营养的原生质增生物，很像蚂蚁的球茎甘蓝。

▲球茎甘蓝

这种蠹虫是怎样移栽菌种的呢？直到20世纪50年代，科学家才发现其中的奥秘。原来，这种小甲虫的身上，在壳多糖甲壳环之间有个很小的囊，这种小囊就是菌"库"。当雌蠹虫从老家飞走时，在菌库中带走很少的菌种，然后种植在新的地方。从它的特殊的腺体给装满菌种的小囊送去分泌物，这种分泌物是营养丰富的汁液，在这样的汁液上面将长出菌来，就像是在微生物实验室里用琼脂培养基培养菌类一样。

小蠹虫用自己身体的分泌物浇湿菌畦。这些分泌物对益菌起激素作用，但对杂菌的生长却起抑制作用。因此，小蠹虫用同一种"药剂"，既可杀死杂草，又给作物施肥。雌蠹虫还可以使巢中保持菌类生长所必要的湿度。当里面过于干燥时，它就将洞的出入口用碎木屑填死；当湿度超过标准时，就将堵塞的洞口扒开。

如果把雌蠹虫弄走，蠹虫的种植园里很快就会长满杂菌，益菌就要死掉。以这些菌为食物的幼虫也就会随着死去。

"舍利子"之谜

"舍利子"是火化后高僧骨灰中的结晶体，颜色有白、黑、红三种。在漆黑的夜晚，寺院中的"舍利子"竟发出荧荧的磷光，或暗红，或淡紫，或浅黄，美丽而又诡异。一时间，善男信女纷纷前往瞻仰。

释迦牟尼的"舍利子"

"舍利子"最初是佛祖释迦牟尼的骨灰的别称。"舍利"是梵文的译音，意思为"身骨"或"灵骨"，即死者火葬以后的残余骨灰。不过，这里所说的"舍利子"并不是普通的骨灰，而是高僧骨灰中的结晶体，颜色有白、黑、红三种。

▲释迦牟尼顶骨舍利

释迦牟尼的俗家名字叫悉达多，他生活在距今2500～2600年以前，是古印度北部迦毗罗卫国的一个王族子弟，受过良好的教育。

悉达多年轻时因不满当时婆罗门的神权统治和种姓制度，提出了"四姓平等"的主张。为了推广自己的宗教理论、他经过6年苦行，遍访名师，逐渐形成了一整套宗教哲理的观点。此后，释迦牟尼（意思是释迦族的圣人）一直在印度的北部和中部传播教义，发展信徒，逐渐形成了一大宗教。

释迦牟尼活了80岁，后来在婆罗双树下逝世，火化以后，他的骨灰被八个国王分取，建塔供奉。因骨灰被称作舍利子，这塔当然也就称作舍利塔了。

以后、有不少高僧死后，骨灰也被称作舍利子，当作佛宝收藏起来。

功德圆满说

近几十年，我国的一些寺院相继出现"舍利子"半夜发光的奇迹。漆黑的夜晚，寺院中的"舍利子"竟发出荧荧的磷光，或暗红，或淡紫，或成浅黄，美丽而又诡异。一时间，善男信女纷纷前往瞻仰。

"舍利子"为什么会发光呢？笃信佛教的人认为，修行程度的高低、悟道是否彻底，决定其在佛教世界中等级的高低。释迦牟尼是佛，他是最先觉悟者，修行已经达到功德圆满的地步，他死后的遗骨自然会发出光华来。那么，功德圆满的人圆寂以后一定会形成"舍利子"吗？佛经中没有提到，佛教徒当然也不会知道。因此，这种说法找不到科学上的道理，未免有些玄。

能量释放说

关于发光现象，另一些人则认为，"舍利子"发光是能量场在起作用。那些德高望重的高僧，他们在修行时善于吸收天地宇宙之间的浩然正气，然后将这些精华吸收到体内，久而久之，就凝聚成一种储藏能量的结晶体当人体火化以后，这些结晶体就留了下来，成为"舍利子"，而到了晚上，这些白天看不见的能量就会释放出来，形成奇特的发光现象。

但是，这种说法也有一个非常明显的缺陷，就是同样都通彻佛理的高僧，为什么有的尸骨火化以后生成"舍利子"，有的尸骨火化以后却不能生成"舍利子"呢？

▲佛指骨舍利

结石说

第三种说法似乎找得到科学上的道理，持有这种说法的人认为，不能光从能量角度去讨论这个问题。他们研究了一些"舍利子"，发现所谓"舍利子"的成分跟焙烧以后的胆结石或肾结石的成分很相似，因此"舍利子"很可能是焙烧以后的结石。那么，为什么高僧体内的结石特别多？他们以为，理由不外乎以下几点。

高僧的活动量较小，终日静坐参禅，食物大都以素食为主等等。此外，高僧们的饮水也较少。因此，他们的体内极易生成胆结石。可能你要问，人们一般认为常吃脂肪者易生胆结石，吃素的高僧为什么也易患此病呢？

这是因为，尽管高僧们严忌荤食，但因为活动少，所以会产生脂肪代谢紊乱的现象。况且，经常吃食糖和碳水化合物的人虽然饭量较小，但仍会使体内能量过剩，脂肪堆积，加上血液中胆固醇和甘油三酯的含量较多，就极易形成胆结石。

▲舍利子

这些专家还认为，蔗糖进食过多，会抑制肝脏产生胆汁酸使胆汁中胆汁酸和胆固醇的比例失调。如此一来，胆固醇就容易结晶，生成胆结石。另外，高僧们一般都不吃早餐，长此以往将不利于胆囊收缩，推出隔夜的胆汁，胆囊内的胆汁过分浓缩日久就容易形成胆结石。

研究者们还发现，高僧们虽然不食荤，但他们的饮食十分精细，大量食用含钙较

结 石

结石，是指体内某些部位形成并停滞为病的砂石样病理产物或结块。结石较大者难以排出，故多留滞而致病。结石的成因较为复杂，常见的因素有饮食不当、情志内伤、服药不当，以及体质差异等方面。结石由无机盐或有机物组成。结石中正常有一核心，由脱落的上皮细胞、细菌团块、寄生虫卵或虫体、粪块或异物组成，无机盐或有机物再层层沉积核心之上。由于受累器官的不同，结石形成的机理所含的成分、形状、质地、对机体的影响等均不相同。常见的结石有胆结石、膀胱结石、输尿管结石、胰导管结石、唾液腺导管结石、阑尾粪石、胃石、包皮石和牙石等。

多的豆制品。此时，如果再食用菠菜、竹笋等含草酸较多的蔬菜，就很容易形成含草酸钙的肾结石。

然而，"舍利子"是结石的说法也有缺点，因为它不能解释一些身体羸瘦的高僧死后，在尸骨火化时，"舍利子"的数量和体积常常超过肥胖高僧。因为既然肥胖者容易生成胆结石，那么为什么他们的尸骨中"舍利子"的数目反而少和体积反而小呢？还有，结石一般都不会发光，而"舍利子"在无光照射时，它本身会发出光芒，这一点用"结石说"显然是无法解释的。

人类对地理的发现

从人类诞生至今，我们一直生活在地球上，对地球表面甚至深处的观察与研究，是人类基本的兴趣点之一。从而形成了自然地理学，这是一种系统的地理学，它利用数学、物理学来研究地球本身的运动以及它和其他太阳系中星体的关系，来研究位置和空间上地球变化。

在人类对地理的认知与发现的历程中，15～17世纪的地理大发现是最光辉的时期，15世纪初，湮没了1000多年的托勒密《地理学指南》被译为拉丁文后，大地球形说广泛传播。但是古代学者没有可能直接验证地球的形状，也很少可能精确地测定地球的大小和海洋陆地的分布。由欧洲通往印度新航路的发现、美洲新大陆的发现、环球航行的成功以及其他航海探险活动，圆满地解决了这些问题，使人类对地球的认识产生飞跃。

提出地圆学说

在古希腊时代，地理学取得了极其伟大而惊人的成果。地圆学说是古代地理学最大的成果之一。

▲柏拉图

柏拉图的论断

公元前6世纪，毕达哥拉斯制定了天体圆周运动的数学法则。公元前5世纪到前4世纪，两位伟大的希腊哲学家为地理学的发展做出了贡献。柏拉图提出了"地球是圆的"论断，创立了"地球中心说"。生活在那个时代的大多数人，从自己的直观感觉出发一直认为地球是扁平的。但是作为哲学家的柏拉图却对此提出了否定。柏拉图是位演绎推理大师，他主张地球上一切可以观察到的事物只不过是理念的拙劣的表象，一切可以观察到的事物都是从完美的客体退化下来的，或处于退化过程之中。他认为对称的形式是完美的属性之一，人类居住的地球应该是用最完美的形式创造的，所以一定是球形。

亚里士多德

亚里士多德（前384～前322），古希腊斯吉塔拉人，是柏拉图的学生，亚历山大的老师。公元前335年，他在雅典办了一所叫吕克昂的学校，被称为逍遥学派。马克思称亚里士多德是古希腊哲学家中最博学的人物。作为一位伟大的、百科全书式的科学家，亚里士多德对世界的贡献非常巨大。他的写作涉及伦理学、形而上学、心理学、经济学、神学、政治学、修辞学、自然科学、教育学、诗歌、风俗，以及雅典宪法。

亚里士多德的推理

亚里士多德与他的老师柏拉图不同，他是从特殊到一般来进行推理，即采用归纳法来观察分析事物。他观察到很多事实证明地球是圆的，如：月食时地球的影子是圆的；当一个人向北走的时候各种星辰的地平高度就增加等等。他还认为，可居住性是对赤道距离的函数，即离赤道越近越炎热得难以居住。他预言有个南温带，认为利比亚人的黑皮肤是太阳晒的结果。这些思想在地理界影响了许多年，几乎到地理大发现之前人们一直是这样认为的。

古希腊地理学最高峰

自古以来，地理学的进步总是同历史上的一些重大事件息息相关。这些大事件为人们开辟了新世界，吸引人们对新发现地区的特殊性发生兴趣，刺激了人们对它们进行地理学解释。毕提亚斯的大西洋远航和亚历山大的亚洲远征，必然地促进了地理学的繁荣和进步，一位代表古希腊地理学最高水平的地理学家埃拉托色尼，如新星一般地应时而现，正好说明了这个道理。

计算地球的圆周

埃拉托色尼（公元前275～前193）生于希腊在非洲北部的殖民地昔勒尼（在今利比亚）。他在昔勒尼和雅典接受了良好的教育，成为一位博学的哲学家、诗人、天文学家和地理学家。他的兴趣是多方面的，不过他的成就则主要表现在地理学和天文学方面。埃拉托色尼曾应埃及国王的聘请，任皇家教师，并被任命为亚历山大里亚图书馆一级研究员。从公元前234年起接任图书馆馆长。当时亚历山大里亚图书馆是古代西方世界的最高科学和知识中心，那里收藏了古代各种科学和文学论著。馆长之职在当时是希腊学术界最有权威的职位，通常授予德高望重，众望所归的学者。埃拉托色尼担任馆长直到他逝世为止，这也说明了他在古希腊学术界享有崇高的声誉。

▲雅 典

埃拉托色尼充分地利用了他担任亚历山大里亚图书馆馆长职位之便，十分出色地利用了馆藏丰富的地理资料和地图。他的天才使他能够在占有文献资料的基础上，做出科学的创新。埃拉托色尼在地理学方面的杰出贡献，集中地反映在他的两部代表著作中，即《地球大小的修正》和《地理学概论》二书。前者论述了地球的形状，并以地球圆周计算为著名。他创立了精确量算地球圆周的科学方法，其量算精确程度令人为之惊叹；后者是有人居住世界部分的地图及其描述。在该书中，他系统地提出了采用经纬网格编绘世界地图的方法，全面地改绘了爱奥尼亚地图。他以精确的测量为依据，将得到的所有天文学和测地学的成果尽量结合起来，因而他所编绘的世界地图不仅在当时具有权威性，而且成为此后一切古代地图的基础。埃拉托色尼的这两部地理著作不幸都失传了，不过通过保存下来的残篇，特别是斯特拉波的引文，后世对它们的内容，以及作者的精辟见解有一定的了解。

关于地球圆周的计算是《地球大小的修正》一书的精华部分。在埃拉托色尼之前，也曾有不少人试图进行测量估算，如攸多克索等。但是，他们大多缺乏理论基础，计算结果很不精确。埃拉托色尼天才地将天文学与测地学结合起来，第一个提出设想在夏至日那天，分别在两地同时观察太阳的位置，并根据地物阴影的长度之差异，加以研究分析，从而总结出计算地球圆周的科学方法。这种方法比自攸多克索以来习惯采用的单纯依靠天文学观测来推算的方法要完善和精确得多，因为单纯天文学方法受仪器精度和天文折射率的影响，往往会产生较大的误差。埃拉托色尼选择同一子午线上的两地西恩纳（今阿斯旺）和亚历山大里亚，在夏至日那天进行太阳位置观察的比较。在西恩纳附近，尼罗河的一个河心岛洲上，有一口深井，夏至日那天太阳光可直射井底。这一现象闻名已久，吸引着许多旅行家前来观赏奇景。它表明太阳在夏至日正好位于天顶。与此同时，他在亚历山大里亚选择一个很高的方尖塔作为日晷。并测量了夏至日那天塔的阴影长度，这样他就可以量出直立的方尖塔和太阳光射线之间的角度。获得了这些数据之后，他运用了泰勒斯的数学定律，即一条射线穿过两条平行线时，它们的对角相等。埃拉托色尼从日晷观测得到了这一角度为 $7°12'$，即相当于圆周角 $360°$ 的 1/50。由此表明，这一角度对应的弧长，即从西恩纳到亚历山大里亚的距离，应相当于地球周长的 1/50。下一步埃拉托色尼借助于皇家测量员的测地资料，测量得到这两个城市的距离是 5000 希腊里。一旦得到这个结果，地球周长只要乘以 50 即可，结果为 25 万希腊里。为了符合传统的圆周为 60 等分制，埃拉托色尼将这一数值提高到 252000 希腊里，以便可被 60 除尽。埃及的希腊里约为 157.5 米，可换算为现代的公制，地球圆周长约为 39375 千米，经埃拉托色尼修订后为 39360 千米，与地球实际周长相近。

由此可见，埃拉托色尼巧妙地将天文学与测地学结合起来，精确地测量出地球周长的精确数值。这一测量结果出现在 2000 多年前，的确是了不起的，是载入地理学史册的重大成果。

此外，《地球大小的修正》一书还包括以下各方面的研究：赤道的长度、回归线与极圈的距离、极地带的范围、太阳和月亮的大小、日地月之间的距离、太阳和月亮的全食和偏食以及白昼长度随纬度和季节的变化等等。这些研究代表了当时地理学发展的高水平。

对世界陆地的划分

埃拉托色尼继承和发展了亚里士多德的居住适应地带学说，将世界分为欧洲、亚洲和利比亚（非洲）三大洲和一个热带、两个温带、两个寒带等五个温度带。他改进了亚里士多德的分带法，对五个地带的南北界线，均给予纬度的严格划分：热带位于赤道两侧，南、北回归线之间，并以南北纬 $24°$ 算作回归线位置，这样热带共占 $48°$ 纬度；南、北寒带则从南、北两极开始，各自延伸 $24°$ 纬度，即到达极圈位置，寒带亦共占 $48°$ 纬度；最后，南、北温带分别介于南、北回归线与南、北极圈之间。温带共占 $84°$ 纬度。温带跨纬度带最宽，是人类最适宜居住的地带。

综上所述可以看出，埃拉托色尼的区域和地带的划分，与前辈学者相比，科学性和系统都要强得多。他的地球分带已同现代地理学的"地带"概念相当接近。他确定的回归线位置，与其实际位置（23°30′）仅差半度，其精确性令人为之赞叹！不过，埃拉托色尼关于世界陆地三大洲的划分，与实际情况相差甚大，显然这是受到当时认识论和科学水平的局限。

编绘世界地图

关于有人居住世界的范围，埃拉托色尼接受了毕提亚斯的报道，认为北起极圈附近的图勒岛，南至印度洋中的锡兰岛（今斯里兰卡）；西自大西洋，东到孟加拉湾。由此可见，埃拉托色尼与前人一样，尚未摆脱传统的观念，仍然将有人居住世界视为一个连续大洋包围着的一个大岛屿。毕提亚斯大西洋远航在西北方向，亚历山大远征在东南方向，最后见到的都是一片汪洋大海，不同地点海岸都有类似的潮汐起伏，……这些现象都成为埃拉托色尼的论据，证明了陆地外缘的大洋是一个统一的整体。他的这种观念，清楚地反映在他编绘的新的世界地图上。

埃拉托色尼认识到，古老的爱奥尼亚地图必须全面地改绘。他的目标是运用几何学的方法，依据精确的天文学和测地学新数据，来绘制更合理的世界图像。他毫不含糊地摒弃了亚历山大以前的资料，大量采用毕提亚斯远航和亚历山大远征以及其他新近的地理考察的成果。在使用资料时，他并不是一味盲从，而十分注意分析判断，力求去伪存真。例如，他在处理路线测量资料时，考虑了地势起伏和道路弯曲等因素，对资料提供的里程数据，平均减去了 1/15，来加以订正，这样就大大提高了地图的精度和资料的准确性。

▲印度河

为了编绘新的世界地图，埃拉托色尼首先估算了有人居住世界的宽度和长度。宽度数值是沿通过亚历山大里亚城的子午线测算出来的，结果是 38000 希腊里；长度数值则是沿着从赫尔克列斯之柱至恒河河口一线来估算的，结果是 78000 希腊里。长度线与宽度线组成了地图的基础坐标，它们在罗得岛相交，然后，他在这两条基础坐标线上，各选了一系列地点，如经线纵坐标上的阿罗马提斯（今索马里）、麦罗埃、西恩纳、亚历山大里亚、赫勒斯湾、波里斯丹尼河（今第聂伯河河口）和图勒等七处；纬线横坐标上的印度河、"里海之门"、幼发拉底河上的塔普萨克、罗马和迦太基等处，分别画出横向的纬线和纵向的经线，组成了地图的经纬网格。埃拉托色尼的经纬网格是不等距，网线也较少，然而有了这个经纬网系统，就可以比较精确地确定许多地点的相对位置。埃拉托色尼创立经纬网系统，是地图学发展中的一项重大的突破和飞跃，有着深远的意义，它为投影地图学的出现奠定了基础，是投影地图学取代经验地图学的先驱。

埃拉托色尼在他的基础经纬网之上，还叠加了一套被称为"普林特"框格和"斯弗拉吉德斯"框格的几何图形。前者呈长形条带状，后者呈不规则形状。它们组成了地图的第二级网格系统，作为一级经纬网格的补充，其作用是便于标明《地理学概论》一书中所描述的各地区的位置和范围。这种将世界划分为不同地区的思维方法，似乎可视为现代地理学术语中的"区划"的雏形。同时，他将地理描述中的分区叙述与地图编绘紧密结合起来，也是一种创新尝试，成为描述地理学与数理地理学相结合的又一种范例。

《地理学概论》

《地理学概论》一书致力于研究有人居住的世界。全书分三卷，第一卷先是一段简短的绪言，对地理学的产生和发展作了历史的回顾，然后着重阐述地球的结构和演变以及水的运动（潮汐、海峡中的海流等）；第二卷为数理地理。主要探讨天空，大地和海洋的形状和结构、地球的区域和地带的划分以及已知世界的范围等问题；第三卷是论述世界地图的改绘，包括一幅新编绘的世界地图以及区域描述。埃拉托色尼的这本书总结了古希腊地理学的成就，标志了这个时期地理学的最高水平，是古代地理学宝库中的一个重要文献。

"地理学"的出现

埃拉托色尼被西方地理学家推崇为"地理学之父"，除了他在测地学和地理学方面的杰出贡献外，另一个重要原因是因为他第一个创用了西文"地理学"这个词汇，并用它作为《地理学概论》的书名。这是该词汇的第一次出现和使用，后来广泛应用开来，成为西方各国通用学术词汇。埃拉托色尼的地理学著作和成就标志了古代希腊地理学的最高峰和结束。这个时期的地理学将毕提亚斯的远航和亚历山大的远征，以数字、文字和地图的形式表达出来，出现了更新地理学内容和方法的科学著作。它是古代西方地理学的一个繁荣时期。

开创"写实地理学"先河

《水经注》是公元 6 世纪北魏时郦道元所著，是我国古代较完整的一部以记载河道水系为主的综合性地理著作，在我国长期历史发展进程中有过深远影响，由于《水经注》在中国科学文化发展史上的巨大价值，历代许多学者专门对它进行研究，形成一门"郦学"。

给《水经》作注

郦道元（466 或 472～527），生活于南北朝北魏时期，出生在范阳郡（今河北省涿州市境内）一个官宦世家，世袭永宁侯。少年时代就喜爱游览。后来他做了官，就到各地游历，每到一地除参观名胜古迹外，还用心勘察水流地势，了解沿岸地理、地貌、土壤、气候，人民的生产生活，地域的变迁等。他发现古代的地理书——《水经》，虽然对大小河流的来龙去脉准确记载，但由于时代更替，城邑兴衰，有些河流改道，名称也变了，但书上却未加以补充和说明。郦道元于是决定给《水经》作注。

为了写《水经注》，他阅读有关书籍达 400 多种，查阅了所有地图，研究了大量文物资料，还亲自到实地考察，核实书上的记载。《水经》原来记载的大小河流有 137 条，1 万多字，经过郦道元注释以后，大小河流增加到 1252 条，共 30 多万字，比原著增加 20 倍。书中记述了各条河流的发源与流向，

▲郦道元塑像

各流域的自然地理和经济地理状况，以及火山、温泉、水利工程等。这部书文字优美生动，也可以说是一部文学著作。

"写实地理学"巨著

《水经注》是以《水经》所记水道为纲，《唐六典》注中称《水经》共载水道 137 条，而《水经注》则将支流等补充发展为 1252 条。今人赵永复将全书水体包括湖、淀、陂、泽、泉、渠、池、故渎等算入，实记 2596，倍于《唐六典》之数。涉及的地域范围，除了基本上以西汉王朝的疆域作为其撰写对象外，还涉及到当时不少域外地区，包括今印度、中南半岛和朝鲜半岛若干地区，覆盖面积实属空前。

所记述的时间幅度上起先秦，下至南北朝当代，上下约 2000 多年。它所包容的地理内容十分广泛，包括自然地理、人文地理、山川胜景、历史沿革、风俗习惯、人物

掌故、神话故事等等，真可谓是我国6世纪的一部地理百科全书，无所不容。难能可贵的是这么丰富多彩的内容并非单纯地罗列现象，而是有系统地进行综合性的记述。侯仁之教授概括得最为贴切："他赋予地理描写以时间的深度，又给予许多历史事件以具体的空间的真实感。"（《水经注选释·前言》）

郦道元之死

527年11月，南齐皇族、北魏雍州刺史萧宝夤在长安（今陕西省西安市）发动叛乱，元徽、元悦使出借刀杀人之计，竭力怂恿胡太后任命郦道元为关右大使，去监视萧宝夤。萧宝夤得知情况，立即发兵包围郦道元。贼兵攻入阴盘驿亭，郦道元怒目骂贼，被叛贼杀害，终年五十六岁；其弟郦道峻、郦道博，长子郦伯友、次子郦仲友，都被叛贼杀害。萧宝夤下令收殓郦道元，殡于长安城东。武泰元年（528年）春，魏军收复长安，郦道元还葬洛阳，被朝廷追封为吏部尚书、冀州刺史。

《水经注》是我国古代地理名著，在自然地理方面，所记大小河流有1252条，从河流的发源到入海，举凡干流、支流、河谷宽度、河床深度、水量和水位季节变化，含沙量、冰期以及沿河所经的伏流、瀑布、急流、滩濑、湖泊等等都广泛搜罗，详细记载。所记湖泊、沼泽500余处，泉水和井等地下水近300处，伏流有30余处，瀑布60多处。所记各种地貌，高地有山、岳、峰、岭、坂、冈、丘、阜、崮、障、峰、矶、原等，低地有川、野、沃野、平川、平原、原隰等，仅山岳、丘阜地名就有近2000处，喀斯特地貌方面所记洞穴达70余处，植物地理方面记载的植物品种多达140余种，动物地理方面记载的动物种类超过100种，各种自然灾害有水灾、旱灾、风灾、蝗灾、地震等，记载的水灾共30多次，地震有近20次。

在漫长的中世纪，西方世界正处在基督教会统治的黑暗时代，全欧洲在地理学界都找不出一位杰出的学者。东方的郦道元留下了不朽的地理巨著《水经注》四十卷，不仅开创了我国古代"写实地理学"的历史，而且在世界地理学发展史上也占有重要的地位，不愧为中世纪最伟大的世界级地理学家。

迪亚斯发现好望角

"好望角"的意思是"美好希望的海角",但最初却称"风暴角",是因这里常年惊涛骇浪不断。它是位于非洲西南端非常著名的岬角,只要绕过这个海角,就能前往东方的中国和印度。苏伊士运河通航前,来往于亚欧之间的船舶都经过好望角。现特大油轮无法进入苏伊士运河,仍需取此道航行。

裘安二世组织的远航队

1460年11月,亨利王子去世。葡萄牙国王继承了亨利对探险的热忱,命儿子裘安来掌管葡萄牙的探险事业,将以前属于亨利的一切特权都授予他。

裘安王子也真的继承了亨利的事业,对于热心航海探险的部下给予极大的帮助和奖励。1481年,葡萄牙国王去世,裘安继承王位,即为裘安二世。他下令重建阿尔京岛的堡垒,在加纳海岸的埃尔米纳设立要塞,使它成为航海探险的中继站。裘安继位第二年便派船队向南航行,命令船员们经非洲南端进入印度洋,前往东方的印度。船队年复一年不停地向南驶去。

1487年,裘安二世组织了一支远航队,要去比迪约戈·坎奥到达的最远地点塞拉·帕尔达更远的地方。在前几次航行中表现良好的巴尔托洛梅乌·迪亚斯被选为指挥官。

迪亚斯曾担任裘安二世国王的侍从,属于小贵族阶层。他曾经陪同迪约戈·德·亚桑布雅完成建造米纳的圣·若热城堡的任务。

一路探索

船队在同年8月出发。以巴尔托洛梅乌·迪亚斯为船长的"圣克里斯多万"号和以若奥·英凡特为船长的两艘卡拉维拉桨帆船驶出了防波堤。同行的有由巴尔托洛梅乌的弟弟迪约戈·迪亚斯指挥的一艘运输食品的小船。

舵手和水手们都是从最有经验的人中挑选的。他们沿着非洲西岸熟悉的道路航行,没有遇到任何困难,顺利地到达了圣·若热·达·米纳,在那里补充了淡水和新鲜食品后,朝扎伊尔河口方向前进,接着继续往南,越过了塞拉·帕尔达。

从那里开始,所看到的一切都是陌生的,他们像以前的发现者们那样给各个地方命名、立石碑。有一

▲迪亚斯

天，他们以当天纪念的圣徒的名字为遇到的地点命名，并埋上特制的石碑。非洲沿海出现了那么多欧洲地名，其中一些沿用至今。

1487 年 12 月 4 日，他们来到一个地角，并命名为圣巴尔巴拉角。第三天，一个海湾开始被称为圣玛丽亚·达·孔塞松湾。他们有时也根据地形特点命名新发现的地方，例如"小湾"就是。

巴尔托洛梅乌·迪亚斯决定在小湾停止前进，因为风又冷又猛，小船继续航行会有危险。于是他选择了 9 个人留下守护小船，并命令他们设法与当地人建立友好关系。

1488 年初，他们继续航行，然而狂风顽固地阻止他们向前行驶，把他们的船只推向了北方，一连 5 天在一个小海湾里打转，未能前进一步。后来他们就命名这个小湾叫"打转湾"。唯一的办法是离开海岸到远海航行。一连 13 天没有再到陆地，水手们惴惴不安。本以为整个非洲炎热难忍，而眼下却寒风刺骨，风向不定。他们被冻僵了，却茫然无措。因为担心桅杆会折断，只好把船帆升一半。上午，只要太阳一出来，他们便伏在船舷上向地平线张望，试图找到一个岛屿或者一个绿点，哪怕是预示着附近有陆地的海鸟也好。但是，大海似乎没有边际。

惊人的发现

船长决定改变方向，他认为往东航行命运或许会好一些。但在东边什么也没有遇到，又改为向北航行。2 月 3 日，他们终于看到了陆地。

巴尔托洛梅乌·迪亚斯和他的伙伴们建立了一个了不起的功绩，但当时他们并不知道。他们毫无目的地航行了一小段距离，就从大西洋进入了印度洋。这是各个国王、亲王和水手们多少年的梦想。至于巴尔托洛梅乌·迪亚斯在哪个准确时刻意识到了在陌生的海上航行，已无从知道。无论如何，他终于发现了他们已到达非洲南端，此时航海家的兴奋、狂喜和自豪可想而知。他们从"那边"望见的第一块陆地被称为"圣布拉斯"，停船靠岸的地方稍往前一点，叫"瓦盖罗斯湾"。在那里，葡萄牙人还看到了熟悉的家畜——牛。黑人牧民在放牧牛群。

他们高兴异常，离船登陆，需要补充淡水和食物，也想与那里的人接触。巴尔托洛梅乌·迪亚斯尝试着用送礼品接触他们，但那些人扭头便逃，并且朝他们扔石头。因此无法相互理解。这样，他们在收集到所需的一切之后又继续航行。

他们还发现了塔里亚多角、牧人湾、累西腓角、罗卡湾和山奥岛。

邂逅风暴角

这时，船上的人们发生了争论。船长想继续向前，但其他人太疲倦了，要求返航。按照国王为处理困难局面立下的规矩，巴尔托洛梅乌·迪亚斯召集各船船长、官员和最重要的水手，要求他们表示态度。大家都赞成返回，于是他又摆出许多理由，在不能说服他们后就要他们把意见写出来。大多数人所作的唯一让步是再向前航行两三天。

卡拉维拉船继续航行，到了一个小岛，他们在那里竖起一个十字架石碑，以后还遇到了双泉石和一条河，他们把这条河命名为"英凡特河"，因为是若奥·英凡特那艘船上的水手们望见的。

后来就开始返航，一路上不断地给岸上的地方命名。非洲最南端被称作"针角"，这个名称沿用至今。

返航途中，正当他们望见一块海边巨石的时候，突然猛烈的风暴降临。云密雨暴，水冷风寒，闪电雷鸣，令人毛骨悚然。大海波涛汹涌，把船推到令人难以置信的高度，随后又把它们扔进深渊。

可怜的水手们吓得魂不附体，以为末日到了。巨石显得越来越大，是个实实在在的威胁。如果靠近它，船必将粉身碎骨，绝无生路。但是，眼看船就要沉下海底的时候，他们却疯狂地想到巨石上去，踩到坚实的地上，踩到那块不欢迎他们的万恶巨石上。

▲好望角的巨浪

在受尽折磨之后，时来运转。水手们精疲力尽，又继续航行。这次遭遇的凶险刻骨铭心，终生难忘。

据说，巴尔托洛梅乌·迪亚斯在讲述这段经历时，仿佛把那块巨石说成是引起风暴的罪魁，称它为"风暴角"。然而，那个石头"巨人"的名声没有到此为止。卡蒙斯在《葡国魂》中把它描绘为一个粗鲁威猛、充满恶意、让人胆寒的巨人。

费尔南多·佩索亚在《使命》中所塑造的巨石形象与卡蒙斯一样："巨魔在大海尽头，在漆黑的夜里飞起。"

"风暴角"变成"好望角"

被巴尔托洛梅乌·迪亚斯留在小湾保护小船的水手们所受的折磨并不比一直航行到印度洋的水手们少。他们身处异地，受当地居民的敌视，不得不留在船上。食物愈来愈少，情绪愈来愈低落。5个人在试图与该地区居民做生意时死去了。其余的4人天天望着地平线，但船帆没有出现。困难、痛苦、孤独以及在海上死无葬身之地的感觉使他们的身体日益虚弱。当南风终于把他们的同胞们带来的时候，他们激动万分。费尔南·科拉索竟然高兴而死！这个小伙子忍受了饥饿、

▲好望角

疲劳、疾病和敌人的弩箭，但却在朋友们返回时死了。在那个冒险的年代，许多人死在了海上，但像他这样死去的为数不多。

此时，巴尔托洛梅乌·迪亚斯手下的人手已不够驾驶3艘船，于是他就命令把小

船烧了，把船员分配到卡拉维拉船上。他们在小湾留下一个石碑，补充了航行所需的物品后顺风往北，一直到普林西比岛才停下来。在那里他遇到了另一位载入史册的航海家——杜亚特·帕切科。杜亚特·帕切科的使命是探察几内亚海岸的河流，但他的船被风吹偏了方向，来到了这个岛上。当时杜亚特·帕切科病得很厉害，决定与巴尔托洛梅乌·迪亚斯一起返回。1488 年末，即出发 16 个月之后，迪亚斯他们进入特茹河防波堤，受到了凯旋式的欢迎。

迪亚斯向裘安二世做了汇报，说他到了一个很靠南的地方，叫"风暴角"，那儿风暴肆虐，浪涛齐天，是非洲的最南端。国王听了迪亚斯的汇报，非常兴奋，认为他的航行给开辟一条通往东方的航路带来了希望。只要绕过这个海角，就能前往东方的中国和印度，因此，国王就在迪亚斯绘制的地图上，把所标的"风暴角"划去，改为"好望角"。从此以后，人们一直把这个海角称为"好望角"。

麦哲伦的环球航行

葡萄牙早期的著名航海家费尔南多·麦哲伦是地理大发现时期的一个重要人物。他领导的船队完成了人类历史上第一次环球航行，用实践证明了地球是一个球体，不管是从西往东，还是从东往西，都可以环绕我们这个星球一周后回到原地。这在人类历史上，是永远不可磨灭的伟大功勋。他的壮举具有划时代的意义，堪与阿姆斯特朗登月相比。

"维多利亚"号出航

麦哲伦，1480 年出生于葡萄牙北部波尔图一个破落的骑士家庭里，10 岁时进王宫服役，随国王约翰二世和王后游历全国各地。16 岁进入国家航海事务厅。1511 年他跟随新任印度总督阿尔布克尔克参加攻占马六甲战役。他在东南亚参与殖民战争时了解到，香料群岛东面，还是一片大海。而且，他的朋友占星学家法力罗亦计算出香料群岛的位置。他猜测，大海以东就是美洲，并坚信地球是圆的。于是，他便有了做一次环球航行的打算。1511 年 12 月他作了一次侦察航行，到达班达岛后，带了一批香料于 1512 年回里斯本，次年随军攻打摩洛哥要塞阿萨莫尔，因受伤成终生跛脚。

1519 年 9 月 20 日，在西班牙国王查理五世的支持下，麦哲伦率领"维多利亚"号等 5 条船和 270 名水手的船队出发了。船队在大西洋中航行了 70 天，11 月 29 日到达巴西海岸。由于这里是葡萄牙的领地，

▲麦哲伦

所以麦哲伦告诉船员们一定要小心，不要被葡萄牙人发现，因为根据 1494 年双方签订的《托尔德西里亚斯条约》规定谁也不得进入和占领对方分的领土。

发现麦哲伦海峡

第二年 1 月 10 日，船队来到了一个无边无际的大海湾。船员们以为到了美洲的尽头，可以顺利进入新的大洋，但是经过实地调查，那只不过是一个河口，即现在乌拉圭的拉普拉塔河。

3 月底，南美进入隆冬季节，于是麦哲伦率船队驶入圣胡安港准备过冬。由于天气寒冷，粮食短缺，船员情绪十分颓丧。船员内部发生叛乱，三个船长联合反对麦哲伦，不服从麦哲伦的指挥，责令麦哲伦去谈判。麦哲伦便派人假意去送一封同意谈判

的信，并趁机刺杀了叛乱的船长官员。

不久，麦哲伦在圣胡安港发现了大量的海鸟、鱼类还有淡水，饮食问题终于得到解决。麦哲伦还发现附近还有当地的原住居民，这些人体格高大，身披兽皮；他们的鞋子也很特别，他们把湿润的兽皮套在脚上，上至膝盖。雨雪天就在外面再套一双大皮靴。麦哲伦把他们称为"大脚人"，并以欺骗的方法逮捕了两个"大脚人"，并戴上脚镣手铐关在船舱里，作为献给西班牙国王的礼物。

1520 年 8 月底，船队驶出圣胡安港，沿大西洋海岸继续南航，准备寻找通往太平洋的海峡。经过 3 天的航行，在南纬 52°的地方，发现了一个海湾。麦哲伦派两艘船只前去探察，希望查明通向太平洋的水道。当夜遇到了一场风暴，狂飙呼啸，巨浪滔天，派往的船只随时都会有撞上悬崖峭壁和沉没的危险，如此紧急情况，竟持续了两天。说来也巧，就在这风云突变的时刻，他们找到了一条通往太平洋的峡道，即后人所称的麦哲伦海峡。

麦哲伦率领船队沿麦哲伦海峡航行。峡道弯弯曲曲，时宽时窄，两岸山峰耸立，奇幻莫测。海峡两岸的土著居民，喜欢燃烧篝火，白日蓝烟缕缕，夜晚一片通明，好像专门为麦哲伦的到来而安排的仪仗队。麦哲伦高兴极了，他在夜里见到陆地上火光点点，便把海峡南岸的这块陆地命名为"火地"，这就是今日智利的火地岛。

首次横渡太平洋

经过 20 多天艰苦迂回的航行，终于到达海峡的西口，走出了麦哲伦海峡，眼前顿时呈现出一片风平浪静、浩瀚无际的太平洋。后来，在两个月在他们兵分 5 路四处巡逻寻找小岛或陆地时，装载粮食最多的"圣安东尼奥号"逃走并返回西班牙。

▲ 太平洋一角

历经 100 多天的航行，一直没有遭遇到狂风大浪，麦哲伦的心情从来没有这样轻松过，好像上帝帮了他大忙。他就给当时被称为"南海"的海域起了个吉祥的名字，叫"太平洋"。在这辽阔的太平洋上，看不见陆地，遇不到岛屿，食品成为最关键的难题，100 多个日日夜夜里，他们没有吃到一点新鲜食物，酒早已被喝光，只有面包干充饥，后来连面包干也吃完了，只能吃点生了虫的饼干碎屑，这种食物散发出像老鼠屎一样的臭气。船舱里的淡水也越来越浅，最后只能喝带有臭味的变质黄水。为了活命，连盖船的牛皮也被充作食物，由于日晒、风吹、雨淋，牛皮硬得像石头一样，要放在海水里浸泡四五天，再放在炭火上烤好久才能食用。有时，他们还吃了木头的锯末粉。

1521 年 3 月，船队终于到达 3 个有居民的海岛，这些小岛是马里亚纳群岛中的一些岛屿，岛上土著人皮肤黝黑，身材高大，他们赤身露体，然而却戴着棕榈叶编成的帽子。热心的岛民们给他们送来了粮食、水果和蔬菜。在惊奇之余，船员们对居民们的热情，无不感到由衷的感激。但由于土著人从未见到过如此壮观的船队，对船上的任何东西都表现出新奇感，于是从船上搬走了一些物品，船员们发觉后，便大声叫嚷起来，把他们当作强盗，还把这个岛屿改名为"强盗岛"。当这些岛民偷走系在船尾的一只救生小艇后，麦哲伦生气极了，他带领一队武装人员登上海岸，开枪打死了7个土著人，放火烧毁了几十间茅屋和几十条小船。于是在麦哲伦的航行日记上留下很不光彩的一页。

船队再往西行，来到现今的菲律宾群岛。此时，麦哲伦和他的同伴们终于首次完成横渡太平洋的壮举，证实了美洲与亚洲之间存在着一片辽阔的水域。这个水域要比大西洋宽阔得多。哥伦布首次横渡大西洋只用了一个月零几天的时间，而麦哲伦在天气晴和、一路顺风的情况下，横渡太平洋却用了100多天。

麦哲伦首次横渡太平洋，在地理学和航海史上产生了一场革命。证明地球表面大部分地区不是陆地，而是海洋，世界各地的海洋不是相互隔离的，而是一个统一的完整水域。这样为后人的航海事业起到了开路先锋的作用。

"魂"绕地球行

1521年4月27日，麦哲伦死于菲律宾的部族冲突中。虽然他没有亲自环球，他船上的水手继承他的遗志，按照他规划好的路线，继续向西航行，最终回到欧洲。

麦哲伦是第一个从东向西跨太平洋航行的人。他以3年多的航行，改变了当时流行的观念：从新大陆乘船向西只消几天便可到达东印度。麦哲伦船队的环球航行，用实践证明了地球是一个球体，不管是从西往东，还是从东往西，都可以环绕我们这个星球一周后回到原地。这在人类历史上，是永远不可磨灭的伟大功勋。他的壮举具有划时代的意义，堪与阿姆斯特朗登月相比。

▲麦哲伦在菲律宾和当地居民冲突中被杀

信风的发现

　　航海家们利用的这种低纬度东风，在南北半球都有，北半球以东北风为主，南半球以东南风为主，年年如此，挺讲信用的，因此被人们称之为信风。当时的一些商人掌握了这个规律，基本都依靠信风的吹送，来往于海洋上进行贸易经商活动，因而这种风又被商人们叫作贸易风。

对信风的利用

　　郑和七下西洋以及地理大发现中的无数次海上远航，所使用的都是帆船，靠的是风力吹送。人们很早就发现了，地球上有些地带刮风的风向几乎是全年恒定不变的，称为定向风。哥伦布是第一个全面了解并充分利用了大西洋有规律风向的航海家。他在发现新大陆前，就已经有过好几次航海经验，他知道低纬度地区老是刮东风，中纬度地区则经常刮西风。所以哥伦布寻找新大陆的第一次航行，是沿着加那利群岛的纬度（约北纬28°）巧妙地借助东风向西驶去。但在返回西班牙时，他精明地先向北行驶到亚速尔群岛的纬度（约北纬39°），然后才张满风帆，乘着浩荡西风返回欧洲的。

　　自从发现了新大陆以后，西欧的商人们便纷纷组织大批船队装运马匹运往美洲，因为在那儿原来没有马，运输和农耕都很不方便。然而奇怪的是，当船队沿着北纬30°附近的大西洋航行时，常常遇到海面上死一般的寂静，没有风，闷热异常，帆船便只好无可奈何地在原地打转，乖乖等候顺风的到来，而有时一等就是10天半月。时间长了，马匹因缺少淡水、饲料纷纷病倒、死亡，水手们一时吃不掉那么多马肉，最后不得不将死马成批抛进大海。当时人们恐惧地把这一无风地带叫作"马的死亡线"，又称"马纬度"。此外，赤道带也是个无风带。

▲ 哥伦布登陆

　　但是如果船队跨过了马纬度，进入中纬度海域航行，在南北纬40°～50°附近，马上又会遇到与低纬度方向相反的西风。特别在南半球，这一纬度带没有大的陆地，海域非常辽阔，西风更为猛烈而且稳定，常常在海上掀起狂涛巨澜。1488年，葡萄牙航海家迪亚斯指挥两艘小船，驶往非洲大陆最南端，当船只来到南纬40°附近时，一场巨大的风暴将这两叶小舟在大海上吹荡了整整16天，值得庆幸的是最终他们被吹送到一个岬角上。心有余悸的迪亚斯还将这个岬角命名为风暴角（后葡萄牙国王认为这个岬角的发现，使通往富庶东方的航路有了打通的希望，改名好望角）。南半球的西风带也因此而被人形象地称为"咆哮西风带"了。

随着航海事业的发展，人们更加急于了解，地球上为什么会有南北对称分布的定向风带及无风带，定向风为什么能这样信守自己的方向，又是什么力量掌握着定向风的方向呢？

对信风的研究

首先对信风进行深入研究的是英国天文学家哈雷，他因计算出一颗著名彗星的回归周期（76年）而享誉全球，这颗彗星后来就以他的大名命名。有人说他的伟大天才在于能将复杂的资料整理出某种头绪来。他对地学也曾有过许多贡献，他首创用图表法来说明地球自然现象的地理分布。1698～1700年他参加了为纯科学目标的第一次远航，并制成了世界上第一幅地磁变率图。1686年他在一本叫作《哲学学报》的杂志上发表他的信风理论，综述了三大洋盛行的风，并附了一张风图。文中正确地描述和刻画了热带风的基本特征——赤道无风，赤道以北盛行东北信风，以南则为东南信风。他认为信风的形成与太阳供给赤道较多的热有关。1688年，他又根据收集来的海洋上测风资料，绘出了北纬30°～南纬30°的世界上第一幅信风分布图。这种全球信风分布图，由于来自于实践，有观测资料作为基础，因此在航海中起了很大作用。当时人们都参照信风图来科学地安排航行，把从英伦三岛到澳大利亚之间的航期，由250多天缩短到150天左右。这件事激起了人们进一步研究贸易风的兴趣，积极收集资料，并作理论的探讨。

哈得莱环流

1735年，另一位英国天文学家哈得莱发表了《关于信风之起因》一文，正确地解释了信风现象，从而创立了经圈环流的理论，并修正了哈雷关于西风是因太阳向西运行所造成的错误说法，而首次考虑由于地球自转对大气环流的影响。哈得莱认为，赤道地区接受的太阳热量要比极地多得多，因而赤道地区的空气受热变轻产生上升运动，极地的空气受冷变重产生下沉运动。这样高空空气就由赤道向极地补充，低层空气则由极地流向赤道，从而形成一个沿经线方向运动的闭合的大环流圈。由于地球自转的影响，水平运动的物体都会发生偏向，在北半球向右偏，在南半球就向左偏。因此低层由极地流向赤道的气流就分别偏折成北半球的东北信风和南半球的东南信风；而高空由赤道流向极地的气流也都受到偏折，而形成高空的西风带，因下沉作用，又形成中纬度的地面西风带。他的这种环流理论，今天看来虽然相当粗糙，但在当时这个理论却成为日后气象学家研究大气环流的重要基础之一。为了纪念他的功绩，至今人们还把低纬度的经圈环流称为哈得莱环流。

科里奥利力

哈得莱考虑到了地球自转的因素，但当时他还没有发现造成物体偏向的力，这个力是由法国数学家和物理学家科里奥利提出的。科里奥利小时候很喜欢郊游，经常跟着老师到野外观察。他发现北半球的大河，在两岸地质条件相似的情况下，总是右岸比左岸冲刷得厉害；这种奇怪现象在他幼小的心灵里便留下了难以忘却的疑问。他长大后经过反复研究，证明这是由于地球的自转，在地球表面产生了一种能使运动物体的方向发生偏斜的力，并把它叫作地球自转偏向力。后来人们为了纪念这种力的发现者，也把它叫作科里奥利力，简称科氏力。

曾经当过中学教师的美国人威廉·费雷尔，于1856年第一次把科氏力正确应用于解释大气环流，他用数学方法证明风受地球自转影响而偏向。他指出，正是由于科氏力的作用，才使北半球低纬度地面的盛行风向由北风右偏为东北风，南半球则由南风左偏为东南风。费雷尔还首次提出中纬度地区也存在一个经向环流圈，这里的近地面风向，原来是从低纬向高纬流动的，但由于科氏力的作用，北半球的南风偏转成西南风，南半球的北风偏转成西北风，从而形成了中纬度地区的盛行西风带。由于这一环流圈的流向与哈得莱环流相反，所以人们称之为逆环流，同时也叫作费雷尔环流。

后来人们又知道，高纬度也有一个经向环流圈，称作极地环流，在近地面所形成的风带叫极地东风带。这样，在每个半球上就有三个风带。每两个风带之间是一个低气压带或高气压带。如北纬30°附近就是副热带高气压带，盛行下沉气流，风力微弱，也便是过去曾闻之色变的"马纬度"。

地球的年龄与体重

我们生活在地球上，所以我们总是想对地球"母亲"有更多的了解，想了解的众多问题中便有：地球"母亲"高寿几何？地球"母亲"有多重？

地球的年龄

今天的科学家告诉我们，孕育我们的地球"母亲"的年龄已经有46亿年了。然而，这个结论是怎么得出来的呢？生活在地球上的人类自古以来就十分关心地球的年龄问题，但是由于古代人们缺乏推算地球年龄的科学方法，地球的年龄长期是一个谜。

在这种情况下，西方国家的一些教会神父们宣称地球是上帝在公元前4000年创造的，显然这是无稽之谈。那么，怎样才能科学地推算地球的年龄呢？

17世纪到18世纪期间，有科学家试图通过研究海洋里的盐度来推算地球的年龄。他们假定海水最初是淡的，由于河水把盐冲入海洋才使海水变咸。知道了目前海水的含盐量和全世界的河流每年能把多少盐冲入海洋就可以算出海洋的年龄，并进一步推算出地球的年龄。因为海水最初是不是淡的本身就是一个未解之谜，河流每年带入海洋的盐量也并不一样，此外地球的形成比海洋的出现早多少年也不得而知。因此这种方法解决不了问题。

还有一些科学家想通过测量海洋每年的沉积率来推算地球的年龄。他们认为算出海洋每年的沉积率，再测出海洋沉积物的总厚度，就可以计算海洋的年龄。然而由于海底是不断运动的，海底沉积物也随之时常在变化，这种方法也站不住脚。

19世纪，达尔文提出进化论以后，人们发现了通过对生物化石的研究来确定岩石年龄的方法，但是用这种方法还不能推算出地球本身的绝对年龄。

到了20世纪，科学家们终于找到了测定地球年龄的最可靠的方法，叫作同位素地质测定法。20世纪初期，人们发现地壳中普遍存在微量的放射性元素，它们的原子核中能自动放出某些粒子而变成其他元素，这种现象被称作放射性衰变。在天然条件下，放射性元素衰变的速度不受外界物理化学条件的影响

而始终保持很稳定。

例如1克铀经过一年之后有1/74亿克衰变为铅和氦。在铀的质量不断减少的情况下，经过约45亿年以后，大体就有1/2克衰变为铅和氦。利用放射性元素的这一特性，我们选择含铀的岩石，测出其中铀和铅的含量，便可以比较准确地计算出岩石的年龄。用这种方法推算出地球上最古老的岩石大约为38亿年。当然这还不是地球的年龄，因为在地壳形成之前地球还经过一段表面处于熔融状态的时期，科学家们认为加上这段时期，地球的年龄应该是46亿年。

近些年来，人们又用同样的方法推算了各类陨石以及"阿波罗"宇航员从月球上

取回的月岩的年龄。结果，它们的年龄都是 45 亿年至 46 亿年。这说明太阳系中这些天体是同时形成的，同时也说明用这种方法来测定地球的年龄是可靠的。

地球的体重

知道了地球的年龄，那么地球的体重是多少呢？1750 年，英国 19 岁的科学家卡文迪许向这个难题挑战。他运用牛顿的万有引力定律来称量地球的重量。根据万有引力定律，两个物体间的引力与它们之间的距离的平方成反比，与两个物体的重量成正比。这个定律为测量地球的重量提供了理论根据。卡文迪许想，如果知道了两个物体之间的引力和距离，知道了其中个物体的重量，就能计算出另一个物体的重量。这在理论上完全成立。但是，在实际测定中，还必须先了解万有引力的常数 K。

卡文迪许通过两个铅球测定出它们之间的引力，然后计算出引力常数。两个普通物体之间的引力是很小的，不容易精确地测出，必须使用很精确的装置。当时人们测量物体之间引力的装置用的是弹簧秤，这种秤的灵敏度太低，不能达到实验要求。卡文迪许利用细丝转动的原理，设计了一个测定引力的装置：细丝转过一个角度，就能计算出两个铅球之间的引力。然后计算出引力常数。但是，这个方法还是失败了。因为两个铅球之间的引力太小了，细丝扭转的灵敏度还不够大。灵敏度问题成了测量地球重量的关键。卡文迪许为此伤透了脑筋。有一次，他正在思考这个问题，突然看到几个孩子在做游戏。有个孩子拿着一面小镜子对着太阳，把太阳反射到墙壁上，产生了一个白亮的光斑。小孩子用手稍稍地移动一个角度，光斑就相应地移动了距离。卡文迪许猛然醒悟，这不是距离的放大器吗？灵敏度不可以通过它来提高吗？

▲卡文迪许实验室

于是，卡文迪许在测量装置上装上一面小镜子。细丝受到另一个铅球微小的引力，小镜子就会偏转一个很小的角度，小镜子反射的光就转动一个相当大的距离，很精确地知道引力的大小。利用这个引力常数，再测出一个铅球与地球之间的引力。根据万有引力公式，计算出了地球的重量，约为 60 万亿亿吨。

美国科学家利用精确的重力计算方法，重新计算地球的重量，认为地球的实际重量比以往科学家估测的要轻。按照新的计算方法，算出地球的重量为 59.72 万亿亿吨，而现在很多教科书中所公布的地球重量为 59.78 万亿亿吨。

北磁极的发现

19 世纪初期是北极探险蓬勃开展的时期。当时的英国政府出于对世界海权的关注，极为重视北极地区的探险。英国组织的探险队历经四次失败，终于在第五次找到了北磁极。

第一次探险

1818 年，当英国与拿破仑的战争结束之后，立即组织大规模的北极探险队。探险队分为两支，一支直奔斯匹次卑尔根群岛；另一支绕格陵兰北部进入北极海域。后面这支探险队的队长是海军中校约翰·罗斯，副手则为年轻的海军尉官爱德华·帕里。当年的 7 月 15 日，他们乘坐"伊莎贝拉"号和"亚历山大"号从伦敦出发。8 月 6 日便到达了格陵兰岛的北部。在这之前，英国的几次探险曾确认格陵兰岛并无居民，但这次，当罗斯看到海岸上有几所低矮、简陋的房子时，不免吃了一惊。

他们登了陆，发现这里生活着的是爱斯基摩人的小部落，这个部落与世隔绝，一是在地球最北部繁衍生息的人类。帕里这时默默记着笔记，而罗斯则大为振奋，以至于忘乎所以地宣称。上帝必定会将更大的发现恩赐予他。

他们离开格陵兰岛之后，8 月底就来到了兰开斯特海峡。这时还刚是夏末，从北方刮来的风虽然冰凉却还不寒冷，海面上也罕

▲ 格陵兰岛

见有流冰，正是乘风破浪的好季节。岂知罗斯在海峡中航行仅一天，便下令停止前进。

"你们看哪……"罗斯在甲板上手指着前方对船员们说。大家目瞪口呆，因为除了宁静的海面渺无一物。罗斯却指手画脚："啊，这一片陆地真是广大；陆地上的山脉延伸得多么远……对了，我决定，以海军部长柯洛加的名字命名这山脉为'柯洛加山'。"

作为罗斯副手的帕里刚想争辩，罗斯已经不耐烦地制止了他，接着命令返航。帕里有苦难言，他怀疑他的上司得了幻觉症，但也不便反对，因为罗斯曾是提携他的恩师。

第二次探险

探险队回到英国后，帕里几经犹豫还是提出了自己的质疑，许多船员也纷纷附和。

一时间，罗斯声名狼藉，海军部长也颜面无光。于是，英国海军又组织了第二次探险队，再度前往兰开斯特海峡以确认柯洛加山脉的存在。

这次探险以帕里为队长，于1820年5月11日从伦敦起航。探险船为"赫克拉"号和"克立巴"号。

两艘船到达兰开斯特海峡时，船员从瞭望台报告，前面根本看不到山脉。帕里一点也没有幸灾乐祸的情绪，相反，他下令继续向兰开斯特海峡深处进发。船只一直沿着海岸向西航行。穿出海峡，来到广阔的海域，始终都没见到任何山丘的影子。帕里此时才下了结论：所谓的柯洛加山脉确实纯属子虚乌有的幻想。

这一年的气候比上一年恶劣，8月底流冰已经大量出现。船只往北已经不可能了，只有继续向西才能勉强通过。

9月初，他们通过了又一道海峡——它在今天称之为"梅尔维尔子爵海峡"。这里已是西经110°，根据英国国会的规定，凡是第一批过这条经度线的，都能获500英镑的奖金。船员们雀跃欢呼，但帕里的脸上却愁云密布。他一直站在瞭望台上，对着无边无际的冰原发呆。

船不能再前进了。帕里起初决定在一个海岬边上抛锚越冬，但气温的降低，使得冰原一步步逼近，船只得进入海湾深处。

从11月的第一个星期开始，他们在渺无人迹的洪荒地区度过了100天的漫长冬季。没有一丝阳光，也看不到一点绿色。月亮是有的，可惜越看越使人感到苍凉，它让人想起泰晤士河的喧闹和苏格兰牧场的安逸……帕里严于律己，但他更清楚，孤寂的思乡病是致命的，所以他想方设法把部下日子安排得充实而井然有序。早上跑步，白天（也无所谓白天）把枪炮卸了装，装了卸，到了晚上，就举行热闹的舞会。他规定每两个星期进行一次别出心裁的竞技比赛。为了生活丰富多彩，他还办了一份"北乔治亚越冬报"。

1821年的春天姗姗来迟。到7月，冰层才稍稍后退。8月，"赫克拉"号和"克立巴"号驶出海湾，想向西突破冰的阻拦，以寻找北半球的大西洋和太平洋的会合点。但是冰层仍有15米厚，而且重重叠叠，根本无融化的迹象。无奈，帕里只好把航线指向英国。

第三、四次探险

帕里是个一旦确定目标便锲而不舍的人。他又于1824年、1827年分别进行了第三、第四次北极之航。后一次探航的目的地是北纬89°。当时，英国的国会设立巨奖，以5000英镑给第一艘到达北纬89°的船只。

1827年春末，帕里率领28名船员，驾驶曾经与他共患难的"赫克拉力"号，前往斯匹次卑尔根群岛，进行他的第四次北极探险。他们到了该群岛的托伦贝尔格湾，便把"赫克拉"号抛锚，然后登陆，开始沿着海岸向北步行。帕里深谋远虑，步行时拖着两条小船；到了岸的尽头，他们就划着小船，向北寻找巨大的流冰，上了流冰再步行，同时依旧拖着小船行进……他们夜以继日，不断向北，向北。到这年的7月28

日，帕里的探险队终于到达了北纬82°41′的地方，这里离北极点只有800千米了。但是，探险队员已经疲劳到了极点，再也迈不开脚步了，双手既裂开又肿胀，根本捏不住拉船的绳子。

帕里泪流满面，放弃了努力，因为他知道再前进意味着全军覆没。他们艰难地返回到"赫克拉"号，默默地驶回英国，没有作任何声张。但他们所创造的纪录，在过后的半个世纪中无人打破。

第五次探险

归国后不久，帕里计划第五次北极探险。他正在筹备之际，突然听说他的老上司约翰·罗斯也在以个人的名义组织队伍到北极。帕里立刻向海军部建议：即将成行的探险队仍由罗斯当队长，同时推荐另一个罗斯，即詹姆斯·克拉克·罗斯当副手，至于自己则作为一名普通队员随队而行。

海军部同意了。这样，在1828年的夏季到来之前，探险队出发了。这次他们使用的是当时少见的蒸汽机船"维多利亚"号。它的速度快，远胜过当时的风帆船，可惜船体太大，蒸汽机的设计也不够完善，所以一开始便遇到了困难。但是，探险队还是通过兰开斯特海峡到达了萨默塞特岛。在兰开斯特海峡行驶的时候，约翰·罗斯似乎已忘记了当年"柯洛加山脉"引起的风波了，帕里当然也绝口不提。

"维多利亚"号又从巴罗海峡南下，到达布西亚半岛。然后罗斯登陆越冬，而帕里却自愿待在船上留守。虽然帕里判断，北磁极就在附近，但他情愿把功勋拱手让人，再说，他非常信任那位年轻有为的克拉克·罗斯，他比他的叔叔——那个时而清醒、时而糊涂的约翰·罗斯更体恤人，更有科学头脑。

> ### 格陵兰岛
>
> 格陵兰岛，世界最大岛，位于北美洲的东北部，在北冰洋和大西洋之间，全岛面积为217.56万平方千米，海岸线全长3.5万多千米，比西欧加上中欧的面积总和还要大一些，因此也有人称之为格陵兰次大陆。丹麦属地。首府努克。全岛大部分面积被冰雪覆盖的岛屿。这是一个无比美丽并存在巨大地理差异的岛屿。夏天，海岸附近的草甸盛开紫色的虎耳草和黄色的罂粟花，还有灌木状的山地木岑和桦树。但是，格陵兰岛中部仍然被封闭在巨大冰盖上，在几百千米内既不能找到一块草地，也找不到一朵小花。

果真，克拉克·罗斯不负帕里的厚望，他在当地的爱斯基摩人的带路下，终于找到了指南针所指的北半球神秘地点——北磁极。

从"维多利亚"号到达布西亚半岛以后3年里，夏天好像遗忘了北极，冰层一直没化。经过3个艰苦卓绝、惨淡经营的严冬，探险队员实在无法再等待下去了。他们放弃了"维多利亚"号，划动小舟前往兰开斯特海峡。

他们绝境逢生，被一条偶尔经过的捕鲸船救起，于是又在北极度过了第四个冬天。

1832年夏，他们才回到以为他们已死的英国。他们的归来，引起了极大的轰动。罗斯叔侄到处受到热烈的欢迎，而帕里却一声不响回到他的故里。

南磁极的确定

包尔赫格列文探险队在南极度过冬夜以后，向着南极极顶前进。在这次考察中，他们大致测定了当时南磁极的位置。不过，磁极的位置不是一成不变的，在漫长的地球历史中，它经历过很大的变迁。了解这种变迁，对航行十分重要。

罗斯冰障

1840 年，英国极地探险家罗斯率船穿过浮冰，深入到了南纬 78°10′ 的海域，比谁都走得更南。可是到了这里，罗斯再也无法前进，因为前面有一堵高大的冰墙挡住去路。这堵冰墙奇特极了，笔直地耸立在海面上，下部深深地埋在水中，上部高出水面五、六十米。起初，人们以为这不过是一座大冰山，但它却一动也不动，和所有的冰山都不一样。把它看作不动的冰岛，但它又是那样巨大，船只沿着它航行，几天几夜都到不了尽头。这是什么呢？难道南极就是一块这样巨大的冰？罗斯很想攀登上去探测一番，但找不到一处可以攀登的裂缝、斜坡或不平的地方。他好奇地顺着冰墙航行，走了很久，才见到一段高度稍有降低的地方，终于从这里瞧见了一些秘密。

他们瞧见了什么呢？原来，在一望无际的冰原的远方，隐约出现了重叠的山峦。哦，这是人们向往已久的南方大陆吗？

探险队沿着冰墙继续航行。一天，人们又瞧见远处的天空一片火红，很觉惊奇。莫非是南极大陆上的城市已经临近？人们朝着火光驶去：原来是一座火山正在喷发，那熊熊燃烧着的是熔岩的反照。人们用探险船的名字给火山起了个名，叫做"埃里伯斯火山"。在地图上，已经标出了这座火山的位置，它坐落在一个小岛上，这个小岛后来取名为"罗斯岛"。不久，冰墙终于到了尽头，从东到西，它足有八百千米。罗斯惊叹地说，这真是一座"伟大的冰障!"后来，为了纪念罗斯的发现，就把它命名为"罗斯冰障"。紧邻冰障的海洋，称为"罗斯海"。连接着冰障的是高耸而多山的海岸。南极大陆，终

▲ 罗斯海

▲ 罗斯冰障

于被人们实实在在地见到了。它不再是一个未知的大陆，而是地球上第七大洲了。这个高耸而多山的海岸，便是南极洲的"维多利亚地"。

罗斯冰障引起了许多人的好奇，对它作了种种猜测，探险家们更想前去了解它的真情。但是，它太险要了，无法攀登，探险家们一个个垂头丧气而回。从此，半个多世纪内，南极大陆无人问津。

首次登上南极大陆

1898 年，挪威探险家包尔赫格列文终于找到了攀登罗斯冰障的道路，第一次登上了南极大陆，对冰障作了进一步，考察。

原来，罗斯冰障是南极大陆冰川伸入海中的"舌尖"。像北极格陵兰冰川一样，南极大陆冰川也要沿着倾斜的地势缓缓地滑入海洋，由于它不只在一处入海，冰障也就不止一个。当冰障的边缘受海浪、海流、潮汐和太阳热力作用崩裂时，会产生轰鸣的响声，打破南极的沉静。接着，冰块掉入海中，形成冰山，像格陵兰西岸和巴芬湾是北极冰山工厂一样，冰障前沿则是南极冰山工厂。南极冰山工厂的产品不但比北极巨大，存在的时间也更长。曾经有一座长数十千米、宽十几千米的南极冰山，被人们于 1854 年初次见到，它随着海流向北流去，许多船只报道过，在不同地方都看见过它。11 年后，人们又一次见到了它，这时它已来到南纬 40°的海面了。

包尔赫格列文探险队为了更详细地考察南极大陆，决定在那里住下去。他们在罗斯海的西边，维多利亚地东北的阿德尔角盖了一所小屋，准备度过人类在南极大陆的第一个冬天。

南极大陆茫茫冰原，虽然荒寂而单调，但也常有奇妙的景象，为探险家们带来一些乐趣。每当深夜，当美丽的极光在天空出现时，冰原上就会映出各种变幻的色彩，妩媚而且动人。这种极光，是极地和高纬度地区特有的景象，尤以极地最为常见。它常在高

▲ 南极光

高的天空升起一团殷红的霞光，有如千条丝带，有如万顶波涛。有时候，它会映成一把巨型的弓箭，转瞬之间，又在你眼前呈现一座美丽的花园，一束蓬松的卷发。它的光彩时强时弱，或明或暗，变幻无常。奇异而寒冷的火焰在各处徘徊、摇曳、奔跑，神出鬼没，令人眼花缭乱。

极光是太阳上射出的强大电子流，与 80 千米以上高层稀薄空气中的气体分子猛烈碰撞发出的光辉。因为空气由各种不同的气体组成，每种气体分子，在电子流作用下发光的颜色又不一样，所以极光会出现五彩缤纷的颜色。而随着电子流强弱的增减和气体分子密度的改变，又会带来极光的各种变幻。现在，人们已经在实验室里，用通电的办法产生了极光。把一束电子流（阴极射线）通过稀薄的气体，就会出现极光那

样的光辉。如果加上磁场，这束光辉就有明显的偏移。由此不难明白，极光所以总在极地和高纬度地区出现，是因为那里的地磁磁极吸引着电子流的结果。在中纬度地区，有时也能见到极光，只是没有极地所见的那样强烈，那样经常。

大致测定南磁极的位置

包尔赫格列文探险队在南极度过冬夜以后，于第二年夏季开始了对大陆的考察，并向着南极极顶前进。由于冰原裂谷所阻，他们未能到达极顶，在南纬78°50′的地方折回。这是人类第一次到达的最南的地方。在这次考察中，他们大致测定了南磁极的位置：南磁极的位置约为东经139°24′，南纬65°36′。

磁极的位置不是一成不变的，在漫长的地球历史中，它经历过很大的变迁。了解这种变迁，对航行十分重要。航船用于指示方向的指南针，就是一根指向磁极的磁针。它指向磁的南极和北极，与地球的正南、正北尚有一定差距。测定了磁极位置，就可进行磁偏差的订正，使航船的方向更精确。

自从包尔赫格列文探险队登上南极大陆考察以来，南极探险又形成了新的热潮。

冰期形成之谜

　　科学家们推测，第 7 次冰期在 1 万年前就已结束，我们目前正生活在第 7 次温暖的间冰期末尾，再过 5000 年，我们居住的地球又将进入一次小冰期，那时整个地球将重新银装素裹，全球的每个人都会生活在类似今天南极的冰天雪地之中。

一个令人恐惧的预言

　　冰期，指的是地球历史上大规模的寒冷时期。在这个时期里，不仅地球的两极和高山顶上有冰川分布，就是一些纬度较低的温带地区和低矮山岭上，也分布着许多冰川。地球的历史告诉我们，全球各地在地质历史中曾发生过四次大冰期，即震旦纪冰期、石炭纪冰期、二叠纪冰期和第四纪冰期。而每次大冰期又是由许多小冰期组成的。最近的一次大冰期是 70 万年前开始的，至今已发生过 7 次小冰期，每次持续时间为 9 万年之久，而两次冰期之间总是伴随着大约 1 万年长的温暖的间冰期。

　　科学家们推测，第 7 次冰期在 1 万年前就已结束，我们目前正生活在第 7 次温暖的间冰期末尾，再过 5000 年，我们居住的地球又将进入一次小冰期，那时整个地球将重新银装素裹，全球的每个人都会生活在类似今天南极的冰天雪地之中。

各种假说的提出

　　面对这一预言，人们难免会问：为什么地球上会出现寒冷的冰期呢？对此，科学家提出了许多假说。

　　首先进行推测的是德国地质学家希辛格尔。他在 1831 年提出，第四纪冰期的出现与第三纪的造山运动有关。后人发展了他的观点，认为冰期的发生是由于造山运动所造成的海陆分布不同。在造山运动以后，地球上出现了一些高耸的大山，为山岳冰川的形成创造了条件。山的升高和冰雪堆积的增厚，还使山区附近的气候发生变化，气温下降，并逐渐扩展影响到全球，使整个地球的平均温度下降，导致冰期出现。反之，当造山运动平静后，山地受到侵蚀，高度不断降低，海水有可能侵入大陆上被削平的低洼地区，使其成为浅海。因为海水的热容量较大，能贮存较多的热量，所以当海洋面积扩大并积蓄较多热量之后，气候开始逐渐转暖，出现了间冰期。一旦造山作用重新发生，山脉再次升高，冰期便又重新来到。

　　但是人们很快发现，造山运动剧烈的时期与冰期并不完全吻合。

　　1896 年，瑞典地球物理学家阿列尼乌斯提出了植物可能是产生冰期的祸首。他认为空气中二氧化碳若增加到现在含量（0.03%）的 2~3 倍时，地球的年平均温度就会升高 8~9℃。据此可以解释第三纪的温暖气候。温暖的气候和二氧化碳含量的高浓度，促使植物大量繁殖。但是，植物大量繁殖的结果，又使二氧化碳大量消耗，使其在空气中所占的比例下降。当它降低到现在含量的一半时，就会使地球的年平均温度下降 $4 \sim 5℃$，足以导致中、高纬度地区广泛发育冰川，产生冰期。冰期的出现又会减缓植物生长，从而使二氧化碳的含量逐渐恢复正常。于是气温又逐渐升高，冰川消退，出现间冰期，植物又开始繁盛起来，为另一次冰期的到来准备了比较充分的条件。

但是，历史上植物十分茂盛时期之后，并没有出现冰期，相反在 $6 \sim 7$ 亿年前的古代，生物运动没有现在繁盛，却有震旦纪大冰川的出现。因此上述说法缺乏充分依据。

为了弥补这一说法的不足，有人提出了尘幔说，认为：由于地球上火山的猛烈喷发，大量的火山灰尘给地球撑起了一把尘埃大伞，张起了一道尘幔，于是，阳光就再也照不到地球上了，冰期由此而生。然而，造山运动也是火山极盛时期，但并不是每次造山运动后都有冰期接踵而来。

▲ 日照下的冰川

1920 年，南斯拉夫塞尔维亚的天体物理学家米兰柯维奇提出了天文说，认为地球上所以有周期性的冷暖变化，根本原因在于地表受到的太阳光热不均匀，而造成受热不均匀，无非是地轴的偏斜、地球的颤动以及地球本身是椭圆的，在围绕太阳转动时有近日点和远日点之差……

目前这一天文假说成为当前最受拥护的冰期成因假说。但这一假说也并非完美无缺，它充其量只能解释一个大冰期中的冰期与间冰期的交替，而没能回答整个大冰期产生的原因。

近年来，在探索冰期形成机制的各种理论中，又出现了一个新的假说，认为，地球冰期的发生与太阳率领它的家族通过银河旋臂的时间有关。

我们的银河系是一个旋涡状星系，它具有 4 条旋臂。根据星系旋臂形成假说，太阳及其家族在绕银河系核旋转时，每隔 2 亿多年就要通过一次旋臂。而在旋臂里星际物质比较密集。因此有人认为，当太阳通过旋臂时，大量星际尘埃的存在使星际空间的透明度减小。太阳辐射出来的光和热受到星际尘埃的反射和折射，到达地球表面的能量有明显的削弱，就使地球的年平均温度下降，冰期发生。这一理论的重要证据是，地球上三次大冰期发生的间隔时期，正好与通过旋臂的时间吻合。但是，旋臂附近的星际空间是否果真有那么多星际尘埃，是令人怀疑的。而且这一假说是建立在另一假说的基础上。

因此，尽管人们长期以来不断地探讨冰期的成因，也有了许多科学假说，但这仍然是悬而未决的谜题。

丹霞地貌的发现

丹霞地貌是由产状水平或平缓的层状铁钙质混合不均匀胶结而成的红色碎屑岩，受垂直或高角度节理切割，并在差异风化、重力崩塌、流水溶蚀、风力侵蚀等综合作用下形成的有陡崖的城堡状、宝塔状、针状、柱状、棒状、方山状或峰林状的地形。丹霞地貌主要分布在中国、美国西部、中欧和澳大利亚等地，尤以中国分布最广。

发现与定义

1928年，中国矿床学家冯景兰，在我国广东北部的仁化县注意到了分布广泛的第三纪（6500万－165万年前）红色砂砾岩层。而在广东省韶关市东北的丹霞山地区，厚达300～500米的岩层被流水、风力等风化侵蚀，形成了堡垒状的山峰和峰丛、千姿百态的奇石、石桥和石洞。冯景兰意识到这是一种独特的地貌景观，并把形成丹霞地貌的红色砂砾岩层命名为丹霞层。

到了1938年，构造地质学家陈国达把这种红色岩层上发育的地貌称为"丹霞地形"，并把这种地形作为判断丹霞地层的标志。1977年，地貌学家曾昭璇才第一次把"丹霞地貌"按地貌学术语来使用。1982年，素有"丹霞痴"之名的地理学家李见贤（黄进）发表了《丹霞地貌坡面发育的一种基本方式》，这是我国论述丹霞地貌的第一篇论文。这个时期正是中国旅游业大规模发展的起始阶段，丹霞地貌作为一种重要的旅游资源，受到了来自社会各界的极大关注。

▲冯景兰

1983年《地质辞典》首先提出丹霞地貌定义：厚层、产状平缓、节理发育、铁钙质混合胶结不匀的红色砂砾岩，在差异风化、重力崩塌、侵蚀、溶蚀等综合作用下形成的城堡状、宝塔状、针状、柱状、棒状、方山状或峰林状的地形。这是学术界对丹霞地貌所下的第一个定义。

从此之后，不同的辞书、专家对丹霞地貌的定义达到20种以上，甚至同一位专家对丹霞地貌所下的定义在几年之间也会发生很大变化。甚至还有人提出：凡红色碎屑岩，

▲广东韶关丹霞山

不论它是陆相、海相、火山相（即是由火山活动所生成的岩石），只要形成丹崖赤壁的都称丹霞地貌。

学者们规定丹崖的高度应大于 10 米，丹崖的坡度则应满足悬崖坡的条件：55°至90°之间。高度和坡度低于上述标准的丹崖不能算是丹霞地貌，应归入红层丘陵山地中，这是划分丹霞地貌与红层地貌的界限。

形成机制

丹霞地貌发育始于第三纪晚期的喜马拉雅造山运动。这次运动使部分红色地层发生倾斜和舒缓褶曲，并使红色盆地抬升，形成外流区。流水向盆地中部低洼处集中，沿岩层垂直节理进行侵蚀，形成两壁直立的深沟，称为巷谷。巷谷崖麓的崩积物在流水不能全部搬走时，形成坡度较缓的崩积锥。随着沟壁的崩塌后退，崩积锥不断向上增长，覆盖基岩面的范围也不断扩大，崩积锥下部基岩形成一个和崩积锥倾斜方向一致的缓坡。崖面的崩塌后退还使山顶面范围逐渐缩小，形成堡状残峰、石墙或石柱等地貌。随着进一步的侵蚀，残峰、石墙和石柱也将消失，形成缓坡丘陵。在红色砂砾岩层中有不少石灰岩砾石和碳酸钙胶结物，碳酸钙被水溶解后常形成一些溶沟、石芽和溶洞，或者形成薄层的钙化沉积，甚至发育有石钟乳。沿节理交汇处还发育漏斗。

▲福建泰宁丹霞地貌

在砂岩中，因有交错层理所形成锦绣般的地形，称为锦石。河流深切的岩层，可形成顶部平齐、四壁陡峭的方山，或被切割成各种各样的奇峰，有直立的、堡垒状的、宝塔状的等。在岩层倾角较大的地区，则侵蚀形成起伏如龙的单斜山脊；多个单斜山脊相邻，称为单斜峰群。岩层沿垂直节理发生大面积崩塌，则形成高大、壮观的陡崖坡；陡崖坡沿某组主要节理的走向发育，形成高大的石墙；石墙的蚀穿形成石窗；石窗进一步扩大，变成石桥。各岩块之间常形成狭陡的巷谷，其岩壁因红色而名为"赤壁"，壁上常发育有沿层面的岩洞。

在中国境内所发现的丹霞地貌几乎全发育在不早于中生代（距今两亿多年前）的地层上，而且岩石的成分以陆相沉积为主，岩石是由当时的河流或湖泊沉积物所形成的，而不是在当时的海洋环境中形成的。

然而，随着研究的范围向全世界扩展，学者们发现，其他国家的丹霞地貌也有发育在更古老的地层或者海相沉积岩层中。于是，有的学者就建议放宽对红色岩层的时间及成分限制，以利于把丹霞地貌的概念向全世界推广。

分布区域

丹霞地貌主要分布在中国、美国西部、中欧和澳大利亚等地，以中国分布最广。

目前，我国已查明丹霞地貌1005处，分布于全国28个省（区、市）。广东省韶关市东北的丹霞山以赤色丹霞为特色，在地层、构造、地貌、发育和环境演化等方面的研究在世界丹霞地貌区中最为详尽和深入。在此设立的"丹霞山世界地质公园"，总面积319平方千米，2004年经联合国教科文组织批准为中国首批世界地质公园之一。

2010年8月，在巴西利亚举行的第34届世界遗产大会审议通过了将中国湖南崀山、广东丹霞山、福建泰宁、贵州赤水、江西龙虎山和浙江江郎山联合申报的"中国丹霞地貌"列入"世界自然遗产目录"。这是中国第40个列入《世界遗产名录》的项目。

▲江西龙虎山

雅丹地貌的发现

20世纪初，赴罗布泊地区考察的中外学者，在罗布荒原中发现大面积隆起的土丘地貌，当地人称"雅尔当"，即维吾尔语中"陡峻的土丘"之意。发现者将这一称呼介绍了出去，以后再由英文翻译过来，"雅尔当"变成了"雅丹"。从此，"雅丹"成为这一类地貌的代名词。在世界干旱区许多地方的类似地貌，均统称为雅丹地貌。

雅丹名称的来历

雅丹林的高度，低的约四五米，高的有二三十米，长宽由几十米到数百米不等。其整体，有的酷似古城堡、庙宇、帝王坟、千军帐；有的类似"鲸群戏沙海"，"百万海狮朝阳"、"万龙布阵"……千姿百态，十分壮观。从近处看来它们也是气象万千：有的土堆就像一艘艘鼓满风帆的战船即将远航；有的像雄赳赳的大公鸡，正伸脖打鸣；有的像小桥流水里的亭台楼阁，有的像骏马、骆驼、大象、狮、虎、鲸、龙、鸟等可爱的动物。一切都给人神秘莫测、奇幻万千之感。

▲吉木萨尔县的五彩湾

"雅丹"名称来历的这一说法得到地理学界广泛认同。但也有人认为，"雅丹"这个词是父亲为女儿起的名字。雅丹地貌是在中国境内首先被发现的，按照惯例，这个发现的人有资格为这种未命名地貌进行命名。于是，陈宗器先生，雅丹地貌的发现者之一，原中国科学院地球物理所副所长，以自己女儿陈雅丹的名字，来命名自己发现的这种地貌，本身雅丹地貌的雅丹两字没有任何意义。

1929年，作为第二批团员参加考察团，陈宗器当时是研究院助理员，原打算是让他作为安博特在天文学和大地测量学方面的助手参加工作的。因为当时他和另外3个瑞典学者1929年5月未被新疆掌权的金树仁允许进入新疆。随后他作为霍涅尔的助手，1931年从河西走廊酒泉逐步到达罗布泊一带，测量湖的轮廓和它的变迁经过，后来又到祁连山内考察当地的风土人情。直到1933年5月才离开考察团。旋即根据赫定要求参加了绥新公路查勘队，于1934年4月再次和赫定一起去罗布泊考察，先后于5月下旬和8月初两次去楼兰。在西北考察将近5年，3次到达楼兰，是中方当时在西北地区考察、工作时间最长的中国学者之一。

继罗布荒原发现雅丹地貌之后，在世界干旱区许多地方，又发现了许多类似地貌，均统称为雅丹地貌。即使在中国，雅丹的最大分布区也不是在它最早的发现地罗布泊地区，而是在青海省的柴达木盆地的西北部。在新疆，雅丹的分布也比比皆是，其中有名者如克拉玛依市东北乌尔禾的魔鬼城、吉木萨尔县北沙窝的五彩湾、奇台县西南沙漠中的风城等等。干旱荒漠环境造就了雅丹的特殊景观，而干旱荒漠环境将雅丹封闭保护于其中，使人们难以窥探其面貌，平添了雅丹的许多神秘。

雅丹地貌的形成因素

雅丹地貌的形成有两个关键因素。一是发育这种地貌的地质基础，即湖相沉积地层；二是外力侵蚀，即荒漠中强大的定向风的吹蚀和流水的侵蚀。

干旱区的湖泊，在形成历史中往往包括反反复复的水进水退，因而发育了上下叠加的泥岩层和沙土层。风和流水可以带走疏松的沙土层，对坚硬的泥岩层和石膏胶结层却作用有限。不过致密的泥岩层也并非坚不可摧，荒漠区变化剧烈的温差产生的胀缩效应将导致泥岩层最终发生崩裂，暴露出来的沙土层被风和流水带走，演变为凹槽状；依然有泥岩层覆盖的部分相对稳固，形成或大或小的长条形土墩，雅丹地貌的形态逐渐凸现出来。

形成雅丹地貌的外力因素，一般认为是强大的盛行风在起主导作用，但这并不是单一的主导因素。比如在阿奇克谷地东段的三陇沙雅丹，其走向是南偏东，与盛行的西北风向垂直，而与山地洪水流的方向一致，这就说明在这一片雅丹地貌中，洪水起了主导作用；另外有的雅丹，是风和流水共同作用形成的，比如龙城雅丹。

▲乌尔禾魔鬼城

在冷湖 1.7 万平方千米的土地上，雅丹地貌的面积占到 94% 以上。柴达木的雅丹地貌，是 7500 万年前第三纪晚期和第四纪早期的湖泊沉积物，由于地质运动抬高而脱离水体，期间的盐和沙凝结地壳被西风侵蚀雕塑而成。它们广布于柴达木西北部，是世界最大最典型的雅丹景观之一，尤其是南八仙，一里坪一带，分布面积达千余平方千米。因其奇特怪诞的地貌，飘忽不定的狂风，由于地形奇特而生成的诡秘骇人的风声，再加上当地岩石富含铁质，地磁强大，常使罗盘失灵，导致无法辨别方向而迷路，被世人视为"魔鬼城"、"迷魂阵"，别具一格。这里的雅丹林总面积约 2.1 万平方千米，平均海拔 3260 米，是迄今国内发现最大的风蚀土林群。

南极"不冻湖"

零下五六十摄氏度的气温，使南极的一切都失去了活力，丧失了原有的功能。石油在这里像沥青似的凝固成黑色的固体，煤油在这里由于达不到燃烧点而变成了非燃物。然而，在这极冷的世界里，竟然奇迹般地存在着"不冻湖"。

发现"不冻湖"

南极是这个地球上的最南端，当人们一提起它，所想到的第一件事就是"冷"。在南极，放眼望去，皑皑白雪、银光闪烁。在这1400万平方千米的土地上，几乎完全被几百至几千米厚的坚冰所覆盖。零下五六十摄氏度的气温，使这里的一切都失去了活力，丧失了原有的功能。石油在这里像沥青似的凝固成黑色的固体，煤油在这里由于达不到燃烧点而变成了非燃物。然而，有趣的自然界却奇妙地向人们展示了它那魔术般的奇迹：在这极冷的世界里，竟然奇迹般地存在着"不冻湖"。

1960年日本学者鸟居铁分析测量资料后发现，该湖表面薄冰层下的水温为0℃左右，随着深度的增加，水温不断增高。16米深处，水温升至7.7℃。这个温度一直稳定地保持到40米深处。在40米以下，水温缓慢升高。至50米深处，水温升高的幅度突然加剧。至66米深的湖底，水温竟高达25℃，与夏季东海表面水温相差无几。

▲南极

科学家们所发现的这个"不冻湖"，面积达2500多平方千米，湖水遭到了极其严重的污染，并有间歇泉涌出水面。科学家们对这个湖的周围进行了考察，发现在它附近不存在类似于火山活动等地质现象。为此，科学家们对于出现在这酷寒地带的"不冻湖"也感到莫名其妙。

不冻原因大讨论

为揭开此谜，苏联考察队利用电波器在他们基地附近厚达3000米的冰层下，又发现了9个"不冻湖"，这一新的发现使得对"不冻湖"的研究有了新的进展。他们接着对这一"不冻湖"的形成原因进行了分析、研究和推测，提出了各自不同的见解。有的科学家提出，这是气压和温度在特殊条件下交织在一起的结果。

持这一见解的人指出：在这3000多米冰层下的压力可达到278个大气压，在这样强大的压力下，大地所放出的热量比普通状态下所放出的热量多，而且冰在零下2℃

左右就会融化。另外，冰层还像个大"地毯"一样，防止了热量的散发，使得大地所放出的热量得以积存，这样在南极大陆的凹部就可以使大量的冰得以融化，变为"湖水"。

另有一些科学家则认为：在南极的冰层下，极有可能存在着一个由外星人建造的"秘密基地"，是他们在活动场所散发的热能将这里的冰融化了。

还有的科学家指出：这是个"温水湖"，很有可能在这水下有个大温泉把这里的水温提高了，将冰融化了。可有些人反驳说：如果这里有温泉水不断流入湖里，为什么湖上的冰冠没有一点儿融化的迹象呢？于是，为了解释这一问题，人们在冰层上架起了钻机，取出了冰下的样品，发现湖底的水完全是凉的，这就说明了在湖下并不存在温泉，湖水不是由于温泉而热起来的。

还有一些科学家推测，湖水是由太阳晒热的。他们是这样解释的：这个四周被冰山包围的湖实际上是一潭死水，它很容易聚热。这里的冰层起到了一个透镜的作用，这种透镜可以使太阳光线聚焦，成了湖上的一个热源，当阳光照在四面冰山上的时候就有少量的热被折射到这个聚焦镜上，天长日久，就形成了这

▲不冻湖

一冰川上的"不冻湖"。但同时也有人提出，为什么太阳不会把湖上的冰融化呢？如果湖上的冰起到透镜的作用，那么，为什么在其他的地方没有这种现象呢？

围绕"不冻湖"的问题，各种推论、猜测纷纷提出，然而到现在为止还没有一个科学家能拿出令人满意、使人信服的结论。

南极缘何多陨石

陨石，唯一可以向人们揭示宇宙物质结构和太阳系早期形成奥秘的珍贵样品，一向受到人们青睐。与其他大陆的陨石相比，科学家们对南极陨石情有独钟。这是由于几乎所有的陨石之最都被南极陨石占据。诸如地球年龄最长、保持原状最好，类型最多、储存量最大等等，显示了其极高的科学价值。

中国南极科学考察队的发现

由地质、测绘、遥感等领域的 4 名科学家组成的中国南极科学考察队，1998 年 12 月 28 日，对位于南极中山站以南 500 千米的格罗夫山进行了地质勘察。在陨石富集、呈蓝色的坚硬冰原"蓝冰区"，中国科学家首次发现一位"宇宙的使者"——陨石，从而使中国在通向南极科学考察的漫长道路上迈出了第一步。

▲中国队员采集陨石

自从开展南极科学考察活动 15 年以来，中国科学家们一直在荒无人烟的南极艰难地跋涉，苦苦地寻觅。如今，他们终于如愿以偿。据初步测定，这是一颗铁陨石。

作为唯一可以向人们揭示宇宙物质结构和太阳系早期形成奥秘的珍贵样品，陨石一向受到人们青睐。科学家们给它取了个可爱的名字——宇宙的使者。而与其他大陆的陨石相比，科学家们对南极陨石情有独钟。科学家们为什么会厚此薄彼呢？

陨石富仓

原来，几乎所有的"最"都被南极陨石独占而去。诸如地球年龄最长、保持原状最好，类型最多、储存量最大等等，显而易见，南极陨石具有更高的科学价值。难怪大半个世纪以来，科学家们都乐此不疲。

早在 1912 年，澳大利亚南极探险队在南极发现了第一颗陨石。接着，一些科学家纷纷去南极探险，都希望能找到珍贵的宇宙使者。到 1968 年，科学家们先后找到 6 颗南极陨石。

1969 年，人们在南极地区发现了代表 4 种类型的 9 颗陨石。这一发现立即轰动了整个科学界。随后，全球开始出现一股南极热。对"宇宙的使者"一往情深的人们越发心驰神往起来。

在昭和南极基地以南 300 千米处的大和山一带，日本科学家竟惊喜地找到 4000 余颗陨石；美国科学家也不甘落后，在麦克默多南极考察站找到陨石800多颗。据统计，到目前为止，共有11000多颗南极陨石被科学家们发现，大大超过了过去200年间在地球其他地区所发现的陨石总数。使南极大陆这个不毛之地，一跃成为名副其实的"陨石富仓"。吸引着千千万万的科学家们为之奔波。根据历史统计规律，每1000万平方千米的地球表面上，平均每年只有5次陨石降落。南极大陆尽管地域辽阔，一年也不过7次。

那么，南极的陨石为什么会远远超过地球表面的平均数量呢？难道它具有某种得天独厚的条件？

南极陨石缘何多

▲南极陨石

有人认为：南极如此丰富的陨石是由于陨石雨造成的。针对这一观点，科学家们则提出异议：各种各样的陨石在南极的分布很不均匀，其物质组成及年代也有较大差别。显然，它们是在不同的时期降落的，绝非一两次的陨石雨造成。

根据南极陨石较小的特点，科学家们指出：这一现象得归功于南极地区强劲的下降气流。下降风不仅吹散了冰面上的雪，而且也把小粒陨石搬运到冰面与雪区交界的坡地，从而使考察队员能够一目了然；而在地球其他地方，这么小的陨石极易同其他石块混淆，很难被人发现。

除此之外，科学家们认为，还有一个不容忽视的因素，陨石降落地表后，在大自然中历经风吹雨打，有些未被人们发现便已被破坏；而在冰雪皑皑的南极大陆，既无流水侵蚀，气温终年又在0℃以下，这天造地设的"天然冰库"自然可以使陨石在此"安居乐业"。

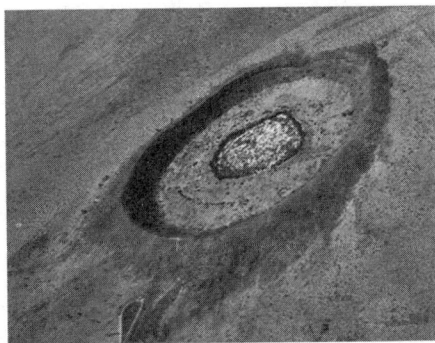
▲南极陨石坑

与此同时，科学家们通过放射性同位素测定发现：南极陨石的年龄大多为50～70万年，寿命最长的达150万年。这正说明了南极陨石是在过去漫长的岁月中逐渐积累起来的，才会如此众多。

为了说明南极陨石的成因，1978年，日本冰川学家长田提出了一个新设想，他认为：降落在南极大陆上的陨石是和冰雪混在一起的，并随着冰川由陆地向海流动而进入南大洋。其中一部分冰川被山地阻隔，流动速度逐渐减缓，因而滞留在某些特定地区。天长日久，这些冰川的表面逐渐消融，于是陨石就显露出来了，最终在冰面上富集起来。

为验证长田的这种设想，科学家们对陨石集中的阿兰山脉进行了实地考察，并惊讶地发现：离海岸几百千米的阿兰山，因地势高于冰盖，从而使冰川移动速度显著减慢，每年只有 2 ~ 3 米，表面冰的消融速度则为每年 3 ~ 5 厘米。这些数据有力地支持了长田的观点，但是，这或许并不能说明南极陨石富集之谜已经解开了。何况，在寻找南极陨石的漫漫长途中，人类才刚刚起步。

据科学家估计，在南极地区，重量大于 3 千克的陨石共有 76 万颗，遗憾的是，其中绝大多数已随着流动的冰川进入南大洋而石沉大海了。但是，仍有相当数量的陨石等待着不畏艰辛的人们前去寻觅。

杀人于无形的次声波

次声波是一种频率较低的、人耳听不见的声音，一般在20赫兹机械波以下。天气的激烈变动，如狂风暴雨、电闪雷鸣、极光放电、火山喷发、地啸、海啸和台风等，都可能产生强烈的次声波。次声波的波长往往很长，因此能绕开某些大型障碍物发生衍射。某些频率的次声波由于和人体器官的振动频率相近，容易和人体器官产生共振，对人体有很强的伤害性，危险时可致人死亡。

奇怪的现象

1890年，帆船"马尔波罗"号满载冻羊肉和羊毛从新西兰起航开往英国。该船一直没驶到预定港口，最后作为失事而注销。过了20年，有人意外地发现，"马尔波罗"号正在火地岛岸边满帆航行。发现"马尔波罗"号的那艘船的船长在报告中说，"马尔波罗"号的一切都完好无损，保持着正常航行状态，甚至连"水手们"也像是守在自己的岗位上。在舵轮旁有一具遗骸，舱口处有3具，10名值班水手也在岗位上，舱里有6具遗骨，那可能是轮休的水手。遗骸上还残留着衣服碎片。船上到底发生了什么事？虽经过仔细研究，仍是一无所获。航海日记虽然找到了，但上面已生满霉菌，一个字也看不清了。

1948年，一艘内燃船"乌兰格·麦塔奇"号上发生的事就更令人奇怪了。人们突然收到海船的求救电报"SOS"，并收到以下电文："所有的军官、船长……都死了。我也要死……"救援者登上那条船，看到了一幅奇怪的景象：所有的人都死在自己的岗位上，脸上凝结着极端恐怖的表情。

有的全体乘员不知什么原因突然同时死亡，有的则不知怎么回事竟全体弃船而去。1953年内燃机货轮"霍尔球号"就是这样。1969年6月，报上也曾报道过这样的新闻："在亚速尔群岛附近海域，发现两艘空空无人的快艇，船上的食物、饮用水和救生器材完好无损……"

▲次声波武器

寻找罪魁祸首

对这一系列奇怪的现象，人们进行了各种各样的分析，最后发现，原来罪魁祸首是次声波。

这种次声波是一种频率较低的、人耳听不见的声音，一般在 20 赫兹机械波以下。天气的激烈变动，如狂风暴雨、电闪雷鸣、极光放电、火山喷发、地啸、海啸和台风等，都可能产生强烈的次声波。据分析，强烈的 7 赫兹次声波就可致人死亡，而一般风暴所产生的次声波平均在 6 赫兹左右，有时，热带风暴完全能产生 7 赫兹的次声波。前面介绍的种种现象，都是这种次声波造成的。

次声的利用

研究自然次声的特性和产生机制，预测自然灾害性事件。例如台风和海浪摩擦产生的次声波，由于它的传播速度远快于台风移动速度，因此，人们利用一种叫"水母耳"的仪器，监测风暴发出的次声波，即可在风暴到来之前发出警报。利用类似方法，也可预报火山爆发、雷暴等自然灾害。通过测定人和其他生物的某些器官发出的微弱次声的特性，可以了解人体或其他生物相应器官的活动情况。例如人们研制出的"次声波诊疗仪"可以检查人体器官工作是否正常。

其实在自然界中，海上风暴、火山爆发、大陨石落地、海啸、电闪雷鸣、波浪击岸、水中漩涡、空中湍流、龙卷风、磁暴、极光、地震等都可能伴有次声波的发生。在人类活动中，诸如核爆炸、导弹飞行、火炮发射、轮船航行、汽车奔驰、高楼和大桥摇晃，甚至像鼓风机、搅拌机、扩音喇叭等在发声的同时也都能产生次声波。次声波的频率小于 20 赫兹，不容易衰减，不易被水和空气吸收。而次声波的波长往往很长，因此能绕开某些大型障碍物发生衍射。某些频率的次声波由于和人体器官的振动频率相近，容易和人体器官产生共振，对人体有很强的伤害性，危险时可致人死亡。

百慕大魔鬼三角

数百年来，在美国大陆东南部的大西洋里，从佛罗里达半岛的南端到百慕大群岛和波多黎各岛，连成一个三角形的海区，三角形各边长度大约在 2000 千米左右。在这个三角海区，不断发生船只、飞机神秘失踪的事件，人们无法解释这些遇难事件的原因，惊恐地把这一地区称为"魔鬼三角"。一些从事海洋或航空事业的人，更是谈虎色变，把这一带形容得很可怕。

哥伦布的航海记录

哥伦布的航海日志上记载了这样一件事：1502年，哥伦布率领探险船队驶经百慕大群岛的海区，正当他们观赏着风和日丽、海平如镜的海上美景时，骤然间风云突变，狂风怒号，浊浪排空，几十米高的海浪一个接一个向船队扑来，船只颠簸起伏，好像要被巨浪吞没。船员们个个惊恐万分，他们坚持了八九天，历尽了千辛万苦，才侥幸脱离了危险。事后，哥伦布心有余悸地向国王禀报说，他一辈子从未见过那么凶恶而持久的风暴。

哥伦布当年的航海记录，也许是人类关于魔鬼三角第一次明确的记载。

▲哥伦布

祸事不断

要说，在不发达的中世纪，航船在海上横遭不测似乎可以理解。但在科学发达的今天，这里仍是航海者的克星，那就不好解释了。仅仅 20 世纪以来，美国就有 100 多艘舰船，30 多架飞机，连同数千名游客、船员和飞机驾驶员在这里突然失踪。

1925 年 4 月 18 日，满载着小麦的日本远洋轮船"来福丸"在百慕大海区突然失踪，当时这个海区正风平浪静。

1944 年，在美国佛罗里达半岛附近出现了一条奇怪的船，挂古巴旗，叫"鲁比康"号。这条船完好无损，可船上连个人影也没有，水手们全都神秘失踪了。船上活着的生物只有一只小狗，遗憾的是，它不能告诉人们船上究竟发生了什么事。

1945 年 12 月 5 日，美军佛罗里达洛德代尔堡基地第 19 海军飞行中队的 5 架"复仇者"鱼雷轰炸机，在百慕大三角海区上空进行训练，当时轻风细浪，浩浩海天，白云缥缈，真是一个少有的好天气。几个小时后，飞行员向基地发回一连串莫名其妙的报告，然后就不知去向。美国政府对这一事件极为震惊，出动几十艘军舰、几百条快艇、300 多架飞机，在失事海域进行了一次空前规模的搜索救援活动，可是，他们连一块飞机碎片和一滴浮油也未见到。20 年后，有人在距出事地点 3000 千米之外的墨西哥西北部的索诺拉沙漠中，发现了这 5 架飞机，它们完好无损，连油箱也是满满的，唯独缺少机组人员。他们上哪去了呢？科学家们大惑不解。

▲百慕大：无数飞机的噩梦

1963 年，具有现代化导航和通信系统的美国油轮"凯恩"号经过这片海域时，一切信号突然中断，从此杳无音信。

1973 年 3 月某天，天气晴朗，海况平静，一艘载有 32 人的汽艇在这里游玩时，突然旋转下沉，永远销声匿迹。

1977 年 2 月的一个傍晚，一位探险家和他的朋友，乘一架水上飞机来到这里。当他们正要吃晚饭时，突然发现刀叉全弯了，而且飞机上的钥匙全变了形，罗盘偏转了几十度，录音机里录到了许多奇怪的噪声。由于事先有防备，他们迅速地离开了这里，免遭一场不测。

诸如此类神秘失踪事件还有很多。是什么原因使这片海域变得如此可怕呢？几十年来，科学家一直力图弄清这个奇怪的现象，提出了许许多多的假说。

各种解说

海洋学家解释：墨西哥暖流从这里北上，产生了复杂的涡旋现象，最终导致这一海区就像一只大漏斗，周围高，中心低，船只航行到这里，稍有不慎就会被吸进去。

地球物理学家则解释：地球的核心在液态的岩浆中到处漂泊。由于引潮力的作用，地核的运动是不规则的，有时产生地震，有时产生火山喷发，同时也会使地壳下沉，海水流进大洋底部的地壳里，从而产生了种种异常的海况。有些地质学家说得更过分，他们认为，百慕大三角海区下面有个大洞，海水从这里流进去，穿越美洲大陆，然后在太平洋东南部的圣大杜岛海面重新冒出来。1980 年 1 月，瑞典学者阿隆森用一部电脑和 5 万公升鲜红的水，给各国的地质学家作表演，引起了轰动。联合国的一位官员甚至认为，这个地球上最神秘的自然之谜已经揭开。

有些天体物理学家认为：那些飞机和船只失事的日子，正好是新月或满月（望、朔），这时月亮、地球和太阳处在一条直线上，引潮力最大，于是引起地球磁场扰动，从而使飞机船只的导航设备失灵，造成失事。

声学家则认为：空气中存在着一种次声波，它的频率比声波要低。这种次声波弱的可使人晕船，中等强度的可以扰乱人的消化系统和神经系统，使人体力衰退；而当这种次声波频率达到 7 赫兹时，就会置人于死地。火山、地震、台风都能成为次声源。声学家还特别指出，暴风雨来临前，海上会产生 6 赫兹的次声波。可是，飞机和轮船在魔鬼三角失事时，大多并非在暴风雨中，而是赶上风平浪静的好天气，这又怎么解释呢？他们解释说，次声波能传播上千千米远，它们往往到那些平静的海区去寻找牺牲品，假若次声波振幅较大，那就具有很大的杀伤力，船上的人被这种听不见的声音所折磨，导致精神错乱，最后跳海而亡。前面提到的怪船"鲁比康"号，船上的水手可能就是这样失踪的。

▲百慕大：无数船只的噩梦

苏联的物理学家们做了一个有趣的试验。他们在一个澡盆里盛满水，然后用木棒搅动使水起旋涡，再用一束特殊强光以 60～70 度的入射角射入，这时，奇迹出现了：一张悬在澡盆上的薄纸，瞬间燃烧起来。这是利用凹面镜聚焦点使物质燃烧。科学家们推测：如果旋涡直径为 1 千米，阳光聚焦点直径就有 1 米多，温度可达上万摄氏度；而魔鬼三角里的旋涡直径大多为 200 千米，甚至上千千米，寿命长达 60 多天，焦点直径可达几百米至上千米，其温度足以使不幸闯入其中的飞机、舰船顷刻熔化，即使是稍一靠近，也能引起爆炸和燃烧。

美国和法国的一支专家调查队曾在魔鬼三角西部海域，发现了一座巨大的海底金字塔。塔上有两个巨大的水洞，水流以惊人的速度流过，使这一带海面雾气腾腾，浪潮狂涌。有人认为，这座海底金字塔的强大磁场，是使一些飞机和舰船神秘失踪的罪魁祸首。

有关魔鬼三角的科学假说，还可以举出很多，可是，无论哪种观点，都不能令人折服，都有一些不能自圆其说的地方。

湍流现象

坐在清澈的溪水旁，四周鸟声悦耳，正陶醉在自然的美景之中时，平缓流动的溪水倏然忽左忽右旋转起来，漩涡一个套一个，井然有序，一个精巧别致的漩涡体系须臾形成。这就是湍流，令科学家至今还在探索形成原因的自然奇观。

随处可见的湍流

▲湍流现象

湍流随处可见，与人类生活紧密相关。在烟囱冒出的滚滚浓烟中；在奔泻着的江河中；在飞机航线上（漩涡气流颠簸飞机）；在大气层中（漩涡气流使天气难以预报）。科学家已对湍流进行了长时间研究，发现湍流的基本形式是小漩涡或涡流。当你搅拌咖啡或糖水时，就会产生一两个漩涡，而在江河流水或大气层中的大规模湍流中却有成百上千的漩涡，它们一个套一个，一个连接一个，彼此相关。这一特性可以列成方程，用计算机显示出来。这种方程叫非线性方程。

名垂物理学史的实验

在 19 世纪，英国物理学家雷诺做过一个名垂物理学史的实验。首先将染料注入水流缓缓流动的管道中心，发现染色线以直线或流线的形式通过管道，他将这种类型的流动叫作层流，后在大管道中将水流加速，结果染料以复杂的方式旋转，通过管子后就交相融合或混合了，水流变成了湍流。他发现，流体变成湍流的可能性可由一个无量纲数表示，后人称这个数为雷诺数，它等于流体的速度乘以管道的直径，再除以流体的黏性系数。雷诺数越大，湍流越容易出现，反之则较难出现。流速大且黏性较小的液体在较大尺寸的物体中流动时容易产生湍流，而黏性大的液体则难产生湍流。水流动时的雷诺数可高达数百万，而汤匙搅拌的糖浆则只有约 0.1。地壳下的岩浆则更小，不逾百万分之一。因此，它是决不会变成湍流的，除非在随火山爆发喷发时。

当流过圆柱体的流体的雷诺数约为 40 时，流体在圆柱体周围开始摆动；当雷诺数增至 300 时，摆动就开始分解为无规则的、沿圆柱体顺流而下的湍流；雷诺数在高达数千时，湍流环绕着圆柱体流动。层流如何转变为湍流是一个妙理幽深诱人研究的问题，现已基本清楚，它原来与紊乱或混沌休戚相关。所谓混沌就是一种极端的无序。

"蝴蝶效应"的应用

美国麻省理工学院的洛伦兹在20世纪70年代发现的混沌性表明，只有几个因素的简单确定性系统也会产生随机性的行为。例如，一个滴水龙头，当水流速度不高时，会很有规律地滴下水来，连续滴水的时间间隔几乎相同，但当水流速度较高时，水滴虽然仍一滴滴分开落下，其滴答的方式却始终不重复，就如一个有无限创造力的鼓手能敲击花样无穷的鼓点。这种毫无规律但仅由速度这个确定性因素决定的滴水现象就是一种混沌现象。混沌系统对初始影响非常敏感，可谓失之毫厘谬以千里。洛伦兹曾在60年代用"蝴蝶效应"风趣地说明了天气为什么难以长期预报：气象台也许能全面地考虑各种气象条件。如果由这些气象条件决定的天气再不受其他因素影响了，气象台原则上应能长期预报天气，然而气象台却无法考虑到

▲洛伦兹

诸如"蝴蝶拍打它的翅膀"这样一些小因素的影响。这些小因素本身并不能直接左右天气，而是因为天气是一个混沌系统，对这些小因素很敏感，它们很容易与某些气象条件如风速，风向等一道使整个气象条件发生急剧变化，如使大气层流变成湍流，产生一个个大气漩涡，最终使气候发生变化，造成天气误报。

上述蝴蝶拍打翅膀对大气湍流的形成起到了"种子"的作用。物理学家认为，湍流就是因这些"种子"的影响被急剧放大而形成的。物体表面某些不规则或规则的部分，如溪底某个凸起的尖石（溪流在这里可能形成湍流）或圆柱体（水流过圆柱体时可能形成湍流）等是种子，物体的各种振动及原始漩涡均是种子。从时间角度看，层流具有明显的周期性，湍流则无周期性可言，或者说周期为无穷长。所谓周期性是指系统具有每隔一定时间就恢复原来状态的特性。科学实验表明，层流周期随雷诺数增加或减少而变化。在某一雷诺数上周期将倍增，雷诺数进一步增加会导致进一步的倍增，周期增至无穷大后，层流就成了湍流。物理学家菲金鲍姆还发现了预测连续周期倍增间隔的方法，这个连续间隔比率由一个通用"幻数"4.66920给出。

> **蝴蝶效应**
>
> 蝴蝶效应通常用于天气、股票市场等在一定时段难以预测的比较复杂的系统中。如果这个差异越来越大，那这个差距就会形成很大的破坏力。为什么天气或者是股票市场会有崩盘和不可预测的自然灾害。在心理学方面，蝴蝶效应指一件表面上看来毫无关系、非常微小的事情，可能带来巨大的改变。此效应说明，事物发展的结果，对初始条件具有极为敏感的依赖性，初始条件的极小偏差，将会引起结果的极大差异。

龙卷风的可怕与"顽皮"

龙卷风是在极不稳定天气下由空气强烈对流运动而产生的一种伴随着高速旋转的漏斗状云柱的强风涡旋。龙卷风的破坏性极强，其经过的地方，常会发生拔起大树、掀翻车辆、摧毁建筑物等现象，有时甚至把人吸走，但有时它又会显示出令人不可思议的"顽皮"……

可怕的龙卷风

龙卷风发生在水面，则称为"水龙卷"；如发生在陆地上，则称为"陆龙卷"。龙卷风外貌奇特，它上部是一块乌黑或浓灰的积雨云，下部是下垂着的形如大象鼻子似的漏斗状云柱，具有"小、快、猛、短"的特点。水龙卷直径 25 ~ 100 米。陆龙卷的

▲陆龙卷

直径不超过 100 ~ 1000 米。其风速到底有多大，科学家没有直接用仪器测量过，但根据龙卷风在经过的区域内作的"功"来推算，风速一般每秒达 50 ~ 100 米，超过声速。所以龙卷风所到之处便摧毁一切，它像巨大的吸尘器，经过地面，地面的一切都要被它卷走；它经过水库、河流，常卷起冲天水柱，连水库、河流的底部有时都暴露出来。同时，龙卷风又是短命的，往往只有几分钟或几十分钟，最多几小时。一般移动几十米到 10 千米左右，便"寿终正寝"了。

来去匆匆的龙卷风平均每年使数万人丧生。全球每年平均发生的龙卷风上千次，其中美国出现次数占一半以上。1974 年 4 月 3 日，在美国南部发生了一场龙卷风，风速从每小时 100 海里增加到 300 海里，卷走了 329 人，使 4000 多人受伤，24000 多家庭遭到不同程度的破坏，损失价值约 7 亿美元。

龙卷风的"恶作剧"

龙卷风还有一些"古怪行为"使人难以捉摸：它席卷城镇，捣毁房屋，把碗橱从一个地方刮到另一个地方，却没有打碎碗橱里的一个碗；被它吓呆的人们常常被它抬向高空，然后，又被它平平安安地送回地上；大气旋风在它经过的路线上，总是准确地把房屋的房顶刮到两三百米以外，然后抛在地上，然而房内的一切却保存得完好无损；有时它只拔去一只鸡一侧的毛，而另一侧却完好无损，它将百年古松吹倒并捻成纽带状，而近旁的小杨树连一根枝条都未受到折损。

1940 年在高尔科夫州，发生了一桩令人惊奇的事。一个炎热的夏天，在巴甫洛夫区麦歇尔村的上空雷雨大作，一些银币随着雨滴撒落在地上！村民发现这竟是几千枚伊凡五世时代铸造的模压花纹的硬币。1954 年，美国小城达文港下了一场蔚蓝色的夜雨。1933 年，在远东离卡瓦列洛沃镇不远的地方，暴雨带来了大量的海蜇。在许多国家还经常发生这样的事：晴朗的日子里，天上突然撒下许多麦粒，掉下橙子和蜘蛛；有时又会随雨滴落下青蛙和鱼……这些骤然看来不可思议的现象，其实都是龙卷风的恶作剧！

在美国的俄克拉何马州曾发生过这样一件怪事。两匹马拖着一辆大车，车夫坐在车上。由于天气闷热，他打起瞌睡来了。一声巨响把他从昏睡中惊醒过来，他用双手擦擦眼睛，一瞧不得了：两匹马和一根车辕无影无踪，再看看车子，摸摸自己，却是安然无恙。

俄克拉何马州的一对夫妇也遭遇了这种厄运。在 1950 年的一个晴朗的夏日他们躺在床上休息。一声刺耳的巨响赶走了睡神。他们俩起来看了一看，以为这声音是梦中听到的，于是重新又躺下来。但是，他们忽然发现他们的床已被弄到荒无人烟的旷野，周围没有房子，没有任何建筑物，也没有牲畜，只有一把椅子还留在他们的旁边，折叠好的衣服仍好端端地摆在上面！

空中飞物是龙卷风现象中最不可思议的。带着这些东西飞行的是龙卷风呢还是云层？1917 年 3 月 23 日新奥尔尼市曾有一次空中坠物的奇雨：在离遭龙卷风袭击的村庄 40 千米远的地方，从云端落下来衣

▲海龙卷

物碎片、残缺不全的家具、瓦片、一扇厨房中柜子的厚门，还有一罐子渍黄瓜等。显然，云层是不能带着这些重物在空中一起飞行的。

龙卷风的形成探秘

龙卷风的形成一般都与局部地区受热引起上下强对流有关，但强对流未必产生"真空抽水泵"效应似的龙卷风。苏联学者维克托·库申提出了龙卷风的内引力——热过程的成因新理论：当大气变成像"有层的烤饼"时，里面很快形成暴雨云——大量的已变暖的湿润的空气朝上急速移动，与此同时，附近区域的气流迅速下降，形成了巨大的漩涡。在漩涡里，湿润的气流沿着螺旋线向上飞速移动，内部形成一个稀薄的空间，空气在里面迅速变冷，水蒸气冷凝，这就是为什么人们观察到龙卷风像雾气沉沉的云柱的原因。但问题是在某些地区的冬季或夜间，没有强对流或暴雨时，龙卷风却也每每发生。这就不能不使人深感事情的复杂了。

　　这种解释虽然有一定道理，但是用它也无法解说冬季和夜间没有强对流或雷电云时发生的龙卷风。龙卷风有时席卷一切，而有时在它的中心范围内的东西却完好无损；有时它可将一匹骏马吹到数千米以外，而有时却只吹断一棵树干；有时把一只鸡的一侧鸡毛拔完，而另一侧鸡毛却完好无缺，产生龙卷风这些奇怪现象的原因更是令人莫名其妙。

海底竖起"黑烟囱"

"黑烟囱"是耸立在海底的硫化堆积物，呈上细下粗的圆筒状，因形似烟囱状，所以被科学家形象地称为"黑烟囱"。这些"黑烟囱"不仅能喷"金"吐"银"，形成海底矿藏，具有良好的开发远景。而且很可能和生命起源有关，并具有巨大的生物医药价值。

"阿尔文"号的发现

自 1974 年以来，不少国家对太平洋的加拉帕戈斯海岭及其附近海底进行调查，先后发现了不少地热丘。这些地热丘大小不一，一般高 10 米，直径 25 米左右。每个地热丘都有一个地下热水的喷出点。有些科学家认为，地热丘就是这些海底喷泉的凝析物形成的。海底热喷泉的温度可能达到 300℃。

1978 年春天，"格洛玛·挑战者"号在马里亚纳海沟西侧的海底进行钻探，从采集到的海底沉积物岩芯中所发现的矿物分析，是由 200～300℃ 的高温热水形成的，这结果与加拉帕戈斯海岭上的地热丘形成情况相符。

1979 年 4 月，"阿尔文"号来到东太平洋海岭。它按照常规下潜，也按照常规在海下调查。在水下探照灯的光柱下，海水晶莹碧透，各种趋光性的生物围聚在"阿尔文"号的四周。突然，"阿尔文"号里的科学家罗伯特·巴拉德听到一阵海水搅动的声音，

▲海底矿床示意图

他往观察窗外一看，大吃一惊，一股炽热混浊的黑色流体从洋底的岩石间喷涌而出。

"阿尔文"号立即对这"黑烟囱"进行考察。发现涌出的流体其实是滚烫的富含矿物质的水，四周的海水异常温暖。尤其使人惊异的是，在高温热水喷出口的附近，生活着一个由多种奇特生物组成的生物群，最引人注目的是一大丛密集在一起的管状蠕虫，有的长达 4～5 米，在水中不停地摆动。此外，还可以看到红色的蛤，没有眼睛的蟹和状似蒲公英的水母。显然，这个生物种群所依赖的不是太阳热，而是地热。

在以后的一个月里，"阿尔文"号不断地下潜到这一片深达 2700 米的海底进行考察。科学家们终于清楚地看到：海底耸立着几个大"烟囱"，一股股"黑烟"或"白烟"不断从"烟囱"里冒出来。海底"烟囱"与海底火山爆发不同，后者是来源于地球深处的地幔物质硅酸盐熔浆的喷发，而前者却是过热含矿水溶液的溢流。

"阿尔文"号这一年采集到的大量标本和样品，使海洋地质学家了解到许多海底

的新现象。而"阿尔文"号建立这个新功付出的代价是微乎其微的：只是观察窗的有机玻璃被高温的海底"烟囱"水烘软变形而已。

通过这次大西洋海底中脊调查，人类第一次发现了海底金属热液矿床，还在海底裂谷中看到了海底火山喷溢的情景。从海底裂缝中淌出滚烫的熔岩，一遇到冷海水便骤然凝固。这些凝固的熔岩，有的像蘑菇，有的像管风琴，有的像棉纱卷，也有的像挤出的牙膏，千姿百态，使参加探险的人们大开了眼界，也使人类增进了对海洋的了解。

喷"金"吐"银"的"黑烟囱"

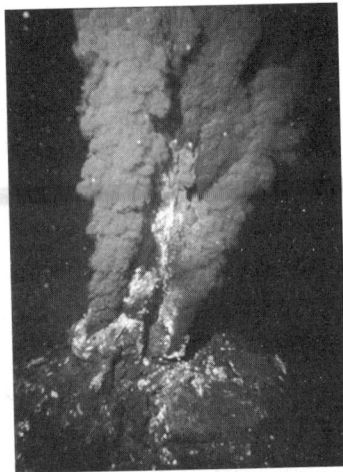

▲海底的"黑烟囱"

"热液硫化物"主要出现在 2000 米水深的大洋中脊和断裂活动带上，是一种含有铜、锌、铅、金、银等多种元素的重要矿产资源。对于它的生成，海洋科学家们经过实地考察后认为："热液硫化物"是海水侵入海底裂缝，受地壳深处热源加热，溶解地壳内的多种金属化合物，再从洋底喷出的烟雾状的喷发物冷凝而成的，被形象地称为："黑烟囱"。它们的直径从数厘米到两米，高度从数厘米到 50 米不等。位于海底的"黑烟囱"堆积群及其堆积物有点像教堂或庙宇建筑的复杂尖顶，规模较大的堆积物可以达到体育馆体积大小的百万吨以上。

专家们认为，海底"黑烟囱"的形成过程很复杂，它与矿液和海水成分、温度间存在的差异有关。由于新生大洋地壳或海底裂谷地壳的温度较高，海水沿裂隙向下渗透可达几千米，在地壳深部加热升温后，淋滤并溶解岩石中的多种金属元素，又沿着裂隙对流上升并喷发在海底。它们刚喷出时为澄清的溶液，与周围的海水混合后，很快变成"黑烟"并在海底及其浅部通道内堆积成硫化物。

热水生物

目前，科学家已经在各大洋的 150 多处地方发现了"黑烟囱"区，它们主要集中于新生大洋的地壳上，如大洋中脊和弧后盆地扩张中心的位置。2003 年"大洋一号"开展了我国首次专门的海底热液硫化物调查，拉开了进军大洋海底多金属硫化物领域的序幕。经过长期不懈地"追踪"，终于发现了完整的古海底"黑烟囱"；它们的地质年龄初步判断为 14.3 亿"岁"。此前，这不仅进一步了解了大洋深处海底热液多金属硫化物的分布情况和资源状况，也为地球科学从理论上有一个新的质的飞跃做了铺垫。

在这些炽热的"黑烟囱"的周围活跃着一个崭新的生物群落——热水生物，比如长达三米而无消化器官，全靠硫细菌提供营养的蠕虫，加上特殊的瓣鳃类、螃蟹之类，说明地球上不仅有人们所习惯的、在常温和有光的环境下通过光合作用生产有机质

"有光食物链"，还存在着依靠地球内源能量即地热支持，在深海黑暗和高温高压的环境下，通过化合作用生产有机质的"黑暗食物链"。从而构成了繁荣的深海生物圈。换言之，因为处在海洋深处，阳光无法照射到那里，它们不能依靠光合作用来合成生命物质，只能通过自身的化学反应来合成生命物质而生存。

在这里，海水的水温高达350℃，生物生活在既无氧也无光的高温高压环境下，并依靠氧化大量有毒有害的硫化物获得生命的能量。

▲海底的生物

这种生存环境，很类似地球早期环境的极端高温环境：热泉水温高达350℃，周围水温为2℃、水深两三千米，缺氧，遍布还原性的有毒气体和金属离子。

一些生物基因组的研究也发现，这些生物非常原始，接近所有生命的共同祖先。科学家们为此提出，生命莫非就是起源于这些"黑烟囱"的周围？

另外，海底"黑烟囱"周围生物的多样性和生物密度也可与热带雨林相媲美，目前新发现的生物种类已经达到了10个门类，500多个种属。这个发现也同样令人们兴奋。

同时科学家们已对生存在深海高温下的细菌进行开发、利用，着手提取新型的生物酶，进行新医药和洗涤剂的实验。

前景无限的"海底图画"

与此相比，现在人类开采的石油、煤、铁等矿产，则经历了更长的历史，大多要若干万年才能成矿。而"黑烟囱"通过化学作用来造矿，就大大地缩短了成矿的时间。而且这种矿，基本没有土、石等杂质，都是些含量很高的多种金属的化合物，稍加分解处理，就可以利用。

科学家为我们描述了这样一幅非常生动形象的"海底图画"：全球大洋底长达4万千米的大洋中脊首尾相接，其上不断有浓密的黑烟（热液）喷发，形成了无数的金属硫化物"黑烟囱"。然后它们又不断地生长坍塌，形成了海底矿床：在海底火山口处有钴结壳，广袤的海底盆地也大量地分布着许多金属结核。

现代海底"黑烟囱"及其硫化物矿产的发现，是全球海洋地质调查近10年中取得的

▲海底火山地貌

最重要的科学成就之一。近些年来，海底热液活动及其多金属硫化物、生物资源之所以为国际社会常年关注，成为国际科学前沿的课题，主要是基于其科学意义和资源潜力。人类经过 20 多年不懈地调查研究，对大洋底多金属硫化物的了解还只是初步的。两组数据可以说明这一点，一是 60000 千米长的洋中脊，人类只对其中的 5% 有相应的了解；二是截至目前为止，人类在全球发现的海底热液硫化物分布区不超过 200 处。很显然，许多海域还有待于人类更深入的工作。

麦田怪圈之谜

　　麦田怪圈是在麦田或其他农田上，透过某种力量把农作物压平而产生出几何图案。最早的麦田怪圈是 1647 年在英格兰被发现的，常常在春天和夏天出现，遍及全世界。每年，世界上都会新发现一些麦田圈，其中绝大部分是在英国，专家们认为这是由英国的地域特征所决定的。因此，每年夏天总是有大批研究人员来到英格兰进行研究工作。全世界有数以万计的人在为解开这个自然之谜而努力！

令人惊叹的麦田怪圈

　　最早的麦田怪圈是 1647 年在英格兰被发现的，当时人们也不知道这是怎么一回事，并在怪圈中做了一幅雕刻。这幅雕刻是当时人们对麦田怪圈成因的推测，当时的麦田圈是呈逆时针方向的。

　　自从 20 世纪 80 年代初期以来，已经有 2000 多个这种圆圈出现在世界各地的农田里，使科学家和大批自命为农田怪圈专家的人大感不解。起先这些圆圈几乎只在英国威德郡和汉普郡出现，但近年来，在英国许多地区以及加拿大、日本等十多个国家，也有人发现这种圆圈。这种圆圈越来越大，也越来越复杂，渐渐演变成为几何图形，被英国某些天体物理学家称之为"外星人给地球人送来的象形字"，例如：1990 年 5 月，英国汉普郡艾斯顿镇的一块麦田上出现了一个直径 20 米的圆圈，圈中的小麦形成顺时针方向的螺旋图案。在它的周围另有 4 个直径 6 米的"卫星"圆圈，但圈中的螺旋形是反时针方向的。

　　1990 年 7 月 12 日在英国威德郡的一个名叫阿尔顿巴尼斯小村庄发现了农田怪圈。有 1 万多人参观了这个农田怪圈，其中包括多名科学家。这个巨大图形长 120 米，由圆圈和爪状附属图形组成，几名天体物理学家参观后发表了自己的感想，他们认为：这个怪圈绝对不是人为的，很可能是来自天外的信息。

▲麦田圈之母

　　然而最令人惊叹的恐怕要数 2001 年 8 月 12 日在英国奶山附近的古代潭山最上面出现的麦田怪圈。奇怪的是这个麦田圈跟自 1990 年以来雷尔协会一直正式使用的徽章完全一致。而且，8 月 12 日是亚洲雷尔人研习会开始的日子。这个麦田圈有 70 万平方英尺之大，造型之复杂匪夷所思，被称为所有麦田圈的母亲。

纳粹秘密特工的"杰作"

据《每日快报》报道，遍布英国各地的神秘"麦田怪圈"神秘莫测，其成因至今仍是未解之谜，甚至有人认为它是外星人的杰作。但一批最新解密的军情五处（MI5）二战文件得出惊人观点："麦田怪圈"最早是纳粹的秘密特工发明创造，其用意是为纳粹空军的轰炸机空投炸弹或者伞兵部队降落提供记号。该文件称，二战期间，英国南部麦田和玉米地里，开始出现大量来历不明的"地面标志"。

▲ "星月"麦田怪圈

一份名为《地面标记调查案例》的文件显示，1940 年 5 月，飞行员发现康沃尔郡北纽奎地面曾出现奇怪标记，并拍下照片。对照片研究后发现，那些标记是由农业用石灰按规律堆放而成。1941 年 5 月，蒙矛舍郡地区的玉米田中，出现一个不寻常的标记，大约 30 米长，好像是一个大写字母'G'。1943 年 10 月，肯特郡附近，飞行员看到地面出现一个巨大白圈。据报道，这些来历不明的"地面标志"，让当时正处于战争中的英国情报部门如临大敌。公布的文件称，1941 年当大卫·佩特里被任命为 MI5 主管之后，他奉命对此进行调查。据称，为了查明真相，MI5 不仅暗访了多名英国各地农夫和空军官员，而且与各盟国密切合作调查。

令 MI5 震惊的是，几乎与此同时，在欧洲各地也陆续出现了类似神秘标志。文件写道："波兰、荷兰、法国和比利时都不断有报告称，当地发现了奇怪标记——如涂刷特别颜色的屋顶，白色烟囱，或者是将亚麻布拼出特别的图案等。"最令 MI5 调查者震惊的是波兰盟军提供的情况，据称，波兰曾出现过一大片"直径大约 20 米"的被割倒的玉米田。解密文件显示，缜密调查之后，MI5 终于得出结论：这些出现在英国和欧洲各地的所谓的"麦田怪圈"，是纳粹秘密特工的"杰作"。

它们很可能是纳粹德军互相联系的方式，用来为轰炸机和伞兵部队导航。文件称："'麦田怪圈'中很可能隐藏着某种加密的特殊信息，而且很容易从空中观察到，而这正是纳粹将之作为联络工具的重要原因。"

不过，这一点解释不了二战之前或之后为什么会出现麦田怪圈。

由 UFO 滚过而形成

见过 UFO 照片的科学家认为，小麦倒地的螺旋图案很像是由 UFO 滚过而形成的。1991 年 6 月 4 日，以迈克·卡利和大卫·摩根斯敦为首的 6 名科学家守候在英国威德郡迪韦塞斯镇附近的摩根山的山顶上的指挥站里，注视着一排电视屏幕，满怀期望地希望能记录到一个从未有人记录到的过程：农田怪圈的形成经过。

他们这个探测队装备了总值达 10 万英镑的高科技夜间观察仪器、录像机以及定向传声器。他们那台装在 21 米长支臂上的"天杆式"电视摄影机，使他们可以有广阔的视野。他们等待了 20 多天，屏幕上什么不寻常的东西都没有看到，到了 6 月 29 日清晨，一团浓雾降落在研究人员正在监视的那片麦田的正上方。他们虽然看不见雾里有什么，但却继续让摄影机开动。到了早上 6 点钟，雾开始消散，麦田上赫然出现了两个奇异的圆圈。6 位研究人员大为惊愕，立即跑下山来仔细观察，发现在两个圆圈里面的小麦完全被压平了，并且成为完全顺时针方向的旋涡形状。麦秆虽然弯了，但没有折断，圆圈外的小麦则丝毫未受影响。

为了防止有人来弄虚作假，探测队已在麦田的边缘藏了几具超敏感的动作探测器。任何东西一经过它们的红外线，都会触动警报器，但是警报器整夜都没有响过。在麦田泥泞的地上，没有任何能显示曾有人进入麦田的迹象。录像带和录音带没有录到任何线索，那两个圆圈似乎来历不明。

地球能量说

帕特·德尔加多是一位气象学家和地质学家，他从 1981 年起就开始研究农田怪圈。他相信这些圆圈是"某些目前科学所未能解释的地球能量"所制造的。就像是百慕大三角所屡屡发生的奇事一样。他曾记录了许多在圆圈里发生的"不可思议事件"。他发现一些本来运作正常的照相机、收音机和其他电子设备在进了圆圈之后就突然失灵。他又曾经在几个圆圈里录到一种奇特的嗡嗡声，他把它形容为"电子麻雀声"。

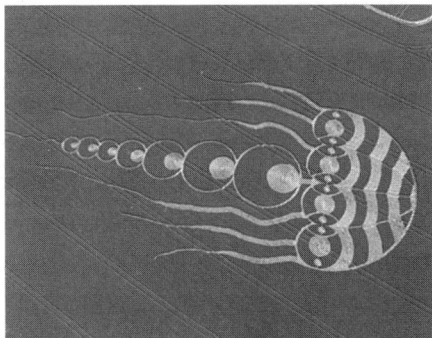
▲ "水母"麦田怪圈

1989 年夏季某天，德尔加多和 6 位朋友坐在英国温彻斯特市附近的一个镇的一个农田怪圈的中央。"蓦地，我完全身不由己，被某种神秘的力量推着滑行了 6 米，出了圈外。"他认为这种力量很可能与地球的磁极有关。

"等离子体涡旋"说

自从 20 世纪 80 年代以来，英国《气象学杂志》编辑，退休物理学教授泰伦斯·米登已审查过 1000 多个农田怪圈，并就 200 多个怪圈编制了统计数字，希望能找到符合科学的解释，现在，他认为也许已找到了答案。他相信，真正的农田怪圈是由一团旋转和带电的空气造成的。这团空气称为"等离子体涡旋"，是由一种轻微的大气扰动——例如吹过小山的风——形成的。"风急速地冲进小山另一边的静止空气，产生了螺旋状移动的气柱，"他解释说，"接着，空气和电被吸进这个旋转气流，形成一股小型旋风。当这个涡旋触及地面，它会把农作物压平，使农田上出现螺旋状图案。"

为了支持自己的论点，米登已搜集了许多有关涡旋制造农田怪圈的目击者的报告。例如：1990年5月17日，农场主加利·汤林生和妻子薇雯丽在英国萨里郡汉布顿镇一块麦田上沿着小径慢步。蓦地，一团雾从一座大约100米高的小山飘来，几秒钟后，他们感到有股强烈的旋风从侧面和上面推他们。它像泰山压顶般紧压着他们，使两人的头发竖了起来。后来，旋风似乎分成了两股，而雾则之字形地飘走了，留下了他们两人站在一个3米宽的麦田圆圈里面。

可是，米登论点也许只能解释那些简单的农田怪圈，对那些复杂的又怎样解释呢？旋风是绝对不会吹出钥匙形的和心字形的。1991年8月13日英国剑桥郡一块偏僻的麦田出现了一个巨大的心形图案。

▲六边形麦田怪圈

"心灵的产物"说与"恶作剧"说

还有一种论点认为农田怪圈是心灵的产物，1991年8月的某天，一位工程师和他的有着第六感觉的妻子从牛津城出发沿着A34公路驱车回家时，他的妻子说："我真希望我们能亲自发现一个农田怪圈。"话刚离口，他们便在路旁附近田间发现了一个哑铃状的农田圆圈。可是，至今还没有找到第二个例子。

相当一部分人认为，所谓麦田怪圈只是某些人的恶作剧。英国科学家安德鲁经过长达17年的调查研究认为，麦田怪圈有80%属于人为制造。经过调查，发现大部分是某些人的恶作剧，但是热衷于此的人还是对此怀有很大的好奇心。然而，有一些特别复杂比较大的图案被认为是人力所为，未免让人难以置信。

有关这种现象的书籍，已出版了数十种，此外热衷于农田怪圈的人还可以买到介绍这些图形的录像带、彩色照片、明信片和钥匙扣等。可是从科学角度上讲，农田怪圈现象至今尚未得到圆满的解释，与UFO一样，这或许是科学家们面临的不得不攻克的一道难题吧！

等离子态

如果温度不断升高，这时气体中构成分子的原子发生分裂，形成为独立的原子，如氢分子会分裂成两个氢原子，我们称这种过程为气体分子的离解。如果再进一步升高温度，原子中的电子就会从原子中剥离出来，成为带正电荷的原子核和带负电荷的电子，这个过程称为原子的电离。当电离过程频繁发生，使电子和离子的浓度达到一定的数值时，物质的状态也就起了根本的变化，它的性质也变得与气体完全不同。为区别于固体、液体和气体这三种状态，我们称物质的这种状态为物质的第四态——等离子态。

世界第一大峡谷——雅鲁藏布大峡谷

雅鲁藏布大峡谷的发现，被科学界称作是 20 世纪人类最重要的地理发现之一。大峡谷地区是青藏高原最具神秘色彩的地区，因其独特的大地构造位置，被科学家看作"打开地球历史之门的锁孔"。它对世人有着神奇的魅力，独特的环境和丰富的自然资源是我们祖国的珍贵财富，也是全人类的珍贵自然遗产。

确认雅鲁藏布大峡谷是世界上最大的大峡谷

提起大峡谷，人们首先会想到美国的科罗拉多大峡谷。百余年以来，它都以"世界第一大峡谷"的称号享誉全球。近些年来，一些国家逐渐领悟世界之最地理景观的社会与经济价值，相继推出了所在国的大峡谷，并向科罗拉多大峡谷发出了挑战。

如秘鲁推出了科尔卡大峡谷，因其深度达 3200 米，自称是世界最深的大峡谷；尼泊尔王国则推出了喀利根德格大峡谷，它为阿纳普那（海拔 8091 米）和德哈乌拉给日（海拔 8167 米）两座海拔 8000 米以上高峰所夹持的谷地，也自认为是世界第一深峡谷。但是，如果去过这三条峡谷再将它们作比较，后两者尽管在深度这一个指标上具有优势，而从整体上却均无法与科罗拉多大峡谷相比，虽深邃超过前者，但雄伟壮观却显不足，在科罗拉多大峡谷面前只能拱手称弟。

▲科罗拉多大峡谷

当今世界上唯一可以直接向科罗拉多大峡谷提出挑战的只有中国的雅鲁藏布江大峡谷。

1991 和 1993 年，中国科学探险协会先后对雅鲁藏布大峡谷进行探险考察。1994 年刘东生等论证确认雅鲁藏布大峡谷是世界上最大的大峡谷。据国家测绘局公布的数据：这个大峡谷北起米林县的大渡卡村（海拔 2880 米），南到墨脱县巴昔卡村（海拔 115 米）。全长 504.6 千米，最深处 6009 米，平均深度 2268 米，是不容置疑的世界第一大峡谷。曾被列为世界之最的美国科罗拉多大峡谷（平均谷深 1600 米，长 446 千米），不能与雅鲁藏布大峡谷等量齐观。新华通讯社向全世界报道了这一消息，全球为之轰动。

"天河"雅鲁藏布江

天上有一条银河，地上有一条天河。被称为"天河"的雅鲁藏布江，从雪山冰峰间流出，又将冰液玉浆带向藏南谷地，使这一带花红草肥。繁衍生息于此的藏族人民，创造出绚丽灿烂的藏族文化，这是我们多民族国家文化瑰宝中的重要组成部分。

在青藏高原上，一条如银白色巨龙般的大河，奔流于"世界屋脊"的南部，这就是著名的雅鲁藏布江。它从雪山冰峰间流出，奔向藏南谷地，造就了沿江奇绝秀丽的景致，更在历史的长河中，孕育出源远流长、绚丽灿烂的藏族文化。

▲雅鲁藏布江

雅鲁藏布江奔流在世界最高、最年轻的喜马拉雅山及冈底斯山和念青唐古拉山脉之间的藏南谷地上，全长 2900 多千米，在我国境内长 2057 千米，居于我国名流大川中的第五位。

雅鲁藏布江发源于杰马央宗曲，上游水道曲折分散，湖塘星罗棋布，水清澈见底，两岸草类丰盛，格外艳丽悦目。中游汇集了众多的支流，水量充沛，江宽水深，为高原航运提供了有利条件，是世界最高的通航河段。下游河段，则江水滔滔，在逐渐折向东北流后，骤然急转南流，在大拐弯处形成著名的底项大峡谷，这里江面狭窄，河床滩礁棋布，江水流急浪高，响声隆隆，蔚为壮观。

雅鲁藏布大峡谷的特点

雅鲁藏布大峡谷的基本特点可以用十个字来概括：高、壮、深、润、幽、长、险、低、奇、秀。

高：雅鲁藏布江大峡谷两侧，壁立高耸的南迦巴瓦峰（海拔 7782 米）和加拉白峰（海拔 7234 米），其山峰皆为强烈上升断块，巍峨挺拔，直入云端。峰岭上冰川悬垂，云雾缭绕，气象万千。

▲雅鲁藏布大峡谷

壮：从空中或从西兴拉等山口鸟瞰大峡谷，在东喜马拉雅山无数雪峰和碧绿的群山之中，雅鲁藏布江硬是切出一条笔陡的峡谷，穿越高山屏障，围绕南迦巴瓦峰作奇特的大拐弯，南泻注入印度洋，其壮丽奇特无与伦比。

深：在南迦巴瓦峰与加拉白垒峰间的雅鲁藏布江大峡谷最深处达 5382 米，围绕南迦巴瓦峰核心河段，平均深度也 5000 米左右，其深度远远超过深 2133 米的科罗拉多大峡谷，深 3200 米的科尔卡大峡谷和深 4403 米的喀利根德格大峡谷。

润：雅鲁藏布江大峡谷是青藏高原上最大的水汽通道，受印度洋暖湿气流的影响，大峡谷南段年降水量高达 4000 毫米，北段也在 1500～2000 毫米之间，故整个大峡谷地区异常湿润，布满了郁密的森林，形成了世界上生物多样最丰富的峡谷。

幽：雅鲁藏布江大峡谷林木茂盛。由于地势险峻、交通不便、人烟稀少，而且许多河段根本没有人烟，加上大峡谷云遮雾罩、神秘莫测，所以环境特别幽静。这也是上述三个大峡谷所无法比拟的。

长：雅鲁藏布江大峡谷以连续的峡谷绕过南迦巴瓦峰，长达 496.3 千米，比号称世界"最长"的大峡谷—科罗拉多大峡谷还长 56 千米。

险：雅鲁藏布江大峡谷中许多河段两岸岩石壁立，根本无法通行，所以至今还无人全程徒步穿越峡谷。相比其他三条大峡谷，谷地中都有路相通；科罗拉多大峡谷，游人可乘牲畜在谷地中穿行游览；科尔卡大峡谷，游人可徒步沿谷地旅游；喀利根德格大峡谷，谷地中村庄星罗棋布，沿谷地的小路是当地发展徒步旅游的主要路线。就水道而论，雅鲁藏布江大峡谷河段，河水平均流量达 4425 立方米秒，远远超过 67 立方米秒的科罗拉多河和另外两条河流，其河流流速高达 16 米秒，水流湍急，跌水相连，至今未有人能漂流进雅鲁藏布江大峡谷，其水流的险恶程度也远在其他峡谷之上。

▲雅鲁藏布大峡谷开阔地带

低：系指雅鲁藏布江大峡谷最低处的巴昔卡，海拔仅有 155 米，远远低于上述三个峡谷的任何一个最低点。

奇：雅鲁藏布江大峡谷最为奇特的是它在东喜马拉雅山脉尾闾，由东西走向突然南折，沿东喜马拉雅山脉南斜面夺路而下，注入印度洋，形成世界上最为奇特的马蹄形的大拐弯。它不仅在地貌景观上异常奇特，而且又成为世界上具有独特水汽通道作用的大峡谷，造就了青藏高原东南缘奇特的森林生态系统景观。

▲雅鲁藏布大峡谷瀑布

秀：整个大峡谷的自然景观可以用"雅鲁藏布江大峡谷秀甲天下"概括。谓其秀甲天下，主要是指无论在秀的广度、深度和力度上都独领风骚。就广度而论，大峡谷是山秀、水秀、树秀、草秀、云秀、雾秀、兽秀、鸟秀、蝶秀、鱼秀、人秀、村秀……不仅如此，大峡谷的秀还有其深远和雄伟的内涵。例如大峡谷之水，从固态的万年冰雪到沸腾的温泉，从涓涓溪流、帘帘飞瀑直至滔滔江水，固态、液态、气态、雪花、溪流、大江、秀丽深入到水的各种形态、各种尺度规模。而从力度来看，数百米的飞瀑，16 米每秒的流速，4425 立方米每秒的流量，甚为壮观。再如大峡谷之山，从遍布热带季风雨的低山一直到高入云天的皑皑雪山无一不秀；茫茫的林海及耸入云端的雪峰给人秀丽的感受更如神来之笔。生于斯长于斯的众多的生灵，更以其独特的形体和生命的活力迸发出秀丽的光彩。

"高壮深润幽，长险低奇秀"。随着旅游业的兴旺发达，雅鲁藏布江大峡谷将不再是藏于深闺无人识的险山恶水，它将如出水芙蓉般屹立在世界的东方，成为大自然奉献和人类历史探求的又一种辉煌。

生物资源的基因宝库

1998 年 9 月，中华人民共和国国务院正式批准：大峡谷的科学正名为"雅鲁藏布大峡谷"，英文字母拼为 YarlungZangboDaxiagu。

1998 年 10 月下旬至 12 月初，由科学家、新闻工作者和登山队员组成的科学探险考察队，历时 40 多天，穿行近 600 千米，在深山密林、悬崖陡峭、水流湍急的雅鲁藏布大峡谷区域开展了异常艰辛的科学探险考察活动，获取了大量科学资料，领略和探索了世界第一大峡谷的奇观，实现了人类首次徒步穿越雅鲁藏布大峡谷的历史壮举。

在 40 多天的徒步穿越考察中，有关专家在大峡谷地区精确测绘了大峡谷的深度和谷底宽度，掌握了极为重要的实测数据。地质、水文、植物、昆虫、冰川、地貌等方面，也都取得了丰富的科学资料和数千种标本样品，为大峡谷的资源宝库增添了新的内容。尤为值得称道的是，此次考察中不仅确认了雅鲁藏布江干流上存在的瀑布群及其数量和位置，而且发现了大面积濒危珍稀植物——红豆杉，昆虫家族中的"活化石"——缺翅目昆虫。

▲ 生物资源的基因宝库

科学考察证实，雅鲁藏布大峡谷地带是世界上生物多样性最丰富的山地，是"植物类型天然博物馆"、"生物资源的基因宝库"。同时，大峡谷处于印度洋板块和亚欧板块俯冲的东北犄角，地质现象多种多样，堪称罕见的"地质博物馆"。

2000 年 3 月 20 日，河南地调院 38 名地质工作者组成的赴雅鲁藏布大峡谷科考队出征，他们克服了许多无法想象的艰难困苦，以高度的责任感和严谨的科学态度对大峡谷全区进行了网格式全面考察。他们行程 26000 余千米，完成测量面积 7938 平方千米，系统采集各类地球化学样品 2102 件，测试分析化学元素达 42 种之多，获得基本数据 63252 个，首次获得了程度最高的地质资料。这是我国乃至人类历史上首次对大峡谷进行大规模、深层次、网格式、系统性地质大调查的国家级科学考察。

通过考察，新发现综合地球化学异常因。并初步查明了大峡谷地区生态地球化学背景，为防治地方病，促进民族地区社会发展及制定大峡谷维护开发规划提供了依据。

形成原因探秘

年轻的青藏高原何以形成如此奇丽、壮观的大峡谷？雅鲁藏布大峡谷形成的直接原因与该地区地壳 300 万年来的快速抬升及深部地质作用有关。15 万年以来，大峡谷地区的抬升速度达到 30 毫米/年，是世界抬升最快的地区之一。最新地质考察获得的证据表明，大峡谷形成的根本原因是该地区存在着软流圈地幔上涌体。雅鲁藏布大峡谷形成的地质特征和美国科罗拉多大峡谷基本相似。雅鲁藏布大峡谷地区地幔上涌体可能是大峡谷水汽通道形成的一个重要因素，也可能是以该地区为中心的藏东南成为所谓"气候启动区"的原因，还可能是该地区生物纬向分布北移 3～5 度的重要原因。以地幔上涌体为特征的岩石圈物质和结构调整对地球外圈层长尺度制约作用在大峡谷地区有十分明显的表现，因此这里是地球系统中层圈耦合作用研究最理想的野外实验室。

高峰与拐弯峡谷的组合，在世界峡谷河流发育史上十分罕见，这本身就是一种自然奇观。其实，大拐弯峡谷是由若干个拐弯相连组成的。峡谷北侧的加拉白垒峰也是冰川发育的中心，其东坡列曲冰川是一条大型的山谷冰川，从雪线海拔 4700 米延至海拔 2850 米。

第四纪中，这里的山地发育过多次冰川作用，遗留下完整的古冰川 U 形谷，谷底平原密集的冰丘陵像一座座坟冢，这正是水汽通道特定环境下古冰川作用的堆积遗迹。在举世闻名的世界屋脊青藏高原上，有一条绿色通道沿着河谷一直向东南方向伸展，雅鲁藏布大峡谷就是这绿色通道的重要组成部分。雅鲁藏布大峡谷宛如青藏高原东南部的一个绿色门户，面向着孟加拉湾和印度洋，为来自印度洋的暖湿气流提供了一条天然的通道。

科罗拉多大峡谷

科罗拉多大峡谷 1869 年被美国炮兵少校约翰·鲍威尔带领的一支探险小分队发现。1903 年美国总统西奥多·罗斯福来此游览时，曾感叹地说："大峡谷使我充满了敬畏，它无可比拟，无法形容，在这辽阔的世界上，绝无仅有。"1919 年，威尔逊总统将大峡谷地区辟为"大峡谷国家公园"，1980 年列入世界遗产名录。大峡谷山石多为红色，从谷底到顶部分布着从寒武纪到新生代各个时期的岩层，层次清晰，色调各异，并且含有各个地质年代的代表性生物化石，被称为"活的地质史教科书"。

大地震前的神秘现象

　　地壳的运动，地震带的形成，地震的发生是有一定规律的。地震分平静期和活跃期。在平静期内，地壳内部能量积累不够，地震发生较少而又较弱。地壳内部的能量积累到一定程度时，就要迸发出来。此时，地震活跃期到来，地震将频频出现。地震在发生之前，通常会出现神秘的异常现象。这些现象不是因人们忽略，便是因人们无知而不能破译，而未能躲避地震带来的灾难。

神秘的地光

　　大地震发生之前，虽在漆黑之夜，忽然朗如白昼，天空中出现耀眼夺目的地光，五彩缤纷，十分壮观。唐山地震临震前，市郊有父女俩赶马车去唐山市拉水泥，半夜时回家。在回家途中，天空突然朗如白昼，女儿因之莫名其妙地恐惧。老头问她怕什么，女儿回答："奇怪，没有月亮，半夜天为什么发亮，就像白天，什么都看得清清楚楚。"当晚马不进棚，鸟不归巢。果然不久便爆发了大地震。

▲　地　光

　　科学家解释，地震前，震源区岩石发生剧烈变形，同时产生压电效应，特别是在石英岩地区，压电效应更加显著。据计算，大地震前，在石英晶体中能产生每米数千伏的电势差，引起地电异常变化。远在100多年前，欧洲就有人用验电计测出地震时空气带电的现象。临震前，猫大叫，毛直竖，背上放出火花。1977年江苏溧水4.1级地震前，有一农妇正在田里劳动，突然她的头发直竖，无法梳下，不久便发生了地震。因此，科学家认为，地光是一种放电现象。

神秘的地声

　　大地震发生之前，常会听见从地底传来的神秘的地声，如同雷声，滚滚而来。然而，更多的是仿佛从空中传来的，有人记录："奇特的隆隆声，仿佛海军的大炮在演习一般，发出阵阵爆炸声，滚动声。"1950年中国西藏察隅地震时，一位正在震中地区的地震学家，在震后不久，听到五六次短促的强大爆炸声，"仿佛是从天而降一般"。也有人报道，地声"仿佛是从天空中驶来的一辆列车，轰隆隆地驶过来，接着便发生爆炸声"。

　　地震专家认为，在震中区，地声是一种由大地向上传播的声波，因而感觉到它的人根本无法指出它来自何方；如果人们感到它像"远处的雷鸣"，那足见地声距离很远。

但为什么众多的报道，都说恍如"从天而降"呢？地声，在人们的描述中，实则是"天声"，是"雷鸣"，是"炮弹在空中爆炸"。

并且，人们发现，并非有地声就一定会有大地震。在世界各地，还有许多神秘的这种地声。人们常常听见地声，有时一连几个月，但并没有发生地震。在孟加拉湾，就一直响着有名的"巴里萨尔的炮声"，人们经常听到天空中传来大炮轰响的声音，却始终无法找到大炮声来自何处。闻名世界的"比利时神秘之声"也是如此，往往在晴空万里之际，便响起隆隆的雷声。而发生在美国塞内卡福尔斯的"塞内卡之声"更是一个谜。它一连数年毫无规律地、有间隔地出现在这个城市的周围。人们在数百千米的方圆内寻找声音的根源，可是毫无结果。

对于"地声"是否由地壳中的挤压、震动而产生，还有争议。事实上，大地震的来临常是在人们并未觉察下发生的。地下震次的传递，是以次声方式传递的，对动物有反应，而人类却觉察不出。那么，人们通常听到的"空中惊雷"等又是怎么一回事呢？

唐山大地震，人们便没有感受到任何地声的前兆，这一天一片宁静，人们都沉入了梦乡。1976 年 7 月 28 日凌晨 3 点 42 分，地震突然来临，大地发出可怕的怒吼，城市激烈地摇晃。看来，人似乎是不能直接事先感知地震的。地声在这次大地震前，并未出现。

地声委实是一神秘现象。有时能预兆地震，有时又完全失效。人们现在只能将其作为一种神秘的自然现象来对待。

神秘的动物兆震

动物兆震，似也成为共识。在唐山大地震发生前一天，7 月 27 日上午 10 时，唐山地区滦南县城王东庄村民，在棉花地里见到大老鼠叼着小老鼠跑着，小老鼠依序咬着尾巴，排成一串跟着。当时就有人议论："天要下雨，老鼠怕水灌洞。""老鼠搬家，怕要地动。"

7 月 25 日上午，抚宁县坟坨徐庄，有人发现成百只黄鼠狼从一堵古墙里倾巢而出，大黄鼠狼有的背着小的，有的叼着小的。向村外转移。7 月 26 日和 7 月 27 日，黄鼠狼又陆续向村外转移。那几天黄鼠狼不停地噪叫，很不安宁。

昌黎县有一家养了二三百只鸽子，唐山地震前一两个小时，鸽子倾巢而出，惊醒了主人。正在诧异之时，大地震就发生了。

有一条狗，在临震前那天夜里，就是不让主人睡觉，主人一躺下，它就进屋来咬。主人赶它出去，它又进来，反复数次，后来竟咬了主人一口，主人生气，持棍追打，刚出门。大地震就发生了。

地震前动物的异常反应是地震引起的呢，还是与地震无关，仅仅是偶然的巧合呢？一部分人认为，地震前动物的异常反应是地震刺激的结果，是地震的一种前兆现象。

但另一部分人认为，这是与地震无关的异常现象，不过是一种偶然的巧合。就以大小老鼠依次咬着奔逃为例。在每年的 5 月中旬小麦接近黄熟，开镰收割之时，老鼠如不撤离就有生命危险，其迁徙是种本能反应。动物出现异常现象原因很多，而大地震则千载难逢，所以震前动物的异常现象与地震毫无瓜葛。

在地震区并非所有的动物都出现异常反应。随着地震现象考察的深入，人们发现，震前动物异常的地区分布并不是任意的，而往往沿着发震的地质构造体两侧分布。例如，海城地震前，动物异常集中分布在北东和北西两条断裂带两侧。1976 年内蒙古和林格尔地震前，动物异常集中分布在与长城走向一致的断裂带上，形成十几千米的动物异常条带。越过断裂带向北，动物异常反应就没有了。人们还发现地震前动物的异常反应在地区上有点状分布的现象，有的地方常反应很突出，即所谓灵敏点；动物常反应的灵敏点往往分布在断裂带的交叉点，两端和某些地下通道的出口处。丰南县养鸡场的鸡群异常反应，便是因鸡舍下有一条大的地裂缝，正在冒热气，气味难闻而引起的。

然而有人指出，动物的异常反应，也可能是由煤气的泄漏、空气污染和水源的污染等引起。譬如大量鱼类的翻滚、死亡一般认为是地震前兆，然而近年发生的大面积鱼类死亡事件却是因水质污染造成。动物的异常反应，是对灾变的一种本能反应，而是否是地震前兆，则还需结合其他因素。

对动物与地震关系的研究，尚处探索阶段，地震前动物异常反应的机理至今仍是一个谜。

神秘的云气兆震

中国古代相当重视对云气的观察，认为天空中的云彩变化，可以预兆气候的阴晴、水灾旱灾的发生等。云气占候成为中国古代术数中十分神秘的一项学问。在中国历史上，也有过多次关于云气兆震的记载。例如，1935 年，在宁夏《隆德县志》上便载道："天晴日暖，碧空晴净，忽见黑云如缕，宛如长蛇，横亘空际，久而不散，势必地震。"就是说，这种长条状云如果较长时间不消失，就一定要发生地震。清朝王士桢的《池北偶谈》"地震"一节中，记载："康熙戊申六月十七日戌刻，山东、江南、浙江、河南诸省，同时地大震。而山东之沂、莒、郯三州县尤甚……淮北沭阳人，白日见一龙腾起，金鳞灿然，时方晴明，无云气云。"文中的"龙"、"金鳞"，可能是古人对"地震云"的不精确的观察和描述。在清人计六奇的《明季北略》中，也在《记异》中记道：万历四十四年丙辰（1616 年），"二月二十五日，南京地震，自西北来有声。山东地裂。龙斗正阳门，河水三里赤如溃血，京师大震。"这次京师大震前，在正阳门空中出现"龙斗"，可能是几条带状的地震云，并且是红光进射，所以才映得"河水三里赤如溃血"。又"天启元年（1621 年）辛酉二月初三日，辽东日晕……其日晕之上，大圈之中，约有光彩数丈许，青红如虹状……翌日淮、徐地震，屋瓦皆动。"这里记载了在辽东出现的"如虹状"的地震云，而第二天就在安徽一带发生了地震。

中国地质学家在当代也观测到不少云气兆震的现象。

1978年3月3日早晨，地质学家吕大炯在北京中关村地区北部天空观测到走向为北东向的条带状地震云彩，结合"激光"测得的基岩应变突跳、颤抖和基岩地电突跳情况，预报3月7日上午10时在日本将发生一次强烈地震。果然，3月7日10点45分，日本海发生了7.5级地震。

同年4月8日凌晨，吕大炯观察到地震云，当时便向地震局预报："4月12日，在北太平洋的阿留申群岛附近，将发生7级左右地震。"届时，果然在阿留申群岛以东的阿拉斯加发生了7.0级地震。

1979年7月1日到8日，在中国的北京、河南和日本各处，都看到了地震云。北京地区的报告有称"7月1日向西北方向看到了东北—西南方向的较长条带状云，垂线方向指向东南方向"。也有称"在4日早晨5~6时，在东南方向看到了较长的白色条带地震云，走向为东北—西南方向，垂线方向指向东南偏南方向。"日本也有不少人在日本上空观测到了地震云。中国地质学家将地震云垂线的交汇点找了出来，正是江苏溧阳，并预测地震的发震时间为7月10日前后。果然，江苏溧阳县在7月9日晚发生了6级地震。

通过观察地震云并结合仪器测震，中国地质学家准确地预测到了多起地震。古老的云气兆震，有着其神妙的实用价值。

地震云一般有三种类型：一是稻草状或条带状；二是纸折扇似的辐射状云；三是肋骨状云。以第一种条带状地震云较为多见。

地震云可以呈现红、橙、黄、青、紫、灰、白、黑等各种颜色。它们一般出现在凌晨或傍晚。

条带状震云的垂线方向大体就是震源所在地的方向。如果较长时间不消失，那很可能将要发生近震！

▲地震云

据专家解释，条带状的地震云与地壳活动断裂带有关。由于在震前这个断裂带不断有热气流上升，从而在其上空形成与断裂带走向一致的条带状地震云。地震云既是远处地震临震前的征兆，同时也是预示近处要发生地震的短期或中期前兆。

这种条带状的地震云，早为中国古人所注意，所谓的"飞龙乘云，腾蛇游雾"，可能指的便是地震云。中国人可能早已发现了云彩与地震的关系，云彩的云字，繁体字是"雲"，打雷的"雷"字，下雪的"雪"字，地震的"震"字，其上部部首均为"雨"，这说明中国古人早就以为地震是与气象有关系的。

唐山大地震前后，均出现过"飞龙"。1976年7月27日傍晚，日本科学家在日本九州大隅拍摄到条带状地震云。7月28日凌晨便在唐山发生了7.8级地震。其后在1976年9月9日凌晨1时左右，在江苏省江阴县黄港村上空，月澄天碧。突然有两块乌云移来，乌云中嵌着两条龙形躯体，它们通体泛出金黄色，同乌云形成鲜明对照，一前一后，缓缓从由东北（唐山正在其东北方向）照直飞向西南，高度好像只有五六层楼房那么高。当时的目击者是村里负责防震值班的青年农民黄福平和其兄黄江平。

唐山大地震因是龙年，故有"龙年是龙形"的民间说法。其实，云彩呈"龙形"（或如长蛇）即是地震云。据地震专家分析，中国地震发生的周期，的确近似 12 年。自从唐山大地震之后，自 1977 年至 1988 年连续出现了 12 年的平静期，之后 1989 年在云南澜沧、耿马又相继发生 6 级以上地震。专家们分析认为，龙年前后出现的条带形地震云（龙形云）值得特别的注意。

神秘的地涌兆震

据史料记载，1676 年，山东邹平县郭庄地震前，"井鸣如牛吼"。近些年来我国发生的多次地震，也往往会出现"井响"的奇异现象。唐山大地震前，北京地区的"井响"可分为三类：有些像打鼓似的跌水声；有些像开锅似的水泡声；有些像吹哨似的气流声。邢台地震前，隆尧马栏水井连续 6 天翻花冒泡，震前一天井水"嘶嘶"作响。

1955 年 4 月 14 日四川康定县发生 7.2 级地震前两天，离震中 10 千米外的温泉发生水冒，震前一天喷起 0.3 ~ 0.7 米高的水柱，流量大增，震后又恢复如常。宁夏《隆德县志》记载："地震之兆约有六端：井水突然浑如墨汁，泥渣上浮；池沼之水无端泡沫上腾……"在正常情况下，地下水一般是清澈透明，无色、无味、无臭的，但在大地震之前，有些井、泉突然翻沙、变浑、变色、变味、发臭、漂油花或者冒泡、打旋、发响。有些井、泉水在大地震前发生呈红、黄、绿、蓝、灰、黑等色，有甜、咸、酸、苦、涩等味，甚至有煤油、硫磺、泥腥、水草等气味。例如：通海地震前两天，井水翻滚，浑如米汤；溧阳地震前两日井水变黄，如开水沸腾，散发水草味，水位比平时升高约 1.5 米；松潘地震前几个月，井水呈乳汁或蓝色如靛。

一般认为，地涌现象可能是地震迫使地壳爆裂，地下水喷出，形成喷泉及间歇泉，井水水位上升。然而往往当人们觉察到时已经为时已晚。在地震中所发生的地涌更令人恐怖，一位曾经经历这一可怕时刻的人描述道：

"我的汽车忽然摇晃起来……摇晃一停止，公路两旁的建筑便纷纷倒塌。接着整个地区的地面上冒出几百条水柱，喷出水和沙。沙粒积成锥体如小火山，水从'小火山'口喷出，有的泥沙水柱高达 6 英尺。几分钟后，眺望公路两旁只见沙和水，水和沙。公路上也喷出水柱，我看到前面路上有许多大裂缝。汽车下陷。我踩进水里奔逃，那水滚烫如沸泉，有人掉进蒸汽腾腾的裂缝中……"

尽管地震在发生前有种种神秘的迹象，人类为预测地震也做了许多卓有成效的工作，然而，大地震却往往在人们猝不及防时发生，给人类带来巨大的灾难，人类还远远没有掌握大地震准确的时间表。这或许便是人们至今仍感到大地震还是那样神秘、恐怖的原因吧。

火　山

　　早在 2000 多年前，我国古代书籍《山海经》中就记载了昆仑山一带有"炎火之山"，以为"山在燃烧"，因名"火山"。这是世界上关于火山的最早记载，可见"火山"名词出自我国。火山除对人类造成危害外，还有对人类有利的一面。

火山喷发的破坏力

　　火山喷发，是释放地球内部能量的一种形式。不同类型的火山，因喷发方式不同，其喷出物的性质也不一样。

　　当火山喷出的是酸性岩浆时，熔岩所含的气体特别多，熔岩流很黏稠，流动速度较慢，气体不易散逸，容易堵塞"喉管"。犹似巨大的瓶塞，堵住了"喉管"，这样，就造成"瓶塞"下面岩浆中的高压气体愈积愈多，压力愈积愈大，一旦熔融岩浆积聚的压力大于"瓶塞"的压力时，便冲破瓶塞而出，发生猛烈爆炸，暴跳如雷地大发一通脾气。与此同时，大量气体、火山弹、火山砾、火山豆、火山灰等固体喷发物被喷射入空中。

▲火山喷发

　　酸性岩浆火山喷发的魔力究竟有多大，不妨了解一下地球上已经发生过的实际例子。

　　到目前为止，数位于印度尼西亚苏门答腊和爪哇岛之间的喀拉喀托火山的魔力最大。它自 1883 年 5 月 20 日起，这个平静了 200 年的火山又重新活动，尤以同年 8 月 26 日的那次大爆发魔力最大，也最为猛烈。喀拉喀托火山将自己所在岛屿的面积炸掉了三分之二，迅速形成一个 300 多米深的海盆。喷出的巨大火柱直冲云霄，烟云冲上 70 ~ 80 千米的高空；火山灰远渡重洋，环游世界，飘浮空中长达数月之久，以致世界各地在日出或日落时，都可以看到由火山灰反射太阳光形成的灿烂霞光。火山爆炸时发生的轰鸣声，连远在 4800 千米以外的非洲毛里求斯所属的罗德里格斯岛都能听到，爆炸引起的强烈海啸所掀起的海浪，高达 30 余米，洗劫了爪哇、苏门答腊等岛的沿海地区，死亡人数达 4 万多人，咆哮的海涛，波及了全世界所有的大洋。

　　20 世纪 80 年代以来的火山喷发，以美国西北部圣海伦斯火山最为猛烈。1980 年 5 月，圣海伦斯火山连续猛烈喷发，岩浆（熔岩）和泥浆冲毁了房屋、农舍、桥梁，堵塞了河流，铺天盖地的火山灰，使饮水受到污染、公路瘫痪、铁路毁坏、机场关闭、电路中断，造成严重损失。这次火山喷发，火山灰升到离地面 18 千米的高空，形成罩

▲圣海伦斯火山喷发

住地球的一层厚厚的"灰层",遮挡了太阳辐射,使当时北半球形成了凉夏,平均气温比正常的夏季平均气温低 0.4~0.5℃。

像这类大发"脾气"、爆炸式喷发的火山,属中心式喷发,岩浆性质以酸性,中性为多,酸性、中性岩浆喷发后,火山喷出物常常在火山口即"喉管"周围堆积,称锥形火山。著名的日本富士山、意大利维苏威火山,都是锥形火山。

相比之下,西北欧冰岛著名的拉基火山、美国夏威夷岛上的基韦厄火山,"脾气"就温和得多。当拉基火山于 1783 年喷发时,基性熔岩从一段 16 千米长裂隙的 22 个喷口中喷出,基性熔岩黏性小,流动性大,熔岩流掩盖了 565 平方千米的地面,这是人类有史以来规模最大的一次裂隙式喷发。美国夏威夷岛上的基韦厄火山,产生的也是基性熔岩流,气体能自由逸出,火山通道不容易堵塞,压力也就不易积聚,火山喷发显得温和宁静。基韦厄火山口里贮满了炽热的熔岩,就像是一个"熔岩湖"。湖中熔岩时而升高,时而降低,当熔岩升高时,熔岩从火山口溢出"湖岸",四散流动,形成熔岩流、熔岩瀑布……像这样的火山喷发方式,既没有气体爆炸,也没有火山岩屑抛掷而出。

火山的形成原因

看到这里,我们不禁要问:火山是怎样形成的呢?科学家研究发现:火山的形成是一系列物理化学过程。地壳上地幔岩石在一定温度压力条件下产生部分熔融并与母岩分离,熔融体通过孔隙或裂隙向上运移,并在一定部位逐渐富集而形成岩浆囊。随着岩浆的不断补给,岩浆囊的岩浆过剩压力逐渐增大。当表壳覆盖层的强度不足以阻

▲火山喷发的壮观景象

止岩浆继续向上运动时,岩浆通过薄弱带向地表上升。在上升过程中溶解在岩浆中挥发性物质逐渐溶出,形成气泡,当气泡占有的体积分数超过 75% 时,禁锢在液体中的气泡会迅速释放出来,导致爆炸性喷发,气体释放后岩浆黏度降到很低,流动转变成湍流性质的。如若岩浆粘滞系数较低或挥发份较少,便仅有宁静式溢流。从部分熔融到喷发一系列的物理化学过程的差别形成了形形色色的火山活动。

火山喷发时,地球表面就像被炸开了一条连接地下深处的通道,一根通向岩浆源地的"喉管",一时间,大量炽热的岩浆、

气体、尘埃和围岩碎屑、熔岩块、石块等，从"喉管"中喷突而出，冲向高空，形成了一根巨大粗壮的火柱，火柱冲至一定高度，体积急速膨胀，形成了似氢弹爆炸的蘑菇状烟云，烟云是由喷出的气体、水蒸气以及细小的火山碎屑物（包括火山灰）、岩屑物质等构成，其中带正电荷的大量水汽与带负电荷的火山灰在高空相遇，由于高空气温低，两者结合迅速凝结成雨滴，以暴雨形式降落，并伴有电闪雷鸣，形成了一幅既壮丽又可怕的自然景象。

暴雨挟带着火山碎屑物和岩屑物质倾注而下，形成火山泥石流，常和熔岩一起，急剧地顺地势向低处流动，沿途切割山地，毁坏林木、道路、村庄、建筑物等，具有极大的破坏力，给居民带来灾难和厄运。

火山的类型

火山按其活动性质，分为活火山、休眠火山和死火山三种类型。

活火山：具有活动能力的火山，包括那些现在还在经常喷发的火山和那些虽已长期没有喷发，但在人类历史上有过喷发活动的火山，例如，我国黑龙江省五大连池的老黑山、火烧山，在200多年前喷发过，也属于活火山。

休眠火山：长期没有喷发活动，但将来还会喷发的火山。它和活火山之间，很难画出明确的区分界限。

死火山：已经没有活动能力的火山，有的还保存有火山特有的形态，但在历史上既没有喷发的记载，又无活动性表现。

据统计，现在全世界约有500多座活火山，其中四分之三分布在环太平洋沿岸，形成了著名的环太平洋活火山带，其次是阿尔卑斯、喜马拉雅活火山带，它们都位于新生代岩石圈构造活动带内，这就是现代火山分布的规律。

▲五大连池火山堰塞湖

我国境内已发现的死火山、休眠火山遗迹共600余座。主要分布在东北、山西大同、东南沿海、台湾岛和云南西部腾冲等地。活火山与火山活动地区则分布在台湾岛和云南腾冲一带。

对火山的利用与控制

火山除对人类造成危害外，还有对人类有利的一面。火山灰是天然的矿物质肥料；火山口附近凝结形成了多种有用矿物，主要有砷、氯、硼、硫，有时还会富集铁、铜、金刚石等矿产资源，火山与火山活动地区地热资源丰富，常以温泉、热泉、沸泉等形式出现，这些自然资源被开发利用后，可为人类造福。此外，活火山还为人类提供了窥测研究地球内部物质组成、动能等多种作用的"窗口"，我国地质科学家曾向土地资源部建议，尽快在云南腾冲建立火山地质科学动态观测实验研究基地。

爪哇岛

爪哇岛是"万岛之国"印尼的第四大岛，面积12.6万平方千米，人口约为全国的一半达1亿2400万（2005年数据）。全岛四面环海，属热带雨林气候，没有寒暑季节的更迭，雨量充沛。得天独厚的自然条件使岛上热带植物丛生密布，草木终年常青，咖啡、茶叶、烟叶、橡胶、甘蔗、椰子等物产丰富。岛上河流纵横，风光旖旎，每年都吸引大批来自世界各地的游客前往观光旅游。岛上有100多座火山。爪哇岛是印尼经济、政治和文化最发达的地区。

火山喷发一般是有前兆的。重要的前兆现象有：地温升高；喷气孔活动加强，气体温度升高，喷出气体中硫质增多，火山脉动加强，发生地震；火山及其附近地面出现微小倾斜；地磁场发生特殊变化等。这些前兆现象为火山的监测预报提供了可能。

20世纪70年代以来，人类对火山的预报和控制，已经取得了一定成效。1979年在夏威夷基韦厄火山附近打了一口2000米的深井，放出热气，避免了火山喷发，在意大利的埃特纳火山，火山工作者用人工引爆方法，使火山提前爆发，并使熔岩流按人类要求的预定方向流动，有效地避免了一场灾害。

地球上最大的"伤痕"

我们生活的这个地球是有缺陷的，不必说地壳深处岩层错动引起的地表裂缝现象，仅东非大裂谷就构成了地球上难以愈合的大伤口，引起人们对它的探索。

形成机制

东非大裂谷北抵西亚，从靠近伊斯肯德伦港的南土耳其开始往南，一直延伸到非洲东南贝拉港附近的莫桑比克海岸。裂谷跨越 50 多个纬度，总长超过 6500 千米，人们称它是"大地上最大的伤疤"。裂谷底部有些地方深不见底，积水形成 40 多个与众不同的条带状或串珠状湖泊群。其中就有全球最深的湖泊——东非坦噶尼喀湖，水深超过 1400 米。而在未被湖水占据的裂谷带，表现为一条巨大而狭长的凹槽沟谷，两边都是陡峻的悬崖峭壁，相对高差达数百米至千米以上。同时裂谷带也是大陆上最活跃的火山带和地震带，人们总是在东非大裂谷不断发现一些意想不到的事实。例如在裂谷带的基伍湖下层，发现了无机成因的甲烷气，储量高达 500 多亿立方米。大多数人认为这些甲烷来自地球深部，溢出地壳溶解于水体中聚集成天然气藏。尽管它的形成机制还不清楚，但对于有机成因论无疑是有力的挑战。

▲东非大裂谷

再如，众所周知，碳酸岩是沉积岩，与岩浆岩毫无关系，然而在 20 世纪 60 年代以来，在东非高原的裂谷带找到好几个碳酸岩火山，竟自地下深处喷涌出类似碳酸岩性质的岩浆来，冷却后凝固成方解石碳酸岩或白云石碳酸岩。碳酸岩的成因至今众说纷纭。

古人类的最早发源地

东非大裂谷也是已知的古人类的最早发源地。英国人类学家李基夫妇在坦桑尼亚奥杜韦峡谷于 1959 年发掘到 175 万年前的东非人头盖骨，打破了人类历史不超过 100 万年的传统观点。以后，人们又在坦桑尼亚、肯尼亚和埃塞俄比亚境内的裂谷带中，接二连三找到更多更古的古人类骨骼或足迹的化石，报道年代有早至 250 万年前、300 万年前甚至 500 万年前的。关于东非人绝对年代的测定，目前还有争论。东非人的来龙去脉以及他们为什么选择在裂谷带生活，更是人类学家潜心探索、孜孜求解的课题。

大裂谷的未来命运

　　最扣人心弦的谜莫过于大裂谷的未来命运。英国地理学家约翰·乔治在1893年经过考察发现，在巴林戈湖畔一块半露地面的巨大的孤立石块，其岩层的纹理与两旁高出约1500米的峭壁上的岩层完全相应。因此他设想：东非裂谷不是像美国的大峡谷那样由河流冲刷而成，而是因为地壳一沉，形成了一个夹在两边的峭壁之间的沟谷凹地，地貌上称为"地堑"。大陆漂移说和板块构造说的创立者或拥护者竞相把东非大裂谷作为支持他们理论的有力证据。有人在研究肯尼亚裂谷带时注意到，两侧断层和火山岩年龄，随着离开裂谷轴部的距离而不断增大，从而认为这里是一条大陆扩张的中心。根据20世纪60年代美国"双子星"号宇宙飞船测量，裂谷北段的红海扩张速度达每年2厘米；在非洲大陆上，裂谷每年加宽几毫米至几十毫米，但有时也会加速进行。

▲东非大裂谷风光

　　1978年11月6日，地处吉布提的阿浩尔三角区地表突然破裂，阿尔杜科巴火山在几分钟内平地突起，把非洲大陆同阿拉伯半岛又分隔开1.2米。科学家们认为，红海和亚丁湾就是这种扩张运动的产物。他们还预言，如果照这种速度继续下去，再过2亿年，东非大裂谷就会被彻底撕裂开，"分娩"出一条新的大洋，就像当年的大西洋一样。但是，反对板块理论的人却认为大陆和大洋的相对位置无论过去和将来都不会有重大改变，地壳活动主要是作上下的垂直运动，裂谷不过是目前的沉降区而已。在它接受了巨厚的沉积之后，将来可能转向上升运动，隆起成高山而不是大洋。东非大裂谷究竟会怎样，看来人类也只有拭目以待了。

"死亡谷"致命探秘

在地球上，多个国家出现了令人谈之色变的"死亡谷"，它们神奇厉害的致命力量，引来科学家们的探索与研究……

苏联的"死亡谷"

在苏联堪察加半岛上的克罗诺斯基禁猎区，有一片长约 2000 米，宽 100～300 米的狭长地带。这里山峦起伏，绿树翁翁郁郁，可谁又能想到，这片风景优美的小山区，竟成了动物的地狱，多年以来，这里成了熊类、狼獾和其他许多小动物的天然坟场。附近的一位森林看守人曾亲眼目睹过这样一个场面：一只膘满肉肥的大熊看见地面上躺着许多动物的尸体，便想饱餐一顿。于是，他大摇大摆地闯进"死亡谷"，刚张开大口，还未来得及品尝眼前的佳肴，就直挺挺地倒在地上断了气。同样，来到这里的人照样会被吞噬掉。

据说，有一天，村子里的一个孩子在离山谷不远的山上拾果子，采着采着，他看见山下躺着两只羽毛异常美丽的鸟。无知的孩子顿时忘记了大人的叮嘱，急匆匆地朝山下走来，他稚嫩的小手尚未触着那五颜六色的羽毛，就倒在地上一动不动了。据统计，已有 30 多人先后在这座吃人的山谷里丧命。

为了解开人们的死亡之谜，苏联科学家曾对这座"死亡谷"进行了多次探险和考察，却收效甚微。有的科学家认为，杀手可能是积聚在谷底凹隐深坑中的使人窒息的毒气——硫化氢和二氧化碳，但一般情况下，硫化氢和二氧化碳并不具备那么快的杀生本领，它们通常是慢慢地发挥作用的。观点被否认后，有人又提出了导致人和动物迅速死亡的烈性毒剂是致死人命的杀手氢氰酸和它的衍生物。倘若如此，为什么在离"死亡谷"仅一箭之隔的村子里，居住在那里的农民却安然无恙，而是辛勤耕种，过着幸福安乐的生活。

美国的"死亡谷"

无独有偶，在美国加利福尼亚州与内华达州相毗连的地带，横卧着一座幽深的大峡谷，峡谷两侧悬崖峭壁，怪石林立，然而就在这里，人们竟发现了一条长达 225 千米，宽约 6～26 千米、面积达 1400 多平方千米的"死亡谷"。比起堪察加半岛上那座，这里似乎更让人担惊受怕。

据记载，1841 年，美国一支庞大的勘探队伍不辞辛苦到处寻找金矿，不料在途中迷失了方向，闯进这里后，几乎所有的队员在瞬间便送了命。

据说有几个人侥幸脱离"虎口"，然而不久也不明不白地神秘死去了。此后，勇敢的美国探险者虽然欣然前往，却又屡屡死于谷中。科学家们虽进行了大量的调

▲美国的"死亡谷"

查，导致人们死亡的真正原因却迟迟不肯露面。

后来，有科学家又在调查中发现，这个地狱般的"死亡谷"与堪察加半岛的那个不同，竟是飞禽走兽的极乐世界。据统计，有230多种鸟类在这里繁衍，这里还生存着19种蛇类，17种蝎类及1500多头野驴。它们在这座吃人的山谷里生活得悠然自得，逍遥自在。这真令人百思不得其解：为何这个鬼谷独独对人这么凶残，而对动物却如此宽容。

中国的"魔鬼谷"

而在我国的青海省，也有个"魔鬼谷"，当人畜入谷后，它能多次呼风唤雨，造成人畜伤亡，令人望而生畏。

"魔鬼谷"为什么有如此威力呢？是"魔鬼"作怪还是有着其中的必然奥妙？为揭开"魔鬼谷"之谜，中国地质科学工作者担起了这个重任，经过考核调查，最终揭开了该谜的谜底——原来一切魔术全由强大的地下磁场产生电磁效应所致。

▲青海的"魔鬼谷"

1995年5月19日《晚报文萃》有报道说：中国地质科学工作者经过多年的科学勘察，揭开了位于中国西北部山区一个神奇的"魔鬼谷"的奥秘。这个多次呼风唤雨、平地生雷，造成人畜伤亡的罪魁祸首，原来是该地区强大的地下磁场所产生的电磁效应。

被称作"魔鬼谷"的山谷东起青海省茫崖镇的布伦台，西至新疆巴音郭楞蒙古自治州若羌县南部的昆仑山支脉沙山，长约100千米，宽约30千米，谷地平均海拔约3200米。这个谷地南有昆仑山，北有阿尔金山，两山夹峙，雨量充沛，气候湿润，虽然地处内陆，但林木繁茂，牧草秀美。然而，这个看似理想的天然优良牧场，一遇天气骤变，便会变成阴森恐怖的"地狱"，平地生风，电闪雷鸣。尤其是滚滚炸雷，震得山摇地动，成片的树木被烧得身焦枝残。附近以游牧为生的少数民族几百年来均将此谷视为禁地。偶然有误入其中者，往往遭雷击而绝少生还。

为了揭开"魔鬼谷"的奥秘。青海省地质科学工作者多次冒着生命危险对这一谷地进行实地科学探查，终于获得了重大突破。地质勘察证实，这一谷地地层中，除有大面积三叠纪火山喷发的强磁性玄武岩体外，还分布有100多个铁矿及石英闪光岩体。

经专家们进行伽马法测试，这里的磁场峰值高达1000～3000伽马。有关专家认为，正是由于这里的地下岩体和铁矿带所形成的强大磁场的电磁效应，引来了雷电云层中的电荷，因而产生了空气放电，形成炸雷。而雷电一遇上地面突出物体，就会产生尖端放电现象，因而牧场上人和畜群就成了雷电轰击的目标。奇怪的是这一谷地的牧草却特别茂盛，原因在于雷电所产生的高温使空气中的氮气和氧气生成了一氧化氮，一氧化氮继续与氧气发生反应生成二氧化氮，二氧化氮遇水又生成硝酸，硝酸随雨水落下后与土壤中的岩石作用形成能溶于水、易于植物吸收利用的硝酸盐。牧草由于吸收了生长所需要的氮元素而变得枝叶茂盛，偏偏又不断地诱惑着牧民和畜群。

上述考查和结论，对于解释UFO（飞碟）的某些现象和效应也不无裨益。因为在一些UFO个案中也有雷雨交加现象，所以，这很大可能也与强磁效应有关。

"厄尔尼诺"现象

"厄尔尼诺"在西班牙文中的含义是"圣婴"。它原是南美洲厄瓜多尔和秘鲁的海岸渔民对温暖洋流的称呼。典型的"厄尔尼诺"现象出现在圣诞节前后，并能持续几个月之久。这时期渔产减少。所以渔民们经常利用此时在家休息及修补渔具。有时这股暖流和断渔能持续到5月甚至6月。久而久之，这种扰乱渔民正常生活，也带来暴雨降临的系列现象就称为厄尔尼诺。较强的厄尔尼诺不仅影响到8000千米南美洲海岸，还跨过了太平洋赤道，并能影响到全世界。

"厄尔尼诺"的征兆与反应

人们经过大量的海洋和大气的调查研究发现：在厄尔尼诺出现的前一年，贸易风比较强盛，引起暖水块在菲律宾东部海上蓄积。而在厄尔尼诺快要出现之前，太平洋东西贸易风减弱。该暖水区会慢慢越过赤道向南太平洋传播，几个月后到达南美西北部海岸，形成厄尔尼诺。一般的厄尔尼诺现象仅维持1.5年。强的厄尔尼诺现象可持续3年左右，厄尔尼诺的出现，造成海水温度升高，使海上鱼类大量死亡，海鸟绝迹，严重影响了渔业生产。

经过对大气和海洋的大规模观测调查发现：海洋长期变动的厄尔尼诺现象与大气的南方涛动有密切关系。东太平洋的海面水温上升，太平洋赤道区域东西气压梯度变小，西向的贸易风减弱，从而减弱了赤道海洋的涌升，使海面水温升高，出现所谓"暖期"。反之，东太平洋的海面水温降低，东西的气压梯度变大，强的贸易风引起海水强的涌升，海面水温也降低，出现所谓"冷期"。海面水温和大气的这种周期性变化，就造成了厄尔尼诺和南方涛动的周期变化。因此，对厄尔尼诺的研究发展成为对海洋和大气的大规模综合研究活动。

气象学家们还发现，南太平洋和印度洋的海平面气压之间存在着"跷跷板"式的关系，往往一边气压升高，另一边气压降低，此现象被气象学家们称为"南方涛动"。南方涛动与"厄尔尼诺"的关系极为密切，"厄尔尼诺"期间南太平洋地区海平面气压下降而热带西太平洋至印度洋地区气压上升。所以人们又把"厄尔尼诺"和南方涛动合起来称为"厄索"。

"厄尔尼诺"的巨大危害

1982—1983年的厄尔尼诺，据众多的观测资料，可以认定是20世纪最强的一次。那是在1982年5月，通常由加拉帕戈斯群岛吹往印度尼西亚的东风开始变弱。至国际日期分界线以西，风向变成了西风。于是那儿下了一段时期的暴风雨。几周以后，随着这风向、风速的改变，太平洋上也产生了变化中太平洋圣诞岛的海平面上升了几厘米。到 10 月份，向东延伸到厄瓜多尔的上万千米的海平面上升了 0.3 米。与此同时，西太平洋的海平面下降，环绕在许多岛外的珊瑚礁上层受到破坏。加拉帕戈斯群岛和厄瓜多尔沿海的海水表层温度由通常的略高于 21℃ 上升到了超过 27℃。随此变化，海洋生物立即有所反应。圣诞岛的海平面上升使海鸟遗弃了它们的幼鸟而四散逃亡，亡命地寻找食物。到 1983 年中期秘鲁海岸带的条件恢复正常时，有 25% 的成年海豹、海狮以及它们当年所产的全部幼兽都死亡了。

从智利到哥伦比亚太平洋沿海，正常生活在热带、亚热带水域中的鱼类或迁徙，或游向南极。一个意外的丰收是温水海扇大量涌集到了厄瓜多尔的海涂。这次厄尔尼诺也影响到了陆地上，厄瓜多尔和秘鲁北部在 6 个月内降了 2500 毫米的暴雨，使原本干旱的海岸带不毛之地变成了草原，还点缀着多处湖泊。草地植被吸引了成群的蚱蜢。于是蟾蜍和鸟类大饱口福，大量繁殖。近海的鱼类乘洪水游进河流和新湖。当湖水干涸时当地居民获得了渔产丰收。在一些洪水海岸带

▲厄尔尼诺造成异常天气出现

河口，鲜虾捕获量创造了历史记录。但也有坏事相随，疟疾在当地流行。这次强烈的厄尔尼诺造成的经济冲击相当巨大。厄瓜多尔和秘鲁的渔业损失最大。往年的特产鳀鱼收成极小，沙丁鱼也大多转到了智利海域。这次厄尔尼诺还在更大的太平洋范围造成了影响，台风改变了原来的路线，袭击了素无恶劣天气的夏威夷和塔希提岛。西太平洋地区因季风雨东移而出现旱灾，并引发了印度尼西亚和澳大利亚的森林火灾。冬季暴风雨袭击了美国加利福尼亚州南部，也使美国南部广大地区造成洪涝灾害。所有这些，使这期间的世界经济遭受了 810 亿美元的损失，给人类带来的苦难则无法估计。

1997—1998 年，又一次强劲的厄尔尼诺影响了太平洋岛国。如密克罗尼西亚联邦和马绍尔群岛等国家普遍遭受了几个月的极度干旱。从 1997 年 12 月到至 1998 年 4 月，5 个月的降水量在密克罗尼西亚联邦庞佩州只有多年平均值的 19.8%（1982—1983 年厄尔尼诺时为 12.7%），在楚克州只有 16.2%。厄尔尼诺在中太平洋地区造成的大干旱，除了酿成淡水供应的困难外，还使许多椰子树枯萎、死亡，也使当地粗放的天然农作物大减产。只有联合国援助项目钻了井的试点地区，才得到了地下水的灌溉。

▲马绍尔群岛

"厄尔尼诺"成因

为什么会出现这样的反常现象？许多科学家都进行了深入的研究提出了各种各样的观点。

拉尼娜

拉尼娜是西班牙语"小女孩""圣女"的意思，是厄尔尼诺现象的反相，因此也称反厄尔尼诺现象。它是指赤道附近东太平洋水温反常下降的一种现象，表现为东太平洋明显变冷，同时也伴随着全球性气候混乱，总是出现在厄尔尼诺现象之后。拉尼娜与厄尔尼诺性格相反，随着厄尔尼诺的消失，拉尼娜的到来，全球许多地区的天气与气候灾害也将发生转变。总体说来，拉尼娜的性情并非十分温和，其气候影响与厄尔尼诺大致相反，其强度和影响程度不如厄尔尼诺，但它的到来也可能会给全球许多地区带来灾害。

有人从自然现象中找原因。一些人认为是由于太平洋赤道信风减弱，造成了"厄尔尼诺"现象。还有一些人认为是由于西太平洋赤道东风带的持续增强，造成了太平洋洋面西高东低的局面，才形成了"厄尔尼诺"现象。也有人认为，由于东南和东北太平洋两个副热带高压的减弱，分别引起东南信风和东北信风的减弱，造成赤道洋流和赤道东部冷水上翻的减弱，从而使赤道太平洋海水温度升高，形成了"厄尔尼诺"现象。还有人从地球的运动方向上找原因。持这种想法的人认为，"厄尔尼诺"现象的出现，与地球自转速度大幅度持续减慢有关，一般出现在地球自转由加速变为减速的时期。这是因为当地球自转速度大幅度减慢时，赤道附近的海水或大气便可获得较多的向东角动量。引起赤道洋流或赤道信风的减弱，进而引起赤道东太平洋冷水上翻的减弱，这就造成了赤道东部和中部太平洋大范围海表温度异常增暖的"厄尔尼诺"现象。

关于"厄尔尼诺"现象的成因，能有这么多种说法，这就表明至今还没有一种具有绝对说服力的权威观点，还需做进一步的研究和探讨。

地球之水从哪里来

　　水是地球上最常见的物质之一，是包括人类在内所有生命生存的重要资源，也是生物体最重要的组成部分。水在生命演化中起到了重要的作用。地球上的水约占到地球表面积的72%。然而，你可曾想过：地球上的水从哪里来？这里的水指地球上最开始时的水。

向传统理论挑战

　　现在大多数科学家一直认为，地球上的全部水在地球形成之日就先以蒸汽的形式存在于炽热的地心中，然后，在地球最初5亿年的燃烧过程中，水蒸气从火山口爆发出来，冷却而形成河流、湖泊和海洋。他们还认为，地球上的水在缓慢地蒸发，穿越大气层并散逸到太空中去。

　　可是，美国衣阿华大学一个以天体物理学家弗兰克为首的著名研究小组，向这一传统理论提出了尖锐的挑战，发表了地球上的水可能来自彗星的新假说。他们认为，地球上的水不是来自地心，而是来自太空，是从地球形成之日起才慢慢地注入地球上来的，且其总体积亦在缓慢地增加。

揭开黑色斑点之谜

　　弗兰克是位一丝不苟的研究学者。关于地球上的水来自彗星的新假说的提出，凝聚

▲ 海　水

了他与他的同事们五年多的心血。1981年，弗兰克与克拉文一起为"动力学探测者—Ⅰ号"卫星研制了一套光学系统，装上了两台可见光摄像机和一台紫外摄像机，用来拍摄大气和大气层中电活动现象的照片。

　　但是，奇怪的现象也同时出现了。当用紫外摄像机拍照并用计算机着色后，地球受到太阳照射的那一面上空的大气本应形成均匀一致的、明亮的橘黄色。与此相反，科学家们一眼就看到了橘黄色的地轴上布满了很多黑色的小斑点，每个黑色斑点突然出现，停留上几分钟，然后又消失掉。这些黑色斑点是什么？开始时，可能是由于弗兰克正集中精力研究极光、等离子体等而无暇顾及。这一现象并未引起他的重视，只是想当然地认为，它们是由某种电子干扰造成的，并以此来回答其他科学家们提出的疑问。直到1982年底，他的学生利用计算机对卫星照片进行信息处理时，发现计算机"读出"的照片上黑色斑点数据时而运行时而停止的反常现象。这才引起了弗兰克的

注意，促使他去揭开黑色斑点之谜。

但那时弗兰克仍然认为这些黑斑是由于卫星在传送照片的过程中，很偶然地受到来自其他卫星、闪电或地面无线电波发射台的干扰而形成的。为了证实这一点，他收集了过去十年间陨星进入大气层的雷达记录，把陨星残骸的运动与黑色斑点的运动进行对比分析。出乎他的意料之外，黑色斑点的运动方式与陨星残骸的运动方式完全一致。这无疑向他表明，同陨星一样，黑色斑点是某种客观存在的物体，而不是电子干扰构成的。因为，若是后者的话，黑斑的运动方式应该完全是随机的，没有任何规律可循。

为了证实黑斑确实是客观存在的物体，1985年，弗兰克又进一步做了如下试验：把紫外摄像机镜头对着大气层外缘的氢气云进行拍摄，发现氢气云恰似"早晨的浓雾"。当他们把镜头的焦点调到氢气云的里面时，他们既惊讶又高兴地看到了"几十个黑色的大圆盘"从大气层外起飞，然后落入大气层之中，朝着地面迎面飞来。这些圆盘开始时很小，但随着时间的推移，变得越来越大，越来越黑。这一观测结果，不容置疑地向他们表明：黑色斑点的确是客观存在的某种物体。弗兰克还估算出，这种物体的直径大约在48千米左右。

▲湖 水

那么，它们究竟是什么物体呢？弗兰克等人提出了各种各样的假设，但又很快一一放弃了。

最后，弗兰克研究小组对大气中所有数量充足的分子一一进行了分析。他们发现，只有水分子才能吸收频带足够宽的波长而呈现黑色。这使他们确信，照片上的黑色斑点是由于高层大气中存在着由大量的水分子聚集而形成的气体云造成的。那么，如此之多的水分子是从哪儿来的呢？正是从那时起，他们才把目光转向彗星，即银河中往返运动着的冰雪球。他们计算出，冰球的直径必须为9~12米，并要覆盖有足够厚的松软的雪，才能在大气外层形成48千米宽的气体云。于是，照片上的黑色斑点的出现和消失就得到了圆满的解释；当彗星进入大气层，在大气摩擦、太阳辐射和地球引力的作用下被粉碎而形成云时，就出现黑斑；当云以水蒸气形式消散到大气下层时，黑斑也就消失。黑色斑点之谜终于被揭开了。

提出水来自彗星的假说

1986年5月，弗兰克研究小组在《地球物理评论通讯》杂志上发表了他们的研究成果，提出了地球上的水可能来自彗星的新假说。在太阳系中存在着一个由冰雪球组成的彗星海。彗星海中每一颗彗星的体积并不比一间住房大多少，犹如沧海一粟。因而在太阳系这个大家族中一点也不引人注目，但它们的数量却多得惊人。自45亿年前地球诞生以来，它们就在地球引力的作用下，以 20 马赫的速度和每分钟大约 20 颗的数量，即每小时 1200 颗、每天 28800 颗的数量，成群结队地向地球冲来，日复一日，从未间断。当它们到达距地面 1400 ~ 2400 千米的高度时，引力作用、太阳辐射和大气摩擦的撞击力结合在一起，把它们击得粉碎，变为细小的冰微粒消散到稀薄的大气流中去，最终以雨或雪的形式降落到地面，使地球的宽度每年约增加四千分之一厘米。这使地球在经历过地质年代之后，就足以形成我们今天所知的河流、湖泊和海洋。

▲ 河　水

假说的重要价值

如果弗兰克的假说是正确的话，将能够用来解释大量的地球物理学之谜。例如，当更多的彗星来到地球，形成足够厚的球状冰云覆盖地球、遮挡阳光时，恐怕就出现了冰河时期。由于该覆盖层引起了剧烈的气候变化，从而导致我们所知的整个生物物种包括恐龙的大量灭绝。又如，当复杂的有机物分子被包在冰雪覆盖着的彗星内部时，完全能够安全地穿越大气层而降落到地面上，从而可能为地球上的生命来自宇宙空间这一长期设想提供新的凭证。

彗星海不仅向地球输送了大量的水，而且可能曾向木星和天王星中某些表层至今仍然是冰的卫星输送过水。火星两极的白色冰帽可能就是彗星冰，而神秘的火星运河则可能是在火星的青春期被流动的彗星水冲刷出来的。同样，土星光环之间的辐射带，很可能是彗星飞快地从一个光环冲向下一个光环时扬起的尘埃造成的。

由于这一假说涉及生命的起源、海洋、冰河时期和火星运河的成因等多个领域，因此，自然受到了有关科学家们的极大关注。尽管有少数科学家对这一假说提出了各种疑问，但是，正如《地球物理研究通讯》杂志编辑、美国航空航天局所属的马歇尔空间飞行中心空间科学实验室主任德斯勒所说的，弗兰克的假说是"十多年来最激动人心的新思想"，谁都无法"立即摒弃这一思想"。但终究还是假说，是否正确还需要科学论证。

神出鬼没的"幽灵岛"

这里所说的"幽灵岛",并非是那种热带河流上常见的、由于涨水或暴风雨冲走部分河岸或沼泽地而形成的漂浮岛,而指的是海洋中行迹诡秘、忽隐忽现的岛屿。至于"幽灵岛"的成因与漂浮岛的形成有多大联系,还有待于继续探讨。

"幽灵岛"频现

1707年,英国船长朱利叶斯在斯匹次培根群岛北部的地平线上发现了陆地,但他总是无法接近这块陆地,他确信这不是光学错觉,更将"陆地"标在了海图上。过了近200年,海军上将玛卡洛夫的考察队乘"叶尔玛克"号破冰船到北极去,考察队员们再次发现了朱利叶斯当年所见到的陆地。1925年,航海家沃尔斯列依也在这个地区发现过这个岛屿的轮廓。1928年,当科学家前去考察时,却没有发现任何岛屿存在。

类似的事情在地中海也发生过。那是1831年7月10日,一艘意大利船途经地中海西西里岛西南方的海上,船员们目睹了一场突现的奇观,海面上涌起一股20多米高的水柱,方圆近730多平方米,转眼间变成一团烟雾弥漫的蒸汽,升到近20米的高空。8天以后,当这只船返回时,发现这儿出现了一个冒烟的小岛。四周海水中,布满了多孔的红褐色浮石和不可胜数的死鱼。这座在浓烟和沸水中诞生的小岛在以后的10多天里不断地伸展扩张,由4米高到60多米高,周长也扩展到4.8千米。由于这个小岛诞生在航运繁忙、地理位置重要的突尼斯海峡里,因此它引起了各国的注意。正当各国在为占有这座新岛争夺其主权的时候,这个岛忽然开始缩小,仅3个月便隐入了水底。但它并未真正消失,在以后的岁月,它又多次出现,直到1950年它还表演过一次。于是它就成了名副其实的"幽灵岛"。

1943年,日本海、空军在太平洋和美军交战,节节失利。设在南太平洋所罗门群岛拉包尔的日本联合舰队总部遭到美国空军的猛烈轰炸。为了疏散伤病员和一些战略物资,日本侦察机四处寻找合适的隐藏地。他们发现距拉包尔以南100多海里的海域有一个无人居住的海岛。这个岛有几十平方千米的面积,绿树成荫,小溪流水,又不在主航道上,是一个疏散、隐藏伤病员的好地方。于是日军将1000多名伤病员和一些战略物资运到这荒无人烟的海岛上。

伤病员安居后,日军总部一直和这里保持联系,经常运来食品和医疗用品。谁知一个多月以后,无线电联系突然中断。日军总部担心美军袭击、占领该岛,马上派出飞机、军舰支援,但竟再也找不到该岛。1000多人和各类物资也随小岛一起失踪了。美国侦察机也发现过该岛,并拍了详细的照片,发现岛内有日军躲藏,便派出军舰搜索,谁知也同样扑了个空。

这海岛和岛上的 1000 多人哪里去了？战后，日本、美国都派出海洋大型考察船来这一海域搜索，并派出潜水员深入海洋底部寻找了相当长的时间，却未发现任何踪影。

就在同一时间，美日海、空军大战最激烈的时刻，美军为了监视日本海、空军在南太平洋的行踪，在马利亚纳群岛海域一个无人居住的小岛上，建造了一座雷达站，发出强大的电波对周围的海域和天空进行探测。它 24 小时和美军总部保持着联系，不断发出附近海洋和天空的信息，报告日军海、空军的动态、行踪。两三个月后，电波突然中断。美军以为雷达站被日军袭击、占领，派出军舰、飞机支援，在马利亚纳群岛海域搜索了几天，却找不到设有雷达站的小岛。岛上的 10 多名美军人员也和小岛一同神秘失踪。美军派出潜水艇在这一带海底搜索，海岛仿佛是有意与人玩捉迷藏，寻找者在这个海域团团打转，仍然一无所获。

就在航海技术空前发达的今天，怪事又出现在美国人身上。在太平洋的战略要地海域，美国中央情报局 1990 年偷偷地在一座无人居住的小岛上，安装了海面遥感监测器，与天上的美国军事间谍卫星遥相呼应，监视苏联海军、核潜艇在太平洋海域的动态。这座"谍岛"获得的情报可直通五角大楼——美国国防部。凡是在这一带海域过往的商船、军舰及在此出没的潜水艇、飞机等，无不在五角大楼的监视之中。

1991 年年底的一天，"谍岛"的监察系统和信息突然中断，五角大楼大为震惊。开始，他们怀疑是苏联的克格勃发现了这个秘密，有意破坏美国的间谍网点。于是，美国派出了一支以巡洋演习为名的舰队，悄悄地调查此事。谁知，舰队赶到出事地点时却扑了一个空，"谍岛"已经从大洋中消失了。

美国的科学家们认真地核查了这一带的海洋监测系统，并没有发现这一带海域发生过地震或海啸引起海底地形变化，致使小岛沉没水中的事件。另一种可能是苏联埋下了数千吨炸药摧毁了这个小岛。但该岛处于美国间谍卫星的严密监视中，像这样大的行动不可能不被发现。再说就算苏联知道此秘密，也没必要兴师动众炸毁该岛，只要摧毁岛上的设备就可以了。那"谍岛"是如何失踪的？五角大楼陷入一片茫然中。而神出鬼没的"幽灵岛"事件却没有因此停住它的脚步。

在大西洋北部，有座盛产海豹的小岛，是由英国探险家德克尔斯蒂发现的，至今有 1000 多年。它被命名为德克尔斯蒂。因这里盛产海豹，招来大批的捕捉者，并在岛上建立了营地和修船厂。1954 年夏季，此岛突然失踪。加拿大政府派出了侦察机、军舰在此海域搜寻，均无结果。事隔 8 个月，一艘在北大西洋巡逻的美国潜水艇，在航道上突然发现一座岛屿，潜水艇艇长罗克托尔上校大为震惊，因为他经常在这一带海域航行，航海图上从来没有这样一个岛屿，罗克托尔上校在潜望镜上一看，发现岛上有炊烟，竟然有人居住。潜水艇靠岸登陆。上岸一问居民，才知道这是失踪了 8 个月的德克尔斯蒂岛。

经测量，该岛在原德克尔斯蒂岛的坐标以东 800 海里之处，岛上的人员、设备、营地齐全，他们移位了 800 海里，却一点儿都不知道。居民们只是奇怪，为什么没有船只来送给养、接走捕捉的海豹呢？当他们得知自己所在的岛屿移位了 800 海里时，才大吃一惊，他们竟然做了 8 个月的海上漂流旅行而不自知！

"幽灵岛"的形成探秘

茫茫大海中的"幽灵岛"是怎样形成的？这成为世界海洋科学家们的热门话题。他们在研究和探索上下了很大功夫。

日本的海洋地质学家龙本太郎经过细致地研究与调查，认为南太平洋上那些来去匆匆的"幽灵岛"是因为澳大利亚沙漠底下巨大的暗河冲入南太平洋海底，带来巨量的泥沙，在海底堆积增高，直至升出海面，形成泥沙岛，然而在汹涌的暗河流冲击下，泥沙岛又会被冲垮，因而消失了。

而美国的海洋地质学家京利·高罗尔教授却不同意这样的看法。他认为太平洋上的"幽灵岛"并非由泥沙堆积而成，岛的基础是花岗岩石，岛上有茂盛的植物和动物群，因此，它形成的年代长久，是汹涌的暗河流冲击不垮的。为什么"幽灵岛"会突然消失呢？他认为是由于海底的强烈地震和海啸使它葬身海底的，因为"幽灵岛"出现的海域是地震频繁活动地区。高罗尔教授还认为，如果太平洋西北部的海底板块由强烈大地震产生大分裂，日本本岛、九州也同样会沉没在碧波万顷的大海之中，会有和"幽灵岛"同样的命运。他认为自己的说法并非危言耸听。

狗头金身上的重重迷雾

我们都知道，黄金是一种比重很大的金属，它在地壳中的含量很少，而且多以砂金形式存在。砂金矿床中的金颗粒一般都很细小，肉眼不易看到。据有关部门统计，砂金颗粒的直径多在 0.03～0.07 毫米之间，有的可大至几个毫米。但是，在淘金的过程中，人们偶尔也发现了几百克、几千克甚至几十千克重的天然大金块，俗称狗头金。

发现狗头金

一九八三年六七月间，在我国湖南益阳连续发现几块大金块，最大的重 2.16 千克，最小的重 1.515 千克，另外一块重 940.8 克，含金量均在 94% 以上。类似的天然大金块还见于黑龙江呼玛（1982 年，重 3.4 千克），青海雅沙图（1983 年，重 3.53 千克）。1985 年，四川白玉县发现一块重 4.125 千克的狗头金，1986 年又采得一块重达 4.8 千克的大金块，这是解放以来我国所发现的最大的天然金块。而据 1981 年 3 月 10 日香港《新晚报》报道，当年的澳大利亚维多利亚州西北

▲狗头金

的韦德伯恩附近发现的一块天然大金块，重量达 27.2 千克。历史上最大的狗头金，是 1872 年 10 月 10 日在澳大利亚新南威尔士的砂金矿中掘获的，重约 285 千克！

成　因

这种天然金块的形成原因，至今尚无定论。传统看法以为，巨大的狗头金是产于原生金矿中的大块山金，在风化破碎时被分离出来，继而又被洪水或冰川机械搬运到低洼处沉积而成。但奇怪的是在开采原生金矿时，从来没有找到过大金块。再说这样重的金块通常被流水搬运的路程不会很远，然而事实上它们离原生金矿却有相当长的距离。同时狗头金的外形不规则，表面也凹凸不平，又可见到次生凸起，内部有的具同心环带，外表还常包有一层黄褐色金膜，有的外部还有

▲原生金矿

树枝状的结晶体，多数没有经过长距离搬运的痕迹，说明它们可能就是在原地生成的。有人认为，可能是广泛分布的腐殖酸，溶解原生金矿中的微粒金，经流水冲刷进入河溪中，或者是砂金矿床中的一些微细金粒被溶解。它们在适当河段又因物理、化学条件的急剧变化停顿下来，不断沉淀吸附在较大金颗粒的表面，日积月累逐渐长大而成大金块。

加拿大一支研究古代地震断层的考察队发现地震能震出黄金来。这支考察队发现这些断层发生地震以后，出现了好像起"安全阀门"作用的断裂。这个过程排放出高得不正常的流体压力。在流体通过断裂网涌出后，压力就减小了。这种压力减小过程使溶解于流体中的大量二氧化碳气体由此发生了化学变化最后形成石英和黄金。这些地质过程可能在地下形成 14 千米长的丰富的黄金矿脉。那么，狗头金的形成是否与地震有关呢？这还有待研究证实。

细菌形成金块

美国地质调查局的研究人员又提出一种新的看法：天然金块可能是由某几种土壤细菌造成的。他们在实验室中把一种仙影拳杆菌孢子放入每升含氯化金 1000 微克的水溶液中，以模拟大自然的活动，轻轻搅动这种溶液 36 小时后，用扫描电子显微镜检验，结果发现细菌接触金溶液后就不再生长，但所有的孢子表面上都开始积聚金子。"接触时间越长，积聚的金越多。而且一旦金晶体开始生长，金块的孢子死之后很短时间内还会继续增大。以这些细菌为核心，最终形成的块金就跟在阿拉斯加发现的一样。他们认为，这是由于流水中的可溶金即金离子，与细菌孢子表面发生化学结合，从而形成"晶体金"的基础。他们建议把这种金块称之为"细菌金块"。

不过这些新理论都是建立在金能溶于地下水的基础上的，这似乎也与传统的认识相矛盾。因为过去认为金是"百金之王"，不怕火炼，也绝不会溶于水中；金是自然界最稳定的物质之一，它仅溶于王水、硒酸等极少数几种溶液中。但新理论的支持者提出，当地下水温度较高并含有其他一些物质时，金能少量溶于水。据报道，最近在日本希塔金矿，钻机在 500 米深处发现含金高达 228 克/吨的热水。这一事实给狗头金成因的探索又带来了新的争论：金在什么条件下能溶于水？什么条件下又能集聚成大金块？……揭开这些谜，将有助于增加黄金的开采量，我们期待着这一天的早些到来。

鸣沙现象

鸣沙，就是会发出声响的沙子。鸣沙，是世界上普遍存在的一种自然现象。中国敦煌的鸣沙山，美国的长岛、马萨诸塞湾、威尔斯两岸；英国的诺森伯兰海岸；丹麦的波恩贺尔姆岛；波兰的科尔堡；还有蒙古戈壁滩、智利阿塔卡马沙漠、沙特阿拉伯的一些沙滩和沙漠，都会发出奇特的声响。据说，世界上已经发现了100多种类似的沙滩和沙漠。

世界各地的鸣沙

在中国也有三个特别有名的鸣沙地。

第一处在甘肃省敦煌县城南6千米的鸣沙山。《太平御览》和《大正藏》这两部书里曾经记载过它，那时候叫"神沙山""沙角山"。鸣沙山东西大约有40千米长，南北大约有20千米宽，高有数十米，山峰陡峭。它的北麓就是特别著名的月牙泉。

人们如果登上鸣沙山往下看，只见沙丘一个接着一个，真是沙丘如林。人们如果从山顶顺着沙子往下滑，那沙子就会发出一阵阵的声响，不绝于耳。据史书记载，天气晴朗的时候，鸣沙山上就会有丝竹弦的声音，好像在演奏音乐一样。所以，人们称它是"沙岭晴鸣"，是敦煌的一大景观。

传说，古时候有一个大将率领军队出征作战，曾经在这个地方宿营。一天夜晚，天上突然刮起了狂风，刮得黄沙漫天飞舞，遮天盖地，神鬼哭泣。等到风停了以后，大将

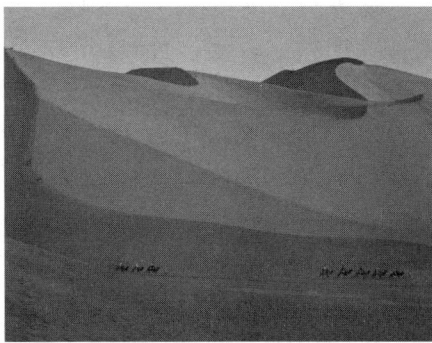

▲鸣沙山

和他的士兵全都被埋在漫漫黄沙下边，没有一个能够活下来。后来，人们时常可以听见从那山上、从那沙子里传来一阵阵鼓角之声，就好像大将正在带领军队行军作战。所以，人们就把它叫作了"鸣沙山"。

中国的第二处鸣沙地，是宁夏回族自治区中卫市的沙坡头黄河岸边的鸣沙山。中国著名的科学家竺可桢在《沙漠里的奇怪现象》这篇文章当中描述过它："沙高约100米，沙坡面南坐北，中呈凹形。有很多泉水涌出，这块沙地向来是人们崇拜的对象。据说，每逢农历端阳节，男男女女便会在山上聚会，然后纷纷顺着坡翻滚下来。这时候沙便发出轰隆的巨响，像打雷一样。两年前我和五六个同志曾经走到这鸣沙山顶上慢慢滚下来，果然听到隆隆之声，好像远处汽车在行驶似的。"

中国的第三处鸣沙地，是库布尔漠罕台川两岸的响沙湾。响沙湾在内蒙古自治区

达拉特旗南 25 千米的地方，又叫"银肯响沙"。这处沙山有 60 米高，100 米宽。人们只要一走进响沙湾就会听到各种声响，有的好像手风琴拉出的低沉的乐声，如泣如诉；有的又好像当当作响的银铃，如醉如狂，好像整个沙漠都在歌唱。

▲ 响沙湾

响沙湾里的沙子，发出来的声响有时好像飞机擦过天空发出的轰鸣声，有时又好像航行在大海上的轮船拉响的汽笛声。这沙子发出声响有时是因为有风，有时却没有风，无论在什么情况下，它们都能够发出声音。

鸣沙这种自然现象在世界上不仅分布广，而且沙子发出来声音也是多种多样的。比如说，在美国夏威夷群岛的高阿夷岛上的沙子，会发出一阵阵好像狗叫一样的声音，所以人们称它是"犬吠沙"。苏格兰爱格岛上的沙子，却能发出一种尖锐响亮的声音，就好像食指在拉紧的丝弦上弹了一下。在中国的鸣沙山滚下来，那沙子就会像竺可桢描述的那样"发出轰隆的巨响，像打雷一样。"

鸣沙，又叫作"响沙"、"哨沙"和"音乐沙"。人们发现，鸣沙一般都在海滩或者沙漠里边。鸣沙发出来的声响，一般都是在风和日丽或者刮大风的时候，要不就得有人在沙子上边滑动。在潮湿的天气、雨天和冬天的时候，鸣沙一般都不会发出声响。另外，人们还发现，只有直径是 0.3 ~ 0.5 毫米的洁净的石英沙，才能够发出声响，而且沙粒越干燥声响越大。

神话传说

那么，到底是什么原因使得沙子发出各种各样的声响呢？古时候，由于科学不发达，人们以为这是神鬼在作怪，是地狱的魔鬼在呼叫，是美丽的女妖为了引诱船员们而在沙滩上歌唱，是地下寺院里的钟声在呼唤着僧侣们去祈祷。于是，许许多多带有神秘色彩的故事就在人们当中流传开了。阿拉伯半岛的"钟山"，就有这样一个传说。

传说很久很久以前，阿拉伯半岛有一个寺院。寺院的僧侣很多，他们每天都要随着敲响的钟声背诵经文。不知道从什么时候开始，这里刮起了凶猛的风沙。后来，风沙越来越凶猛，慢慢地就把这个寺院掩埋了，寺院里的僧侣们死的死、逃的逃，从此这里没有了人烟。可是，路过这里的牧民和游客却经常听到一阵阵悠扬的钟声，这钟声就是寺院当时每天敲打的那种钟声。人们听了，感到特别纳闷：寺院早就被沙子掩埋了，僧侣们也早就没有了，这钟声是从哪里发出来的呢，又是谁在敲打着大钟呢？嗯，这可能是神灵在敲钟吧！从那儿以后，人们就把这里的沙山叫作"钟山"了。

苏格兰有一个名字叫布鲁斯特的博物学家听说了这件事情，就专门赶到"钟山"，打算好好地考察一下这是什么原因。他找了一个当地人当向导，朝着"钟山"爬了上去。布鲁斯特爬着爬着，发现"钟山"上的沙只要一移动，就会发出一种竖琴被轻轻拨动的声音；当沙子移动得特别快的时候，那沙子就发出来一种湿手指在玻璃上摩擦的声音。他还发现，沙子流到山脚以后，激起的回响又像打雷一样。布鲁斯特索性坐在了一块岩石上，仔细地听了起来。忽然，他觉得那声音越来越大，就连自己坐着的那块岸石都被震动了。布鲁斯特感到特别奇怪，这是怎么回事儿呢？他说不出这其中的科学道理。

众说纷纭

人们用科学的方法来研究这种自然现象，还是近几十年的事情。科学家们经过认真仔细的研究和试验，提出了各种各样的看法。

有的人认为，沙粒和沙粒之间的空隙有空气，空气在运动的时候，就构成了一个个"音箱"。当沙丘山崩塌以后，空气在空隙之间出出进进，就会引起空气的震动。当空气震动的频率恰好与这个无形的"音箱"产生共鸣的时候，就会发出声响。

有的人认为，由于不同的风向长期吹动着沙粒，使它们变得颗粒大小均匀，非常洁净，也具有了好像蜂窝一样的孔洞。鸣沙能发出声响，可能就是由这种具有独特表面结构的沙粒之间的摩擦共振造成的。

苏联一个名叫马里科夫斯基的科学家，在考察了苏联卡尔岗上的鸣沙以后，提出了这样一种看法。他认为，每个沙丘的内部，都有一个又密集又潮湿的沙土层，它的深度是随着雨水的多少而改变的。夏天的时候，这个潮湿层就比较深，它被上面的沙土层全部掩盖起来，潮湿层的底下又是干燥的沙土层，这就可能构成一个天然的共鸣箱。当沙丘崩塌、沙粒沿着斜坡往下滑动的时候，干燥沙粒的振动波传到潮湿层的时候，就会引发共鸣，使得沙粒的声音扩大无数倍而发出巨大的声响。

苏联另一个学者在考察了我国宁夏中卫市沙坡头鸣沙山和内蒙古的达拉特旗的响沙湾以后，发现这两处鸣沙地都属于细沙类，当中的石英沙占了其中的一半多。于是，他认为：石英沙里边有石英晶体，石英晶体具有特殊的压电性质，使得鸣沙里边的这些石英沙粒对压力非常敏感，只要一受到挤压就会带电，在电的作用下它又会来来回回地伸缩振动。振动得越厉害，产生的电压就越高；电压越高，振动得就会越厉害。这么一来，沙子就会发出奇妙的声响。

不过，石英沙的分布很广泛，响沙却没有那么普遍，而且一般的鸣沙只要换了一个地方，就会变成"哑巴"，什么声响也不会发出来。所以，好多人认为，鸣沙的形成和当地的特殊地理环境有关。

1979年，我国有一个叫马玉明的学者，写了一篇题目叫《响沙》的文章，提出了新的见解。他认为，响沙的"共鸣箱"不在地下，而是在地面上的空气里边。响沙发出声响，应该有三个条件。第一个条件是沙丘又高大又陡峭。第二个条件是背风向阳，背风坡沙面还必须是月牙形状的。第三个条件是沙丘底下一定要有水渗出，形成泉和潭，或者有大的干河坝。马玉明还提出，由于空气湿度、温度和风的速度经常在变化，不断影响着沙粒响声的频率和"共鸣箱"的结构，再加上策动力和沙子本身带有的频率的变化，响沙的响声也会经常变化。人们有时候在下雨天去看响沙，发现响沙不会发出声响，正是由于温度和湿度的改变，把响沙的"共鸣箱"结构破坏了。比如说吧，宁夏中卫市沙坡头的鸣沙山，就是因为周围绿化造林等原因，破坏了共鸣的条件，使得它发不出响声了。

有人不同意马玉明的这种看法。因为外国一些海滨的响沙沙滩是非常平坦的。根本就不存在什么又高大又陡峭的月牙形沙丘，而且它们经常只会在下过雨以后不久，表面层刚刚干燥的时候才发出声响。日本京都府北边有一个丹后半岛，那里有的海水浴场上有两处鸣沙地，一处叫琴引滨，另一处叫击鼓滨。这两处沙滩的声响不仅音色完全不一样，而且季节不同发出来的声响也不一样。所以，有的日本学者认为，海滨响沙最重要的条件是要有洁净的海水不断地冲刷。夏天来这里游泳的人特别多，把海水弄脏以后，沙子就不发出声响了。

黑色闪电之谜

黑色闪电一般不易出现在近地层，如果出现了，则较容易撞上树木、桅杆、房屋和其他金属，一般呈现瘤状或泥团状，容易被人们误认为是一只飞鸟或其他什么东西，不易引起人们的警惕和注意；如若用棍物击打触及，则会迅速发生爆炸，有使人粉身碎骨的危险。

"阴险"的黑色闪电

黑色闪电是一种罕见的自然现象，由分子气溶胶聚集物产生出来的，而这些聚集物则产生于太阳、宇宙光、云电场、条状闪电以及其他物理化学因素在大气中的长期作用。这些聚集物是发热的带电物质，容易爆炸或转变为球状闪电。

黑色闪电一般不易出现在近地层，如果出现了，则较容易撞上树木、桅杆、房屋和其他金属，一般呈现瘤状或泥团状，初看似一团脏东西，极容易被人们忽视，而它本身却载有大量的能量，所以，它是闪电中危险性和危害性均较大的一种。尤其是，黑色闪电体积较小，雷达难以捕捉。

它对金属物极具"青睐"；因而被飞行人员称作"空中暗雷"。每当黑色闪电距离地面较近时，又容易被人们误认为是一只飞鸟或其他什么东西，不易引起人们的警惕和注意；如若用棍物击打触及，则会迅速发生爆炸，有使人粉身碎骨的危险。

历史记录

黑色闪电虽然罕见，但远在古代的文献里，就有过黑色闪电的记载。古埃及法老图特摩斯三世的编年史中记载着：22 年冬季的第三个月，早晨 6 时，空中出现一明亮的火球，缓缓向南移动而去。看到的人都为这惊骇万分。古希腊人和古罗马人也不止一次地描写过出现在夜空中的"灿烂辉煌的战车"，印第安人把它叫"空中的圆筐"；而日本人却称它为"带火的幻影之船"。

1910 年 9 月 21 日，纽约居民看到一个壮丽的奇景：数以百计的亮球飞越城市上空，历时 3 小时之久。

1974 年 6 月 23 日 17 时 45 分，苏联天文学家巧尔诺夫在查波罗什城曾看到过黑色闪电。那时候，雷电交加，正下着雨，最先看到的是那种耀眼的线性闪电，紧接着，在茫茫灰色云的背景上舞动着黑色闪电。

在莫斯科地区，苏联的一位上校，名叫波格丹诺夫，有一天白昼看到过一种深棕色的闪电。这种闪电中间是红色，周围是深棕色光环，像一条蛇在舞动似的，接着变为火红色，刹那间爆炸了。此外，还有一种瘤状或块状黑色闪电附着在树梢、屋顶、金属物表面。如果有什么东西触动了它，会很快变红，"嘭"的一声爆炸。

1984 年 9 月的一个夜晚,在苏联乌德穆尔特国营农场上空,满天星斗的夜空突然明亮起来,一个亮圆球升在空中,不停地翻着筋斗,旋转着慢慢落下。一时间,大地照耀得如同白昼。这个亮球不仅发光,同时还使得半径 20 千米范围内的所有变压器和输电线路都损坏了。

地球上,这种黑色闪电并不罕见,据说有文字可查的超过 15000 起。1983 年 8 月 12 日,墨西哥萨卡特卡斯天文台第一次拍下了黑色闪电的照片,到目前为止,这类照片已有 100 多幅。

现在,科学家们已研制出一种化学制剂以及使用这种制剂的装置,可以防止黑色闪电进入人类聚居的地区,以免发生爆炸。

摩亨佐·达罗毁灭之谜

摩亨佐·达罗原是古印度的一座城市,大约在公元前 15 世纪突然地从地球上消失了。几千年来,这一直是个谜。只有古印度《摩呵婆罗多》长篇叙事诗里提到了这件事:一个令人目眩的天雷和无烟的大火,紧接着是惊天动地的爆炸。爆炸引起的高温使得水沸腾了。

1922 年,印度考古学家拉杰班纳吉从印度河下游(今巴基斯坦拉尔卡那县)的一群土丘中发现这座古城(最大的印度河流域文明城市)的遗址。经过发掘后发现,古城确是由于一次大火和特大爆炸而毁灭的。巨大的爆炸力将半径约 1 千米内的所有建筑物全部摧毁了。从发掘出来的人骨骼的姿势可以看出,在灾难到来前,许多人还安闲地走在街道上。

是什么原因导致了这座城市毁灭呢?科学家经过多年研究后说是由黑色闪电所引起的。原来,在大气中,由于阳光、宇宙射线和电场的作用,会形成一种化学性能十分活泼的微粒。这种微粒凝成一个又一个核,在电磁场的作用下聚集在一起,像滚雪球一样越滚越大,从而形成大小不等的球。这种物理化学构成物有"冷"球与"亮"球的区分。所谓"冷"球,它没有光亮,也不放射能量,可以存在较长时间。"冷"球形状像只橄榄球,发暗,不透明,白天才能看到。科学家叫它为"黑色闪电"。所谓"亮"球,呈白色或柠檬色,是一种化学发光构造。它出现时,并不伴随某种雷电,能在空中自由移动,在地面停留,或者沿着奇异的轨迹快速移动,一会儿变暗,一会儿再发光。

科学家认为,形成黑色闪电的大气条件同时也能产生大量的有毒物质毒化空气。显然,古城的居民先是被这种有毒空气折磨了一阵,接着发生了猛烈的爆炸。同时,大量的黑色闪电也存在着。只要其中有一个发生爆炸,便会产生连锁反应,其他的黑色闪电紧跟着发生爆炸,温度高达 1500℃,足足能把石块熔化,爆炸产生的冲击波到达地面时,把城市毁灭了。科学家经过计算,摩亨佐·达罗发生灾难的前夕,空中大约出现了 3000 团半径约 30 厘米的黑色闪电和 1000 多个化学发光构造。科学家通过模拟试验还表明,黑色闪电发生爆炸遗留下来的彩色小石块和炉渣样的东西,同摩亨佐·达罗大火后遗留下来的残迹一样。

人类对宇宙的发现

　　仰望天际，是人类最基本的行为之一。自古以来，宇宙的结构就是人们关注的对象，历史上曾出现过各种各样的宇宙学说。中国的如浑天说、盖天说和宣夜说。其他国家的如古希腊阿利斯塔克的日心说、统治中世纪欧洲1000多年的地心说、16世纪波兰哥白尼的日心说等。牛顿力学创立以后，建立了经典宇宙学。到了20世纪，在大量天文观测资料和现代物理学的基础上产生了现代宇宙学。

　　正是因为人类对各种天象、星空本能的好奇，引起人们对宇宙观察与探索的兴趣，从而揭开一个个宇宙之谜，使我们的眼界大开，极大地扩展了人类的认识领域，让人类不满足于仅仅立足于地球，而是开始向外太空谋求生存空间与发展。

对宇宙结构的认识

关于宇宙的结构，古人有各种各样有趣的认识："盖天说"是我国古代最早的宇宙结构学说；巴比伦人认为天和地都是拱形的；古埃及人把宇宙想象成以天为盒盖、大地为盒底的大盒子，大地的中央则是尼罗河；古印度人想象圆盘形的大地附在几只大象上，而象则站在巨大的龟背上……

盖天说

"盖天说"是我国古代最早的宇宙结构学说。这一学说认为，天是圆形的，像一把张开的大伞覆盖在地上；地是方形的，像一个棋盘，日月星辰则像爬虫一样过往天空，因此这一学说又被称为"天圆地方说"。"浑天说"是我国东汉时期著名的天文学家张衡提出来的。"浑天说"认为，天和地的关系就像鸡蛋中蛋白和蛋黄的关系一样，地被天包在当中。天是一个南北短、东西长的椭圆球。大地也是一个球，这个球浮在水上回旋漂荡。而"宣夜说"是我国历史上最有卓见的宇宙无限论思想。它最早出现于战国时期，到汉代则已明确提出。"宣夜说"认为宇宙是无限的，宇宙中充满着气体，所有天体都在气体中飘浮运动。"宣夜说"打破了固体天球的观念，这在古代众多的宇宙学说中是非常难得的。此外，"宣夜说"认为宇宙在空间上是无边无际的，而且还进一步提出宇宙在时间上也是无始无终的，这一点也是难能可贵的。

各种假说

公元前 7 世纪，巴比伦人认为，天和地都是拱形的，大地被海洋所环绕，而其中央则是高山。古埃及人把宇宙想象成以天为盒盖、大地为盒底的大盒子，大地的中央则是尼罗河。古印度人想象圆盘形的大地附在几只大象上，而象则站在巨大的龟背上。公元前 7 世纪末，古希腊的泰勒斯认为，大地是浮在水面上的巨大圆盘，上面笼罩着拱形的天穹。也有一些人认为，地球只是一只龟上的一片甲板，而龟则站在一个托着一个又一个的龟塔。

最早认识到大地是球形的是古希腊人。公元前 6 世纪，毕达哥拉斯从美学观念出发，认为一切立体图形中最美的是球形，主张天体和我们所居住的大地都是球形的。这一观念为后来许多古希腊学者所继承，但直到 1519～1522 年，葡萄牙的麦哲伦率领探险队完成了第一次环球航行后，地球是球形的观念才最终被证实。

地心说与日心说

公元 2 世纪，托勒密提出了一个完整的地心说。这一学说认为地球在宇宙的中央安然不动，月亮、太阳和诸行星以及最外层的恒星天都在以不同速度绕着地球旋转。

为了说明行星运动的不均匀性，他还认为行星在本轮上绕其中心转动，而本轮中心则沿均轮绕地球转动。地心说曾在欧洲流传了1000多年。1543年，哥白尼提出科学的日心说，认为太阳位于宇宙中心，而地球则是一颗沿圆轨道绕太阳公转的普通行星。到16世纪哥白尼建立日心说后才普遍认识到：地球是绕太阳公转的行星之一，而包括地球在内的八大行星则构成了一个围绕太阳旋转的行星系——太阳系的主要成员。1609年，开普勒揭示了地球和诸行星都在椭圆轨道上绕太阳公转，发展了哥白尼的日心说，同年，伽利略·伽利雷则率先用望远镜观测天空，用大量观测事实证实了日心说的正确性。1687年，牛顿提出了万有引力定律，深刻揭示了行星绕太阳运动的力学原因，使日心说有了牢固的力学基础。在这以后，人们逐渐建立起了科学的太阳系概念。

五花八门的奇想

发展至今，宇宙形状还是未知的，人类仍在进行着大胆的想象。有的人说宇宙其实是一个类似人的这样一种生物的一个小细胞，而也有人说宇宙是一种拥有比人类更高智慧的电脑生物所制造出来的一个程序或是一个小小的原件。还有人猜想，宇宙其实就是一个电子，宇宙是一个比电子小得多的东西，宇宙根本就不存在，或者宇宙是无形的。也有人猜想，我们的宇宙生活在一个大的空间里，叫作"超空间"。在超空间里，有很多宇宙，而超空间的能量是守恒的，而且非常巨大。每当一个宇宙的能量上升时，他邻近的宇宙的能量就会下降。每一个宇宙的每个地方，能量都不一样，有正能量，也有暗能量，也有没有能量的地方。

尼罗河

尼罗河位于非洲东北部，是一条国际性的河流。全长6670千米，是世界上最长的河流。非洲主河流之父，一般认为尼罗河发源于非洲中部布隆迪高原，自南向北，流经布隆迪、卢旺达、坦桑尼亚、乌干达、南苏丹、苏丹和埃及等国，最后注入地中海。尼罗河有两条主要的支流，白尼罗河和青尼罗河。尼罗河最下游分成许多汊河流注入地中海，这些汊河流都流在三角洲平原上。三角洲面积约2.4万平方千米，地势平坦，河渠交织，是古埃及文明的摇篮，也是现代埃及政治、经济和文化中心。至今，埃及仍有96%的人口和绝大部分工农业生产集中在这里。因此，尼罗河被视为埃及的生命线。

木卫最早的发现者

现在已知木星有60多颗卫星，其中4颗最大的是木卫一、二、三、四，而木卫三上的风光使它不失为卫星世界的冠军的风范。而早在公元前364年，我国天文学家甘德就凭肉眼见到了木星身旁的木卫，并肯定了它们是依附于木星的卫星。

引人注目的木卫

在20世纪七八十年代，由于美国的"先驱者"和"旅行者"的探测，4颗"伽利略"卫星曾一度是科学界的大明星。木卫一让人们第一次领略了"太空火山"喷发的壮观景象，而木卫二上的海洋更激起了人们对于"太空生命"的巨大热情，木卫三上的风光使它不失为卫星世界的冠军的风范。

▲ "伽利略"号飞越木卫一

现在人们都知道，木星有60多颗卫星，其中4颗最大的是木卫一、二、三、四，除了木卫二略小于月球外，其他3颗都比月球还大。它们也被称为"伽利略"卫星，因为它们最早是由意大利天文学家伽利略于1610年发现的。

甘德对木卫的发现

现在我们知道，木卫一、二、三最亮时的亮度都在6等以上（星等的数字越小，表示它越亮），也就是说人们的肉眼完全有可能目睹它们的芳容。我国自然科学史研究所的天文学家席泽宗经过缜密的研究，指出早在伽利略之前近2000年前，中国古代的天文学家已经发现了它们，并做了确切的文字记录。事情还在1957年，席泽宗在研究中国古代天文名著《开元古经》时，发现书中引用过一条战国时期关于木星的史料："甘氏曰：单阏之岁，摄提格在卯，岁星在子……其状甚大有光，蓄有小赤星附于其侧，是谓同盟。"从此他努力多方求证，特别是他在得知法国天文学家弗拉马利翁及德国地理学家洪堡都记述过肉眼可以见到木卫的有关资料后，更是努力多方求证，经过周密的考证与计算，终于证明上述史料记载的就是战国时代天文学家甘德在公元前364年夏夜所见到的天象：甘德凭肉眼见到了木星身旁的木卫！并肯定了它们是依附于木星的卫星。

1981年，他将其研究成果总结为论文《伽利略前二千年甘德对木卫的发现》，发表于《天体物理学报》，顿时引起了巨大的反响。

席泽宗的论文并不长，只有 2000 字左右，但引起的反响却是巨大的。英、美、日等国的一些报刊全文翻译转载，毕生研究中国天文学史的日本学者薮内清为此发表了《实验天文学史的尝试》，认为席泽宗揭开了"实验天文学史"的新篇章。

事实胜于雄辩

为了获得更确凿的科学依据，自然科学史研究所还专门组织了实际的天象观测，青年天文学家刘金沂等带领一批天文爱好者（其中有 2 位中学教师，4 位中学生）于 1981 年 3 月，专门到北京天文台的兴隆观测站（在河北燕山）做模拟观测。那儿远离城镇，灯光影响甚小，大气又非常洁净，是比较理想的观测场所，结果他们 8 个人全部用肉眼见到了木卫三，有 3 位甚至还见到了木卫二！

后来，北京天文馆也有人重复了这个活动，他们得到了同样的结论：在观测条件良好的情况下，肉眼发现木卫三是完全可能的。事实上国外也有过类似的例子，如美国天文学家巴纳德也声称，有时可以用肉眼见到木卫三。

中国的岁差发现

中国的岁差发现就没有西方那么幸运。虽然中国的甘石星表的制订时代比古希腊还要早，但由于中国在座标系方面的不完善，导致在一个很长的时间内没有发现岁差。直至公元 330 年前后，东晋的天文学家虞喜，才发现岁差的存在。

发现比欧洲晚

地球的自转，导致昼夜的变化，人们借此建立赤道坐标系。地球受太阳的吸引而绕太阳公转，公转的平面称为黄道。黄道与赤道斜交成 23.5° 的夹角。在月球等天体引力作用下，地球的自转轴在空间并不保持在固定的方向，而是不断发生变化。地轴指向的南北极，绕黄极以 26000 年的周期运行。这项运动，导致春分点和北极在天球上的位置发生缓慢的移动。春分点或冬至点每年沿黄道向西移动约 50.2°，称为岁差或黄道岁差。这个移动量在赤道上的投影就叫作赤道岁差。赤道岁差每年约移动 45.98°。

中国的观测仪器和坐标系统，与西方有很大的差别。西方是黄道式的。黄经的计算，自春分点开始，总以 360°，或以十二宫每宫分为 30° 进行计算。中国对天体赤经方面的坐标，则习惯以入宿度来表示。入宿度的概念是，凡是天体的赤道坐标的赤经，均沿赤经方向距离二十八宿的距星角度来表示。二十八宿中每一宿都规定有一颗距星，距星间的相互角距也是事先经过精密测定的。因此，二十八宿就是中国的天文坐标系。中国天文坐标中的经度部分，是用赤经差的方式来表示的。由于时间推移而导致的岁差变化值，大部分都在赤经差中消除掉了，故中国古代的天文学家，不易发现岁差。这是中国古代发现岁差比较晚的主要原因。

▲ 二十八宿图藻井

欧洲古代发现岁差，是一件很容易的事。公元前 2 世纪，希腊天文学家喜帕恰斯测制了一份包含有 1022 颗星的星表。当他把自己的星表与在他之前 150 年测定的星表相比较时，发现自己所测的天体黄经，普遍地比以往增加了约 1.5°，而在黄纬方面则没有多大变化。经过认真分析以后，喜帕恰斯终于明白了，这不是人为的观测误差，而是一种天文现象。这是春分点每年沿黄道西退造成的，从而他把这个变化称之为岁差，并且规定每 100 年春分点西退 1°。

虞喜如何发现岁差

中国的岁差发现就没有西方那么幸运。虽然中国的甘石星经的制订时代比古希腊还要早，但由于中国座标系方面的缺陷，导致在一个很长的时间内没有发现岁差。直至公元330年前后，东晋的天文学家虞喜，才发现岁差的存在。这一重要发现，在《晋书·虞喜传》中竟然没有记载。可见当时人们并不了解他这一发现的重要意义。

虞喜是如何发现岁差的呢？当时的文献已经完全湮没无闻，仅从后人的追记和回忆中略知一二。《新唐书·历志三》"日度议"说："古历日有常度，天周为岁终，故系星度于节气。其说似是而非，故久而益差。虞喜觉之，使天为天，岁为岁。乃立差以追其变，使五十年退一度。"

这是现今仅存的古籍中记载虞喜发现岁差的最早记录。是说虞喜发现岁差之后，便将周岁和周天区分开来，并且设立了50年退一度的岁差值。虞喜发现的是节气西退，喜帕恰斯发现的是恒星东移。他们均是从恒星与节气交叉关系发现有岁差的，只是切入角度不同而已。

《宋史·律历志》载周琮论"日度岁差"曰：虞喜云："尧时冬至，日短星昴，今二千七百余年，乃东壁中，则知岁差之所至。"这段记事的意思是说，帝尧时代的冬至昏中星为昴宿，而虞喜时代的冬至昏中星为壁宿。帝尧时代距东晋有2700余年，而昴宿距星距壁宿距星，之间相隔壁宿9°、奎宿16°、娄宿12°、胃宿14°，合计51°。当为53年差1度。虞喜取其约数，以50年退°。

▲昴宿星团

虞喜所提出的岁差值，虽然有误差，但比喜帕恰斯提出的每百年差1度还要精密一些。黄道岁差实际每71年8个月差1°，按中国古度计，当为每70.64年差1°。换算成赤道岁差，约为77.3年差1°。

太阳黑子的发现

太阳黑子是在太阳的光球层上发生的一种太阳活动，是太阳活动中最基本、最明显的。一般认为，太阳黑子实际上是太阳表面一种炽热气体的巨大漩涡，因为其温度比太阳的光球层表面温度要低 1000℃~2000℃，所以看上去像一些深暗色的斑点。我国是有关太阳黑子记录最早的国家。

我国古人的记录

太阳，是我们地球上光和热的来源。我们祖先善于实践，勤于观测，对太阳上的细节都进行详细描述，精确记载，见于史书。现今世界公认的最早的关于太阳黑子的记载，是西汉成帝河平元年（公元前 28 年）三月所见的太阳黑子现象，载于《汉书·五行志》："成帝河平元年……三月己未，日出黄，有黑气大如钱，居日中央。"这一记录把黑子的位置和时间都叙述得很详尽。

事实上，在这以前，我国还有更早的黑子记载。在约成书于汉武帝建元元年（公元前 140 年）的《淮南子》这一著作的卷七《精神训》中，就有"日中有踆乌"的叙述。踆乌，也就是黑子的现象。而比这稍后的，还有：汉"元帝永光元年四月……日黑居仄，大如弹丸。"（《汉书·五行志》引京房（前 77~前 37）《易传》）这表明太阳边侧有黑子呈倾斜形状，大小和弹丸差不多。永光元年是公元前 43 年，所以这个记载也比前面的记录要早。

黑子，在太阳表面表现为发黑的区域，由于物质的激烈运动，经常处于变化之中。有的存在不到一天，有的可到一月以上，个别长达半年。这种现象，我们祖先也都精心观察，并且反映在记录上。《后汉书·五行志》有这样的记载："中平……五年正月，日色赤黄，中有黑气如飞鹊，数月乃销。"灵帝中平五年是公元 188 年。《宋史·天文志》也记有宋高宗"绍兴元年二月己卯，日中有黑子，如李大，三日乃伏。六年十月壬戌，日中有黑子，如李大，至十一月丙寅始消。七年二月庚子，日中有黑子，如李大，旬日始消。四月戊申，日中有黑子，至五月乃消。"绍兴元年是公元 1131 年。

黑子，不但有存在时间，也有消长过程的不同形态。最初出现在太阳边缘的只是圆形黑点，随后逐渐增大，以致成为分裂开的两大黑子群，中间杂有无数小黑子。这种现象，也为古代观测者所注意到。《宋史·天文志》记有宋徽宗政和二年（1112）"四月辛卯，日中有黑子，乍二乍三，如栗大。"这一记载，就是属于极大黑子群的写照。

我们祖先观测天象，全靠目力。对于太阳只有利用日赤无光、烟幕蔽日之际，或太阳近于地平、蒙气朦胧之中，以及利用"盆油观日"方法。始可观望记录。从汉代到明代共 1600 多年间，黑子记载超过 100 次。

上述史书所载的黑子"如钱""如栗""如飞鹊"……都是表示黑子的形状；至于"数月乃销"等等，是表明黑子的消长过程的。因为黑子大小相间，此生彼灭，存在时间长短不一，在望远镜未发明之前，史书所载的一定是大而易见的，所以至多不过二三枚，存在几天或几月而灭，这是和近代精密观测结果相符合的。至于"日赤无光"、"昼昏日晡"等等，乃是描写观测时候的情景。这些都是合乎科学的。对于前人精察天象的实践，外国学者也多有赞扬。美国天文学家海耳（1868～1938）就曾经指出："中国古人测天的精勤，十分惊人。黑子的观测，远在西人之前大约2000年。历史记载不绝，而且相传颇确实，自然是可以征信的。"

活动周期

欧洲发现太阳黑子，时间比较晚。他们最早的黑子记事是公元807年8月19日。这已经是公元9世纪了；但是还被误认为是水星凌日。太阳黑子的发现是伽利略（1564～1642）使用望远镜完成的天文学进展之一；他在公元1610年才看到黑子，直到1613年才把结果公开发表。

黑子的消长，有它的盛衰周期。平均周期11年这数字是1843年德国业余天文学家施瓦贝（1789～1875）首先得到的。但是，如果引用我国古代太阳黑子的记录加以分析，也完全能够得到相同的结果。

1975年，我国云南天文台编集我国从公元前43年到公元1638年的黑子记录，共106条，进行计算，得出周期是10.6±0.43年；同时还存在62年和250年的长周期。这一重要结果，是研究我国古代黑子记录、探索它的规律的良好收获。

▲云南天文台

与极光的关系

历代古代记录已经表明：黑子出现最多的年月，也是极光出现频繁的时期。黑子和极光互有关系。1977年7月，云南天文台又利用我国黑子和极光古记录，同时进行分析得出：极光和黑子都存在约11年的周期，并且得出结论：太阳活动和极光的约11年周期，并不是近300年才有的暂时现象。这对于研究地球物理学和天文学的一系列问题，将是很有益的启示。这同时也说明我国古代黑子资料是相当宝贵的。

流星雨的发现与记载

　　流星雨的发现和记载，我国是最早的。我国古代关于流星雨的记录，大约有 180 次之多。其中天琴座流星雨记录大约有 9 次，英仙座流星雨大约 12 次，狮子座流星雨记录有 7 次。这些记录，对于研究流星群轨道的演变，也将是重要的资料。

关于流星雨的记载

　　流星雨的发现和记载，也是我国最早，《竹书纪年》中就有"夏帝癸十五年，夜中星陨如雨"的记载，最详细的记录见于《左传》："鲁庄公七年夏四月辛卯夜，恒星不见，夜中星陨如雨。"鲁庄公七年是公元前 687 年，这是世界上天琴座流星雨的最早记录。

▲ 流星雨

　　我国古代关于流星雨的记录，大约有 180 次之多。其中天琴座流星雨记录大约有 9 次，英仙座流星雨大约 12 次，狮子座流星雨记录有 7 次。这些记录，对于研究流星群轨道的演变，也将是重要的资料。

　　流星雨的出现，场面相当动人。我国古记录也很精彩。试举天琴座流星雨的一次记录作例：

　　南北朝时期刘宋孝武帝"大明五年……三月，月掩轩辕。……有流星数千万，或长或短，或大或小，并西行，至晓而止。"（《宋书·天文志》）这是在公元 461 年。当然，这里的所谓"数千万"并非确数，而是"为数极多"的泛称。而英仙座流星雨出现时的情景，从古记录上看来，也令人难以忘怀。请看：

　　唐玄宗"开元二年五月乙卯晦，有星西北流，或如瓮，或如斗，贯北极，小者不可胜数，天星尽摇，至曙乃止。"（《新唐书·天文志》）开元二年是公元 714 年。

关于陨石的记载

　　流星体坠落到地面便成为陨石或陨铁，这一事实，我国也有记载。《史记·天官书》中就有"星陨至地，则石也"的解释。到了北宋，沈括更发现陨石中有以铁为主要成分的。他在《梦溪笔谈》卷二十里就写着："治平元年，常州日禺时，天有大声如雷，乃一大星，几如月，见于东南。少时而又震一声，移著西南。又一震而坠在宜兴县民许氏园中，远近皆见，火光赫然照天，……视地中只有一窍如杯大，极深。下视之，星在其中，荧荧然，良久渐暗，尚热不可近。又久之，发其窍，深三尺余，乃得一圆石，犹热，其人如拳，一头微锐，色如铁，重亦如之。"宋英宗治平元年是公元 1064 年。沈括已经注意到陨石的成分了。

在欧洲直到 1803 年以后，人们才认识到陨石是流星体坠落到地面的残留部分。

在我国现在保存的最古年代的陨铁是四川隆川陨铁，大约是在明代陨落的，清康熙五十五年（1716）掘出，重 58.5 千克。现在保存在成都地质学院。

▲沈括纪念大铜章

开普勒为天空立法

　　人类为了探索宇宙的奥秘经历了怎样艰辛的努力啊！有的人甚至为此赔上了性命。可是真理的光辉是遮掩不住的，它需要的是时间。行星的运动轨道是椭圆的，这在今天是常识问题，过去却曾困惑了许多人，直到开普勒出现，这一问题得到澄清……

获得第谷的宝贵资料

　　开普勒（1571～1630）出生在一个德国小市民家庭里。他降临到这个世间就遭到了许多不幸，天花使他成了麻子，猩红热弄坏了他的双眼。

▲开普勒

　　17岁那年，开普勒考入连蒂宾根大学，学习神学，1591年他获得了神学硕士学位。但因父亲负债累累，使他不得不中途退学。由于他体弱多病，他的父母认为他只适合做一名牧师，因为这个职业轻松一些。可是开普勒的数学才华非常出众，当他了解到一些有关自然科学的理论之后，对自然科学产生了浓厚的兴趣，就把当牧师的想法抛得一干二净，终于在奥地利的一所大学里教了自然科学。

　　1600年，30岁的开普勒贸然给素不相识的丹麦天文学家第谷写信。他把自己研究天文学的成果和想法告诉了第谷·布拉赫。第谷看后，对开普勒的才华惊叹不已，立即写信邀请他来当自己的助手。但是开普勒来到第谷的身边不到一年，老人便去世了。

　　开普勒从一开始就认识到，仔细研究火星轨道是研究行星运动的关键。因为火星的运动轨道偏离圆轨道最远，它使得哥白尼的理论显出了严重的缺陷。开普勒还认识到，对第谷准确的观察资料进行分析是整个问题的必不可少的先决条件。开普勒曾经写道：

　　"我们应该仔细倾听第谷的意见。他花了35年的时间全心全意地进行观察……我完全信赖他，只有他才能向我解释行星轨道的排列顺序。"

　　"第谷掌握了最好的观察资料，这就如他掌握了建设一座大厦的物质基础一样。"

　　"我认为，正当朗高·蒙太努斯全神贯注研究火星问题时，我能来到第谷身边，这是'神的意旨'，我这样说是因为仅凭火星就能使我们揭示天体的奥秘，而这奥秘由别的行星是永远揭示不了的……"

　　实际上，开普勒曾千方百计想获得他梦寐以求的第谷的观察资料。如果说他犯了偷窃罪，似乎也并不夸张，因为他自己就曾经承认："我承认，当第谷死的时候，我正是利用了没有或缺乏继承人这样的有利条件，使第谷的资料由我照管，或许可以说霸占了观察资料。"他自己又解释道："争吵的原因在于布拉赫家族有怀疑的天性和恶劣的态度；另一方面，也在于我自己有脾气暴躁和喜欢挖苦人的毛病。必须承认，滕纳格尔有充分的理由来怀疑我。我已占有了观察资料并且拒绝把它们交给继承人。"

发现面积定律

得到了第谷的观察资料以后，开普勒不断向自己提出了这样的问题："如果太阳确实是行星运动的起源和原因，那么这一事实在行星自身运动中如何体现出来？"他注意到，火星的运动在近日点比在远日点要快些，并且"想起了阿基米德"，于是，他用矢径（连接太阳和火星瞬时位置的矢量）的方法，算出了沿轨道运动的面积。开普勒写道："当我认识到，在运动的轨道上有着无数个点以及相应产生了无数个离太阳的距离，我产生了这样的想法：运动轨道的面积包括了这些距离的和。因为我回忆起阿基米德用同样的方法，将圆面积分解成无数个三角形。"

这就是开普勒于 1603 年 7 月发现面积定律的经过。牛顿把它称为开普勒三大定律的第二定律。从此以后，人们都这样称呼面积定律。开普勒用了五年多

▲第　谷

的时间才建立起这个定律；其实，早在 1596 年他发表《宇宙的奥秘》这本书之前，他就在探求这一规律，那时用的方法是把五个规则的多面体与当时已知的六个行星联系起来。

发现椭圆定律

面积定律能够确定轨道上各点的速度的变化，但不能确定轨道的形状。在他得出面积定律的最终表述的前一年，开普勒实际上就摒弃了行星运动轨道是圆的假说。1602 年 10 月他曾写道："行星轨道不是圆。这一结论是显而易见的——有两边朝里面弯，而相对的另两边朝外伸延。这样的曲线形状为卵形。行星的轨道不是圆，而是卵形。"

在作出火星轨道是卵形这一结论之后，开普勒又花了三年时间才确定它的轨道实际上是椭圆，当这一结论确立时，他写道：

"为什么我要在措辞上做文章呢？因为我曾拒绝并抛弃的大自然的真理，重新以另一种可以接受的方式，从后门悄悄地返回。也就是说，我没有考虑以前的方程，而只专注于对椭圆的研究，并确认它是一个完全不同的假说。然而，这两种假设实际上就是同一个。我不断地思考和探求着，直至我几乎发疯，所有这些对我来说只是为了找出一个合理的解释，为什么行星更偏爱椭圆轨道……噢，我曾经是多么的迟钝啊！"

这一定律是开普勒第一定律，又称椭圆定律。

发现周期定律

开普勒用了十年多的时间才发现了他的第三定律，也被称为周期定律或调和定律。即任何两个行星公转周期的平方与他们到太阳的平均距离的立方成正比。1618 年，开普勒在他的《宇宙的和谐》一书中表述了这个定律。下面就是开普勒自己对发现这个定律的描述："准确地说，就是在 1618 年 3 月 8 日这天，这一结论显现于我的脑海中。但不幸的是，当我试图用计算来证实它的时候，我又以为它是错误的，因而我抛弃了它。5 月 15 日，这个念头终于又回到了我的脑海中，并且以一种全新的方式使我豁然开朗。它与我 17 年来对第谷观察资料进行分析所得出的数据吻合得如此之好，以致刚开始的瞬间，我感到我好像在梦幻之中。"

至此，开普勒呕心沥血的漫长而艰辛的追求，终于结束了。

在他的第一本书《宇宙的奥秘》中，开普勒就说过："但愿我们能够活着看到这两种图像能够相互吻合。"22 年后，当他发现了他的第三定律，从而使得他的梦想得以实现时，开普勒在《宇宙的奥秘》再版中加进了这样的注释："22 年后，我们终于活着看到了这一天，并为此感到欢欣鼓舞，至少我是如此；并且我相信梅斯特林及其他人将分享我的快乐！"

《鲁道夫星表》

开普勒晚年根据他的行星运动定律和第谷的观测资料编制了一个行星表，为纪念他的保护人而定名为《鲁道夫星表》。星表出版需大笔资金，虽然威尼斯共和国支付了其中的大部分，但筹集余额仍给他带来不少麻烦。后来皇家财政机关予以补助，星表才得以在 1627 年印行。这是他当时最受人钦佩的功绩，由此表可以知道各行星的位置，其精确程度是空前的，直到 18 世纪中叶它仍被视为天文学上的标准星表。

伟大的意义

开普勒的行星运行三大定律是天文学的又一次革命，它彻底摧毁了托勒密繁杂的本轮宇宙体系，完善和简化了哥白尼的日心宇宙体系。开普勒对天文学最大的贡献在于他试图建立天体动力学，从物理基础上解释太阳系结构的动力学原因。虽然他提出有关太阳发出的磁力驱使行星作轨道运动的观点是错误的。但它对后人寻找出太阳系结构的奥秘具有重大的启发意义，为经典力学的建立、牛顿的万有引力定律的发现，都做出重要的提示。因此，他被称为"天空的立法者"。

哈雷彗星的回归周期

哈雷从 1531 年再向前推 75 年，则是 1456 年，但没有天文台观测资料，然而历史书上记载着，1456 年，出现过大彗星。再由此往上推，1380 年和 1305 年也都出现了大彗星，它们之间也是相隔 75 年或 76 年。哈雷运用万有引力定律，经过精密的计算以后，便断言：1682 年的彗星是太阳系的一员。下一次出现是 1758 年。

哈雷的发现与预言

1695 年，已是皇家学会书记官的哈雷开始专心致志地研究彗星。他从 1337 年到 1698 年的彗星记录中挑选了 24 颗彗星，用一年时间计算了它们的轨道。发现 1531 年、1607 年和 1682 年出现的这三颗彗星轨道看起来如出一辙，虽然经过近日点的时刻有一年之差，但可能解释为是由于木星或土星的引力摄动所造成的。一个念头在他脑海中迅速地闪过：这三颗彗星可能是同一颗彗星的三次回归。

对于这怪异彗星，哈雷的好友牛顿同样也提出了研究它的轨道的方法。彗星出现的一段时间，它在天空星座之间运行的路线是可以观测记录的。分析这些记录，可以算出它的轨道和速度，可以算出它和太阳相互吸引的作用力，从而取得很多数据。于是，通过这已知的数据，再运用万有引力的理论，就能算出彗星整个轨道的情形，包括它出现以前以及隐没以后在茫茫天空运行的情形。

哈雷按照牛顿提出的方法，计算了 1682 年大彗星的轨道。但是由于当时天文观测资料不够精确，似乎这轨道是一条抛物线，也就是从一端来，绕过太阳到另一端去，永远不回来了。然而经过仔细分析，发现这轨道又像是一个偏心率很大的椭圆。如果是一个偏心率很大的椭圆，那么彗星在离开太阳亿万千米以后，又会折回头，向太阳前进，重复出现在人类的眼前。

这轰动人类、扰乱天空的彗星，究竟是太阳系的常住户，还是天外飞来的过客？哈雷为此又去格林威治天文台，查阅历来观测彗星时留下的记录。他耗费了巨大的精力，进行无数次复杂的计算，发现 1607 年的那颗彗星和 1682 年的那颗彗星，有着相同的轨道。接着又发现 1531 年的彗星也和 1682 年的那颗轨道相同。同时人们描述见到的这三颗彗星的形状大小也相像。

"这三颗彗星实际上是同一颗彗星出现了三次！"哈雷想。

1682 – 1607 = 75

1607 – 1531 = 76

这三次出现，每两次之间相隔 75 年或 76 年，这就是这颗彗星出现的周期吗？

哈雷从 1531 年再向前推 75 年，则是 1456 年，但没有天文台观测资料，然而历史书上记载着，1456 年，出现过大彗星。再由此往上推，1380 年和 1305 年也都出现了大彗星，它们之间也是相隔 75 年或 76 年。

哈雷越来越坚定地相信，自己的推测是正确的。

哈雷运用万有引力定律，经过精密的计算以后，便断言：1682 年的彗星是太阳系的一员。它以椭圆形轨道绕太阳旋转，但是轨道的偏心率非常大；近日点靠近太阳，远日点则很远，比近日点要远百倍。它绕太阳一周时间需要 75 年或 76 年。他断定下一次出现是 1758 年。

1758 年到了。但这时哈雷已经去世了。然而爱好科学的人们却没有忘记哈雷的预言。他们期待着 1682 年的彗星再度出现。

预言得到了检验

满天星斗，像平常一样，没有出现什么异常现象。天文台的望远镜对准彗星将要出现的空间，也不见彗星的踪影。为什么彗星没有出现呢？难道万有引力的理论不灵吗？

对于万有引力的理论和计算，人们是找不出什么毛病来的。但是有些迷信保守的人，却仍然认为彗星是上帝发怒的信息。他们责备天文学家竟然欢迎一颗"灾星"。半年过去了，有些人用轻蔑的口气说哈雷的预言不过是胡说罢了而牛顿的万有引力理论只是一种幻想的假说！

这时候，法国数学家、天文学家克来罗站出来说话了。他通过精密的计算，发现：土星的引力使哈雷彗星迟到了若干天，而木星的引力又使它迟到若干天。因此，哈雷彗星的迟到，并不证明万有引力理论是幻想，恰恰相反，这证明万有引力理论是非常正确的！

2062 年左右哈雷彗星将再次回归

在历史上，从公元前 240 年起的每次回归我国都有所记载，最早的一次可能是周武王伐纣之年，即公元前 1057 年。哈雷彗星每隔大约 76 年都会按时回归。在哈雷彗星回归时，可以对它进行大量的观测研究。哈雷彗星的最近一次回归是 1986 年，中国和各国一样对它进行了大量的观测，发现了断尾现象。它的再次回归要等到 2062 年左右。

克来罗还断言：哈雷彗星在 1758 年是不会出现了，它将于 1759 年春天来到，大家热烈地欢迎吧！克来罗还算出，彗星将于 1759 年 4 月 13 日通过近日点。

1759 年 2 月的一天，人们注意到天空出现了一颗新星。

"哈雷彗星！"人们仔细地观察着这颗新星，而且希望它就是哈雷彗星。天文学家一天接一天地追踪它。

果然是哈雷彗星！它的尾巴一天比一天长，终于又像一把寒气逼人的利剑，辉煌地照耀了半个天空。

哈雷的预言实现了！万有引力的理论胜利了！

当时感觉美中不足的是，克来罗关于哈雷彗星将于 1759 年 4 月 13 日就通过了近日点的预言，不够准确。实际上，哈雷彗星 3 月 12 日就通过近日点，比他的预言要早一个月左右。这是什么原因引起的呢？

　　在 22 年以后，天文学家发现了新的大行星——天王星。后来又发现天王星的轨道有一些不规则，根据万有引力的理论来分析，在天王星轨道外还有一颗大行星在吸引它，影响它的运行。1846 年，人们根据万有引力理论而进行精密计算之后，天文台把望远镜对准计算到的小块空间，果然发现了肉眼不能见的大行星——海王星。这以后才知道，天王星和海王星曾在 1759 年拉动过哈雷彗星，促使它提早走向太阳。这样一来，克来罗计算的误差就得到了合理的解释。但这时候，克来罗本人也已经去世了。

太阳系的起源假说

　　16 世纪哥白尼提出的日心地动说，确立了太阳系的概念，正确地描述了太阳系的结构和行星、卫星的运动情况。哥白尼的学说使自然科学摆脱了神学的束缚，促进了自然科学的发展。从此人们对太阳的探索日益走向科学，在太阳系起源这个问题上提出了种种假说。

笛卡尔的涡流学说

▲ 笛卡尔

　　17 世纪，法国哲学家笛卡尔提出了关于天体形成的涡流学说，认为在太初混沌里，物质微粒逐渐获得了涡流式的运动，各种大大小小的涡流之间的摩擦把原始物质匀滑，挤出的物质落入涡流中心，形成了太阳；较细的物质飞走，形成了透明的天穹；较粗的物质块被俘获在涡流里，形成了地球和其他行星；在行星周围出现了次级涡流，它们俘获物质而形成卫星。笛卡尔的这个涡流学说，提出在万有引力定律被发现以前（1644）。牛顿在他的有名著作《自然哲学的数学原理》一书中提出了万有引力定律以后，人们很快认识到万有引力在天体的运动和发展中所起的重要作用，认识到不考虑万有引力作用的任何天体演化学说都是不能成立的。因此，后来在讨论天体演化问题时，便很少提到笛卡尔的涡流学说了。

康德的星云说

　　德国哲学家康德于 1755 年提出的星云说，认真考虑了万有引力的作用。详细论述这个学说的康德著作名叫《自然通史和天体理论》，副标题是"根据牛顿定理试论整个宇宙的结构及其力学起源"。这里说的"牛顿定理"，就是万有引力定律。康德认为，太阳系的所有天体是从一团由大大小小的微粒所构成的弥漫物质通过万有引力作用逐渐形成的。较大的质点把较小的质点吸引过去，逐渐形成大的团块。团块在运动中经常发生碰撞，有的碰碎了，有的则结合成更大的团块。弥漫物质团的中心部分就集聚成太阳。所以，康德认为，整个太阳系，包括太阳本身在内，是由同一个星云主要通过万有引力作用而逐渐形成的。这个主要论点在今天看来仍然是正确的。康德又认为，行星的自转是由于落在行星上面的微粒把角动量加到行星上而产生的。行星的吸引"迫使靠近太阳的、以较快速度运转的微粒离开了它们原来的轨道方向，使之沿着长椭圆的轨道运行并升到行星之上。这些微粒因为具有比行星本身更大的速度，所以当它们被行星吸引而下落时，就给它们的直线下落以及其他质点的下落运动一个自西向东的偏转。"今天来看，康德关于行星自转起源的论点也基本上是正确的，不过细节上需要修改。落到行星上的不仅有质点、微粒，也有由微粒形成的团块，在行星形成过程后期，还会有很大的固体块（称为星子）落到生长中的行星（称行星胎）上。

拉普拉斯的星云说

法国数学和物理学家拉普拉斯于 1796 年出版了一本科学普及读物《宇宙体系论述》。在这本书的 7 个附录的最后一个附录里，拉普拉斯用几页的篇幅叙述了他对太阳系起源的看法，提出了他的星云假说。他在提出这个学说的时候，并不知道康德已于 41 年前提出过一个类似的学说，更未看到康德的书。这是因为，康德的书是匿名（书上未写作者的真实姓名）出版的，初版的印数也不多。在拉普拉斯发表他的星云说以后，人们才回想起几十年前就曾提出过一个类似学说的这本书，并知道了它是康德所写的。此后，该书才得到再版和广泛流传。

拉普拉斯认为，太阳系是由一个气体星云收缩形成的。星云的体积最初比今天的太阳系大得多，大致呈球状，温度很高，缓慢地自转着。后来，星云逐渐冷却和收缩，由于角动量守恒，星云收缩时转动速度增加，离心力越来越大，在离心力和密度较大的中心部分的吸引力的联合作用下，星云越来越扁。到了一定时候，作用于星云表面赤道处的气体质点的惯性离心力便等于星云对它的吸引力，这时候，赤道面边缘的气体物质便停止收缩，停留在原处，于是形成一个旋转气体环。随着星云的继续冷却和收缩，分离过程一次又一次地重演，便逐渐形成了和行星数目相等的多个气体环，各环的位置大致就是今天各行星的位置。星云中心部分，则收缩成太阳。在各个气体环内，物质的分布不是均匀的，密度较大的部分把密度

▲拉普拉斯

较小的部分吸引过去，逐渐形成了一些气团，在大致相同的轨道上绕太阳转动。由于互相吸引，小气团又集聚成大的气团，最后结合成行星。刚形成的行星（原行星）还是相当热的气体球，后来才逐渐冷却、收缩、凝固为固态的行星。较大的原行星在冷却收缩时又可能如上述那样分出一些气体环，形成卫星系统。拉普拉斯认为，气体环就像刚体那样旋转着，外部的线速度比内部的大，所以环凝聚成行星以后，行星就正向自转起来。最后，太阳的自转是原始星云自转的必然结果。土星光环是由没有结合成卫星的许多质点构成的。

拉普拉斯星云说的主要论点是：整个太阳系是由一个自转着的星云收缩而形成的。星云收缩时，由于角动量守恒，自转速度越来越大，到一定时候，赤道处离心力等于

吸引力，便有物质留下来，后来这些物质就形成行星。今天来看，这个主要论点仍然是正确的。但是，拉普拉斯认为，星云开始时很热，由于冷却才收缩。今天知道，星际云并不热，温度平均只有绝对温度 10 到 100K 左右，即冰点以下摄氏 $-173°$ ～ $-263℃$。收缩不是由于冷却而是由于自吸引发生的，星云越收缩，温度越高。另外，在赤道面形成的也不是一系列的星云环，而是一整个星云盘。计算表明，如果原始星云的角动量等于今天太阳系的总角动量，那么，当星云收缩到今天太阳系的大小时，赤道处的离心力远远小于吸引力，不可能留下物质来形成星云盘。所以必须认为，原始星云的质量比今天的太阳系大，角动量也比今天太阳系的角动量大好多，后来一小部分物质离开了太阳系，带走了绝大部分的角动量，才能够解决这个矛盾。拉普拉斯的星云说和康德的星云说都没有说明太阳系的角动量分布。

赫歇尔发现天王星

天王星是太阳系的第七颗大行星，这颗蓝绿色星球的发现过程没有海王星、冥王星那样的传奇色彩，然而它却是人类有史以来第一颗有发现记录的行星。虽然在发现它之前人类就已经知道另外六颗行星，不过谁也不清楚第一个发现它们的人。天王星的发现造就了一位近代著名的天文学家——赫歇尔，他为天文学的发展做出了不可磨灭的贡献。

惊世发现

赫歇尔（1738～1822）出生于德国的一个音乐世家，早年继承父业，在德国近卫军团中担任乐师。17岁时他移居英国，当过音乐教师、演奏员、曲作者。凭借音乐才华，他谋到了英国皇家乐队钢琴师的职位。赫歇尔兴趣十分广泛，特别爱好天文学。他亲手磨制镜面，制作天文望远镜，从事天文观测。

1781年是他的命运发生转折的一年。这年初春3月的一天夜晚，43岁的赫歇尔又一次操纵着他自己制作的望远镜，开始进行天文观测。他将望远镜瞄准熟悉的星空，在那里有一颗明亮而带暗绿色的小星。几年来，赫歇尔一直在关注这颗不起眼的小星。由于这颗小星在天空中极其缓慢地移动，而且不会"眨眼"，所以赫歇尔认为它不是一颗恒星。起先，他认为这是一颗彗星，而没有想到它是行星，因为从没有听说有人发现过行星。于是，他在论文《一颗彗星的报告》中公布了自己的发现。但这颗奇怪的"彗星"却没有尾巴，轨道也与彗星的不同。经过其他天文学家继续

▲赫歇尔

观测、计算，终于认识到这不是彗星而是行星，并得出它与太阳的距离为19个天文单位。由于历史上从未有过行星发现者的记录，因此这一发现成了惊世之作。

得名来历

英王乔治三世在1782年特别任命赫歇尔为英国宫廷天文学家，享受终身的俸禄，还赐予他一栋漂亮的住宅。作为回报，赫歇尔提议用英王乔治的名字来命名这颗新发现的行星。赫歇尔的提议遭到了其他天文学家反对，他们建议用赫歇尔的名字命名。在激烈的争论之后，大家一致同意依照行星命名的惯例，用希腊神话中的人物之名把这颗新发现的行星命名为乌拉诺斯。乌拉诺斯是希腊神话中的第一位君土，也是众神

之王宙斯的祖父，后来被他的儿子克拉诺斯推翻。残暴的克拉诺斯生怕重蹈父亲乌拉诺斯的覆辙，活活吞噬了自己的儿子们。宙斯是他最小的儿子，在祖母该亚的帮助下逃过了灭顶之灾。他长大后经过浴血奋战，最终推翻了残暴的克拉诺斯，夺取了王位。木星和土星就是用希腊神话中的宙斯和克拉诺斯命名的，天王星远在木星和土星之外，当之无愧地取得了乌拉诺斯的称号，这也就是中文译名"天王星"的来历。天王星一时成了至高无上的星星，后来随着海王星和冥王星的发现，才使这位"天王"的地位逐渐丧失。

躺着自转

天王星与太阳的距离是地球的 19 倍，每 84 个地球年才绕太阳一周。从被发现到今天，它绕太阳只转了约 2 周半。天王星的质量是地球的 15 倍，其体积约是地球的 4 倍，所以一个 100 千克重的人在天王星上只会有 91 千克重。

天王星与后来发现的海王星在大小、质量、外表颜色上都差不多，它们就像一对姐妹星。从外表看，天王星呈蓝绿色，这是它大气内的甲烷和乙炔吸收太阳光中的红光的结果。由于外表缺乏特征，因而有人将天王星比作桌球台上的"母球"。它最外的一层是大气层，表面覆盖着很厚的云层，其大小与地球上的大陆差不多。大气层以下是液态氢层和由固态水、氨和甲烷造成的冰幔层。天王星可能有个由熔岩与金属组成的核心，直径约 17000 千米，温度估计为 7000℃。

天王星最特别之处是它的自转，它几乎是躺着转动的，在近日点自转轴几乎对着太阳，而其他行星（除了金星倒着转以外）的自转轴都是几乎垂直于公转轨道面的，倾斜角度不超过 30°。

奇特的自转方式造成了天王星上特殊的昼夜交替和季节。如果你能长时间处于天王星的北半球，你首先将度过只有白天、没有夜晚的 21 年漫长的夏天，接着的 21 年有正常的昼夜交替，那是天王星的秋季，然后将度过连续 21 年只有黑夜、没有白天的冬天，最后是 21 年有正常昼夜交替的春天。一个寿命为 84 岁的地球人，在天王星上一生只有一个春夏秋冬。对地球来说，春天是最美好的季节，冰雪融化，柳绿花红；而天王星的春天却是最可怕的季节，飓风是进入春天的标志。春天的到来使在 21 年黑暗冬季里冰冻的天王星大气得以解冻，并形成飓风，温度达 −150℃ 的飓风以每小时500 千米的速度移动，横扫数千千米。1999 年，哈勃太空望远镜第一次观测到了这种可怕的飓风。

奇特的自转方式还形成了奇特的磁场。1986 年，"旅行者 2 号"飞船在飞近天王星时发现，天王星的磁场尾部被绞成麻花状，好像开启软木塞的螺丝钻。

变星的发现

天文学上把那些亮度时常变化的恒星称作变星。变星是由于内在的物理原因或外界的几何原因而发生亮度变化的恒星。现在已发现的变星有 2 万多颗，著名的造父变星、新星、超新星等都属于变星。按光变的起源和特征，可将变星划分为 3 大类：食变星、脉冲星和爆发星。

有趣的变星

古代西方世界一直以为，"上帝"所创造的宇宙是和谐而完美的，天上的星星也是亘古不变的，它们的位置从来不会变更，所发出的星光也不会有丝毫改变。然而在 1596 年 8 月，荷兰一个名为法布里修斯的牧师在鲸鱼座内，发现了一颗明亮的 3 等星，而他清楚地知晓，在那个天区内原本根本没有什么肉眼可见的恒星。正当他狐疑不决时，几个月后这颗亮星却又从视野中消失，怎么也找不到了。当他把此事向天文界通报时，却受到了人们的奚落和嘲笑。1617 年法布里修斯遭到暗杀而死，直到 21 年后的 1638 年，人们才得知，原来这是一颗长周期的变星——蒭藁增二（鲸鱼 O）型变星，这个牧师的发现才得到公认。这颗变星在中国古代早就发现了。

1783 年，英国一个 19 岁的聋哑青年古得利克，在对大陵五（英仙 β）的星光进行了长达半年多的认真观测，不仅测出了它的光变周期，而且指出，它实际上并非是一颗星，而是两颗靠得很近的恒星，因为它们在互相绕转时，彼此遮挡而造成了它的星光的变化。同法布里修斯一样，他最初得到的也是奚落和嘲笑。直到 1880 年，这个天才发现才为美国天文学家皮克林所证实。

所以大陵五型变星实际上不是真正的变星，而是一种"几何变星"，或者说是一种"食变星"。

变星中最重要的是"造父变星"，这是一种光亮变化极有规律的脉动变星。其光亮变化的原因是那些星体正在作有节律的膨胀与收缩：星体膨胀时光度变强，收缩时星光变弱，而且它的变化周期与其光度强弱有密不可分的关系，这就是周光关系。而天文学家从这个重要的关系中得到了一把难得的"量天尺"——通过测量它的光变周期，而求出它所发出的光强，与实际观测到的亮度相比，也就可以算出它离我们的实际距离。

中国天文学家的发现

在变星的发现上，中国天文学家也有不少建树。1947 年 43 岁的中国天文学家张云就发现了一颗麒麟 FW 变星，这也是我国近代天文学家发现的第一颗变星。张云早年毕业于法国里昂大学，相继获得理科硕士、天文学博士学位，1925 年曾列席在英召开的国际天文学联合会第二届大会。回国后他创建了中山大学天文系，致力培养天文人才，为了让"天学无继的中国迎头赶上"，他以变星观测作为突破口，主持和组织人力长期坚持对变星的观测研究，所发表的多篇论文在当时也具有很高的学术水平，除了麒麟 FW 变星外，他还发现了 1 颗新的北冕 R 型变星——鹿豹 XX 星。

▲ 麒麟 V838 变星

1939 年曾获法国国家博士学位的程茂兰，于 1935 年通过对大陵五的独到的精心观测，为当时对爱因斯坦光速不变原理的争论，提供了有力的观测证据。他在法期间，曾对 8 颗"共生星"（光谱中既有高温发射线，又有低温吸收线，实际上它是双星，也常是食变星的一种）北冕 T、仙女 z、飞马 AG、英仙 AX、天鹅 BF、盾牌 FB、天鹰 R、玉夫 RY 进行了长达 11 年的观测研究，并得到了一些结论。他的系列工作曾是法国恒星光谱分析研究工作成就的重要组成部分，当时在国际上也处于领先的地位。

紫金山天文台

紫金山天文台总部观测站始建于 1934 年，位于南京市东南郊风景优美的紫金山上，在青海、江苏、山东、黑龙江、云南等地还有其他观测站。这是我国自己建立的第一个现代天文学研究机构。紫金山天文台的建成标志着我国现代天文学研究的开始。中国现代天文学的许多分支学科和天文台站大多从这里诞生、组建和拓展。由于她在中国天文事业建立与发展中做出的特殊贡献，被誉为"中国现代天文学的摇篮"。

紫金山天文台的初毓华、黄长春等人也曾有所建树，初毓华在球状星团 M15 中一下就发现了 3 颗天琴 RR 变星，这种短周期变星也称"星团变星"。天文学家常用它来测出星团距离的准确值，也可用此来研究银河系的结构。后来他还发现了 1 颗矮造父变星；黄长春与其研究小组也在大量观测的基础上，发现了许多变星和可疑变星，黄一人发现了 1 颗超短周期变星，5 颗耀星和 2 颗脉动变星，前者后来被国际天文学联合会命名为"金牛 831 号变星"。接着他又对仙女 z、天鹅 cI、天龙 AG 等多颗典型的共生星进行了系统的观测与研究，尤其是发现天龙 AG 具有明显的超巨星特征，并把它列为 K0 型超巨星。他一系列的研究成果，得到了国际同行的高度重视，也被反复引用五六十次之多。此外姚保安也发现了一些奇特的小变幅短周期变星；蒋世仰等在变星的周期变化研究方面也有众多的闪亮点，这方面在国际上也具有相当的优势。

北京天文台的黄磷，利用去美国麦克唐纳天文台进修的机会，集中精力对脉动变星进行了精密光电测光和频谱分析，发现了 4 个盾牌 δ 型变星和 4 个其他类型的脉动变星，他的一些论文与观测所得的结果都曾被广泛引用。

地球自转的发现

我们脚下的地球就好像个巨大的陀螺，当用绳绕上然后拉或用鞭抽打时，可以在地上旋转一样，它也在分秒不停地自西向东旋转，每自转一圈就是一昼夜。因为地球是向东转动，而大铁球的惯性却始终是保持原来南北的摆动方向，这就产生了大铁球摆动而向西偏转的现象，因而和地板上的线段有了一个较大的夹角。

付科的实验

1851 年的一天，法国物理学家付科和他的两个助手一同走进巴黎大教堂。人们去教堂这本是正常事，没什么大惊小怪的。然而让人奇怪的是，他们并没有做礼拜或忏悔。只是东走走，西看看，后来在大教堂中间止步，仰望一阵子屋顶后就出去了。

教堂看管觉得这几个人形迹可疑，于是很快就向主教做了汇报。主教说，要提防他们，一防他们行窃，二防他们搞破坏。

第二天，付科等三人果真又进了大教堂，看管闪身躲在暗处，紧紧盯住他们的一切行踪。这时，只见其中的一个年轻人腰系一根长绳，向屋脊下的一根大梁攀登。啊！登上去了莫非要盗窃古物？看管人员这样想。但是那个人将绳子的一端在大梁上系紧后就下来了，这才使那个教堂看管松了一口气。

真是"一波未平，一波又起"。站在下

▲巴黎圣心大教堂

面的那个年轻人又开始忙乎了，他将一个黑色的圆铁球悬吊在绳子的末端，接着又在地板上沿南北方向画了一道白线，然后沿白线方向使劲把铁球推向前去，一松手，大铁球就沿着白线方向来回摆动起来。

教堂看管暗想：他们想干什么？是不是想搞定时炸弹？那个圆家伙很可能是以摆动次数来计时的定时炸弹……想到这里，他便从隐蔽处迅速冲上前去，并大喝一声："住手！你们想搞破坏！"随即用双手稳住了大铁球。

付科说："请你不要激动，撒开手，让我们做完实验，然后再跟你解释。"

"做什么实验？"看管员问。

"证明地球在自转的实验。"付科严肃地回答。

"地球在自转？真能骗人！我怎么看不见地球在转动呢？"看管员说道。

"那就请看我们的实验吧！"付科说完又让助手推动大铁球沿白线方向摆动。

过了几个小时之后，铁球仍在摆动，但是摆动的方向逐渐从东向西偏转了，这时已和在地板上画的南北的直线形成了较大的角度。付科指着这种现象便对教堂看管说："看见了吧！这就证明地球在自转。"

"这种角度怎么能证明地球在转动呢？"教堂看管越发莫名其妙了……

摆动中的学问

看到这里你或许会问：是大铁球在摆动过程中自行变更了方位吗？其实不然，大铁球靠自身的惯性始终保持着原来摆动的方向。那么这是怎么回事呢？

原来我们脚下的地球就好像个巨大的陀螺，当用绳绕上然后拉或用鞭抽打时，可以在地上旋转一样，它也在分秒不停地自西向东旋转，每自转一圈就是一昼夜。因为地球是向东转动，而大铁球的惯性却始终是保持原来南北的摆动方向，这就产生了大铁球摆动而向西偏转的现象，因而和地板上的线段有了一个较大的夹角。如果在地球南北两极做这个实验，设法使大铁球连续摆动 24 小时，这时人们将会看到，大铁球的摆动平面刚好旋转了 360°。

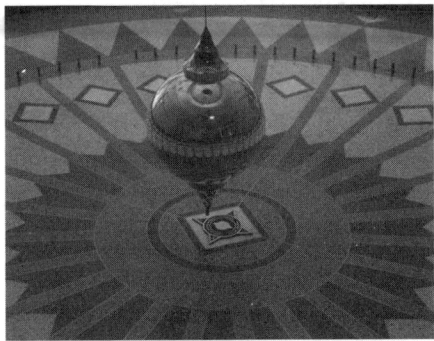

▲付科摆

这件事发生在 100 多年前，当时科学还不很发达，很多自然奥秘尚未被揭示出来，人们根本不相信人类居住的地球在自转。当人们在巴黎大教堂亲眼目睹过付科的实验，并听到他的解释后，就改变了看法，相信地球在自转的人就会多起来。为了表彰付科的功绩，后人便把这种铁球大摆命名为"付科摆"。今天，包括北京西郊动物园斜对面的北京天文馆在内的世界各地的许多天文馆大厅里，都悬挂着又长又大的"付科摆"，因为它能向人们揭示地球在自转的秘密。

太阳元素的发现

在茫茫宇宙中，太阳是一颗非常普通的恒星，然而对于我们人类来说，它却是非常重要的，我们一切的生存资源几乎全赖太阳的恩赐，所以研究太阳，了解太阳元素的构成是我们一直探究的课题。

发现第一个太阳元素——氦

1868 年 8 月 18 日，印度发生了一次日全食。法国经度局研究员、米顿天体物理天文台台长詹森为了抓住这千载难逢的观测机会，特意带着他的考察队专程赶往印度观测，希望弄清日珥现象产生的原因。他在观测日全食时发现太阳的谱线中有一条黄线，并且是单线。而钠元素的谱线是双线，所以詹森肯定它不是早就发现的那种钠元素，第二天的观测也证实了这一点。

▲日全食

詹森把太阳中存在又一新元素的重大发现写信通知了巴黎科学院，1868 年 10 月 26 日这一天，詹森收到了另一封内容相同的信，那是英国皇家科学院太阳物理天文台台长洛克耶寄来的。两个著名科学家不约而同的发现，使人们确认了这是一个新元素。这就是在地球上发现的第一个太阳元素——氦。后来，人们在地球上也发现了氦元素。

发现残缺的铁原子——氪

在 1869 年和 1870 年，科学家们又进行了两次日全食观测，人们又发现了一条绿色的谱线，天文学家们证实这也是一种新元素，并给它命名为"氪"，但这个元素后来没有被列入化学元素周期表。瑞士光谱学家艾德伦经过 70 多年的研究，发现"氪"不过是一种残缺的铁原子——铁离子。它是失去 9 ~ 14 个电子的铁，是一种极其特殊的环境下的铁。

其他太阳元素的发现

经过长期的观测，科学家们发现，太阳上元素最多的是氢和氦，比较多的元素有氧、碳、氮、氖、镁、镍、硫、硅、铁、钙等 10 种，还有 60 多种含量极其稀少的元素。到 20 世纪 80 年代，科学家们认定的太阳上有 73 种元素。此外还可能有从氢到氖 19 种元素存在，其中包括 9 种放射性元素。

宇宙射线的发现

所谓宇宙射线，指的是来自于宇宙中的一种具有相当大能量的带电粒子流。宇宙射线的迹象在最初用游离室观测放射性时就被人们注意到了，起初曾认为验电器的残余漏电是由于空气或尘土中含有放射性物质造成的。

宇宙射线最初的迹象

1903 年，英国物理学家卢瑟福和库克发现，如果小心地把所有放射源移走，在验电器中每立方厘米内，每秒钟还会有大约 10 对离子不断产生。用铁和铅把验电器完全屏蔽起来，离子的产生几乎可减少 3‰。他们在论文中提出设想，也许有某种贯穿力极强，类似于 γ 射线的辐射从外面射进验电器，从而激发出二次放射性。

莱特、沃尔夫等物理学家先后采用各种方法进行了试验。人们发现，这种不明来源的放射性与当时人们比较熟悉的放射性相比具有更大的穿透本领，因此人们提出这种放射性可能来自地球之外——这就是宇宙射线最初的迹象。

赫斯的发现

▲ 赫　斯

奥地利物理学家赫斯是一位气球飞行的业余爱好者。他设计了一套装置，将密闭的电离室吊在气球下，电离室的壁厚足以抗一个大气压的压差。他乘坐气球，将高压电离室带到高空，静电计的指示经过温度补偿直接进行记录。他一共制作了 10 只侦察气球，每只都装载有 2~3 台能同时工作的电离室。

1911 年，第一只气球升至 1070 米高，在那一高度以下，辐射与海平面差不多。第二年，他乘坐的气球升空达 5350 米。他发现离开地面 700 米时，电离度有些下降，800 米以上似乎略有增加，而后随着气球的上升，电离持续增加。在 1400~2500 米之间显然超过海平面的值。在海拔 5000 米的高空，辐射强度竟为地面的 9 倍。由于白天和夜间测量结果相同，因此赫斯断定这种射线不是来源于太阳的照射，而是宇宙空间。

科学家赫斯认为应该提出一种新的假说："这种迄今为止尚不为人知的东西主要在高空发现……它可能是来自太空的穿透辐射。" 1912 年赫斯在《物理学杂志》发表题为"在 7 个自由气球飞行中的贯穿辐射"的论文。

1914 年，德国物理学家柯尔霍斯特将气球升至 9300 米，检测出游离电流竟比海平面大 50 倍，这确证了赫斯的判断。

宇宙射线研究热

赫斯的发现引起了人们的极大兴趣，从那时开始，科学界对宇宙射线的各种效应和起源问题进行了广泛的研究。最初，这种辐射被称为"赫斯辐射"，后来被正式命名为"宇宙射线"。当时，许多物理学家怀疑赫斯的测量，并认为这种大气电离作用不是来自太空，而是起因于地球物理现象，例如组成地壳的某种物质发出的放射性，但被实验一一否决。现在普遍认为，宇宙线是来自宇宙空间的高能粒子流的总称。

科学家认为，长期以来普遍受到国际社会关注的全球变暖问题很有可能与宇宙射线有直接关系。这种观点认为，温室效应可能并非全球变暖的唯一罪魁祸首，宇宙射线有可能通过改变低层大气中形成云层的方式来促使地球变暖。这些科学家的研究认为，宇宙射线水平的变化可能是解释这一疑难问题的关键所在。他们指出，由于来自外层空间的高能粒子将原子中的电子轰击出来，形成的带电离子可以引起水滴的凝结，从而可增加云层的生长。也就是说，当宇宙射线较少时，意味着产生的云层就少，这样，太阳就可以直接加热地球表面。

此外，几位美国科学家还认为，宇宙射线很有可能与生物物种的灭绝与出现有关。他们认为，某一阶段突然增强的宇宙射线很有可能破坏地球的臭氧层，并且增加地球环境的放射性，导致物种的变异乃至于灭绝。另一方面，这些射线又有可能促使新的物种产生突变，从而产生出全新的一代。这种理论同时指出，某些生活在岩洞、海底或者地表以下的生物正是由于可以逃过大部分的辐射才因此没有灭绝。

时至今日，人类仍然不能准确说出宇宙射线是由什么地方产生的，但普遍认为它们可能来自超新星爆发或来自遥远的活动星系，它们无偿地为地球带来了日地空间环境的宝贵信息。科学家希望接收这些射线来观测和研究它们的起源和宇宙环境中的微观变幻。

在现代物理学发展史中，宇宙射线的研究占有重要的地位，许多新的粒子都是首先在宇宙射线中发现的。近年来宇宙射线研究取得了很大成就，人们越来越认识到宇宙射线和粒子物理、天体物理密不可分，宇宙射线研究已经成为探索宇宙起源、发展历史、天体演化、空间环境等科学之谜的极为重要的途径。随着科技的发展，宇宙射线研究的手段越来越先进，范围越来越广，期待人类能尽早揭开宇宙射线的神秘面纱。

星系的发现

星系是一个宏大的天体系统，它包含了几十亿至几百亿甚至上千亿颗恒星及星际气体和尘埃，空间尺度达到几亿亿千米以上，实在是超级"庞然大物"。然而，人们直到20世纪初才真正发现它们。按照当今世界上最为流行的哈勃星系分类系统，星系被分为椭圆星系、旋涡星系和不规则星系三种类型。另外还有一种特殊星系。

星云与宇宙岛

在生活中，我们有一个常识，一个物体离我们越近，就可看得越清楚，当物体逐渐远去，它的像也就逐渐模糊，那是物体对观察者来说张角逐渐变小的缘故。到一定距离，我们就看不见它了。星系虽然那么庞大，但它们离地球实在太远，就拿最近的星系大麦哲仑星云来说，它离我们16万光年，光年是光在一年中所走过的路程，光每秒钟可绕地球7个半圈。计算得出1光年是9万多亿千米，16万光年就约是150亿亿千米，因此，肉眼看上去，大麦哲仑星云就是一小片云雾状天体。

17世纪，望远镜发明了，这种神奇的仪器可使得物体对人眼睛的张角增大，让人可以看清更遥远的物体。用望远镜来观测天空，人们又陆续观测到一些云雾状的天体，开始，以为它们都是气体云，而且和恒星一样是银河系内的天体，并称之为星云。

不过也有人对此有不同看法，18世纪，德国的哲学家康德以及英国和瑞典的两位天文学家都猜测这些所谓星云是和银河系一样由恒星组成的天体系统，只是因为距离太远而分辨不出一颗颗的星来。如果把宇宙看作一个浩瀚的海洋，这些天体系统就犹如海中的岛屿，因而被形象地称为"宇宙岛"。

随着望远镜越造越大，人们可以看到这些星云的更进一步的细节了，正如康德他们所猜测的那样，星云在望远镜中分离成了一颗颗暗弱的星星。但是问题并没有完全解决，那就是，它们是银河系内的恒星集团，还是银河系之外的天体系统呢？

造父变星

根本的问题集中到距离上来了，可它们离我们十分遥远，通常所用的三角视差测距法已经无法测出它们的距离。1917年，美国的天文学家G·W·里奇在威尔逊山天文台所摄的一个星云照片中发现了一颗新星，因为新星极其暗弱，他认为星云应该极其遥远，是银河系之外的天体，但是给不出准确距离，无法让人信服。

怎么办呢？难道人们在此困难面前真是束手无策吗？正是"山重水复疑无路，柳暗花明又一村"，造父变星周光关系的发现为我们打开了新的途径，造父变星是一种脉动变星，天文学家发现它的光变周期与绝对光度有确定关系，大体上是接近于成正比的。光变周期越长，它的绝对光度就越大。测出了它的光变周期，就可以算出它的绝对光度，而我们看到星的亮度是与它离我们的距离的平方成反比的，从而由造父变星观测到的亮度和它的绝对亮度的比值就可以推算出距离来。

1924 年，美国的天文学家哈勃用威尔逊山天文台的 2.5 米大望远镜在仙女座星云，三角座星云和星云 NGC6822 中发现了造父变星，并且由周光关系算出了它们的距离，推出它们是银河系之外的天体系统，并称之为河外星系。到这时，星系才算真正发现了。

哈勃星系分类系统

按照当今世界上最为流行的哈勃星系分类系统，星系被分为椭圆星系、旋涡星系和不规则星系三种类型。然而，目前已经被发现的星系中，还有一些不能简单地归入哈勃系统中的另一类，有的星系还具有一般星系所没有的特殊性质，我们将它们统称为特殊星系。

到目前为止，天文学家已经发现了许许多多的特殊星系并按照这些星系的性质把它们分为不同的类型。目前已知的特殊星系主要有：类星体、塞佛特星系、N 型星系、射电星系、马卡良星系、致密星系、蝎虎座 BL 型天体、有多重核的星系及有环的星系等。这些星系的命名，有的是根据历史情况，有的是根据星系特性，有的是根据发现者的名字而来的。这些星系之间有重叠交错的情况。例如，马卡良星系中至少有 10% 可归入塞佛特星系，N 型星系中许多又是射电星系。这些特殊星系的特殊性质主要是由于星系核的活动或者是主伴星系之间的相互扰动所造成的。

星系冕

宇宙中有这样一种"帽子"，它环绕在星系之外，质量巨大，但用一般的方法却看不见，这就是星系之帽——星系冕。1974 年初，苏联塔尔图天文台的天文学家对 100 多个星系的运动速度随机变化进行分析，因为速度变化范围和质量有关，由速度变化范围分析结果发现星系外面尚有一个巨大的质量包层。随后，美国天文学家也证实了苏联人的这一发现。星系冕的发现有极其重要的意义，它说明宇宙中物质可能绝大部分是以我们看不见的物质形态存在，形成为可见星系或恒星的，则只是其中的一小部分。

宇宙起源的大爆炸学说

关于宇宙是如何起源的？这是从 2000 多年前的古代哲学家到现代天文学家一直都在苦苦思索的问题。直到 20 世纪，出现了两种"宇宙模型"比较有影响。一是稳态理论，一是大爆炸理论。

稳态理论

若干世纪以来，很多科学家认为宇宙除去一些细微部分外，基本没有什么变化。宇宙不需要一个开端或结束。即使是在发现宇宙正在膨胀之后，这种想法也没有被放弃。托马斯·戈尔德、赫尔曼·邦迪和弗雷德·霍伊尔于 20 世纪 40 年代后期提出，物质正以恰当的速度不断创生着，这一创生速度刚好与因膨胀而使物质变稀的效果相平衡，从而使宇宙中的物质密度维持不变。这种状态从无限久远的过去一直存在至今，并将永远地继续下去。宇宙在任何时候，平均来说始终保持相同的状态。稳态理论所要求的创生速率很小，每 100 亿年中，在一立方米的体积内，大约创生 1 个原子。稳态理论的优点之一是它的明确性。它非常肯定地预言宇宙应该是什么样子的。也正因如此，它很容易遭受观测事实的质疑或反驳。当宇宙微波背景辐射被发现后，这一理论基本上已被否定。

大爆炸理论

1927 年，比利时天文学家勒梅特提出一个十分有趣的理论。他认为，宇宙的物质和能量最初装在一个"宇宙蛋"内，今天的宇宙是这个不稳定的宇宙蛋灾难性地爆炸后膨胀的后果。1929 年，美国天文学家哈勃测量星系的谱线之后，发现谱线与星系距离的定量关系。由此可知，现在星系都在彼此退行着。

20 世纪 40 年代，美籍俄国天体物理学家伽莫夫对勒梅特的理论十分赞赏，并把它称作"大爆炸理论"。伽莫夫对这一理论深入研究，描述宇宙混沌之初的情景，并断言对大爆炸遗迹观测应该对应着一个温度为 5K（−268℃）的宇宙微波背景辐射。

大爆炸宇宙论把宇宙 200 亿年的演化过程分为三个阶段。第一个阶段是宇宙的极早期。那时爆发刚刚开始不久，宇宙处于一种极高温、高密的状态，温度高达 100 亿摄氏度以上。在这种条件下，不要说没有生命存在，就连地球、月亮、太阳以及所有天体也都不存在，甚至没有任何化学元素存在。宇宙间只有中子、质子、电子、光子和中微子等一些基本粒子形态的物质。宇宙处在这个阶段的时间特别短；短到以秒来计。

随着整个宇宙体系不断膨胀，温度很快下降。当温度降到 10 亿摄氏度左右时，宇宙就进入了第二个阶段，化学元素就是这个时候开始形成的。在这一阶段，温度进一步下降到 100 万摄氏度，这时，早期形成化学元素的过程就结束了。宇宙间的物质主要是质子、电子、光子和一些比较轻的原子核，光辐射依然很强，也依然没有星体存在。第二阶段大约经历了数千年。

当温度降到几千摄氏度时，进入第三个阶段。200 亿年来的宇宙史以这个阶段的时间最长，至今我们仍生活在这一阶段中。由于温度的降低，辐射也逐步减弱。宇宙间充满了气态物质，这些气体逐渐凝聚成星云，再进一步形成各种各样的恒星系统，成为我们今天所看到的五彩缤纷的星空世界。

大爆炸理论刚提出的时候，并没有受到人们广泛的赏识。但是，在它诞生以后的 70 余年中，不断得到了大量天文观测事实的支持。

例如，人们观测到河外天体有系统性的谱线红移，用多普勒效应来解释这种现象，红移就是宇宙膨胀的反映，这完全符合大爆炸理论。

20 世纪 60 年代，美国贝尔实验室中两名科学家在进行通信研究时，意外地发现了宇宙微波背景辐射的温度。经反复测量，这个温度约为 3K 左右。这对大爆炸理论当然是一个极其鼓舞人心的支持。

20 世纪 80 年代，美国天体物理学家古特又对大爆炸理论进行修改，他引入粒子物理学的一些新理论，建立了暴胀理论。

毕竟还是理论

尽管大爆炸理论是一个很好的理论，但是，能否在实验室内演示一下大爆炸的演变过程呢？这是一个很有趣的想法。20 世纪 80 年代末，欧洲的一些科学家在巨大的正负电子对撞机上进行这个尝试。这台对撞机有一条长长的管道穿越瑞士和法国交界地区。实验的初步结果表明，150 亿年前发生的大爆炸过程中，许多自然界不存在的且寿命极短的粒子曾经诞生，并在极短时间内形成恒星和星系物质。

现在，大爆炸学说已得到三方面的支持：宇宙在膨胀着、氦元素丰度为 30% 和 3K 背景辐射。但这还不能说明该理论完全正确。美国国家科学院天文学调研委员会对大爆炸学说曾这样评价："现在已掌握的资料尚不精确；对它们的解释或许尚有问题；这个理论也许是错误的。"并指出进一步检验的必要。特别是宇宙起点前的样子、膨胀宇宙的结局和能否收缩等问题需进一步研究。

冥王星的发现与"驱逐"

冥王星，或被称为134340号小行星，于1930年1月由克莱德·汤博根据美国天文学家洛韦尔的计算发现，并以罗马神话中的冥王普路托（Pluto）命名。它曾经是太阳系九大行星之一，2006年，原来身为九大行星之一的冥王星惨遭"降级"，从此以所谓的矮行星的身份示人。

冥王星的发现

冥王星是2006年以前认为的九大行星中最晚发现的一颗星，和天王星、海王星的发现相比，冥王星的发现可算得上"好事多磨"。冥王星的亮度很弱，只有15等，即使在大望远镜拍摄的照片上，它和普通的恒星也没有什么差别，要想在几十万颗星星中找到它，犹如大海捞针。

▲冥王星

在寻找冥王星的工作中，天文爱好者出身的美国天文学家洛韦尔详细计算了这颗未知行星的位置，用望远镜仔细寻找，付出了十几年的心血。直到1916年11月16日，他突然去世。

1925年，洛韦尔的兄弟捐献了一架口径32.5厘米的大视场照相望远镜，性能非常好，为继续搜寻新行星提供了优越的条件。

1929年，洛韦尔天文台台长邀请美国天文学家克莱德·汤博加入未知行星的搜索行列。他一个天区一个天区地搜索，拍摄了大量底片，并对每张底片进行细心地检查，工作艰苦、乏味。1930年1月21日，汤博终于在双子星座的底片中发现了这颗新星。

由于冥王星在远离太阳59亿千米的寒冷阴暗的太空中蹒跚前行。因此，人们称其为普鲁托（Pluto），在天文学中是普鲁托英文名字前两个字母PL，又是对冥王星发现有推动之功的美国天文学家洛韦尔（PercivalLowell）姓名的缩写。

在该星体被发现之后，日本人野尻抱影于1930年以意译建议命名"冥王星"，东亚多个使用汉字的国家大抵也以冥王星来命名。中国于1933年采用"冥王星"，越南则使用"阎王星"作汉字名。

冥王星刚被发现之时，它的体积被认为有地球的数倍之大。很快，冥王星也作为太阳系第九大行星被写入世界各国的教科书。

行星身份日渐遭质疑

随着时间的推移和天文观测仪器的不断升级，人们越来越发现当时的估计是一个重大"失误"：一是由于其发现的过程是基于一个错误的理论；二是由于当初将其质量估算错了，误将其纳入到了大行星的行列。1930年美国天文学家汤博发现冥王星，当时错估了冥王星的质量，以为冥王星比地球还大，所以命名为大行星。然而，经过近30年的进一步观测，发现它的直径只有2300千米，比月球还要小，等到冥王星的大小被确认，"冥王星是大行星"早已被写入教科书，以后也就将错就错了。

冥王星轨道最扁，以致最近20年间冥王星离太阳比海王星还近。从发现它到现在，人们只看到它在轨道上走了不到1/4圈，因此过去对其知之甚少。冥王星的质量远比其他行星小，甚至在卫星世界中它也只能排在第七八位左右。冥王星的表面温度很低，因而它上面绝大多数物质只能是固态或液态，即其冰幔特别厚，只有氢、氦、氖可能保持气态，如果上面有大气的话也只能由这三种元素组成。

进入21世纪，天文望远镜技术的改进，使人们能够进一步对海王星外天体有更深了解。2002年，被命名为50000Quaoar（夸欧尔）的小行星被发现，这个新发现的小行星的直径（1280千米）要长于冥王星的直径的一半。2004年，被命名为90377Sedna（塞德娜）的小行星的最大直径也达到了1800千米，而冥王星的直径也只不过2320千米左右。

被"驱逐"出"行星之家"

2005年7月9日，又一颗新发现的海王星外天体被宣布正式命名为厄里斯（Eris）。根据厄里斯的亮度和反照率推断，它要比冥王星略大。这是1846年发现海王星之后太阳系中所发现的最大天体。尽管当初并没有官方的共识，它的发现者和众多媒体起初都将之称为"第十大行星"。也有天文学家认为厄里斯的发现为重新考虑冥王星的行星地位提供了有力佐证。

2006年8月24日，冥王星经在布拉格举行的国际天文联合会（IAU）的讨论，从九大行星行列中排除，正式降格为矮行星。所谓的矮行星指的是太阳系中体积较小的圆形天体，它们绕太阳轨道运转，主要分布在一个被称为"柯伊伯带"的外部区域。

国际天文学联合会将其定义为矮行星的同时通过了"行星"的新定义，这一定义包括以下三点：①必须是围绕恒星运转的天体；②质量必须足够大，来克服固体应力以达到流体静力平衡的形状（近于球体）；③必须

▲柯伊伯带示意图

清除轨道附近区域，公转轨道范围内不能有比它更大的天体。冥王星的"出局"缘于

第三条。

布朗是一名行星天文学教授，冥王星惨遭"降级"便有他的一份功劳。他介绍说："我不认为我们是在捉弄冥王星，这不过是事实罢了，它（厄里斯）的质量确实超过冥王星，事情就是这样。"布朗和舒勒的发现刊登在《科学》杂志上。在此之前，科学家也曾指出，厄里斯的直径要大于冥王星，但并不知道它的质量。

类似冥王星、厄里斯这样的天体不可能成为一个理想的度假之所，因为这两个家伙均位于太阳系偏远而冰冷的地区。新的数据显示，厄里斯可能是由冰和岩石组成的，与冥王星非常类似。布朗说："它由一层近乎完美的，统一的白雪所覆盖，就像是一个白色的撞球。"

神话中的冥王

在希腊神话中，冥王（希腊文：哈得斯 Hades）是地底世界（冥界）之神。哈得斯是宙斯的哥哥，在战胜父亲克洛斯后，负责掌管下界冥土，成为冥王。他的罗马名字是普路同（Pluto）。他是地狱和死人的统治者，审判死人给予惩罚。他的妻子是珀耳塞福涅（Persephone），在巡视大地时抢回来的妻子。哈得斯同时是掌管财富的神，掌管地下埋藏的黄金宝石。

冥王星和厄里斯绕太阳旋转时的轨道均是椭圆形而非圆形。厄里斯的轨道非常长，绕行一周需要 560 年。布朗说，无论在轨道的哪一个点，它与地球之间的距离都在 56 亿千米到 160 亿千米之间。冥王星绕轨道运行一周需要 250 年，有时也会进入太阳系最外面的行星——海王星的轨道，它与地球之间的距离最近可达 80 亿千米。拥有一颗小卫星的厄里斯直径为 2400 千米，较冥王星稍大一点，后者的直径为 2250 千米。

布朗表示，太阳系中大约有 50 个已知天体可以被判定为矮行星，包括一些体积与厄里斯和冥王星接近的天体。冥王星已经习惯于以"第二"的身份亮相世人了。"它是迄今为止发现的第二大矮行星，也是柯伊伯带中的第二大天体。坐上第二把交椅的感觉应该是相当不错的。我觉得它会喜欢的。"布朗如此幽默地说。

类星体的发现

　　类星体是迄今为止人类所观测到的最遥远的天体，距离地球至少100亿光年。类星体是一种在极其遥远距离外观测到的高光度和强射电的天体。类星体比星系小很多，但是释放的能量却是星系的千倍以上，类星体的超常亮度使其光能在100亿光年以外的距离处被观测到。类星体的发现是20世纪60年代的四大发现之一。

发现类星体

　　1960年天文学家们发现了射电源3C48的光学对应体是一个视星等为16等的恒星状天体，周围有很暗的星云状物质。令人不解的是光谱中有几条完全陌生的谱线。

　　1962年，又发现了在射电源3C273的位置上有一颗13等的"恒星"。使天文学家同样困惑的是其光谱中的谱线也不寻常。

　　1963年，终于有人认出了3C273谱线的真面目，原来它们是氢原子的谱线，只不过经历了很大的红移，使得谱线不易证认。循着红移这条线索，再去分析3C48的光谱，得出它的红移量还要更大。设想红移产生于多普勒效应，那么3C273和3C48都有很大的退行速度，分别达光速的1/6和1/3。对于这种在光学照片上的形态像恒星，但是其本质又迥然不同的天体，天文学家把它们命名为类星射电源。进一步的观测和研究揭示了又一类天体，它们的形态也很像恒星，而且也有很大的红移，但是没有射电辐射，被称为射电宁静类星体。

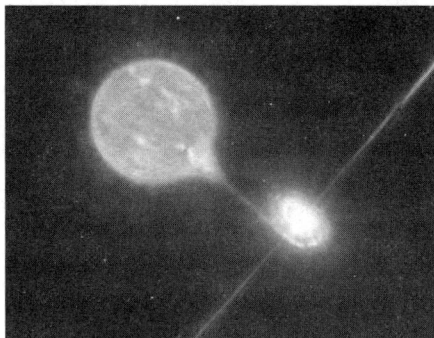

▲ 类星体

类星体的结构

　　类星体的发现，使之成为最引人注目的天体之一。由于它们看上去像恒星，因此就称它们为类星状天体，简称类星体，然而类星体与恒星有着天壤之别。那么类星体的结构是怎样的呢？

　　通过对类星体的大量观测和研究，使我们对类星体有了大致的了解。首先，我们知道类星体（或至少是其内部的产生能量的区域）是很小的。这个事实是通过它们的快速高度变化推导出来的。其次，类星体是极其明亮的。这个事实则根据它们的巨大红移，因而意味着它们位于离地球非常遥远的地方而推断出来的。这两个事实合在一起，使类星体成为迄今天空中所发现的最异乎寻常和捉摸不透的天体。天体物理学家面临着这样一个艰难的任务，试图去解释在仅仅比太阳系大几倍的体积内何以能产生相当于 100 个星系的能量输出？

为了解释这一难题，经过科学家的努力，在理论上构造出了类星体的一般的总体模型。类星体中心是未知的能源——高速电子的源。外面有许多高速电子云。这些小云产生了射电和光学的继候辐射，可能还产生了其他波段的连续辐射。外面的气体纤维在高能连续辐射的作用下电离，并把这种辐射转变为发射线光子，就是波长一定的一些光子。类星体的最外面可能是高速运动的云，当它们从朝着我们传播的辐射中俘获光子时，就产生了吸收线。这就是我们在理论上所描述的类星体的基本模型。

听起来似乎我们已经对类星体了解得一清二楚了。然而，可别忘了，我们并不知道类星体的能量是从哪里来的。对类星体的演化也一无所知。为了解决这些问题，现在已经提出几种互相竞争的理论。

一种观点认为，类星体是与星系形成相联系的现象。在原星系坍缩的过程中，早一代大质量恒星抛出的物质聚集在原星系的核心，在短暂而强烈的爆发性恒星形成中，可以达到相当的光度。类星体可能与此有相似的过程。然而由于类星体显然有止常含量的重元素。这相当于恒星已演化到一定的程度，而不可能处于演化的初期阶段，因此这一事实成为这一理论的困难。

▲ 类星体的巨大能量

另一种不同的观点认为，类星体代表星系演化的最后阶段。在星系的中心区域恒星的密度非常高而恒星的分布倾向于把大质量的恒星和小质量恒星分开，前者落向中心区，开始相互碰撞。恒星间的碰撞是灾变事件，有可能导致超新星的爆发。在挤紧的稠密恒星系统中，高比率的恒星爆发就可以提供类星体的能源。

一种更流行的类星体模型是，类星体是一个超重天体，是处于星系致密核心。是质量为太阳质量 1 亿倍以上的巨大黑洞。大质量的黑洞将把离黑洞过近的恒星弄碎，直至全部吞掉。当物质被吸积到黑洞中去时，它们变得非常炽热，由此产生的 X 射线辐射就可以满足类星体的能量需求。

在各种类星体理论模型中，最可能的是大质量黑洞模型。这个模型很吸引人，可以想象，每个大星系的核心都可能埋藏着这样的黑洞。而且它也能很好地解释许多观测到的现象。

类星体是如此的莫名其妙——它是那么的小却又产生那么多的能量，以至于使它成为对天文学家最大的挑战之一。因此，对这个宇宙中最遥远、也是最明亮的天体进行观测和研究，已经成为目前最重要的课题之一。

其他类星体的发现

近几十年在大尺度范围对类星体的巡天观测有了巨大的进步。首先，巡天技术的改进丰富了寻找类星体候选体的方法。目前主要的技术有：射电源选择方法、多色方法、无缝光谱方法、X射线源选择方法、弱变光天体选择方法等等。另外，近年来，许多国家如英、美、加拿大等国都采用了机器方法进行自动选取，主要运用于无缝光谱方法和多色方法。自动选取方法的优点是可以大批量进行，同时减少了选择效应。

其次，由于巡天技术的改进，天文学家储备了大量的类星体候选体等待观测。据保守估计，总共有5万个类星体候选体有待观测，而就算把全世界的大望远镜全调动起来，也需要13年以上的时间。何况，类星体候选体的数目还在成倍地增长。到目前为止，估计已经证实的类星体在5000颗以上。

1982年，澳大利亚的天文学家在"意外中"发现了一颗红移量为3.78的类星体。打破了自1973年以来一直保持的红移量为3.53的纪录。1990年天文学家发现了红移量达4.75的类星体，已经接近了宇宙学理论预言的红移量为5的理论极限。

最近，根据新的观测资料，不断对类星体的空间分布进行研究，已经得出了有关类星体的面密度和空间分布的较系统的数据。一种较合理的宇宙学理论认为：宇宙在演化过程中由均匀状态（微波背景）向成团状态

▲灰尘环绕的类星体

（星系）过渡，首先形成的是类星体。因此它是研究宇宙形成和演化过程的最重要的探测体。类星体在宇宙中的分布究竟是系统性的成团结构，还是大尺度上的均匀分布，对于理解宇宙在这一阶段上的演化过程非常重要。但目前的理论分析和观测资料还不能下十分肯定的结论。

然而，随着人类对宇宙不断深入地探索和研究，类星体的真实面目终将展现在我们眼前。而通过它，人类将更深刻地了解我们世世代代所生活的这个神奇辽阔的宇宙空间。

宇宙微波背景辐射的发现

　　彭齐亚斯和威尔逊等人的观测竟与理论预言的温度如此接近，正是对宇宙大爆炸论的一个非常有力的支持！宇宙微波背景辐射的发现，为观测宇宙开辟了一个新领域，也为各种宇宙模型提供了一个新的观测途径。这一发现，使我们能够获得很久以前宇宙创生时期所发生的宇宙过程的信息。

托尔曼和伽莫夫的发现

　　对于宇宙微波背景辐射，其实早在1934年，托尔曼就发现在宇宙中辐射温度的演化里温度会随着时间演化而改变；而光子的频率随时间演化（即宇宙学红移）也会有所不同。但是当两者一起考虑时，也就是讨论光谱时（是频率与温度的函数）两者的变化会抵消掉，也就是黑体辐射的形式会保留下来。

▲伽莫夫

　　1948年，美国物理学家大爆炸宇宙论的鼻祖伽莫夫认为，我们的宇宙正沐浴在早期高温宇宙的残余辐射中，其温度约为6K。正如一个火炉虽然不再有火了，但还可以冒一点热气。然而这个工作并没有引起重视。

意外的发现

　　1964年，美国贝尔电话公司年轻的工程师彭齐亚斯和威尔逊在调试他们那巨大的喇叭形天线时，出乎意料地接收到一种无线电干扰噪声，各个方向上信号的强度都一样，而且历时数月而无变化。

　　难道是仪器本身有毛病吗？或者是栖息在天线上的鸽子引起的？他们把天线拆开重新组装，依然接收到那种无法解释的噪声。这种噪声的波长在微波波段，对应于有效温度为3.5K的黑体辐射出的电磁波（它的谱与达到某种热平衡态的熔炉内的发光情况精确相符，这种辐射就是物理学家所熟知的"黑体辐射"）。他们分析后认为，这种噪声肯定不是来自人造卫星，也不可能来自太阳、银河系或某个河外星系射电源，因为在转动天线时，噪声强度始终不变。他们宣布了这一发现。随后，普林斯顿大学的狄克等人在同一杂志上解释道，这就是宇宙微波背景辐射。后来，经过进一步测量和计算，得出辐射温度是2.7K，一般称之为3K宇宙微波背景辐射。

　　这一发现，使许多从事大爆炸宇宙论研究的科学家们获得了极大的鼓舞。因为彭齐亚斯和威尔逊等人的观测竟与理论预言的温度如此接近，正是对宇宙大爆炸论的一个非常有力的支持！

宇宙微波背景辐射的发现，为观测宇宙开辟了一个新领域，也为各种宇宙模型提供了一个新的观测途径。

彭齐亚斯和威尔逊于1978年获得了诺贝尔物理学奖。瑞典科学院在颁奖决定中指出：这一发现，使我们能够获得很久以前宇宙创生时期所发生的宇宙过程的信息。

脉冲星的发现

脉冲星就像是宇宙中的灯塔，源源不断地向外界发射电磁波，这种电磁波是间歇性的，而且有着很强的规律性。正是由于其强烈的规律性，脉冲星被认为是宇宙中最精确的时钟。

奇怪的"干扰"信号

▲乔斯林·贝尔·博内尔

1967年8月，剑桥射电天文台的女研究生乔斯林·贝尔·博内尔在纷乱的记录纸带上察觉到一个奇怪的"干扰"信号，经多次反复钻研，她成功地认证：地球每隔1.33秒接收到一个极其规则的脉冲。得知这一惊人消息，她的导师休伊什曾怀疑这可能是外星人——"小绿人"——发出的摩尔斯电码，他们可能在向地球问候。但是，进一步的测量表明，这个天体发出脉冲的频率精确得令人难以置信，并没有电码的明显丰富信息。接下来，贝尔又找出了另外3个类似的源，所以排除了外星人信号，因为不可能有三个"小绿人"在不同方向、同时向地球发射稳定频率信号。

经过认真仔细研究，1968年2月，贝尔和休伊什联名在英国《自然》杂志上报告了新型天体——脉冲星的发现，并认为脉冲星就是物理学家预言的超级致密的、接近黑洞的奇异天体，其半径大约10千米，其密度相当于将整个太阳压缩到北京市区的范围，因此具有超强的引力场。乒乓球大小的脉冲星物质相当于地球上一座山的重量。这是20世纪激动人心的重大发现，为人类探索自然开辟了新的领域，而且对现代物理学的发展产生了深远影响，成为20世纪60年代天文学的四大发现之一。

宇宙中最精确的时钟

脉冲星被认为是"死亡之星"，是恒星在超新星阶段爆发后的产物。超新星爆发之后，就只剩下了一个"核"，仅有几十千米大小，它的旋转速度很快，有的甚至可以达到每秒714圈。在旋转过程中，它的磁场会使它形成强烈的电波向外界辐射，脉冲星就像宇宙中的灯塔，源源不断地向外界发射电磁波，这种电磁波是间歇性的，而且有着很强的规律性。正是由于其强烈的规律性，脉冲星被认为是宇宙中最精确的时钟。如贝尔发现的第一颗脉冲星，每两脉冲间隔时间是1.337秒，其他脉冲还有短到 0.033 秒的，最长的也不过 3.745 秒。那么，这样有规则的脉冲究竟是怎样产生的呢？

天文学家已经探测、研究得出结论，脉冲的形成是由于脉冲的高速自转。那为什么自转能形成脉冲呢？原理就像我们乘坐轮船在海里航行，看到过的灯塔一样。设想一座灯塔总是亮着且在不停地有规则运动，灯塔每转一圈，由它窗口射出的灯光就射到我们的船上一次。不断旋转，在我们看来，灯塔的光就连续地一明一灭。脉冲星也是一样，当它每自转一周，我们就接收到一次它辐射的电磁波，于是就形成一断一续的脉冲。脉冲这种现象，也就叫"灯塔效应"。脉冲的周期其实就是脉冲星的自转周期。

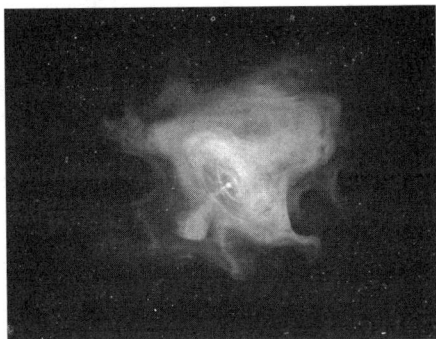

▲脉冲星

人类无法亲近的金星

太阳系中有一个距我们4000万千米的家族成员金星，它是距离地球最近的行星，却也是人类恐怕最不敢亲近的行星，这里的大气压几乎是地球的100倍，其二氧化碳占了气体总量的96%，而氧仅占0.4%，这与地球上大气的结构刚好相反，人类在这种环境里根本无法生存。

不毛之地

自从科学家发现了围绕太阳运转的八大行星之后，人们的目光便投向了地球的孪生姐妹金星。金星上有没有生命？如果有，该是什么样子呢？它的文明程度与地球人相比，又是怎么呢？提出这个问题并不是空穴来风，因为经天文学家测算，金星半径约6050千米，是地球的95%，质量是地球的88%。表面重力加速度是地球87%，如此相似的条件，产生生命乃至高等文明是极有可能的。

美国在1962年发射"水手"2号以后，又在1978年5月20日和8月8日先后发射"先驱者金星"1号和2号，其中"先驱者金星"2号的探测器软着陆成功。至此，美国也先后有6个探测金星的飞船上天。它们发现金星的天空是橙黄色的。金星的高空有着巨大的圆顶状的云，它们离金星地面48千米以上，这些浓云像硕大无比的圆顶帐篷悬挂在空中反射着太阳光。这些橙黄色的云是什么呢？后来人们对其进行了科学的研究，发现这黄色的东西竟是具有强烈腐蚀作用的浓硫酸雾，厚度有20~30千米。因此，金星上若也下雨的话，下的便全是硫酸雨。由此看来，金星恐怕真是一块不毛之地。

双重身份

▲金　星

金星是太空中人们认为最为明亮的星星，它的亮度仅次于太阳和月亮。在空中，金星发出璀璨夺目的银白色亮光。

金星如此明亮的原因有两点，一方面，是因为它包裹着厚厚的云雾，这层云雾反射日光的本领很强，可以把75%以上的光反射回来，而且对红光反射能力又强于蓝光，所以，金星发出的白色光中，多少带点金黄的颜色。另一方面，金星距离太阳很近，除水星以外，金星是距太阳第二近的行星，它到太阳的距离是10800万千米，太阳照射到金星的光比照射到地球的光多一倍。所以，这颗行星显得特别明亮。

在我国古代，人们把它叫作"启明星"，意思是它象征了天快要亮了；可当它在傍晚前出现时，发出黄色的光，此时，人们又叫它"长庚星"，预言长夜来临了。"启明星"、"长庚星"都是金星，它也是晚上第一个出现和清晨最后一个隐没的星星。

金星自转是行星中最独特的。自转与公转方向相反，是逆向自转。从金星看太阳，太阳是从西方升起，在东方落下。金星逆向自转，是科学家用雷达探测金星表面根据反向器回来的雷达波发现的。

温室效应

我们地球的大气压只有一个大气压左右，在金星的固体表面。大气压是95个大气压，几乎是地球大气的100倍，相当于地球海洋深处1000米的水压。人的身体是无法承受这么大的压力的。

金星的大气的成分主要是二氧化碳。二氧化碳占了气体总量的96%，而氧仅占0.4%，这与地球上大气的结构刚好相反，金星的二氧化碳比地球上的二氧化碳多出1万倍，这里常常电闪雷鸣，几乎每时每刻都有雷电发生。

地球上40℃的高温已经让人受不了，但金星表面的温度高得吓人，竟然高达460℃，足以把动植物都烤焦，而且在黑夜并不冰冻，夜间的岩石也像通了电的电炉丝发出暗红色光。金星怎么会有这么恐怖的高温呢？这是由二氧化碳的温室效应造成的。

温室效应使金星昼夜几乎没有温差，一年四季没有季节变化。

金星上是否有生命

亚当斯基是美籍荷兰人，至今仍是全世界飞碟爱好者心目中的英雄，他与金星人交往的很多，下面就是有关情形。

第一次同金星人的交往是1952年11月20日，当时的他已过了花甲之年，但仍心存高远，提出"宇宙同胞泛爱说"，迫切希望与外星人接触，这一天终于来了。当时他正在加利福尼亚大沙漠中心与朋友一道野餐。突然，一只巨大的银色飞碟从天而降，停落在他们附近，然后从里面走出了一个人。亚当斯基后来在《UFO着陆了》里这样回忆道：

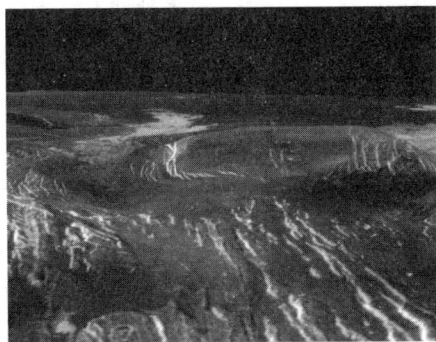

▲金星表面

"在他靠近之后，看到了他一头长及肩膀的头发和难以言喻的俊美容貌。从他的身上，散出一种无限的聪明气质和亲和力。这时，我才恍悟到，我所看到的是一个来自地球之外的外星人。"

金星人通过心电感应向亚当斯基介绍说，他是来调查核爆炸的危险性的。他引导亚当斯基走近参观了飞碟的外观。他向亚当斯基介绍说飞碟是依靠磁场的吸力和斥力的原理穿越太空的。他还说，金星人都遵从宇宙法则而生活，从不做违背宇宙法则的事。

对于亚当斯基的自述，有关方面有疑惑的，有相信的，也有斥之为谎言的。据说，美国军方、国家原子能委员会、参议院及联合国代表等多次要与他秘密接触，听他传达由心电感应得来的金星人讯息。他还应邀到世界各国演讲，到电视台现身说法，参与外星生命的讨论。他也遭到过两次暗杀，却幸免于难，因为一些人认为他是一个招摇撞骗的骗子或异教徒。

后来经过探测和分析，我们知道金星表面仍是一个高温高压的世界，没有河流和海洋，没有动植物生存……那么亚当斯基自述的其与文明金星人的接触，竟是愚人节里的愚人节目吗？

科学家们认为，不能如此简直否定，因为：

第一，从 20 世纪 50 年代至 80 年代，天文学家在地面，人造卫星在金星的大气层中，都屡屡收到来自金星的无线电波。

第二，1989 年 6 月，苏联科学家在分析卫星拍摄的金星照片时，发现金星地面竟有 2 万座城市的遗迹。

第三，许多科学家认为，在地球早期阶段，有可能和现在的金星一样或相似，而地球上就有生命体存在了，而仅以大气中氧的缺乏来否定金星上生命的存在，是不合适的。

以后，科学家们通过分析美国人造卫星发回的照片认为，那 2 万座城市遗迹完全由三角形、锥形金字塔状的建筑组成的，这样的建筑可以日避高温、夜避严寒，还可以抵御强大的风暴。就像地球上埃及金字塔一样。

此前的 1973 年，苏联天文学家谢尔盖·卢萨诺夫曾提出假设说，金星人现在应生活在金星地表之下，那是真正的地下城，至于城市遗址，则是金星人转入地下的证据。

火星上的生命之谜

　　火星，太阳系中一颗引人注目的红色星球。多少年以来，关于火星的种种美好传说在人群中悄悄流行：几万年前，当人类文明刚刚在地球上产生的时候，火星上已经形成了一个高度发达的文明社会。像地球上有两个冰封雪地的两极一样，火星上也有两个白色的极冠，并且有四季的变化。他们运用先进的挖掘机械，建筑了完整的灌溉运河网，从极区引来丰富的水源，用来征服干旱……

运河迷踪

　　人类发展到今天，当人们无数次将梦幻般的目光投向太空，甚至期盼着有朝一日能去太阳系旅行时，人们首先会问：火星上究竟有没有生命？我们将会在火星上生活吗？

　　早在1877年，意大利天文学家斯基帕雷利就通过观测，发现火星表面有许多纵横交错的细线，他认为那可能是运河。为此在1894年，美国天文学家洛韦尔还制作了详细的运河地图。

　　在距离火星5000多千米的地球上竟能看见火星上的一条条运河，其规模该是多么宏伟、壮阔啊！"运河"的发现立即激起人们对火星的狂热。人们由此想象，在火星上一定生活着充满智慧的高级生命！接着，从1901年到1921年，有许多人声称他们曾接收到来自火星高级生命发来的电讯信号。从此，关于"火星人"的消息传遍了全世界。

▲火　　星

运河真相

　　到了1971年，美国发射"水手"9号飞船进入环绕火星的飞行轨道，拍摄了7000多张照片。这些照片表明：火星表面上暗区色泽的四季变化，并非植物的枯荣引起的，而是风在作怪。由于风把火星表面上的沙尘吹来吹去，才造成一些区域随季节的变化而明暗交替。此外，飞船的探测也否定了"运河"的存在：所谓的"运河"，其实是一连串的暗环形山与大大小小的斑点造成的错觉。火星上面实在太干燥。即使在极冠，也只覆盖了一层薄薄的冰。它的气温远远低于地球，空气又十分稀薄。强烈的宇宙射线和紫外线能置人于死地。在那里，地球上的生命是难以生存的。因此，许多科学家认为火星上不可能有生命。不过，"水手"9号飞船的另一个重大发现又引起科学家们的深思。

▲火星探测器

火星上面虽然没有人工"运河"，却有不少干涸了的弯弯曲曲的自然河床，河床上点缀着泪滴状的小岛和沙洲。据此，科学家们推测，火星上曾有着丰富的水。由火星上长达1500千米、宽200千米的巨大河床，人们似乎看到当时滔滔奔流的河水席卷一切的澎湃气势。此外，火星上还有许多巨大的火山，其中最大的火山比地球上的珠穆朗玛峰还高。通过探测，科学家们认为，历史上，火星的火山活动比地球更加活跃。它能将火星内部大量的水蒸气和二氧化碳气体喷射出来，可以放出覆盖火星表面厚达20米以上的水，并能产生一个浓密的大气层，形成一个多水的温暖时期。在这一时期里，完全有可能演化出微生物和类似地衣的低等植物。

寻找生命

为了探测火星上是否有生命，美国连续发射"海盗"1号和"海盗"2号飞船，在火星表面生命存在可能性较大的两个地方成功着陆。着陆后，由取样机在火星表面挖出土壤样品，然后送进飞船上生物化学实验室的容器内，以检测有无植物、动物或微生物。然而结果却令不少科学家大失所望：火星土壤中不存在有机分子，即使有，其含量也低于一亿分之一。作为地球上所有生命的"建筑砖块"，有机分子的有无决定着生命的有无。根据这个结果，科学家们于是推测，火星上可能没有生命。至少在飞船着陆的两个地方的土壤表层，不可能存在生命的活动。

▲火星地表图景

然而，近几年来，关于火星上有无生命的问题却波澜再起。在后来召开的一次美国地球物理学会上，科学家菲尔·克里斯坦森宣称，火星上有一个巨大的赤铁矿床，据此推测，这颗星球在相当长一段时间内曾有水存在，因而有可能形成生命。与此同时，最近公布的苏联拍摄到的关于火星表面的照片也使人们对火星产生了新看法。这些照片清楚地表明，在火星上的某一个区域内，有大规模的呈倒塌状的规则结构存在。根据宇航专家的推测，这是一个巨大的城市遗址，它表明至少若干年前，火星上存在过高级智能生命。

火与冰的世界——水星

地球到月球的距离是38万千米，而地球到水星的最近距离则是它们的200多倍，粗计也有7700万千米，又由于水星跟月球差不多大小，离太阳又这么近，所以我们很难清楚地看到这颗最靠近太阳的行星真面貌，就连专业天文学家也经常为看不到水星而苦恼，随着美国宇航局成功地把"水手"10号送上水星，水星的面纱开始被撩开……

水星真容不易见

多少年来一些天文科学家对水星进行着全方位的研究，都想能看清它的真面貌，可在最好的情况下，从地球上看水星，也只能看到水星的一点光影。这是什么原因呢？因为看水星只能在东方天空太阳升起前的一个半钟头，或在西方天际太阳下落后的一个半钟头。此时此刻，太阳的光辉映衬着天空，水星被淹没在曙暮的水气天光里。所以它真的难以露出它自己的身影。

水星上没有大气，但有人说在它的上面可能有生命存在，因为它叫水星，那么它上面也一定有水。其实这是人们对水星的一种的误解。水星离太阳最近，那么太阳近距离地灼烤着水星，以9倍于给地球的光和热倾注于水星上，使水星面向太阳的一面，最高温度可达到400℃左右，岩石中的铅和锡都会被太阳光熔化析出，更别说生命的存在了。其实，这里才是太阳系最热的地方之一。

▲水　星

水星的特色还不止这些，在它的身边，黑墨般的天空悬挂着巨大的太阳，比地球上看到的太阳大8倍，四周寂静无声，简直像一座炼狱，别以为水星只是个滚烫的星球，有时候又冷得吓人。在水里背向太阳的一面，由于没有大气起调节温度的作用，温度下降极为迅速，温度多在－163℃以下。水星的昼夜大约30天交换一次，即在一个月时间里，连续暴晒，接着一个月时间跌入寒夜，真是一个火与冰的世界！这样的水星世界，对地球上任何已知的生命都意味着毁灭，那么在水星上又怎么可能有生命呢？

由于水星太靠近太阳了，在地球上是看不清楚水星真面貌的。

撩开水星的面纱

1973年11月4日，美国宇航局成功地把"水手"10号送上了飞向水星的旅程。

在 1974 年 1 月和 9 月、1975 年 3 月，"水手" 10 号三次掠过水星表面，最近时距离只有 300 千米，拍摄了大量照片，再用电视发回地球，一幅又一幅清晰生动的画面向人们展现未曾看到也未曾料到的水星景象。

▲ "水手 10 号" 探测器

从这些照片上看上去，水星表面和月球一样，到处凹凸起伏，环形山星罗棋布，高高的悬崖，挺立的峭壁，长长的峡谷幽深，绵延的山脉，辽阔的平原和盆地。远远看去，简直和月球的表面没有什么两样。

科学家们仔细地检查了 "水手 10 号" 所拍的全部照片，他们还是发现了水星和月球在地貌上的差别。

我们比较了环形山密布地区。水星的多环形山，各山脉的中间地带有不少平坦的山间平原，这在月球上基本看不到的。我们看到的月球表面上环形山是一个叠一个，彼此之间根本不存在平地。科学家认为，这是由于水星和月球表面引力不同的缘故。

水星表面到处还有不深的扇形峭壁，科学家们称为 "舌状悬崖"，它高 1～2 千米，长达几百千米，这些悬崖被认为是巨大的褶皱，在月球表面是没有的。水星上最高的陡壁竟达 3 千米，它有时可绵延数百千米，堪称地貌奇绝。

在水星上寻找水

水星名不符实，我们从现代天文观测的事实上证明，水星上没有水，起码可以说目前人们还没有在水星上发现水。

▲水星表面

因为从 "水手" 10 号对水星天气的观测结果表明，水星最高温为 427℃。最低温为 −173℃，水星表面没有任何液体水存在的痕迹。就算是我们给水星送去水，水星表面的高温会使液体和气体分子的运动速度加快，足以逃出水星的引力场。可又有人提出水星无水，可在它的周围的大气中似乎有水蒸气。这是为什么？

科学家们从水星光谱分析来看，发现水星确实有点大气，但在它的大气中却真的没有水。这已是人们普遍公认的事实。然而，宇宙的奥妙无穷，常会有人们意想不到的事发生。虽然水星没有液体水，没有水蒸气、但是这里却 "发现了真正的冰山"。

1991 年 8 月，水星飞到离太阳最近点，美国天文学家用 27 个雷达天线的巨型天文望远镜在新墨西哥州对水星观测，得出了破灭荒的结论——水星表面的阴影处，存在着以冰山形式出现的水。

这些冰山直径为 15 ~ 60 千米，竟多达 20 处，其中最大的冰山可达到 130 千米。它们都是在太阳从未照射到的火山口内和山谷之中的阴暗处，那里的温度在 -170℃。它们都位于极地。那里通常在 -100℃，故这些冰山得以存在。这些隐藏了约 30 亿年前生成的冰山。由于水星表面的真空状态，冰山每 10 亿年才融化 8 米左右。

天文学家是这样解释水星冰山形成的原因：水星在形成时，它的内核首先凝固成一个整体后发生剧烈的抖动，使水星表面形成起伏的褶皱——水星高山；同时又由于水星表面火山爆发频繁，陨星和彗星又多次相冲击，水星表面坑坑洼洼，来自外星球的水便存于其中。也有人说水是水星原来就有的，但是两种观点还存有许多分歧。

畅游银河系

银河系是太阳系所在的恒星系统，包括 1200 亿颗恒星和大量的星团、星云，还有各种类型的星际气体和星际尘埃。它的直径约为 100，000 多光年，中心厚度约为 12，000 光年，总质量是太阳质量的 1400 亿倍。银河系是一个旋涡星系，具有旋涡结构，即有一个银心和四个旋臂，旋臂相距 4500 光年。

年龄之谜

很长一段时间，天文界对银河系的年龄说法不一。有的认为只有 70 亿岁，有的认为有 200 亿岁。1983 年，美国教授纳斯·詹姆士和彼雷·迪马库，使用一种新的测量技术对银河系的年龄进行了反复的计算，结果最后测定银河系的年龄接近 120 亿岁。发明宇宙天文钟的荷兰天文学家经测量认为，1990 年宇宙年龄的上限为 120 亿年。

结构之谜

从前天文学家一直认为银河系是一个旋涡星系。但 1991 年，美国科学家认为银河系是棒旋星系，为此提出了种种线索。例如，银河系核心附近的星际云的不规则运动是以一个棒为中心的。

对银河系核心附近的恒星的近红外光观测，为棒状结构发现提供了直接证据。棒略微倾斜，它的东端向南倾斜穿出银道面，如它在天空中的大角厚度所揭示的那样，那部分离地球也比较近。经贝尔实验室的科学家计算，证明棒的重力将使附近的大质量星际气体云迅速地旋进核心，其结果很可能是激烈的中心恒星爆发。在爆发中，大量的非常亮的大质量恒星形成。

分子云

1982 年美国科学家发现，在银河系外缘部有新的分子云。太阳系距离银河系中心大约 3 万光年。新近发现的分子云大约位于太阳系外侧 3~5 万光年处，其主要成分是氢和一氧化碳，分子云的范围大约为 3 万光年。

中子星爆发

1996 年，美国天文学家在靠近银河系中心的位置发现了一个天体。该天体被认为是一颗正在消亡的"中子星"。这是 X 射线天文学 35 年来的首次发现，引起了科学家们极大的兴趣并争先恐后地投入研究，以赶在该星体消亡前获得尽可能多的数据。

该星体的直径仅 16 千米，但却有巨大的质量——相当于太阳的质量；有巨大的重力场——相当于地球的 1 亿倍。该星体的密度极高，仅一手指尖大小的物质就有 1 亿吨。该星体从一个比它更大的伴星上吸取气体，获得能量，其抽取气体的力量之大可把这些气体加温至 1 亿度，并由此引发每半秒钟一次 X 射线长时间的爆发。该星体的独特之处还在于在 X 光波长上同时具有脉冲和爆发两种现象，还存在 X 射线长爆发现象，一天达 20 余次。有的科学家说该发现"是一个奇迹之巅的奇迹"。

新星诞生

1989 年，日本科学家在世界上首次记录了一颗银河系新星的诞生过程。他们借助微波干涉仪完成了系列摄影，根据这些相片可以观察到作为一颗新星形成过程的初始阶段怎样向银河中部的一个点集中。研究已确定，即将从中产生恒星的气体星云直径总计为一光年；气体围绕"云雾"中心旋转的速度，边缘为 1 秒钟 1000 米，靠近中心为 1 秒钟 3000 米。

黑洞之谜

天文学中"黑洞"是指演变到最后阶段的恒星，由中子星进一步收缩而形成的。黑洞有巨大的引力场，使它所发射的任何电磁波都无法向外传播，从而变成看不见的孤立天体。我们只能通过引力作用来确定它的存在，所以叫"黑洞"，也叫"坍缩星"。

由于天河中心释放出 X 光和电波，所以科学界认为银河中心存在着黑洞。但是，多年来科学界一直未找到证明黑洞确实存在的证据。

在 1997 年 8 月于日本京都市举行的第 23 届国际天文学联系总会上，美国及德国的两个科研小组同时报告：在银河系中心的确存在巨大的黑洞，他们的研究已找到了这种证据。两个小组的研究均得出几乎相同的结果，足可使银河系中心存在巨大黑洞成为定论。

找到这种证据的是德国麦克斯普兰克研究所的研究小组，另一个是美国加利福尼亚大学的研究小组。

德国的研究小组在以往的 6 年间，利用智利的 3.5 米口径望远镜，对处于天马星座银河系中心附近的星体活动进行了详细观测。发现在从银河中心到光行进一周时间的距离内的星体正以每秒约 2 千米的迅猛速度绕银河中心周围旋转。从这一速度计算得出，星体旋转轨道内侧的质量约为太阳质量的 250 万倍。将如此巨大的质量集中于如此狭小的范围内，除了黑洞没有其他可能。

天文钟

天文钟是一种特别设计的、能用多种形式来表达天体时空运行的仪器。它是把动力机械和许多传动机械组合在一个整体里，利用几组齿轮系把机轮的运动变慢，使它经常保持一个恒定的速度，和天体运动一致。天文钟既能表示天象，又能计时。后世的钟表即由此演变而来。中国历史博物馆和英国科博物馆等博物馆收藏了等比例复原的苏颂设计的水运仪象台。这座巨大的天文钟高约 10 米，设计十分精妙，是世界上最早的天文钟。很多欧洲的城市都有天文钟，如威尔士大教堂、艾希特、奥特里圣玛丽、温伯恩明斯特、汉普顿宫、温特图尔、克雷莫纳、斯普利特、曼切华、布雷西亚、罗斯基勒、明斯特等等。

　　加利福尼亚大学研究小组开始观测的时间比德国的研究小组晚。他们用口径 10 米的望远镜，通过两年的猛追细察，准确地掌握了银河系中心附近近百个星体的运动速度。以这些速度计算出的中心质量与德国研究小组的基本相同，大约也是太阳质量的250 万倍。

　　德国和美国的科研小组在不同的地方、利用不同的器械分别进行观测得到了相同的结论，这可以证明黑洞确实存在。

人类对自然科学的发现

　　自然科学是研究自然界的物质形态、结构、性质和运动规律的科学。它包括数学、物理学、化学、生物学等基础科学和天文学、气象学、农学、医学、材料学等实用科学，是人类改造自然的实践经验即生产斗争经验的总结。

　　自然科学的任务在于揭示自然界发生的现象以及自然现象发生过程的实质，进而把握这些现象和过程的规律性，以便解读它们，并预见新的现象和过程，为在社会实践中合理而有目的地利用自然界的规律开辟了新的途径。

生命的起源

最初的生物究竟从何而来？自然科学告诉我们，它既非神创，也非永存，而是从无生命的物质转化而来，"生机"孕育在非生物之中。促使无生命的"死物"向生物转化的根本原因，是原始地球不同圈层内各种物质矛盾运动而产生的。恩格斯总结了当时自然科学的研究成果，指出了解决生命起源的正确方向。他说："生命的起源必然是通过化学的途径实现的。"

太古代的生命

太古代是地壳发展中最古老、最原始的历史时代，广义的太古代，指的是人们目前根据同位素地质学的方法，测定的原始地壳的形成开始距今 46 亿年到 25 亿年左右。一般认为多细胞生物如蓝藻等开始出现于距离 36 亿年左右。据推测太古代共经历了20 余亿年，约占整个地质历史的 4/9 以上的时间。

▲格陵兰岛太古代的岩石地层

太古代在地球上生命还处于孕育和初期发展阶段，当时的地球表面一片荒凉，没有像今天这样蓝湛湛的天空，也没有像今天这样海天一色、碧波万顷的海洋，更没有碧绿苍翠、色调柔和的大地，当时火山喷发频繁，大气圈厚而低沉，就连生命所需要的氧也很稀少。

曾经人们认为太古代地层中不含化石，但随着近代技术的发展，应用高倍显微镜和电子显微镜寻找化石，一些形体很小，很原始的超微体化石陆续有所发现，目前已知道最古老的化石是在非洲南部约 35 亿年以前的地层昂威瓦特群中找到的，为直径 2～6微米的球形及椭球形微体构造。就在上述同一个地区，在距今 32～30 亿年的无花果树群中也发现了球形和椭球形的细菌，直径只有 0.1～0.75 微米。北美巩弗林特燧石层（距今 19～16 亿年）也发现可能是细菌的遗迹，直径约 1 微米，还有一些单细胞的原始藻类化石。

以上都是一些低等植物化石的报道。人们推断早期的原始动物还不能从形态上和低等植物区别开来。

揭开"生命之谜"

生命的产生和起源是当代自然科学中最引人注目的问题，同时也是唯物论与唯心论，辩证法与形而上学斗争的焦点之一。最初的生物究竟从何而来？自然科学告诉我们，它既非神创，也非永存，而是从无生命的物质转化而来，"生机"孕育在非生物之中。促使无生命的"死物"向生物转化的根本原因，是原始地球不同圈层内各种物质矛盾运动而产生的。

恩格斯在和唯心主义"神造生命"的斗争中，总结了当时自然科学的研究成果，指出了解决生命起源的正确方向。他说："生命的起源必然是通过化学的途径实现的。"

从许多研究成果看，地球上生命的出现是由无机物发展为简单的有机物（如甲烷）；从简单的有机物发展为复杂的有机物如糖、氨基酸、脂肪、蛋白质（包括酶、核酸）等；再发展到原始的非细胞的生命形态或蛋白质有机体；由非细胞的生命形态发展到单细胞生物，由单细胞生物发展为多细胞生物的过程。因此，在生命出现以前的很长一段时间，地球上必然存在着一个为生命产生提供条件的化学演化过程，我们对再现这种化学演化过程已经通过一些实验室途径取得重要成果。如我国在世界上就首次人工合成了具有生命活力的蛋白质——结晶牛胰岛素，标志着人类在揭开"生命之谜"的进军中迈出了一大步，也为辩证唯物主义关于生命起源的理论提供了重要证据。近年来有机化学和现代生物化学开拓了探索生命起源的新途径，通过这些专门研究，也证明了太古代地层中保存有组成生命的蛋白质所分解的各种有机物如氨基酸、核酸等，我们把它叫化学化石来代表生物进化的化学演化阶段。因此我们就有可能借助于这些化学化石来阐明太古代生命的起源等问题。

从对陨石和太古代地层的化学分析中证实，太古代的原始地壳中就显然具备了组成生命的主要物质：碳、氢、氮、氧、硫、磷六种元素。这些元素在不断地化分化合中产生了从简单到复杂的有机化合物，最后汇集到水中，这一过程持续了许多亿年，为地球上生命的发生准备了有机物质来源（在对陨石含碳成分的研究，以及对宇宙飞船带回来的月球标本分析，认为组成源生物起的最初有机物，是在地球成为独立行星之前的宇宙环境中完成的）。这些溶解在海水里的有机物质，它们"生活"在海水里，经过了亿万年的长时期，终于在蛋白质或核酸外面产生一层精致的薄膜——细胞膜，使他们从原始有机质中分离出来。细胞膜的产生，可以说是生命发生史上的一个转折点，到此地球上有了一切生命的祖先——原始细胞。

人类的起源

　　人类早期的祖先究竟是谁？地球上什么时候开始有人？他们后来又如何通过一系列的过渡环节一步一步地进化？我们这些千百万年后的子孙又是如何认出自己的祖先来的呢？……要回答这一切，先要从猿类说起。

从猿到人的过渡

▲原始人生活场景

　　猿类的出现可追溯到地质学上的渐新世。现在所知的最早的古猿是1911年发现于埃及法雍的原上猿，其生存年代为3500－3000万年前。比原上猿稍晚的有1966～1967年在法雍发现的埃及古猿，生存年代约为2800－2600万年前。更晚的则有森林古猿，1856年首次发现于法国的圣戈当，后来欧、亚、非洲许多地方都发现了同类型的化石，其生存年代约在2300－1000万年之前。这些古猿很可能是现代类人猿和现代人类的共同祖先。

　　森林古猿分化出巨猿、西瓦古猿和拉玛古猿等几个分支。拉玛古猿生存年代约为1400－700万年以前，最早的化石是1932年美国学者刘易斯在北印度的西瓦利克山地发现的一块右上颌碎片，它具有若干人类的特征。60年代之后，在肯尼亚的特南堡、匈牙利的鲁道巴尼亚、希腊的皮尔戈斯、土耳其的钱德尔、巴基斯坦的博德瓦尔高原及我国云南禄丰，都发现了同类化石，其共同特征为：吻部短缩，齿弓向后张开，牙齿排列紧密，犬齿小，颊齿齿冠宽短，下颌第一前臼齿为双尖型，釉质厚。这些特点与人类相似而与猿类不同，所以许多学者认为拉玛古猿是人类的祖先。但有些学者发表不同意见，认为拉玛古猿不属人科，而是猩猩的祖先。也有学者持折中观点，认为两种可能性都存在。

▲拉玛古猿复原图

　　拉玛古猿之后出现了南方古猿。其生存年代大约为500－150万年之间。有的学者把1967年在肯尼亚罗特加姆发现的一块下颌标本也归入南方古猿，从而将南方古猿存在年代的上限推到550万年以前。南方古猿化石最早于1924年在南非约翰内斯堡附近的汤恩发现，为一幼年头骨。其后陆续在非洲、亚洲发现十多处。其中较突出的代表是1959年在奥杜瓦伊峡谷发现的东非人头骨化石。南方古猿的体质特征和人接近，齿弓呈抛物线形，犬齿不突出，无齿隙；拇指可和其他四指对握，能使用天然工具；头枕骨大孔的位置接近颅底中央，骨盆比猿类宽，能直立行走；脑顶叶扩大，可能有原始的语言能力。根据研究，南方古猿至少有三个种，即南方古猿非洲种（或称纤细种）、南方古猿粗壮种和比粗壮种更为粗壮的南方古猿鲍氏种。1973年美国学者约翰逊在埃塞俄比亚的阿法地区发现一膝关节化石。次年发现一具人科动物化石，年代距今约300万年前，全身骨骼保存达40%左右，是一个20岁左右之女性，约翰逊称之为"露西女士"，定名为南方古猿阿法种。

人类的进化

从猿到人的过渡阶段结束后，人类的体质形态仍在继续发展。在一个较长的时期内，人们把这一发展过程分为猿人、古人、新人三个阶段。由于化石材料的不断丰富和人们认识的不断深化，这一分期法已不合用。国外学者主要采用两种分期法。一是分为南方古猿、直立人、智人3个阶段；智人又分为早期智人和现代智人。这一划分法的缺点是把不会制造工具的南方古猿和能制造工具的能人及1470号人归入同一范畴。另一种是分为最早的人类（人属）、直立人、早期智人、现代智人4个阶段。中国学者也提出4个阶段的划分法，即早期猿人、晚期猿人（直立人）、早期智人、晚期智人。"早期猿人"阶段相当于国外学者提出的"最早的人类（人属）"阶段。虽然直立人之前的化石材料发现不多，但将其单独列为一个阶段以别于南方古猿和直立人，仍是较妥当的办法。

这里我们采用最早的人类（人属）、直立人、早期智人、现代智人4个阶段的划分法来具体介绍：

（1）最早的人类（人属）：从1960年起，在坦桑尼亚奥杜瓦伊峡谷陆续发现一些人类化石。1964年定名为"能人"。其脑量约为680毫升，手骨及足骨与现代人相似。在发现能人的层位发现不少砾石打制的工具，主要是砍砸器。此外还发现石块堆成的圆圈，推测是能人所建的简单住所。能人生活的时代距今180万年。1972年在东非肯尼亚图尔卡纳湖东岸库彼弗拉发现了编号为 KNM－ER1470 号人的头骨，定年为290万年前。脑量约为775毫升。头骨无直立人那样明显突出的眉嵴，因此它在进化系统中的位置还有争议。在 KNM－ER1470 号人的层位稍高处，于1968年发现有旧石器，当时测定为261万年前，1975和1976年有人重新测定其年代分别为182万年和244万年前，后一年代与最初测定的年代较接近。从1974年开始，英国学者 M. D. 利基在坦桑尼亚莱

原上猿　腊玛古猿　南方古猿　直立猿人　尼安德特人　克罗马农人

▲人类的进化历程

托利的莱托利尔地层发现了人类化石，除一个 5 岁左右的小孩的部分骨骼外，还发现一些成人的上下颌碎片及牙齿。定年在 380 – 360 万年前之间。1978 年在莱托利尔地层中发现留在火山凝灰岩中的人类脚印，属一大一小两个个体。脚印有凸起的足弓，圆形的足跟，大足趾与其他四趾并列于足前方，这些都是人类的特征，因此有些学者把它归入人属。但在同一地层中没有发现石器。约翰逊等人认为莱托利尔地层发现的化石是南方古猿阿法种，并非真正的人类。

（2）直立人：在中国习惯上称之为"猿人"。生存年代距今约 170 万年或 150 万年前至二三十万年前。地质时代属早更新世晚期到中更新世。其脑容量为 775 ~ 1400 毫升。最早发现的直立人是 1891 年荷兰军医杜布瓦在爪哇中部特里尼尔附近找到的一个头盖骨及一枚牙齿，次年又在同一地层发现一个大腿骨及一枚臼齿。头骨很厚，眉嵴突出，颅骨低平，具有猿的特征，但腿骨似人，适于直立行走，所以当时定名为"直立猿人"。直立人的化石在亚、非、欧三洲都有发现。在中国有北京人、蓝田人、元谋人；在非洲有肯尼亚的 KNM – ER3733 号人、KNM – ER992 号人、KNM – ER3228 号人、坦桑尼亚奥杜瓦伊峡谷的 OH9 号人、OH28 号人、阿尔及利亚和摩洛哥的毛里坦人等；在欧洲有德国的海德堡人。此外在匈牙利的维特沙洛斯、捷克斯洛伐克的普累西勒提及德国的比尔钦斯勒本近年也发现了猿人化石。

▲猿人群雕

（3）早期智人：又称古人或尼安德特人。生活于距今约二三十万年至四万年前。地质时代属更新世晚期。最早引起人们注意的是 1856 年在德国杜塞尔多夫城附近的尼安德特河谷一个洞穴中发现的一副人类骨架化石。定名为人属尼安德特种，后其学名改为智人尼安德特亚种。早期智人的化石在亚、非、欧三洲都有发现。生存年代最早的是德国的斯坦因海姆人和英国的斯旺斯孔布人，定年约为 25 万年前。许多学者认为他们处于直立人和尼安德特人之间的过渡阶段。中国陕西省境内发现的大荔人，也具有这种过渡性质。早期智人体质形态已接近现代人，但仍保留若干原始特征，如眉嵴比现代人发达，前额低斜，颌部较突出，颏部不明显等。脑容量约为 1300 ~ 1750 毫升，比直立人大得多，脑组织也更复杂。在长期劳动过程中，人类的体质和智慧都进一步发展了。许多人类学家认为早期智人可分两种类型，一为"典型的尼安德特人"，发现于西班牙、法国、比利时、德国和意大利等地。一为"进步的尼安德特人"，发现于黎巴嫩、以色列等地。进步的尼安德特人脑量比典型的尼安德特人略小，但体质形态更接近晚期智人。一般认为进步的尼安德特人后来发展成为晚期智人。而典型的尼安德特人，有的学者认为是人类发展过程中一个灭绝的旁支，也有学者认为并未灭绝，而是后来欧洲人的祖先。

（4）晚期智人：又称新人，出现于 4 万年前。其头骨前额升高，眉嵴几乎消失，颌部退缩，下颏明显，体质形态与现代人类已无多大差别。发现的化石分布于亚、非、欧、美、澳各大洲，说明此时除南极洲外，地球上各大洲均已有人居住。由于美国的南加利福尼亚发现了 4.8 万年前的人类化石，所以有人认为人类到达美洲的时间至少在距今 5 万年前。但许多学者对该人类化石的年代表示怀疑。澳大利亚大陆最早的人类化石发现于蒙戈湖，年代为 32750 年前，所以人类从亚洲到达澳大利亚的时间可能在 4 万年前。晚期智人出现时现代人种亦形成。多把人种分为三大种，即：蒙古利亚人种、高加索人种和尼格罗人种。也有另立澳大利亚人种而分为四大人种的。大种之下又分若干小种。人种形成的因素极为复杂，一般认为是自然条件和历史条件长期影响的结果。

▲ 晚期智人

发现燃烧的奥秘

人类在原始社会便学会了用火，但在很长时间里却不知道燃烧是怎么一回事。后来，德国医生施塔尔提出"燃素论"，说物质的燃烧是由于物质在燃烧过程中放出"燃素"的缘故。燃素学说曾在化学史上统治了100多年。随着氧气的发现，燃素学说逐步被动摇并最终被推翻。

发现氧气

1774年8月1日英国化学家普里斯特利把氧化汞放在试管内用聚光镜来加热，得到一种气体，蜡烛在里面的燃烧火焰比在空气中明亮，而把将要熄灭的木片放到里面又重新燃烧发光。他把这种气体叫作脱燃素空气，实际上就是氧气。普里斯特利用新获得的气体对动物呼吸进行了实验。他发现，当把一只老鼠放入一瓶新制备的脱燃素空气中时，老鼠过得十分舒适，他又亲自试验，用玻璃管吸入这种气体，他感觉十分轻快舒畅，他想将来这也许会成为有益而时髦的奢侈品。差不多同时舍勒也独自制备了这种使燃烧更旺的气体。虽然普利斯特和舍勒同时发现了氧气，但他们都没有进一步揭开燃烧的秘密，最后揭开燃烧奥秘的是法国化学家拉瓦锡。

揭开元素之谜

拉瓦锡认为：燃烧只是物质与氧进行化学反应的现象，根本不存在"燃素"，燃素只不过是人们对燃烧现象不了解而臆造出来的。

▲拉瓦锡和妻子在实验室

一天英国学者普里斯特利来到拉瓦锡的实验室访问，拉瓦锡陪他在实验室边漫步边讨论问题。当来到几个玻璃罩前时，普里斯特利问："这是在干什么？"

"我将磷用软木漂在水面上罩着燃烧，烧后水面就上升，占去罩内空间的五分之一，你再看这个罩内是烧硫磺的，水面也是上升了五分之一。这个现象说明燃烧时总有五分之一的空气参加了反应。"拉瓦锡说道。

"对。我也曾发现空气中有一种'活空气'，蜡烛遇见它时会更亮，而小老鼠没有它很快就会死亡。拉瓦锡先生，你知道舍勒在1772年就曾找见过这种空气，他叫它为'火焰空气'，我想，这和你找到的那五分之一的空气很可能是一回事。但是，我觉得物质燃烧是因为有燃素，恐怕和这种空气没有关系。"

"不，有没有它大不一样。你看这玻璃罩里剩下的五分之四的'死空气'，你若再放进什么含有'燃素'的东西，无论磷块还是硫磺，它也不会燃烧了。尊敬的普里斯特利先生，你的发现对我太有启发了，看来空气里一定包含有两种以上的元素，起码这'活空气'就是一种，空气并不是一种元素。"

"这么说，水也不应该是一种元素了。因为我已经发现在水里也包含有这种活空气，而且用一种活空气和另外一种空气（氢气）在密封容器里加热，就又能生成水。"

"真的吗？"拉瓦锡突然停下脚步，眼睛直盯着普里斯特利。

"真的。你这里的实验条件太好了，让我们重新做一次。"

普里斯特利熟练地制成了两种气体，然后将它们混合到一个密封容器里，便开始加热，一会儿容器壁上果然出现了一层小水珠。拉瓦锡兴奋地说："我们今天不但进一步发现了燃烧的秘密，还找到了新的元素，它既存在于水中，又存在于空气中，这可就打破了水和空气是一种元素的说法，说明了它们都是可分的。这种东西能和非金属结合生成酸，又能使生命活下去，就叫元氧吧。"

> **拉瓦锡**
>
> 拉瓦锡（1743～1794），法国著名化学家，近代化学的奠基人之一，"燃烧的氧学说"的提出者。因其包税官的身份在法国大革命时的1794年5月8日于巴黎被处死。拉瓦锡与他人合作制定出化学物种命名原则，创立了化学物种分类新体系。拉瓦锡根据化学实验的经验，用清晰的语言阐明了质量守恒定律和它在化学中的运用。这些工作，特别是他所提出的新观念、新理论、新思想，为近代化学的发展奠定了基础。拉瓦锡之于化学犹如牛顿之于物理学。

"拉瓦锡先生，你真是一个很大胆的科学家，我曾经做过不知多少次实验，就是不敢放弃燃素说，总也没有找到问题的关键。今天这个发现真是我们化学界的一件大喜事。"

发现空气的组成

　　空气是地球上的动植物生存的必要条件，动物呼吸、植物光合作用都离不开空气。大气层可以使地球上的温度保持相对稳定，如果没有大气层，白天温度会很高，而夜间温度会很低。大气层可以吸收来自太阳的紫外线，保护地球上的生物免受伤害。大气层可以阻止来自太空的高能粒子过多地进入地球，阻止陨石撞击地球，因为陨石与大气摩擦时既可以减速又可以燃烧。风、云、雨、雪的形成都离不开大气，音的传播要利用空气。

卡尔·杜勒的实验

　　空气是人们赖以生存的。可是，空气是什么？它是由什么组成的呢？

　　在远古时代，空气曾被人们认为是简单的物质，1669 年根据蜡烛燃烧的实验，有人推断空气的组成是复杂的。德国医生施塔尔约在 1700 年提出了著名的"燃素论"。他认为有一种看不见的所谓的燃素，存在于可燃物质内。然而燃素学说终究不能解释自然界变化中的一些现象，它存在着严重的矛盾。

　　1771 年，在瑞典的一个药房里，药剂师卡尔·杜勒做了一个有趣的实验。他从水里夹出了块橡皮似的黄磷，扔进一个空瓶子。黄磷是个脾气暴躁的家伙，它凭空也会"发火"——在空气中会自燃。杜勒把黄磷扔进空瓶子之后，立即用玻璃片盖上瓶口，黄磷燃烧起来了，射出白得眩目的光芒，瓶里弥漫着白色的浓烟。因为杜勒把瓶子盖严实了，所以，黄磷虽然在一开始烧得挺猛烈，但是过一会儿就熄灭了。当杜勒把瓶子倒放到水里，移开玻璃时，水就会自动跑上来，而且总是跑进约 1/5 的地方。杜勒感到很奇怪，他想：瓶里剩下来的气体是什么呢？当他再把黄磷放进时，黄磷不再"发火"啦。他小心翼翼地把一只小老鼠放进瓶子里，只见它拼命地挣扎，不一会儿就死掉了。

▲拉瓦锡观察实验雕像

拉瓦锡的实验

　　这件事引起了法国化学家拉瓦锡的注意。拉瓦锡在进行铅、汞等金属的燃烧实验过程中，他把少量汞放在密闭容器中加热 12 天，发现部分汞变成红色粉末，同时，空气体积减小了 1/5 左右。通过对剩余气体的研究，他发现这部分气体不能供给呼吸，也不助燃，他误认为这全部是氮气。

　　拉瓦锡又把加热生成的红色粉末收集起

来，放在另一个较小的容器中再加热，得到汞和氧气，且氧气体积恰好等于密闭容器中减少的空气体积。他把得到的氧气导入前一个容器，所得气体和空气性质完全相同。

通过实验，拉瓦锡得出了空气由氧气和氮气组成，氧气占其中的1/5。他把剩下的4/5气体叫作氮气，在他证明了普利斯特里和舍勒从氧化汞分解制备出来的气体是氧气以后，空气的组成才确定为氮和氧。氧气能助燃，氮气不能助燃。

科学的空气组成观点

19世纪前，人们认为空气中仅有氮气与氧气。后来陆续发现了一些稀有气体。时至今日，人们已能精确测量空气成分。根据测定，证明干燥空气中（按体积比例计算）：氧气约占21%，氮气约占78%，稀有气体约占0.94%，二氧化碳约占0.03%，其他杂质约占0.03%。因此空气是构成地球周围大气的气体。无色，无味，主要成分是氮气和氧气，还有极少量的氦、氖、氩、氪、氙等稀有气体和水蒸气、二氧化碳和尘埃等。

▲空气的成分

空气的成分以氮气、氧气为主，是长期以来自然界里各种变化所造成的。在原始的绿色植物出现以前，原始大气是以一氧化碳、二氧化碳、甲烷和氨为主的。在绿色植物出现以后，植物在光合作用中放出的游离氧，使原始大气里的一氧化碳氧化成为二氧化碳，甲烷氧化成为水蒸气和二氧化碳，氨氧化成为水蒸气和氮气。以后，由于植物的光合作用持续地进行，空气里的二氧化碳在植物发生光合作用的过程中被吸收了大部分，并使空气里的氧气越来越多，终于形成了以氮气和氧气为主的现代空气。

空气是混合物，它的成分是很复杂的。空气的恒定成分是氮气、氧气以及稀有气体，这些成分所以几乎不变，主要是自然界各种变化相互补偿的结果。空气的可变成分是二氧化碳和水蒸气。空气的不定成分完全因地区而异。例如，在工厂区附近的空气里就会因生产项目的不同，而分别含有氨气、酸蒸气等。另外，空气里还含有极微量的氢、臭氧、氮的氧化物、甲烷等气体。灰尘是空气里或多或少的悬浮杂质。总的来说，空气的成分一般是比较固定的。

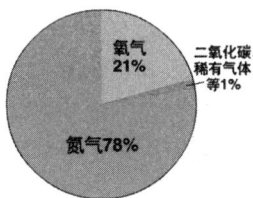

二氧化碳的发现

只要你一打开汽水瓶盖，汽水瓶里就立即会冒起许多小的气泡；如再仰脖把它喝下去，那用不了多大一会儿，你就会"嗝儿嗝儿"地打起嗝来。这打嗝冒出来的的确是二氧化碳。然而二氧化碳的发现却经历了一个漫长的历程。

二氧化碳的早期发现

早在公元 300 年以前，我国西晋时期的张华就在他所写的《博物志》一书中作了烧白石作白灰有气体发生的记载。这记载不但记下了 1600 多年前我国就已掌握了用石灰石烧制生石灰的技术，还记载了已观察到有气体产生的现象。虽然当时还不可能知道它叫二氧化碳。

转眼 1000 多年过去了，到了 17 世纪，比利时科学家海尔蒙特发现在一些洞穴中有一种可以使燃烧着的蜡烛熄灭的气体，并且与木炭燃烧，与麦子、葡萄发酵以及石灰石与醋酸接触后产生的气体一样。可这种气体是由什么组成的，它们为什么来源不同、性质却相同呢？海尔蒙特也只是知其然，不知其所以然。

布拉克与卡文迪许的发现

又过了 100 多年，1755 年，英国化学家布拉克又进一步定量地研究这种气体，他一次次把石灰石放到容器里煅烧，烧透后再一次次仔细称量剩下的石灰重量，发现每次都减轻了 44%。这 44% 究竟是什么呢？

布拉克改用酸来与石灰石反应，并用一定量的石灰水来捕捉反应时生成的气体，发现石灰水能很好地捕捉住这些气体，而且又刚好是 44%！这说明煅烧时跑掉的那44%，就是这 44% 的气体。这气体不烧不出来，好像固定在石灰石中一样，布拉克叫它作"固定空气"。

布拉克把蜡烛、麻雀、小老鼠等放在这"固定空气"里，发现这气体跟一般空气不一样，它能熄灭蜡烛，还会无情地扼杀麻雀、小老鼠的生命！他还做了许多实验来研究，证实这种"固定空气"的存在，大大开阔了人们的眼界，使人们认识到世界上的"气"，原来不是唯一的，更不是一种元素。布拉克和其他科学家还想进一步在水面上收集一些极纯净的这种气体，但由于这种气体能溶在水里所以始终没取得成功。

10 年以后，著名英国化学家卡文迪许想出了一个高招——他把这种气体通入水银槽，然后再在水银表面上收集这种气体。这回他成功了，"固定空气"被他严严实实地封闭在容器里，乖乖地让卡文迪许测量了比重、溶解性，并证明了它和动物呼出、木炭燃烧所产生的气体相同。

拉瓦锡与道尔顿的发现

1772 年，法国化学家拉瓦锡等人用大聚光镜把阳光聚焦在汞槽玻璃罩中的金刚石上，做了著名的烧钻石实验，发现钻石燃烧后产生的也是这种气体，与一般木炭燃烧产生的气体毫无差别。

氧气发现后，拉瓦锡马上又用普利斯特里发现的氧化汞制氧法制出纯氧，然后再用这纯氧与纯炭进行燃烧实验，发现所生成的只有一种气体，从而也就说明这种气体是由碳、氧两种元素组成的化合物，进一步证明它不是什么"单纯的基本的要素"。

后来，人们又发现了更精确的实验方法，并经道尔顿等许多化学家的努力，才证明它分子中碳、氧原子的个数比为 1：2。

就这样，经过 1500 多年，在不知多少位化学家的努力下，人类才认识了今天熟悉的二氧化碳这种气体。

▲道尔顿

氯元素的发现

　　氯气的发现应该归功于瑞典化学家舍勒，他是在 1774 年发现这种气体的，当他加热黑色的二氧化锰与盐酸的混合物时，发现产生了一种烟雾，并与加热王水时所生成的烟雾是完全一样的。舍勒制备了氯气以后，把它溶解在水中，却发现这种水溶液对纸张、蔬菜和花都具有永久性的漂白作用；他还发现氯气能与金属氧或金属化合物发生化学反应。

早期的发现

　　史料记载，古代的炼金术士们用王水（一般用 3 份盐酸与 1 份硝酸相混合）溶解金子。当他们在实验室里加热王水的时候，发现会发生一种刺激性很强的烟雾，当时他们还不知道这种烟雾就是氯气，然而可以说，古代的炼金术士们已经接触过氯这种元素了。

　　在发现氯气前，人们就发明了盐酸。这是用食盐加浓硫酸时所产生的一种气体，人们把这种气体用水吸收后，便成了一种有酸性的液体，就称这种液体为盐酸。第一次单质的氯气是用盐酸加软锰矿粉制出来的。

发现氯气

舍　勒

　　舍勒是瑞典著名化学家，他的研究涉及到化学的各个分支，在无机化学、矿物化学、分析化学、甚至有机化学、生物化学等诸多方面，他都做出了出色贡献。舍勒除了发现了氧、氯等以外，还发现了砷酸、铝酸、钨酸、亚硝酸，他研究过从骨骼中提取磷的办法，还合成过氰化物，发现了砷酸铜的染色作用，后来很长一段时间里，人们把砷酸铜作为一种绿色染料，并把它称为"舍勒绿"。因此，舍勒是近代有机化学的奠基人之一。

　　氯气的发现应该归功于瑞典化学家舍勒，他是在 1774 年发现这种气体的，当他加热黑色的二氧化锰与盐酸的混合物时，发现产生了一种烟雾，并与加热王水时所生成的烟雾是完全一样的。在氯这种元素被发现以后，当时人们把它叫作脱燃素的盐酸气，因为按照当时流行的说法，把盐酸中所含的氢称为燃素，这样在制备氯气的过程中，锰取代了盐酸中的氢，从而得到氯气，用当时的术语便是锰取代了燃素，因此就被叫作盐酸脱掉燃素以后产生的一种气体。

　　舍勒制备了氯气以后，把它溶解在水中，却发现这种水溶液对纸张、蔬菜和花都具有永久性的漂白作用；他还发现氯气能与金属氧或金属化合物发生化学反应。

戴维的发现

从 1774 年舍勒发现氯气以后，一直到 1810 年，这种气体的性质先后经过贝托霍、拉瓦锡、盖·吕萨克、泰纳、贝采利乌斯等人的研究，然而第一个指出氯气是一种化学元素的科学家却是戴维，他在伦敦英国皇家学会上宣布这种由舍勒发现的气体是一种新的化学元素，它在盐酸中与氢化合。他将这种化学元素定名为氯，这个名称出自希腊文"Chloros"，这个词有多种解释，例如"绿色""绿色的""绿黄色"或"黄绿色"。戴维的这种推论获得了公认。

水是一种化合物

　　人类从原始社会开始就是逐水草而居，没有水人类不能生存。在很长一个时期里，人们把水看作是一个单一的、不可再分的、组成万物的"元素"。直到18世纪，氢气和氧气被发现后才使人们逐渐认识水。最终在1783年11月12日，拉瓦锡在法国科学院召开的会议上宣布：水不是一种元素，而是由氧气和氢气组成的化合物。

误解：水是单一元素

　　在很长一个时期里，人们把水看作是一个单一的、不可再分的、组成万物的"元素"：我国战国时代的著作《管子》中说："水者，地之血气……集于天地，而藏于万物，产于金石，集于诸生……万物莫不以生。"古希腊被尊为希腊七贤之一的唯物主义哲学家泰勒斯认为水是万物之母。公元前3世纪古希腊著名的哲学家亚里士多德提出水、火、土、气四元素说。最早出现在我国春秋末年的《尚书》中的五行：金、木、水、火、土，其中也有水。

▲水

　　17世纪，在西方，比利时医生赫尔蒙试图用实验证明水是真正的元素。他将称量过的柳树苗栽培在事先烘干并称量过的泥土瓦罐中，浇雨水或蒸馏水，并在瓦罐上覆盖有孔洞的铁板，防止其他物质进入瓦罐。5年后，他烘干并称量泥土，发现只相差约2盎司（英制重量单位，1盎司=28.349克），而柳树增加重量约164磅（1磅=0.454千克）。于是，他得出结论：柳树增加的重量只能是由水产生的。当时，他认识不到绿色植物还吸收空气中二氧化碳气体，在日光下进行光合作，产生它们所需的营养物质。

普利斯特里和马凯的发现

　　1776年，普利斯特里将氢气通入封闭的含有空气的球形瓶内燃烧，火焰熄灭后，发现整个瓶内好像充满了分散得很细的白色粉末物质，像是白色的雾，而留在瓶内的空气变得完全有害了。法国化学家马凯在得知这一情况后决定进行实验，检验氢气燃烧后产生的究竟是粉末，还是雾。他将一白色瓷碟放置在平静燃烧的氢气火焰上，没有发现任何一般火焰燃烧后留下的炭黑，而是清澈湿润的小液珠，他确定这是真正的水。

1778年，马凯又将氢气预先通过氯化钙干燥后燃烧，以免误认为形成的水是由于氢气中含有的水蒸气的凝结。结果得到的水在0℃时结冰，100℃时沸腾，无色，无臭，无味。

拉瓦锡的实验

1783年，法国化学家拉瓦锡仍以怀疑的心理进行了水的合成和分解的实验。他在后来发表的论文中说：如果水真是氢气和氧气的化合物，必须进行实验。他设计了合成水的实验装置。氧气是由氧化汞通过加热制得，氢气是由铁分解水制得的。结果水积聚在泡内壁，下落并沉积在泡底。

拉瓦锡设计分解水的实验是将铁屑放入一铁管中，加热铁管，通入水蒸气，铁被氧化，水被分解，放出氢气。

1783年11月12日，拉瓦锡在法国科学院召开的会议上宣布：水不是一种元素，而是由氧和氢组成的化合物。

电解水实验

1800年4月意大刊物理学家伏特用小银圆片和小锌片相间重叠成小堆，并用食盐水或稀酸浸透的厚纸片把各对圆片相互隔开，创造原始的电池——电堆，此事传到英国后，伦敦皇家艺术学院解剖学教授、外科医生卡里斯尔和东印度公司官员、土木工程师尼科尔森共同组装了一套电堆，进行电解水的实验，并在当年7月发表联名报告，说明电解水的结果是产生氢气和氧气，水是氢气和氧气组成的。紧接着不少人进行了同样的实验，得到结论相同。

水是氢气和氧气的化合物，再也没有怀疑了。

水的生理功能

水在生物体内具有多种重要的生理功能：①水是细胞组织的组成成分。②水是生物体内代谢物质的主要溶剂。③水是促代谢反应的物质，一切生物的氧化和酶促反应都有水参加。④水是维持体液平衡的重要物质。⑤水有调节体温的作用，水的比热大，热容量也大，蒸发热高，热传导强。⑥水具有润滑作用，通过体液的循环，还可加强各器官联系，减少体内关节和器官间的磨擦和损伤，并可使器官运动灵活。

氮气的发现

空气中的氮气在通电情况下与氧形成一氧化氮，一氧化氮又自动与氧反应化合成二氧化氮，然后再与水作用而形成"硝石精"——硝酸，作为炼丹、炼金家"天书"里"圣手"拇指上"皇冠"的硝石，则不过是它形成的钾盐、钠盐。

"皇冠"硝石

在中世纪欧洲炼丹术士密传的经典里，常画有一只手。手的大拇指上面着一顶皇冠，它代表的是硝石（硝酸钾 KNO_3 或硝酸钠 $NaNO_3$，后者又叫智利硝石）。

炼丹家们用皇冠代表硝石是很自然的，他们把硝石看作是"万石之王"和"火的源泉"。

▲ 硝　石

把硝石撒在田里，庄稼会长得更壮更好；本来只会燃烧不会爆炸的硫磺和木炭，一经与硝石混合，就会成为炸药，炸得人非死即伤！聪明的中国人正是利用这一性质，发明了黑火药，威力远远超过了当时欧洲人的长矛短剑。

由于炼丹、种田、打仗都要用到它，天然硝石就渐渐供不应求了。人们为了得到它就建立了"硝石种植场"。当时人们可能还说不清它是石头还是植物，以为它也可以像种庄稼那样进行种植。他们把树叶、半腐朽的木头、牲畜粪便等倒在一个坑里，让它们腐烂、"生长"，过一段时间后，再来收获那上面长出的白毛状的"硝石霜"。可以想象，这费了九牛二虎之力才结成的硝石霜，常常是少得可怜。

"无翅的小鸟儿"

自然界的硝石存在很少，原因很简单：硝石易溶于水，即使自然界有过硝石，也早被年复一年的雨水冲洗干净，人类开采不到了。在遥远的南美洲智利干旱的沙漠里，天然干旱无雨的条件使这里保存了不少的天然硝石。

硝石里有些什么呢？当时谁也不知道。人们纷纷实验着、研究着。有人发现如用浓硫酸处理硝石就会得到一种新的液体，当时的人还不能分离和认清它是什么，就叫它"无翅的小鸟儿"。

化学家总是要刨根问底的，硝石精里又有些什么呢？17世纪德国的格罗伯想得很奇特，他说里边有一只"无翅的小鸟儿"！无翅是说它看不见，小鸟儿自然是能飞，什么物质像无形而且能"飞"的小鸟儿呢？只有气体！可是，当时人们连空气中含有氮气和氧气还不知道，自然也就无法讲明这只"小鸟儿"该是哪种气体了！

又过了大约100年，经过许多化学家的努力，人们终于认识到了空气中原来还有氮气和氧气，而且分别约占空气的4/5和1/5，但这只无形的"小鸟儿"与空气中的这两种气体有什么关系？人们不得而知。

两位科学家的接力发现

1779年，英国化学家普利斯特里在实验中发现，当空气中通过电火花时，空气的体积会变得比原来小，生成的气体遇到水也会明显地显出酸性。这酸性气体是什么呢？普利斯特里草率地把它说成是碳酸气（即二氧化碳），轻易地错过了认识这只"小鸟儿"的机会。

后来，英国化学家卡文迪许使用导电的液体、金属汞让电火花通过装有空气的管子，很快就发现管子里出现了一种红棕色的气体，它具有硝石精特有的那种气味，溶于水后显示的酸性和其他性质也与硝石精一样。

现在，我们已经知道，空气中的氮气就是那只"无翅的小鸟儿"。它先在通电情况下与氧形成一氧化氮，一氧化氮又自动与氧反应化合成二氧化氮，然后再与水作用而形成"硝石精"——硝酸，作为炼丹、炼金家"天书"里"圣手"拇指上"皇冠"的硝石，则不过是它形成的钾盐、钠盐罢了。

就这样，经过几个世纪许多位化学家的探索和努力，才终于把这条从"皇冠"到"小鸟儿"的认识链，串接到了一起。

甘油的发现与利用

硝化甘油，这是一种很奇特的物质：作为急救药，它可以使心绞痛患者死里逃生；作为炸药，它又会对不慎磕碰了它的人大发雷霆，甚至把靠近它的人炸得血肉横飞！人们只好对硝化甘油敬而远之。但对甘油却始终没有停止研究。

发现"甜味的油"

1779 年，瑞典化学家舍勒在用橄榄油和一氧化铅做实验时，制得一种无色且没什么气味的液体。后来，他又换了别的油类和药品来做实验，发现也能得到这种液体并同时得到肥皂。

"这液体会是什么味道呢？"这位什么都要品尝一下的化学家照例尝了一点这种液体，他发现这液体有股"很温柔的甜味"。他不禁咽下了一些，待了一会儿，也没什么不适——这说明它没什么毒。不知是庆幸自己没有中毒还是又发现了一种新物质，化学家感到很高兴。

▲甘油香皂

从此，这种总和肥皂一起诞生，无色无臭有温柔甜味的黏稠液体就有了自己的名字——"甜味的油"，也即甘油。至于它该不该算作油类，为什么是油却溶于水，谁都没去动那个脑筋。

给它派个什么用场呢？人们试着把它的溶液搽到脸上、手上，发现它能湿润皮肤，于是，它就成了至今还在使用的皮肤滋润剂。但要注意，不要把浓甘油或纯甘油搽在脸上，那会从你脸上皮肤中往外吸水，使你的脸越搽越干，紧绷绷难受。

1836 年，在人们制得纯甘油以后，又发现了它还有可燃性，随即又通过实验知道了它也是由碳、氢、氧三种元素组成，如果只从元素组成上看，确实与那些油类一样。

炸药与染料

10 年以后，意大利化学家沙勃莱洛用甘油与硝酸制得了硝化甘油（也叫硝酸甘油或三硝酸甘油酯），这是一种很奇特的物质：作为急救药，它可以使心绞痛患者死里逃生；作为炸药，它又会对不慎磕碰了它的人大发雷霆，甚至把靠近它的人炸得血肉横飞！人们只好对硝化甘油敬而远之。但对甘油却始终没有停止研究。1856 年，英国化学家帕金首先合成了人工染料，甘油便作为副手帮这些染料为人们染衣服。几乎是在同时，瑞典化学家贝采利阿斯等人利用甘油与别的物质作用，做出了最简单的塑料，为以后塑料工业的发展开创了道路。

"大炮一响，甘油万两"

1867 年，炸药大王瑞典化学家诺贝尔用硅藻土（无定形二氧化硅）吸收硝化甘油，制成了安全炸药。10 年后，他又把硝化纤维和硝化甘油混合制成了炸胶——这种像橡皮泥一样的炸药可以很容易地粘在坦克或军舰铁舱门上，然后用雷管引爆。

1883 年，人们才弄清了甘油的结构，知道它应该叫丙三醇，不应属于油脂类，而应算乙醇（酒精）的本家兄弟。

"大炮一响，甘油万两"，第一次世界大战使硝化甘油的消耗量猛烈增加，只靠植物油脂制造甘油已满足不了需要。为了有更多的甘油来制造炸药，德国人发明了用甜菜发酵的方法制造甘油，每年 2000 吨的甘油把大炮"喂"饱了，人们的咖啡和奶酪里却没有了甜味儿！

第二次世界大战以后，世界石油工业有了很大发展，这就为甘油的生产开辟了新道路。现在丙烯合成法已风行全球，人们对甘油的利用也扩展到 1700 种之多！

▲诺贝尔

具有麻醉作用的"笑气"

笑气的化学名称叫一氧化二氮，无色有甜味气体，是一种氧化剂，在一定条件下能支持燃烧，化学式 N_2O，在高温下能分解成氮气和氧气，但在室温下稳定，有轻微麻醉作用，并能致人发笑，能溶于水、乙醇、乙醚及浓硫酸。其麻醉作用于 1799 年由英国化学家汉弗莱·戴维发现。

未解之"谜"

1772 年，英国化学家普利斯特里发现了一种气体。他制备一瓶气体后，把一块燃着的木炭投进去，木炭比在空气中烧得更旺。他当时把它当作"氧气"，因为氧气有助燃性。但是，这种气体稍带"令人愉快"的甜味，同无臭无味的氧气不同；它还能溶于水，比氧气的溶解度也大得多。所以，普利斯特里断定它并非氧气，但它是什么，成了一个未解之"谜"。

戴维发现"笑气"

事隔 26 年后的 1798 年，普利斯特里实验室来了一位年轻的实验员，他就是后来在化学界大名鼎鼎的英国化学家汉弗莱·戴维。戴维有一种忠于职责的勇敢精神，凡是他制备的气体，都要亲自"嗅几下"，以了解它对人的生理作用。当戴维吸了几口这种气体后，奇怪的现象发生了：他不由自主地大声发笑，还在实验室里手舞足蹈起来，过了好久才安静下来。因此，这种气体被称为"笑气"。

戴维发现"笑气"具有麻醉性，事后他写出了自己的感受："我并非在可乐的梦幻中，我却为狂喜所支配；我胸怀内并未燃烧着可耻的火，两颊却泛出玫瑰一般的红。我的眼充满着闪耀的光辉，我的嘴喃喃不已地自语，我的四肢简直不知所措，好像有新生的权力附上我的身体。"

不久，以大胆著称的戴维在拔掉龋齿以后，疼痛难熬。他想到了令人兴奋的笑气，取来吸了几口。果然，他觉得痛苦减轻，神情顿时欢快起来。

笑气为什么具有这些特性呢？原来，它能够对大脑神经细胞起麻醉作用。但大量吸入可使人因缺氧而窒息致死。

利用"笑气"的麻醉功能拔牙

1844 年 12 月 10 日，美国哈得福特城举行了一个别开生面的笑气表演大会。在舞台前一字排列着 8 个彪形大汉。他们是特地请来处理志愿吸入笑气者可能出现的意外事故。

有一个名叫库利的药店店员走上舞台，志愿充当笑气吸入的受试人。当库利吸入笑气后，欢快地大笑一番。由于笑气的数量控制得不好，他一时失去了自制能力，笑着、叫着，向人群冲去，连前面有椅子也未发现。库利被椅子绊倒，大腿鲜血直流。当他一时眩晕并苏醒后，毫无痛苦的神情。有人问他痛不痛，他摇摇头，站起身来就走了。

库利的一举一动，引起观众席上一位牙医韦尔斯的注意。他想，库利跌碰得不轻，为什么他不感到疼痛？是不是"笑气"有麻醉的功能？当时，还没有麻醉药，患者拔牙时和受刑差不多，很痛苦。于是，他决定拿自己来做实验。

一天，韦尔斯让助手准备拔牙手术器具，然后吸入"笑气"，坐到手术椅上，让助手拔掉他一颗牙齿。牙拔下了，韦尔斯一点也不觉得疼。于是，"笑气"作为麻醉剂很快进入医院，并被长期使用着。

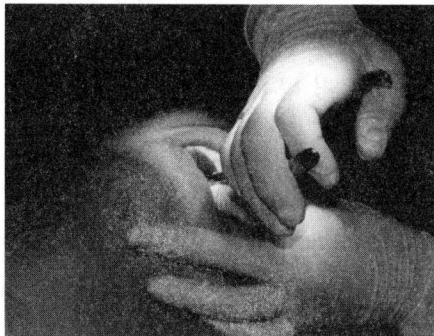

▲ "笑气"可作拔牙时的麻醉剂

戴维与新元素的发现

英国化学家戴维曾用自己的身体试验氧化亚氮（笑气）气体的毒性，发现其麻醉性，使医学外科手术发生了重大改变；他还发明了安全矿灯，解决了因火焰引起的瓦斯爆炸，对19世纪欧洲煤矿的安全开采做出了有益的贡献。但是，他一生最辉煌的成就莫过于新元素的发现。

戴维的预言

1799年，意大利物理学家伏特发现了金属活动顺序，并应用其发明了伏特电池。次年，英国化学家尼科尔森和卡里斯尔利用伏特电池成功地分解了水。从此，电在化学研究中的应用引起了科学家的广泛关注。

1806年，戴维对前人有关电的研究进行了总结，预言这种手段除可以把水分解为氢气和氧气外，还可能分解其他物质，这一科学思想使他把电与物质组成联系起来，从而导致了一系列新元素的发现。

▲伏　特

发现多种元素

1777年之前，对于碱类和碱土类物质的化学成分，人们普遍认为具有元素性质，是不能再分解的。法国化学家拉瓦锡创立氧化理论之后，则认为这两类物质都可能是氧化物。1807年，戴维决心用实验来证实拉瓦锡的见解，同时也想验证一下自己预言的正确性。

最初他用苛性钾或苛性钠的饱和溶液实验，发现碱没有变化，只和水电解结果一样。通过分析，他认为应该排除水这个干扰因素，于是改用熔融苛性钾，结果发现阴极白金丝周围出现了燃烧更旺的火焰，说明由于加热温度过高，分解出的产物立刻又被燃烧了。后来他换用碳酸钾并通以强电流，但阴极上出现的金属颗粒还是很快被烧掉了。最后，他总结教训，在密闭坩埚内电解熔融苛性钾，终于拿到了一种银白色金属，并进行性质实验，发现在水中能剧烈反应，出现淡紫色火焰，显然是该金属与水作用放出氢气的结果。由此，戴维判断这是一种新金属，取名为钾。不久，他又从苛性苏打中电解出了金属钠。次年，用同样方法，他从苦土、石灰、菱锶矿和重晶石中分别又发现了新元素镁、钙、锶和钡。

获得拿破仑的奖励

1807年12月，尽管当时英法两国正进行着战争，法国皇帝拿破仑仍然颁发勋章，以嘉奖戴维的卓越成就。但是，戴维并没有因此骄傲起来。

金属钾被发现以后，他由该金属可从水中分解出氢气受到后发，认为钾也应该能够分解其他物质。于是在1808年，他将钾与无水硼酸混合，在铜管中加热，得到了青灰色的非金属硼。这样，不到两年，戴维就发现了7种新元素。如果加上他1810年和1813年确定的氯元素和碘元素，戴维一生发现和确认的元素就有9种。这一成就在他去世之前的52个元素发现史上，无人能与其媲美。

戴维最伟大的发现

戴维去世前，有一位前去探望的朋友问他一生中最伟大的发现是什么，他的回答是："我最伟大的发现是法拉第。"法拉第在伦敦一家书店做学徒，一次他有幸得到四张到皇家学院听课的入场券。当时，恰逢戴维在皇家学院搞讲座。戴维的四次讲演加在一起才四个多小时，而法拉第的笔记却整理成了380多页。后来，法拉第把装订好的《讲演录》寄给了戴维。戴维看后，十分震惊，立即接见了法拉第，并向皇家学院举荐。

碘的发现

　　一只花猫突然跑了过来，它的爪子碰倒了硫酸瓶。库图瓦非常生气，然而他的眼前突然出现了奇怪的景象：一缕缕紫色的蒸气从盆中冉冉升起，像云朵般美丽……1813年，经英国化学家戴维和法国化学家盖·吕萨克研究，证实库图瓦发现的是一种新元素，盖·吕萨克给它命名为"碘"。碘在希腊文中的意思是"紫色的"。

制备硝酸钾溶液

19世纪初叶，法国的拿破仑发动了征讨欧洲的战争。

▲库图瓦从海藻灰中提取硝酸钾

　　战争需要大量火药，当时还没有发明安全炸药，人们只能采取传统的方法，用硝酸钾（就是硝石）、硫磺和木炭制造火药。顿时，硝酸钾的供应紧张起来。为了解决战争的需要，很多人都积极地开办生产硝酸钾的工厂，其中法国化学家库图瓦跟随他的父亲在海边捞取海藻，然后从海藻灰中提取硝酸钾。

　　1811年的一天，库图瓦按照惯例，把海藻灰制成溶液，然后进行蒸发。溶液中的水量越来越少，白色的氯化钠（食盐）最先结晶出来。接着，硫酸钾（一种常用的肥料）也析出来了。下面，只要向剩余的海藻灰液里加入少量硫酸，把一些杂质析出来，就能得到比较纯的硝酸钾溶液了。

一只花猫的功劳

　　硫酸装在一个瓶子里，就放在装海藻灰液的盆旁边。谁知就在这时，一只花猫突然跑了过来，它的爪子碰倒了硫酸瓶。瓶里的硫酸不偏不倚几乎全部流进了装海藻灰液的盆里。

　　库图瓦非常生气。要知道，加入海藻灰液里的硫酸必须是少量的。现在，这么多硫酸倒了进去，前边的那些工作算是白干了。他正想惩罚这只顽皮的花猫时，眼前突然出现了奇怪的景象：一缕缕紫色的蒸气从盆中冉冉升起，像云朵般美丽。库图瓦简直看呆了。他忽然想起，应该把这些紫色的蒸气收集起来，便拿起一块玻璃放在蒸气上面。

　　以为会得到晶莹透亮的紫色液珠，就像水蒸气遇到冷的物体，会凝结成水珠一样。可是出乎意料，他得到的却是一种紫黑色的晶体，它们像金属那样闪闪发亮。

这是一种未知物。库图瓦仔细研究了这种未知物，发现这种未知物的许多性质不同寻常：它虽闪耀着金属般的光泽，却不是金属；虽是固体，却又很容易升华，即不经过液态而直接变为气态；它的纯蒸气是深蓝色的，紫色的蒸气是因为混有空气的缘故……

1813 年，经英国化学家戴维和法国化学家盖·吕萨克研究，证实库图瓦发现的是一种新元素，盖·吕萨克给它命名为"碘"。碘在希腊文中的意思是"紫色的"。

治疗甲状腺肿大

在 19 世纪后半叶，有一位年轻的医生听说印第安人相信有某种盐沉淀物可以治疗甲状腺肿大，就取了一些样品送请法国的农业化学家布森戈进行分析，布森戈发现这种盐沉淀物中含有碘，便建议人们用含碘化合物治疗甲状腺肿大。不过，这个建议曾被冷落长达半个世纪，最后还是被医学界接受了。

1911 年，在庆祝碘发现 100 周年时，人们在库图瓦的故乡竖起了一块丰碑，以纪念他在科学上的重要发现。今天，人们更进一步认识到碘对于人体健康，特别是儿童的智力发展有着密切的联系，现在全国已广泛供应食用含碘盐。

▲碘 盐

发现硒元素

　　贝采利乌斯将铅室底部所沉积的红色粉末全部取出来，不厌其烦地进行了反复实验。经过多次认真分析、比较，认为这发出臭味的不是碲，而是一种从未被人们所认识的新的元素。这是一种能够放出特殊臭味的棕色物质，不溶于水，具有燃烧性，他将之命名为硒。

永乐公主的灵丹妙药

　　相传，唐玄宗的女儿永乐公主年幼时体弱多病，14 岁时还是一个羸弱憔悴的丑丫头。在她 15 岁那年，爆发了"安史之乱"，永乐公主随皇帝出逃，流落到陕西沙苑一带。从此小公主便以当地产的蒺藜子为茶。不料，她渐渐病退，两三年后竟变得婀娜娇美，楚楚动人。对此，永乐公主深知自己是得益于蒺藜子。"安史之乱"平定后，永乐公主回宫时便随身带了一些蒺藜子，并把它送给皇兄肃宗皇帝饮用，几十天后肃宗感到自己耳更聪，目更明，精力倍增。从此，蒺藜子被视为灵丹妙药而名扬天下。

　　蒺藜子的神奇功效，对古人来说当然是秘不可知的。现代科学揭开了它的谜底，原来蒺藜子中含有许多种人体必需的微量元素，尤其是硒的含量相对较为丰富，现代医学已经证明，硒具有抗癌、防治心肌病、抗衰老等作用，对人体健康十分重要。

硒的发现与命名

　　那么硒是怎么发现的呢？这就必须提到瑞典化学家贝采里乌斯。

　　在距瑞典斯德哥尔摩西北约 60 千米的地方，有一个叫法龙镇的地方。法龙镇是瑞典历史悠久的一个矿区。它从 13 世纪起就是一座重要的铜矿，同时还有黄铁矿的开采。瑞典的一些重要的硫酸工厂，都从这里获取黄铁矿的原料。

▲ 黄铁矿

　　1817 年，化学家贝采利乌斯曾参加了一家硫酸工厂的经营。这家工厂所用的原料就是来自法龙镇的黄铁矿。工厂的老板毕尤格林先生发现，利用法龙镇的黄铁矿所得的硫磺，在制取硫酸过程中，总会在铅室的底部凝结有红色粉末状物质；如果改用别处的硫磺为原料，在铅室的底部就没有这种现象发生。后来，毕尤格林就找了几位化学家一起去研究探讨这一现象。他们认为，在铅室底部沉积的物质中，可能含有砷。毕尤格林害怕烧灼砷会造成毒害事故，因此就不再采用法龙镇出产的黄铁矿了。

贝采利乌斯以一个化学家所特有的敏感，预见到这里面一定有在科学上值得探讨的内容。于是，他放弃了正在写的一册化学教程的工作，立即转入到分析这"红色物质"的工作中来。他首先燃烧了250千克法龙镇出产的黄铁矿，得到了一定数量的硫磺。所沉淀的红色粉末，却只有3克左右。他仔细地分析了这3克物质，发现其中最主要的成分仍然是硫磺。贝采利乌斯把燃烧后的灰烬收集起来，再将它用试管加热。发现产生了一股腐败蔬菜的臭味，直冲鼻子。贝采利乌斯被呛得有点受不了，头也痛起来了。他马上打开了实验室的窗户，苦苦地思索着。在他所熟悉的物质中，哪种元素燃烧后的味道是这样的呢？

贝采利乌斯在激动之余立即挥笔写信给在英国的好友——伦敦的马塞特博士。告诉对方，被德国化学家克拉普罗兹命名为"地球"（拉丁文）的元素碲也在这里发现了。信刚刚寄出去，他却又疑惑起来了。红色粉末燃烧的气味虽与克拉普罗兹实验时发现的气味相同，但并没有分离出碲的单质来。怎么能肯定里面一定是碲呢？于是，他开始深深地责备自己的不慎重。

下一步的工作应该是找到碲单质，"以便对这种物质有一个较准确的概念"。于是，贝采利乌斯便把铅室底部所沉积的红色粉末全部取出来，不厌其烦地进行了反复实验。经过多次认真分析、比较，认为这发出臭味的果然不是碲，而是一种从未被人们所认识的新的元素。1818年2月6日，贝采利乌斯写了一封信给马塞特博士，在信中他纠正了前次信中的错误，并把自己的新发现告诉给这位英国化学家。

"能够放出一种特殊臭味的那种物质，据我审慎研究之后得出结论，它是一种不溶于水的棕色物质，是一种具有燃烧性的单质，以前无人发现过，因此我特命名为Selenium（硒）。此字系由Selene（月亮）变化而来，以表示此种物质与碲的性质相似。硒的化学性质，介于硫与碲之间；如再仔细加以比较，则与硫相近之点比碲更多些。"

神通广大的硒

自硒这个元素问世之后，很快就在人类生产和生活上发挥出它的重要作用。在城市马路的十字路口，都安装有指挥车辆行驶的红绿灯。而所谓"红灯"，就是在无色成分的玻璃里加一定量的硒制成的。在一些高大建筑物如博物馆、剧场的顶端也常常安装含有硒的玻璃制着的五角星，夜间看去，它像宝石似的闪闪发光。另外，硒对光非常敏感，在充足阳光的照射下，它的导电效能要比黑暗时大1000多倍！科学家就利用硒对光敏感的特殊功能，制成了光敏电阻、光电管、光电池等，用在自动控制、电视等技术上。硒的半导体功能更不能忽视，用它做成的用于无线电检波和整流的硒整流器，具有耐高温、电稳定性好，轻巧，能经受超负荷等优点。硒还被应用于橡胶工业、染料工业方面。

贝采利乌斯除了发现硒之外，还先后发现了硅、钍、铈、锆等4种元素。

从矿石中发现的锂

阿弗韦聪分析了透锂长石，发现含氧化铝17%、氧化硅80%，其余3%是一种碱质。他没有就此停下，而是继续研究。经过研究发现，这种碱质不同于钠，形成的碳酸盐只是少量溶解于水；不同于钾，不能被过量的酒石酸沉淀。于是他认为有一种新的碱质金属存在。后来他的导师贝采利乌斯把这一新金属命名为 lithium，元素符号定为 Li，我们译成锂。

透锂长石和锂辉石成分之谜

▲ 透锂长石

生于1763年的巴西科学家、政治家安德拉达·西尔伐到瑞典旅行，发现两种矿石透锂长石和锂辉石，锂的发现就从这两种矿石开始。曾经发现钛的克拉普罗特分析了这些矿石，认为除了氧化铝和氧化硅外，没有其他什么，只是被分离出来的各组分总量比原来试样量少9.5%。曾经发现铍的法国化学家沃克兰也分析了它，除找到氧化铝和氧化硅外，还找到一种碱质，认为是钾碱。德国另一位化学家福克斯发现锂辉石在灼烧时火焰呈现红色，却没有进一步研究这种焰色特征的原因。于是这两种矿石的组成成分成为谜。

发现与命名

1817年，在贝采利乌斯实验室中研究矿物分析的年轻人阿弗韦聪分析了透锂长石，发现含氧化铝17%、氧化硅80%，其余3%是一种碱质。他没有就此停下，而是继续研究。经过研究发现，这种碱质不同于钠，形成的碳酸盐只是少量溶解于水；不同于钾，不能被过量的酒石酸沉淀。于是他认为有一种新的碱质金属存在。他利用新金属硫酸盐与钾、钠的硫酸盐在水中溶解度的不同，分离出这种新金属的硫酸盐。现在已知0℃时硫酸钾和硫酸钠在水中的溶解度为0.5mol/L，而硫酸锂为3.25mol/L。

贝采利乌斯把这一新金属命名为 lithium，元素符号定为 Li，我们译成锂。这一词来自希腊文 lithos（石头）。按照贝采利乌斯的意见，锂是从矿石中发现的，不同于钾和钠是从植物体中发现的。但是后来不久，德国化学家本生和物理学家基尔霍夫利用分光镜从动物和植物体中发现了锂的存在。

阿弗韦聪曾将锂的氧化物与木炭混合后加热，试图获得金属锂但没有成功。也曾利用电流分解它的氧化物，也没有成功。后来戴维电解锂的氯化物得到少量金属锂。

1855 年，本生和英国化学教授马西森电解熔融的氯化锂，获得大量金属锂。

锂的特点与应用

锂在地壳中的含量还算是比较多的一种元素，但比钾和钠少得多，这是锂的发现比钾和钠较晚的因素。而正因钾和钠早已被发现并确定了化学性质，依据实验得出锂的性质与钾、钠相似，所以即使它还没有被分离出单质状态，也被承认是一种新元素了。

金属锂与氢气作用生成白色氢化锂粉末。氢化锂与水猛烈反应，放出大量氢气。1 千克氢化锂与水作用可以放出 2800 升氢气。因此氢化锂被看成是一个方便的储藏氢气的"仓库"。

利用氢氧化锂代替氢氧化钠、氢氧化钾制成的肥皂能使石油变稠，可用来生产润滑脂。

现今一种体积小、电压高达 3.5V、使用寿命可长达 15 年的锂电池就是用锂作负极，以二氧化锰或氧化铜作为正极，选用非水电

▲锂电池

解液制成，可用在心脏起搏器中，将之植入人体内，发出电流刺激心肌，以使心脏的搏动恢复正常。

油脂和脂肪酸的发现

　　油脂是人类自古以来的食物，但是作为化学物质只是从 19 世纪开始才被人们认识。当时欧洲化学家们掀起研究动物和植物化学的兴趣。动物和植物体内部含有丰富的油脂。在这一领域作出最多发现的，当属法国化学家谢弗罗尔。

谢弗罗尔的众多发现

　　1813 年，法国化学家谢弗罗尔开始研究油脂和油脂制成的肥皂。当时的肥皂是用动物脂肪和草木灰共同熬煮制得的。早在 1783～1784 年间，谢勒将动物油、水和正方铅矿（一氧化铅）共同熬煮，得到一种铅糊肥皂，将溶液蒸发后留下稠浆，像糖一样有甜味。他认为这是油脂中含有的甜素。谢弗罗尔认识到是动物脂肪与碱反应生成肥皂的副产物甘油。

　　谢弗罗尔将猪油制得的肥皂与无机酸共同熬煮后，获得两种酸物质，一种从溶液中结晶析出，形似珍珠，就从希腊文"珍珠"命名它为"珍珠酸"，另一种留在溶液中成油状，从拉丁文"油"命名为"油酸"。后来他将珍珠酸改称硬脂酸。这个词来自希腊文"脂肪"，因为他认识到珍珠酸是硬脂酸和另一种较易熔化的酸的混合物。但他没有能分离出这种较易熔化的酸。

　　己酸和癸酸是谢弗罗尔在 1817 年和 1823 年从山羊脂中获得的。1844 年，前捷克斯洛伐克化学家勒赫正确测定了它们的化学式，并从山羊脂中发现辛酸。这三种酸，我们又分别称它们为羊油酸、羊脂酸、羊蜡酸。

　　在这些脂肪酸的发现中，谢弗罗尔实验证明肥皂是不同脂肪酸的盐，主要是硬脂酸、软脂酸、油酸的盐。证明在制造肥皂过程中除生成肥皂外，还生成甘油。

　　1823 年，谢弗罗尔作出结论：油脂是由脂肪酸和甘油构成的。称它们为酯，来自醚。因为醚最初是由酸与醇制得的，而酯也是由酸与醇结合而成的。

　　丁酸是谢弗罗尔在 1817 年从牛乳脂中分离出来的。1844 年，法国化学家佩卢兹等人正确分析测定它的化学式，按照它的含碳原子数称之为丁酸，又因来自牛乳脂，因而又名酪酸。

　　戊酸是谢弗罗尔在 1823 年从海豚油中取得的一种酸，就称为海豚酸。同时一种类似的酸从缬草根中发现，命名为缬草酸。1833 年，德国化学家特劳姆斯道尔弗分析测定了它的组成，称之为戊酸。

各种酸的相继发现

　　1841 年，英国一位矿物分析员斯坦豪斯从棕榈油中发现棕榈酸，1846 年，德国化学家施瓦兹分析确定它的化学组成是十六烷酸，又称软脂酸。接着德国药剂师海英兹确定珍珠酸是硬脂酸和软脂酸的混合物，并确定硬脂酸的化学组成是十八烷酸。

1827 年法国化学家比西从蓖麻籽油中发现蓖麻醇酸；1841 年出生于印度的英籍化学家普莱费尔从肉豆蔻脂中发现肉豆蔻酸；1842 年，德国化学家马森从月桂脂中发现月桂酸。

一些低级脂肪酸也在这段时期被发现。丙酸是在 1844 年发现的。德国化学家戈特莱布将蔗糖、淀粉或树胶与浓碱共热得到它，称它为二乙基丙酮酸，因为它也可以由氧化二乙基甲酮制得。1846 年，德国化学家雷登巴彻将稀甘油和酵母的混合物暴露在空气中也得到了它。1841 年，德国化学家诺勒尔发酵不纯的石头酸钙，得到一种酸，称为"假醋酸"或"丁醋酸"。1843 年，贝齐里乌斯认为这是醋酸和丁酸的混合物。直到 1847 年，法国化学家杜马拉蒂等人水解乙基氰得到一种酸。分析测定它的组成后确定它和二乙基甲酮酸以及假醋酸是同一种酸，称它为丙酸。

卵磷脂是一种类脂肪，是法国药学教授古布里在 1846 年从蛋黄、胆汁和静脉血中分离出来的一种含磷的脂肪物质，水解后生成十七烷酸和油酸。德国生物化学家霍珀·赛勒首先制得纯净的卵磷脂。

人工合成尿素

尿素是人们摄取蛋白质在体内新陈代谢的产物，随尿排出的量依摄取食物蛋白质的量而转移。当摄取普通混合膳食时，一日排出量20～25克。它是一种白色结晶体。武勒人工合成尿素表明有机化合物并不都是由生命力造成的了。这一成果打破了无机化合物与有机化合物之间不可逾越的界墙，具有非常重大的意义。

人们对尿素的不断认识

早在1737年和1785年，德国医生博哈夫和法国实验演示员鲁埃分别蒸发尿获得尿素。

1811年，英国化学家戴维的堂弟J. 戴维将一氧化碳和氯气的混合物暴露在日光中，获得羰基氯化物，称它为光气。他还将光气与氨作用，合成尿素。但是他和他的前人一样，没有认清它是什么物质。

1820年，英国化学家普鲁特分析了它，得出下列数据：氮46.65%、碳19.97%、氢6.67%、氧26.65%，这就得出尿素的分子式 CH_4N_2O。

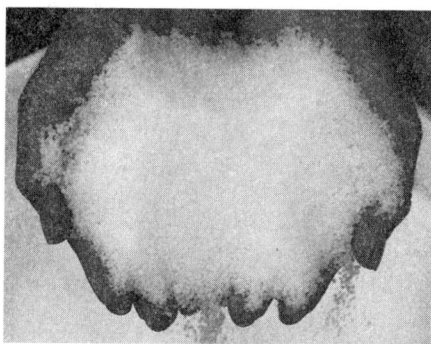

▲尿　素

1822年，德国人武勒制得氰酸银、氰酸铅等氰酸盐。1828年，他将氰酸银用氯化铵溶液处理，得到一种白色结晶状物质，实验表明这种白色晶体物质毫无氰酸盐性质。他还将氰酸铅用氢氧化铵溶液处理，也得到这一白色晶体。最初，他认为这种白色晶体物质是一种生物碱，但是检验结果是否定的。后来他考虑到是尿素，把它和从尿中提取的尿素进行比较，证明是同一物质。他便分析了它的化学组成。得到的结果是：氮46.78%、碳20.19%、氢6.59%、氧26.24%。

这和普鲁特分析尿素的结果是一致的。

事实上，早在1824年武勒已经人工制得尿素。这年他用瑞典文在《斯德哥尔摩科学院报告》中发表《论氰化物》。1825年他又用德文发表此论文。文中叙述将氰与氨水作用，获得草酸和一种白色奇异的结晶物质。不过当时他没有认清这白色奇异的结晶物质是尿素。

氰与氨在水存在下反应，生成氰铵和氰酸铵，后者在加热后分子重排，转变成尿素。

人工合成尿素的伟大意义

尿素的合成给"生命力论"一拳重击。"生命力论"是武勒的老师、朋友贝采利乌斯提出来的。19世纪初期，贝齐里乌斯根据一些无机盐在电解中，金属成分总是移向阴极获得电子形成金属，非金属成分总是移向阳极丢失电子形成非金属这些实验结果，提出所有化合物的形成是由于相反电荷的吸引。在氯化钠中，钠是正电的，氯是负电的，相反电荷的吸引说明了此盐的稳定性。在硫酸钠较复杂的情况下，强正电性的钠与负电性的氧结合，形成氧化钠，同样正电性的硫与氧结合，形成氧化硫。由于氧化钠中钠的强正电性，使氧化钠仍具有一些正电性，同样氧化硫中氧的负电性强，使氧化硫仍具有一些负电性，因此氧化钠和氧化硫能进一步结合，形成硫酸钠。这在当时又被称为分子组成的二元论。

分子组成二元论应用于无机化合物是成功的，但应用于有机化合物却遭到碰壁。因为绝大部分有机化合物是非电解质，是不能被电解成两部分的，于是贝采利乌斯就提出"生命力论"。由于有机化合物来自动物和植物，它仍是有生命力的。这就是说，有机化合物是由生命力造成的。

现在，武勒人工合成尿素表明有机化合物并不都是由生命力造成的了。武勒在1828年2月22日给贝采利乌斯的信中写道："我要告诉阁下，我不用人或狗的肾脏制成尿素。氰酸铵是尿素。"1830年，法国化学家杜马写道："化学家们为武勒人工制成尿素这一卓越的发现欢呼。"德国化学家李比希在1837年写道："我们感激武勒不借助生命力的作用，令人惊奇且在一定程度上难以解释地制成尿素。这一发现必将打开科学中的一个新领域。"

钒的发现

在发现元素钒的过程中，贝采利乌斯不仅热情告诫维勒，也积极帮助塞夫斯特穆。钒的提纯工作，就是在贝采利乌斯的实验室里完成的。可以说，钒的发现是塞夫斯特穆和贝采利乌斯共同努力的结果。但是，在提交给科学院的论文上，贝采利乌斯只写了塞夫斯特穆一个人的名字，他说："我要让他独享发现的荣誉。"

一个美丽的神话

1831 年初春的一天，德国化学家维勒坐在窗前，正凝神阅读老师瑞典化学家贝采利乌斯的来信。此刻，他被信中关于凡娜迪斯女神的故事深深吸引了。故事是这样写的——

很久以前，在北方一个极遥远的地方，住着一位美丽而可爱的女神凡娜迪斯。女神过着清静的日子，十分逍遥自在。

一天，突然有位客人来敲她的房门。凡娜迪斯因为身体疲乏，懒得去开门。她想："让他再敲一会儿吧！"谁知，那人没有再敲，转身走了。

女神没有再听到敲门声，便好奇地走到窗口去看。"啊，原来是维勒！"凡娜迪斯有些失望地看着已经离去的维勒。"不过，让他空跑一趟也是应该的。谁叫他那样没有耐性呢？瞧，他从窗口走过的时候，连头都没有回一下。"说着，女神便离开了窗口。

过了不久，又有人来敲门了。他热情地敲了许久，孤傲的女神不得不起身为他开门了。这位年轻的客人名叫塞夫斯特穆，他终于见到了美丽的凡娜迪斯女神……

看完了这个故事，维勒的心久久不能平静。因为他明白，老师信中所讲的并不是一个普通的神话故事，而是针对着自己说的一个科学发现的事实。

▲钒铅矿

故事里的凡娜迪斯是一种刚刚发现不久的化学元素———钒的名称。一年前，维勒在分析一种墨西哥出产的铅矿时，发现了钒。由于钒是一种稀有元素，提纯起来很困难，加上当时维勒身体状况也不大好，提纯钒的工作便停顿了下来。

就在这时候，一位叫塞夫斯特穆的瑞典化学家在冶炼铁矿时也发现了钒，并且克服了重重困难，提纯出钒的化合物。塞夫斯特穆用瑞典神话中一位女神的名字凡娜迪斯，给新元素取名为钒。

两位科学家都曾敲响过新元素的大门，一个成功了，一个却半途而废了，后者所差的只是一种锲而不舍的精神。为了使维勒汲取这次教训，贝采利乌斯特意为他编了这个美丽动人而又含意深刻的故事。

独享发现的荣誉

贝采利乌斯是瑞典杰出的化学家，他23岁时就在斯德哥尔摩医学院担任副教授，主讲医学、植物学及药物学。贝采利乌斯不但课讲得好，而且非常注重实验，发现了硒、硅、钍、铈和锆5种元素。他的名声遍及欧洲各国，许多爱好化学的年轻人，都不远千里来到斯德哥尔摩，求教于他的门下。维勒和塞夫斯特穆都曾经是他的学生。

在发现元素钒的过程中，贝采利乌斯不仅热情告诫维勒，也积极帮助塞夫斯特穆。钒的提纯工作，就是在贝采利乌斯的实验室里完成的。可以说，钒的发现是塞夫斯特穆和贝采利乌斯共同努力的结果。但是，在提交给科学院的论文上，贝采利乌斯只写了塞夫斯特穆一个人的名字，他说："我要让他独享发现的荣誉。"

钒

金属钒是银白色的，钒的熔点很高，常与铌、钽、钨、钼并称为难熔金属。有延展性，质坚硬，无磁性。具有耐盐酸和硫酸的本领，并且在耐气－盐－水腐蚀的性能要比大多数不锈钢好。于空气中不被氧化，可溶于氢氟酸、硝酸和王水。钒具有众多优异的物理性能和化学性能，因而钒的用途十分广泛，有金属"维生素"之称。最初的钒大多应用于钢铁，通过细化钢的组织和晶粒，提高晶粒粗化温度，从而起到增加钢的强度、韧性和耐磨性。后来，人们逐渐又发现了钒在钛合金中的优异改良作用，并应用到航空航天领域，从而使得航空航天工业取得了突破性的进展。

臭氧的发现

　　舍恩拜因赶紧关闭了门窗，开始一处一处地搜寻起来。很快他便发现，那"霹雳的气味"是从电解水的水槽中散发出来的。在经过反复实验后，他收集到一种新气体。这种气体的分子是由 3 个氧原子组成的，比普通氧气分子多 1 个氧原子。因为它有一种特殊的臭味，舍恩拜因叫它"臭氧"。

魔鬼进教堂了

　　1840 年的一天，德国化学家舍恩拜因走进自己的实验室，准备开始工作。这时，他忽然闻到一股气味。啊，多么熟悉的气味！舍恩拜因立刻被带进了童年的回忆。那时候，舍恩拜因还是一个勇敢而又顽皮的孩子。一次，他在离家挺远的野地里，同几个小伙伴玩捉迷藏。他们正玩得高兴，突然天气骤变，翻滚的黑云压了上来，天空闪过几道亮光，跟着雷声大作，"轰隆隆、轰隆隆"，怪吓人的。直到暴雨如瓢泼般倾泻下来时，惊恐的孩子们才明白过来，他们赶紧跑到附近的一个草棚去躲雨。雷声越来越响，闪电像银蛇般在空中舞动，忽然，"轰"的一声巨响，远处一座高大的教堂被雷电击倒。孩子们忘记了害怕，他们冲出草棚，拔腿朝教堂跑去。教堂里烟雾弥漫，到处是瓦砾和砖块，空气中还有一股刺鼻的臭味。大人们都惶恐地说："啊！这是魔鬼进到教堂里了。"

气味来自电解水

　　可是，舍恩拜因却不相信，因为他早就注意到，每次雷鸣电闪之后，都能闻到这种味儿。舍恩拜因还给它取了个名字，叫"霹雳的气味"。只是，今天教堂里的气味，比平时闻到的要浓烈得多。

　　时间虽然已经过去 28 年了，可那种特殊的气味舍恩拜因却忘不掉。今天，他刚进实验室，就又闻到了"霹雳的气味"。出于童年时代的好奇心和一个化学家的敏感，舍恩拜因感到必须尽快搞清这气味的来龙去脉。

　　毫无疑问，产生这气味的物质肯定就在实验室里。舍恩拜因赶紧关闭了门窗，开始一处一处地搜寻起来。很快他便发现，那"霹雳的气味"是从电解水的水槽中散发出来的。

发现与命名

　　舍恩拜因想：水是由氢、氧两种元素组成的，电解水时，会产生氢气和氧气。可是氢气和氧气是没有气味的，现在却出现一种奇怪的气味，那么，难道电解水时，同时还生成了其他的物质吗？一定要搞清楚。舍恩拜因开始了研究，在经过反复实验后，果然收集到一种新气体。这种气体的分子是由3个氧原子组成的，比普通氧气分子多1个氧原子。因为它有一种特殊的臭味，舍恩拜因叫它"臭氧"。

打雷闪电时，空气中的氧气受到放电的作用以后，有一部分转变为臭氧；电解水时，阳极上生成的氧气，受到电流的作用，也有一部分转变为臭氧，这就是舍恩拜因闻到的"霹雳的气味"。少量的臭氧能使空气清爽，雷雨之后空气格外新鲜，就是这个道理。

臭氧还是一种氧化剂，有强烈的杀菌作用，常用来消毒饮用水和净化空气。臭氧还存在于地球的上空，能吸收太阳辐射的短波射线，保护地球上的生命不受危害。

臭氧主要功能

①食物净化：由表及里的降解果蔬、粮食中残留的化肥、农药等有毒物质，清除肉、蛋中的抗生素、化学添加剂、激素等有害物质。②消毒灭菌：将清洗后的餐饮用具放入水中通入臭氧20分钟，可去除洗涤剂残留物，杀灭细菌、病毒。还可对衣物、毛巾、抹布、袜子等进行水介质消毒、除味。③洗浴、美容、保健：经常洗臭氧浴能排除体内毒素，活化表皮细胞，消除痤疮，美白皮肤，对风湿病、皮肤病、妇科病、糖尿病及灰指甲等有良好疗效。④除臭：因臭氧有很强的氧化分解能力，可迅速而彻底地消除空气中、水中的各种异味。

镓的发现

　　1876 年 5 月份的法国科学院《科学报告集》中发表了布瓦博德朗发现镓的报告，门捷列夫读到后意识到镓正是他预言的类铝，于是指出布瓦博德朗发现镓的报告中有不确切的地方，镓的比重 4.7 可能有误，应当是 5.9～6.0。这使布瓦博德朗感到很惊奇，他重新提纯了镓，再次测定了它的比重是 5.94。恩格斯对此指出：门捷列夫不自觉地应用黑格尔的量转化为质的规律，完成了科学上的一个勋业。这个勋业可以和勒维耶计算尚未知道的行星——海王星的轨道的勋业居于同等地位。

镓的发现之路

　　在化学元素周期系建立的过程中，性质相似的元素成为一族已为化学家们接受。当时法国化学家布瓦博德朗对光谱分析进行着长期研究，他观察到同族元素的光谱线以相同的排列重复出现，存在着规律的变化。他发觉在铝族中，在铝和铟之间缺少一个元素。从 1865 年开始，他用分光镜寻找这个元素，分析了许多矿物，但是都没有找到。1868 年，他收集到法国与西班牙边界线比利牛斯山的锌矿，进行了分析，又经过了 7 年，在 1875 年才确定了这个元素镓的存在。

▲比利牛斯山

　　这种锌矿，16 世纪德国矿物学家、冶金学家阿格里科拉曾认为是无用的铅矿，18 世纪瑞典化学家布朗特确定它是含锌的矿石。现在知道是闪锌矿 ZnS，其中含有铟和镓。

　　1874 年 2 月，布瓦博德朗将这种锌矿石先溶解在王水中，然后将锌加入滤液中。随着锌的溶解，溶液中过剩的酸逐步消耗掉，最后氢氧化锌沉淀出来。他用少许盐酸溶解这个沉淀，然后用白金丝蘸取一些溶液在电弧中灼烧，用分光镜观察时看到两条从未见到过的紫色谱线，并确信它们属于一种新元素。这是在 1875 年 8 月 27 日布瓦博德朗发表的发现镓的经过。

　　1875 年 9 月，布瓦博德朗在法国化学家面前演示了这个实验，证明新元素的存在。他用法国古代罗马帝国统治时期法国地区的名称 Gallia（高卢）命名它为 gallium，元素符号定为 Ga，我们译成镓。

　　同年 11 月，布瓦博德朗将制得的氢氧化镓溶解在氢氧化钾中，电解获得 1 克多的金属镓，测定了它的比重和其他一些性质。

　　1876 年 5 月份的法国科学院《科学报告集》中发表了布瓦博德朗发现镓的报告，

11 月间这份报告集到达俄罗斯圣彼得堡的门捷列夫手中。

门捷列夫的预言

门捷列夫读到后意识到镓正是他预言的类铝，立即给布瓦博德朗寄去一封信，同时给法国科学院寄去关于发现镓的注释文章，指出布瓦博德朗发现镓的报告中有不确切的地方，镓的比重 4.7 可能有误，应当是 5.9 ~ 6.0。这使布瓦博德朗感到很惊奇，镓到底是谁发现的？还有谁手中有镓？不过布瓦博德朗还是重新提纯了镓，再次测定了它的比重是 5.94。

布瓦博德朗后来在一篇论文中写道："我认为没有必要再证实门捷列夫的理论见解对新元素比重的重要作用了。"

门捷列夫对镓的预言是在 1781 年发表的《元素的自然体系和应用它预言未发现元素的性质》一篇论说中说："在这一族后面应当具有原子量接近 68 的一种元素，我称它为类铝，因为它紧接在铝的下面，它处在铝和铟之间的位置，应该具有接近这两种元素的性质，形成矾。它的氢氧化物将溶解在氢氧化钾中，它的盐将比铝盐较稳定，氯化类铝应当比氯化铝更稳定。它在金属状态时的比重将接近 6.0。这种金属的性质在各方面将从铝的性质向铟的性质过渡，即此金属比铝具有较大挥发性，因此可以期待将在光谱研究中被发现，正如铟和铊是利用光谱研究被发现的一样，即使是它比这两种金属较难挥发。"

▲门捷列夫雕像

恩格斯高度称赞

1879 年秋，恩格斯读到英国化学家罗斯科和德国化学家肖莱默合著的化学教科书《化学教程大全》，此书最先讲述了门捷列夫预言的类铝和它作为镓被发现的事情，对于这一事件，恩格斯写了一篇文章，后来收集在《自然辩证法》中："门捷列夫证明了在依据原子量排列的同族元素系列中，发现有各个空白。这些空白表明这些新元素尚待发现。他预先描述了这些未知元素之一的一般化学性质，他称之为类铝，因为它是在以铝为首的系列中紧跟在铝后面的。并且他大致预言了它的比重和原子量以及它的原子体积。几年以后，勒科克·德·布瓦博德朗真的发现了这个元素，而门捷列夫的预言被证实了，只有极不重要的差异。类铝体现为镓，门捷列夫不自觉地应用黑格尔的量转化为质的规律，完成了科学上的一个勋业。这个勋业可以和勒维耶计算尚未知道的行星——海王星的轨道的勋业居于同等地位。"

镓的发现不仅是一种化学元素的发现，它的发现引起了科学家们对门捷列夫发现的化学元素周期系的重视，使化学元素周期系得到承认和赞扬。

氟的发现

在所有的元素中，要算氟最活泼了。氟是一种淡黄色的气体，在常温下，它几乎能和所有的元素化合：大多数金属都会被它腐蚀，甚至连黄金在受热后，也会在氟气中燃烧！如果把氟通入水中，它会把水中的氢夺走，放出氧气。氟是1886年被人们发现的，在这以前，它被人们认为是一种"死亡元素"，是碰不得的。

谈氟色变的"死亡元素"

人们在1768年就发现了氢氟酸，认为它里面有一种新元素，很多化学家都在实验室里进行实验，试图从氢氟酸中制出单质氟来。

> **氟**
>
> 通常情况下氟气是一种浅黄绿色的、有强烈助燃性的、刺激性毒气，是已知的最强的氧化剂之一。是非金属中最活泼的元素，氧化能力很强，能与大多数含氢的化合物如水、氨和除氮、氧氢以及少量氟化物外一切无论液态、固态、或气态的化学物质起反应。
>
> 氟是人体内重要的微量元素之一，骨和牙齿中含有人体内氟的大部分，氟化物与人体生命活动及牙齿、骨骼组织代谢密切相关。氟是牙齿及骨骼不可缺少的成分，少量氟可以促进牙齿珐琅质对细菌酸性腐蚀的抵抗力，防止龋齿，因此水处理厂一般都会在自来水、饮用水中添加少量的氟。

氢氟酸是氟化氢气体的水溶液，它具有很强的腐蚀性，玻璃、铜、铁等常见的东西都会被它"吃"掉，即使很不活泼的银做容器，也不能安全地盛放它。氢氟酸能挥发出大量的氟化氢气体，而氟化氢有剧毒，吸入少量，就非常痛苦。

尽管化学家们在实验时采取了许多措施来防止氟化氢的毒害，但由于氢氟酸的腐蚀性过强，有一些化学家由于在实验中吸入了过量的氟化氢气体而死去了，还有许多的化学家由于中毒损害了身体健康，被迫放弃了实验。

氟为什么总让人见不到它的真面目呢？这是因为氟的化学性质太活泼了，它在化合物中跟别的元素结合的能力特别强，没有一种物质能够把它从化合物里的位置上分离出去。用化学反应的方法，在当时情况下，是完全不可能制出氟气单质来的，制来制去不过是氟从这一种化合物中转移到另一种化合物中去而已。

由于当时的科学水平有限，最后，大部分化学家都停止了实验，人们在谈到氟时都把它称为"死亡元素"。

征服"死亡元素"

氟真的就是"死亡元素"吗？答案是否定的，在1886年，英国化学家莫瓦桑在总结前人的经验教训并采用先进科学技术的基础上终于制出了氟气。

　　莫瓦桑采用金属铂制的电解容器，以铂铱合金为电极，他认为这些金属的化学性质极不活泼，绝大多数的化学药品都不能腐蚀它，也不会发生反应，也很有可能不会被氟气腐蚀。他在这一电解容器中，放入氢氟化钾和无水液体氟化氢的混合物，充分运用冷却剂冷却到零下 20 多度，然后通上电流，让容器里的化学物质发生分解反应。聪明的莫瓦桑又想到，如果用玻璃导管和玻璃瓶来导出和收集氟气是行不通的，因为他知道氢氟酸能腐蚀玻璃，这也是其他酸所没有的特性，再根据氯气的性质，他推断出氟气必会跟硅单质发生剧烈的反应。因此莫瓦桑便采用以硅单质来检验氟气存在的方法，当他打开电解容器上用萤石做成的帽盖，伸入一根硅条，这时在阳极的上面，硅条突然着火燃烧起来。这个现象表明阳极这一边，已产生了大家盼望已久的氟气。

　　活泼的氟终于被人类征服了。

▲莫瓦桑

发现电子

在汤姆逊未捕捉到电子之前，电在本质上是什么，电是怎样产生的，是科学界长期以来没有解决的神秘问题。1897 年汤姆生在研究稀薄气体放电的实验中，证明了电子的存在，测定了电子的荷质比，轰动了整个物理学界。

发现与命名

英国物理学家克鲁克斯曾根据阴极射线在磁场中偏转的实验事实认为阴极射线是由带负电的粒子所组成的。然而，还需要证明阴极射线也受电场的影响，才能充分证明上述断言。当时，尚未有人完成这一实验。

汤姆逊使用真空度极高的阴极射线管进行了实验，终于在 1897 年证实阴极射线在电场中偏转——这是判定阴极射线确实是带电粒子的决定性的证据。从此之后，人们才承认，阴极射线是一种带负电的微粒子。

汤姆逊并没有停下脚步。为了进一步弄清阴极射线的本质，他要称量出阴极射线中带电粒子的重量。

他首先设计出了称量方法：利用电场和磁场来测量带电粒子的偏转程度，粒子的质量不同，偏转的角度就不同。他根据这一方法得出了结论。

汤姆逊把这种粒子命名为电子。从此，电子不再只是一个概念，而是一个人们过去不知道，现在已经发现的、实实在在的物质粒子了。

汤姆逊进一步的实验还表明：阴极射线粒子的电荷和质量之比与阴极所用的物质无关。也就是说，用任何物质做阴极射线管的阴极，都可以发出同样的粒子流。这表明，任何元素的原子中都含有电子。汤姆逊还发现，除阴极射线外，在其他许多现象中也遇到了这种粒子。

电子的非凡作用

1897 年，汤姆逊根据上述发现，在英国皇家学会上发表了科学讲演。他说：电子是世界上最轻的东西，10u 个电子等于 1/1000g。但是，电子虽然很轻，当它们联合成庞大的队伍时，却形成了近代工业中最重要的动力源。正是这支电子大军以极快的速度前进形成电流，发动了马达，驱动了列车，送来了光明。

1905 年，他被任命为英国皇家学院的教授；1906 年荣获诺贝尔物理学奖；1916 年任英国皇家学会主席；1919 年被选为科学院外籍委员会首脑。汤姆逊在担任卡文迪许实验物理教授及实验室主任的 34 年，桃李满天下。

电子的发现，不仅揭示了电的本质，而且打破了几千年来人们所认为的原子是不可分的陈旧观念，证实原子也有其自身的构造，揭开了人类向原子世界进军的第一幕，迎来了微观物理学的春天。

原子的核式结构学说

1908 年，卢瑟福获得了诺贝尔化学奖。他对自己不是获得物理奖而是获得化学奖而感到意外，"我竟摇身一变，变成一位化学家了。"他在得奖演说中风趣地说，"我现在从一个物理学家向一个化学家的变化是我到目前为止所见到的最快的变化。"不过，他一生最大的贡献是提出了原子的核式结构学说。

物理学家的变身

卢瑟福 1871 年生于新西兰纳尔逊的一个手工业工人家庭，1895 年在新西兰大学毕业后，获得英国剑桥大学的奖学金进入卡文迪许实验室，成为汤姆逊的研究生。1898 年，在汤姆逊的推荐下，担任加拿大麦吉尔大学的物理教授。

在加拿大麦克吉尔大学工作期间，卢瑟福发现了新的放射性元素钍。1902 年，他发现放射性元素在放出射线以后，其放射性强度会逐渐减弱，最后变成另一种元素。在实验的基础上，他提出了放射性元素的衰变理论。因此，在 1908 年，卢瑟福获得了诺贝尔化学奖。他对自己不是获得物理奖而是获得化学奖而感到意外，"我竟摇身一变，变成一位化学家了。"他在得奖演说中风趣地说，"我现在从一个物理学家向一个化学家的变化是我到目前为止所见到的最快的变化。"

▲卢瑟福

物理史上最美实验之一

1907 年，卢瑟福离开麦吉尔大学回到英国，应聘担任了曼彻斯特大学的物理学教授。他以赶超剑桥大学卡文迪许实验室为自己的奋斗目标，以充沛的精力和惊动全世界的科学成就，使曼彻斯特大学第一次成为全世界的科学中心之一。

在曼彻斯特大学工作期间，卢瑟福最大的科学成就之一是提出了原子的核式结构学说。

事情是这样的，汤姆逊发现电子的事实，使人们打破了原子是不可分割的物质最小单位的概念。既然电子是从原子里出来的，那么除电子之外，原子里还有什么东西呢？电子在原子里又是怎样分布的呢？为了说明原子的结构，汤姆逊提出了一个原子模型。他认为，既然原子从整体上看是中性的，而电子是带负电荷的，所以原子里必定有等量的正电荷存在。为了说明原子的稳定性，他假设电子均匀地分布在原子内的正电荷中，并在平衡位置附近振动。人们俗称汤姆逊的原子模型为"葡萄干蛋糕模型"。

当时，许多人认为汤姆逊的模型已经成功地解决了原子结构的问题。而卢瑟福则认为，要了解原子里面有什么东西，最好是用"炮弹"打到原子里面去试探一下。他所选用的"炮弹"就是α粒子。

1909年，卢瑟福和助手盖革和马斯顿进行了著名的"α粒子散射实验"。他们用α粒子去轰击很薄的金箔做的靶子，并通过荧光屏记数来观测穿过金箔的α粒子被金原子散射的情况。实验表明，绝大多数α粒子笔直地穿过金箔，有少数α粒子发生了偏折，只有极少数α粒子发生了大角度的偏折，甚至被反弹回来。如果根据汤姆逊的模型来计算，根本不可能出现向后反弹的α粒子。事后卢瑟福回忆道："在我的一生中，那是一件最难以置信的事。这就像你发射了一颗38厘米口径的炮弹射向一张薄薄的卫生纸时，却被那张纸弹回来而打在你身上一样不可置信。"

▲汤姆逊

但是，实验事实是毋庸置疑的。始终把实验看得高于一切的卢瑟福认为，汤姆逊的模型与实验事实不相符。

于是，在1911年，他提出了"小太阳系"的原子模型："原子的中心有一个核心，叫作原子核。电子围绕原子核在不停地旋转，原子质量的绝大部分以及原子内的全部正电荷都集中在原子核上。"

卢瑟福根据α粒子散射实验现象提出原子核式结构模型。该实验被评为"物理最美实验"之一。他因为开创了原子核物理学这一新领域，被人们尊称为原子核物理学之父。

▲卢瑟福原子结构模型

科学家的幼儿园

1919年，汤姆逊因身兼两职而辞去了剑桥大学卡文迪许实验室主任职务，让贤推荐卢瑟福担任这个现代物理研究中心的主任职务。就在这一年，他用α粒子轰击氮的原子核，成功地实现了原子核的人工转变，并发现了质子。

从1925年到1930年，卢瑟福担任了伦敦皇家学会主席。1931年，由于他在科学发展上所建立的功绩，受封骑士称号，并享有纳尔逊勋爵的爵位。他于1937年10月19日卒于剑桥，并葬于牛顿和法拉第的墓地之侧。

卢瑟福不仅在科学研究方面取得了巨大的成就，而且在培养人才方面也作出了卓越的贡献。他培养的科研集体被人们亲切地称为"科学家的幼儿园"。在这个"幼儿园"里，他培养了两代世界上第一流的物理学家。在他的助手和学生中有14人获得了诺贝尔奖，其中玻尔、威尔逊、里查逊、查德威克、阿普顿、布莱克特、鲍威尔、卡皮查、科克罗夫特和瓦尔顿共10人获得诺贝尔物理学奖；索迪、阿斯顿、亥维赛和哈恩共4人获得诺贝尔化学奖。这在科学发展史上和教育学史上是空前的，一个人能培养出这么多的世界科学冠军，使全世界的人们都感到惊讶和敬佩！

质 子

质子被认为是一种稳定的、不衰变的粒子。但也有理论认为质子可能衰变，只不过其寿命非常长。到今天为止物理学家没有能够获得任何可能理解为质子衰变的实验数据。水中的氢离子绝大多数都是水合质子。质子在化学和生物化学中起非常大的作用，根据酸碱质子理论，可以在水溶液中提供质子的物质一般被称为酸，可以在水溶液中吸收质子的物质一般被称为碱。

发现超导现象

电阻可以说是一种同时具有优点和缺点的性质。我们知道白炽灯泡能亮是由于灯丝有电阻，电炉能烧饭也得归功于炉丝的电阻。但是，在输电线上，在电动机里，在电子器件中，电阻使电能产生白白的消耗，电阻越大，电的消耗也越大，在这种情况下，我们希望电阻越小越好，最好是没有，如今真的能让电阻消失，这对电气工程来说，真是一个大喜讯。荷兰物理学家卡麦林·翁纳斯就把这个大喜讯带给了我们。

童话般的世界

荷兰物理学家卡麦林·翁纳斯领导的实验室是世界上最冷的地方，虽然莱顿城里鲜花常开，但是实验室里制造出来的低温，比南极或北极的最低温度（－88℃）还要低许多。

低温世界是一个魔术般的世界，把一束鲜花放在液态氮中一浸，拿出来向地上一摔，鲜花就会像玻璃一样破碎；把一只橡皮球放在液态氮里一浸，拿出来以后，能像铃铛一样敲响。水银在低温下冻得比铁还硬，可以用锤子把它钉在墙上；在液氮中冻硬的面包，在漆黑的房间里竟然发出天蓝色的光辉。

翁纳斯简直被这童话般的世界迷住了。他决心获得更低的温度。当时，科学家已经能把除了氦气以外的气体全部变为液态。利用液态氢，已获得了－253℃的低温。但是，要使氦气变成液态困难还很大。例如在液体氦的温度下，连空气都会变成固体。如果不小心与空气接触，空气便会立刻在液体氦的表面上结成一层坚硬的盖子。但是翁纳斯是一位出色的实验专家，这一点困难是吓不倒他的。

提起科研，提起实验室，在有些人的心目中总是明亮的屋子，轻松的工作，只要按一下电钮就可以了。实际上，低温实验室简直像一个车间，实验室里充满了管道，还有隆隆作响的真空泵。因为低温不是一下子就能获得的。必须沿着温度的台阶一步一步向下走，温度越低就越困难。翁纳斯先用液化氯甲烷达到－90℃，用乙烯达到－145℃，用氧气达到－183℃，用氢气达到－253℃。终于在1908年成功地实现了最后一种永久气体——氦气的液化，得到了－269℃的低温。在这以后，他用液氦抽真空的方法，得到－272℃。这个温度属于超低温，当时世界上只有莱顿大学的低温实验室可以得到这么低的温度。

翁纳斯的实验

1911年，翁纳斯和他的同伴在这得天独厚的条件下进行极低温度下的各种现象的研究。他们发现水银、铅、锡一般降温到该物质的特性转变点以下时，电阻会突然消失，变成超导电性物体。

这就是说，在一个超导线圈中一旦产生了电流就会周而复始地流下去。因为电阻已经消失，电流不会在流动中衰减，翁纳斯把一个铅制的线圈放在液体氦中，铅圈旁放一块磁铁，突然把磁铁撤走，根据法拉第发现的电磁感应，铅圈内便产生了感应电流。

果然，在低温的条件下，电流不断地沿着铅圈转起来，就像不知疲倦的一匹马一样。理论计算表明，如果保持这种低温条件，电流10万年也不会衰减。这种现象物理学称为超导现象。

1913年，翁纳斯因为这项重大的发现获诺贝尔奖。翁纳斯之所以能获得这一殊荣，与他的治学态度有关。他在总结自己一生探索经验时说："只要养成做学问的习惯，那就跟一日三餐那样，到时不吃不喝，就会感到饥渴难忍。有了做学问的习惯，还要牢记一点，那就是专和精。跟整个知识相比，个人所掌握的实在太渺小了。我认为，人可以在专和精的前提下力求广博；如果想懂得一切，那显然是不切实际的无稽之谈。"

稀有气体的发现

　　稀有气体元素指氦、氖、氩、氪、氙、氡以及 2006 年新发现的 Uuo 7 种元素，又因为它们在元素周期表上位于最右侧的零族，因此亦称零族元素。稀有气体单质都是由单个原子构成的分子组成的，所以其固态时都是分子晶体。

一个奇怪的现象

　　早在 1785 年，英国著名科学家卡文迪许在研究空气的组成的时候，发现一个奇怪的现象。当时人们已经知道空气中含有氮、氧、二氧化碳等。卡文迪许把空气中的这些成分除尽后，发现还残留少量的气体。这少量的气体在当时没有引起化学家们应有的重视。谁也没有想到，就在这少量气体里竟隐藏着一个化学元素家族，它们错过了这一即将被发现的机会，又默默无闻地酣睡了 100 多年。

氩的发现与命名

　　到了 19 世纪末，一位叫瑞利的英国物理学家，在研究氮气的时候发现一个不可思议的事实：从空气制备的氮比从氨等含氮化合物制备的氮，总是重那么一点点——0.0064 克。

　　这 0.0064 克的差异到底意味着什么？是实验的疏忽还是另有原因？瑞利花费了足足两年的时间，做了多次精密入微的实验，锲而不舍，反复观察验证，结果表明实验并无差错。瑞利想，可能是因为在空气中还含有一些没有被发现的气体，才使氮重一点。他和他的朋友——化学家拉姆赛合作，终于揭开了这些未知气体的秘密。他们断定，100 年前卡文迪许所说的剩余气体是一种和许多试剂都不发生反应的古怪气体，体积占空气的不到 1%。就让性格活泼的氯或脾气暴躁的磷跟它反应，它也无动于衷。难怪它在空气中隐藏了那么多年没有被发现。由于它具有这种和谁都不交往的孤独性格，化学家给它起名叫氩，希腊文是懒惰的意思。

其他稀有气体的发现

　　发现氩的消息公布后，引起不少化学家的注意。有人根据门捷列夫元素周期律理论，推测出性质不活泼元素除氩之外，一定有一个性质和氩相近的家族。果然，在以后的三年里，陆续找到了氩的同族伙伴氦、氖、氪、氙。

　　1899 年，英国物理学家欧文斯和卢瑟福在研究钍的放射性时发现钍射气，即氡-220。1900 年，德国人道恩在研究镭的放射性时发现镭射气，即氡-222。1902 年，德国人吉赛尔在锕的化合物发现锕射气，即氡-219。直到 1908 年，拉姆赛确定镭射气是一种新元素，和已发现的其他稀有气体一样，是一种化学惰性的稀有气体元素。

其他两种射气，是它的同位素。1923 年国际化学会议上命名这种新元素为 radon，中文音译成氡，化学符号为 Rn。至此，氦、氖、氩、氪、氙、氡六种稀有气体作为一个家族，占据了元素周期表零族地位。1998 年 12 月，俄罗斯杜布纳的联合核研究所的科学家以钙原子轰击钚来产生 114 号元素的单一原子，后来被命名为 Fl。初步化学实验已显示该元素可能是第一种超重元素，尽管它位于元素周期表的第 14 族，却有着的稀有气体特性。2006 年 10 月，联合核研究所与美国劳伦斯利福摩尔国家实验室的科学家成功地以钙原子轰击锎的方法，人工合成了 Uuo，是零族的第七个元素。它的位置相当有趣，在它的前面是化学电负性最强的非金属元素，在它后面又是电负性最小而金属性最强的金属元素。而这零族的稀有气体，既不显电负性又不显金属性，只把矛盾的双方隔开，似乎处于"与世无争"的中立地位。

氩

氩是单原子分子，为无色、无臭和无味的气体。是稀有气体中在空气中含量最多的一个。氩不能燃烧，也不能助燃。氩的最早用途是向电灯泡内充气。氩灯里填充的是纯氩气。这种灯光度较弱，耗电量低，比信号灯便宜。氩气常被注入灯泡内，因为氩即使在高温下也不会与灯丝发生化学作用，从而延长灯丝的寿命。在不锈钢、锰、铝、钛和其他特种金属电弧焊接时、钢铁生产时，氩也用作保护气体。在高温冶炼纯金属时，常用氩以防止氧化、氮化氢化等作用。在电弧焊接不锈钢、镁铝等时用作保护气体。由于它不易导热，也可用于充气灯泡。可用于灭火，用氩气灭火的好处是几乎不会破坏任何火场的物品，通常是在火场有特殊仪器时才使用。

石油效用的三次发现

石油又称原油，是一种黏稠的、深褐色液体。地壳上层部分地区有石油储存。主要成分是各种烷烃、环烷烃、芳香烃的混合物。它是古代海洋或湖泊中的生物经过漫长的演化形成，属于化石燃料。石油主要被用来作为燃油和汽油，也是许多化学工业产品如溶液、化肥、杀虫剂和塑料等的原料。在历史上，对石油效用的开发主要经历过三次。

第一次发现

大约到19世纪初，人们才开始认识从石油中蒸馏出煤油，用作燃料和照明，可以减少黑烟和不愉快的气味。1823年，俄罗斯农民杜比宁和他的两个兄弟在北高加索地区盛产石油的格罗兹尼附近首先建成蒸馏石油提取煤油的装置。

▲海上石油钻井平台

1855年，美国耶鲁大学化学教授西利曼通过分析石油的化学成分，确定石油是多种碳氢化合物的混合物，开始将石油蒸馏，获得50%类似煤焦的产物，供照明用。1859年首先在美国宾夕法尼亚州蒂图斯维尔钻井采油，它不再是等待石油慢慢聚集到地面上来收集了。当时石油被用作外科药剂，医治"百病"。只是经过了一段时期后，美国匹兹堡一位销售石油的商人基尔接受一位化学家的劝告，按照分馏酒和水的方式分馏石油。最初只是得到含5~8个碳原子的碳氢化合物石脑油，即溶剂油、汽油。后来分馏出含9~18个碳原子的煤油，分馏出的润滑油用作润滑剂；分馏出的残渣沥青用作涂敷屋顶防渗漏。从润滑油中又逐渐分馏出柴油、润滑油、凡士林等，并将煤油用硫酸、碱处理以脱色除臭用于照明。这大约已到19世纪末。

从石油中提取煤油供照明用是第一次发现石油的效用。

第二次发现

这时汽油却没有得到充分的利用，因为它的着火点低，又容易挥发，不仅是一遇火就着，而且是烧成一片，甚至会发生爆炸，因而当时人们视它为危险的"废料"不知如何处理。

到19世纪末，内燃机和汽车相继问世。内燃机和蒸汽机不同。蒸汽机是用燃料烧开锅炉里的水。产生蒸气，再把蒸气引进汽缸里，推动活塞工作。内燃机是将燃料引进汽缸里燃烧，使燃烧产生的气体推动活塞工作。内燃机需要易燃的液体作燃料，汽油正好符合它的要求。当内燃机安装在车上成为汽车后，汽车迅猛发展起来，接着飞机、汽艇等相继出现，汽油变"废"为宝了。这是第二次发现石油的效用。

第三次发现

电灯出现后，煤油的需要量大减。这就又促使人们尽快研究能否从石油中提取更多汽油，减少煤油产量。

到20世纪初，这种设想开始变成现实了。美国标准石油公司化学家伯顿从1910年开始研究。1913年取得专利。他将石油放进锅里加热，使煤油在一定压力下分裂成较小的分子，煤油变成了汽油。现在这个过程叫作裂化。本来从10吨石油里只能得到1吨左右的汽油，采用裂化方法后汽油的产量增加了。

把石油中含碳原子较多的碳氢化合物裂化成含碳原子较小的碳氢化合物过程是石油的化学加工过程，不同于石油的分馏，后者是石油的物理加工。

随着汽车和飞机的高速发展，出现了大型客机和超音速喷气式飞机，汽油需求量不断增加，不仅要把煤油裂化成汽油，更希望从整个石油中提取出更多分量的汽油，同时对汽油的质量也提出了更高的要求。

第一次世界大战后不久，美国通用汽油公司的实验室里进行着许多物质的筛选研究，试图找到一种物质，把它添加到汽油里，减低汽油的燃烧爆震。终于在1921年12月9日找到了四乙基铅这种化合物。

▲ 石油开采

四乙基铅是一种具有强烈气味的无色而有毒的液体，在汽油中加入少量后确实能降低爆震，被称为抗震剂。但后来发现四乙基铅在汽缸里燃烧后会生成氧化铅，堆积在汽缸里，造成障碍。于是又添加二溴乙烷和二氯乙烷。它们在燃烧时能与四乙基铅发生化学反应，把生成的物质一起排出。

怎样解决汽油在汽缸里燃烧产生的爆震呢？早在20世纪20年代，法国一位机械工程师乌德里创造了石油裂解的化学加工方法。

裂解和裂化一样，都是把含碳较多的碳氢化合物分解成含碳较少的碳氢化合物，以增加从石油中提取汽油的份额。不过裂化一般是得到更多的汽油。也有一些气体产生，反应温度一般不超过500℃。而裂解除获得更多汽油外，还获得较多的低碳的气体，反应温度一般在700～1000℃或更高，又称深度裂化。

裂解一般分为热裂解、催化裂解和加氢裂解三种。热裂解是在高温、高压下进行的，得到较大份额的汽油和副产气体；催化裂解是在硅酸铝等催化剂存在下加压加热进行的，得到的汽油质量高，辛烷值可以达到80。这就可以不再添加抗震剂；加氢裂解可使产品中不饱和的烯烃转变成饱和烃，增加汽油的产量。

提高汽油辛烷值的方法除了催化裂解外，随后又出现重整、烷基化等化学加工。

"重整"顾名思义就是重新整顿，即是将汽油中所含直链烃转变成带支链的烃和环状结构的烃，也就是提高汽油的辛烷值。烷基化就是把烷基加到异丁烷或裂解产生的丙烯、丁烯等分子中，既增加了汽油的产量，也提高了汽油的辛烷值。

从裂解、裂化得到的副产气体主要是乙烯、丙烯、甲烷、乙烷、丙烷等等。它们是制造聚乙烯、聚氯乙烯、聚丙烯等塑料和人造纤维、人造橡胶、洗衣粉、农药等的原料。它们成为了化工原料。这是第三次发现石油的效用。

超铀元素的发现

自从 1789 年发现铀以后，人类认识化学元素的道路，是不是到达终点了呢？起初，有人兴高采烈，觉得这下子大功告成，再也不必去动脑筋发现新元素了，可是，更多的科学家觉得不满足。他们想，虽然从第 1 号元素氢到第 92 号元素铀，已经全部被发现了，可是，难道铀会是最末一个元素？谁能担保，在铀以后，不会有 93 号、94号……

镎的发现

早在 1934 年，意大利物理学家费米就认为周期表的终点不在 92 号元素铀，在铀之后还存在"超铀元素"。费米试着用质子去攻击铀原子核，宣布自己制得了 93 号元素。费米把这一新元素命名为"铀 X"。可是，过了几年，费米的试验被人们否定了。人们仔细研究了费米的试验，认为他并没有制得 93 号元素。因为当费米用质子攻击铀原子核时，把铀核撞裂了，裂成两块差不多大小的碎片，并不像费米所说的变成一个含有 93 个质子的原子核。

直到 1940 年，美国加利福尼亚大学的麦克米伦教授和物理化学家艾贝尔森在铀裂变后的产物中，发现了 93 号新元素。他们俩把这新元素命名为"镎"。镎的希腊文原意是"海王星"，这名字是跟铀紧密相连的，因为铀的希腊文原意是"天王星"。

镎是银灰色的金属，具有放射性。它的寿命很长，可以长达 220 万年，并不像砹、钫那样"短命"。在铀裂变后的产物中，含有微量的镎。在空气中，镎很易被氧化，表面蒙上一层灰暗的氧化膜。镎的发现，有力地说明了铀并不是周期表上的终点，说明化学元素大家庭的成员不只 92 个。镎的发现，还有力地说明镎本身也并不是周期表上的终点，在镎之后还有许多化学元素。镎的发现，鼓舞着化学家们在认识元素的道路上继续前进！

在用中子轰击铀时出现的一些元素当中，有一种起初无法证认的元素。这使加利福尼亚大学的麦克米伦开始认识到，裂变中释出的中子很可能已经像费米曾经希望会发生的那样，使某些铀原子转变为原子序数更高的元素了。

93 号元素镎发现以后，麦克米伦认为，很可能还有另外一种超铀元素和第 93 号元素混在一起，后来，美国化学家西博格同他的合作者沃尔和肯尼迪很快就证实了事情确是如此，并指出这个元素就是第 94 号元素钚。

后来发现，镎和钚在自然界中也存在，人们在铀矿石中发现了少量的镎和钚。这样一来，铀这个元素就不再是最重的天然元素了。

其他超铀元素的发现

后来，西博格以及加利福尼亚大学的一个研究小组继续得到了一种又一种超铀元素。他们在 1944 年通过用亚原子粒子来轰击钚的方法，得到了第 95 和 96 号元素，并分别把它们命名为镅和锔，后者是为纪念居里夫妇而命名的。

在他们制出了足够数量的镅和锔以后，他们又对这些元素进行轰击，并先后在 1949 年和 1950 年成功地获得了第 97 和 98 号元素。他们把这两种元素分别命名为锫和锎。1951 年，西博格和麦克米伦由于这一系列成就而共同获得了诺贝尔化学奖。

第 99 和 100 号元素则是在一种更加戏剧性的场合下发现的，它们是 1952 年 11 月第一颗氢弹在太平洋上空爆炸时出现的。尽管它们的存在早已在爆炸碎片中被检测到，但是直到加利福尼亚大学的研究小组 1955 年在实验室中获得了小量这两种元素以后，它们才得到确认，并被分别命名为锿和镄，前者是为了纪念爱因斯坦，后者则是为了纪念费米，因为他们两人都在这以前几个月去世了。后来，这个研究小组又对小量的锿进行了轰击，并获得了第 101 号元素。他们把这个元素命名为钔，以纪念门捷列夫。

接着，加利福尼亚大学又和瑞典的诺贝尔研究所合作，在这个基础上向前迈进了一步。诺贝尔研究所进行了一种特别复杂的轰击，产生了小量的第 102 号元素，这个元素被命名为锘，是以诺贝尔研究所的名字来命名的，但是这项实验没有得到确认。后来又有人用别的方法，而不是用诺贝尔研究所最先介绍的方法获得了这个元素，因此，在锘被正式公认为这个元素的名称之前，曾有一段时间的拖延。

1961 年，加利福尼亚大学的一个研究小组检测出第 103 号元素的一些原子，并把这种元素定名为铹，这是为了纪念劳伦斯，因为他是不久前去世的。后来，苏联核物理学家弗廖罗夫所领导的研究小组报道说，他们在 1964 年和 1967 年分别获得了第 104 号和第 105 号元素，但是他们用来产生这两种元素的方法并没有得到确认。后来，美国核物理学家吉奥索领导的研究小组用别的方法产生了这两种元素。

1976 年弗廖罗夫的研究小组用加速器加速的铬离子轰击铋靶，合成了质量数为 261 的 107 号元素的同位素，并用测量 261 的衰变链子体的方法进行了鉴定。后来，1981 年联邦德国达姆斯塔特重离子研究所的明岑贝格等人用加速的铬离子轰击铋靶，合成了质量数为 262 的 107 元素的同位素。实验期间，他们每天能获得 2 个来自 262 衰变的 α 粒子，总共观察到 6 个计数。

1982 年明岑贝格的科学小组用加速器加速的铁离子轰击铋靶，合成了质量数为 266 的 109 号元素的同位素。在长达一星期的轰击合成实验中，只获得了一个新元素原子；在 266 合成后千分之 5 秒时射出了具有 11.10 兆电子伏能量的 α 粒子。他们就是利用这唯一的事件，成功地用四种不同方式进行了鉴定，尤其是用测量 266 的衰变链子体的方法确证 109 号元素的合成。

108 号元素的发现晚于 109 号元素，1984 年明岑贝格等再次用加速器加速的铁离子轰击铅靶，反应合成质量数为 265 的 108 号元素的同位素（或 266）。总共记录了三个 265（或 266）原子，其寿命测定值分别为：24、22、34 毫秒，并通过测量 265 的衰变链子体的方法，确证 108 号元素的合成成功。

在这以后，很多科学家认真研究了元素周期表，推算出在 108 号元素以后，可能会出现几种"长命"的新元素！

这些科学家经过推算，认为当元素的原子核中质子数为 2、8、20、28、50、82，或者中子数为 2、8、20、28、50、82、126 时，原子核就比较稳定，寿命比较长。根据这一理论，他们预言"114 号元素，将是一种很稳定的元素，寿命可达一亿年！也就是说，人们如果发现了 114 号元素，这元素将像金、银、钢，铁一样"长寿"，可以在工农业生产中得到广泛应用。它还可以用来制造核武器。这种核武器体积很小，一颗用 114 号元素制成的小型核弹，甚至可放在手提包中随身携带。

另外，科学家们还推算出，110 号和 164 号元素也将是一种长命的元素，可以活一千万年以上。

化学元素知多少

至于化学元素有多少，据有的科学家推算，从 104 号元素开始，人们进入了周期表中相对来说还未开发的区域。从原子核外电子排布的量子力学推算，人们预测第七周期（不完全周期）可以是 32 种元素，其结尾的元素为稀有元素 118 号（称为类氦）；第八周期可以是 50 种元素，其结尾的为 168 号元素，称为超氧。以后的元素将进入第九周期。目前寻找新元素的工作，主要从人工合成和在自然界里寻找两个方面进行。人工合成新元素是主要的。它主要是利用高能中子长期照射、核爆炸和重离子加速器等现代实验手段来实现的。

另外，也可从宇宙射线，从陨石和月岩中，以及从自然矿物中寻找新元素。元素新周期的开发和新元素的发现，是化学工作者十分感兴趣和共同关心的问题。

元素周期表的"大厦"中到底是个什么样子？这座"大厦"中究竟有多少"住户"？是否有一天会宣告"客满"？这还要化学工作者们不懈努力。展望未来，随着科学技术的进步和科学家的努力，化学新元素将不断被发现，元素周期表的"大厦"定会建造成功，"大厦"中的所在"住户"们也一定会为人类做出更新的贡献！

在攀登超铀元素这个阶梯时，每登上一级都比前一级更为困难，原子序数越大，元素就越难收集，并且也越不稳定。当达到钔这一级时，对它的证认开始仅靠 17 个原子来进行。好在辐射探测技术自 1955 年起已经非常高超。伯克利大学的科学工作者在他们的仪器上装上了一个警铃，每次只要有一个钔原子产生，在它衰变时放射出的标识辐射就会使警铃发出很响的铃声，来宣告已经发生了这样一件事。

时代在前进，人类对化学元素的认识，正走向不断全面和深化。

反质子的发现

发现反质子标志着人类对反世界的认识又上了一个新的台阶，这是狄拉克理论的一个胜利，也是人工加速带电粒子的努力所取得的又一项重大成果。粒子和反粒子之间的对称性，成了物理学的一个新真理。这个新发现令人们猜测，可能存在一个反世界。

狄拉克的预言

1928年，狄拉克预言了反质子的存在，但证实它的存在却花了20多年的时间。根据狄拉克的理论，反质子的质量与质子相同，所带电荷相反，质子与反质子成对出现或湮没，用两个普通的质子碰撞便可获得反质子。

▲伯克利辐射实验室外景

20世纪50年代，在伯克利辐射实验室，以劳伦斯为首的核物理学家们正在努力建造一种能量更高，规模更大的加速器——质子同步稳相加速器。他们的目标指向新的核子。电子的反粒子早已于1932年被发现，这就是反电子。根据狄拉克理论，人们一直在期望能发现反质子和反中子。只要简单地把狄拉克理论应用到质子，就可以预见到反质子的特性，其质量和质子相等，电量和磁矩则大小相等且符号相反，但是，斯特恩却发现质子的磁矩和狄拉克理论的推算竟完全不同，这清楚地表明了，不能作简单的类比。虽然观察宇宙射线对此能有所启示，例如1947年海瓦德就曾报道过观察到类似的事例，却不能做出明确的结论。

西格雷和张伯伦的发现

1955年伯克利辐射实验室的质子同步稳相加速器的能量达到了6Gev，相当于在质量中心可达2GeV。这是要产生质子—反质子对所需的最小能量。人们正是按这个要求设计这台大型加速器的。

张伯伦—西格雷小组用这台设备把质子加速到6.2GeV，打到铜靶上，如果一切正常，应该能从出射束中检测到反质子。但是出射束是质子、中子和各种介子的混杂物。要从这堆亚原子的混杂物中检测出反质子却不是一件容易的事。它带负电，用磁场就可以从其在磁场中的偏转检验出来。但要确定其质量，却必须对它同时测量两个独立的量：动量和能量（或速度和射程）。这一测量是用磁装置和在10米多远处安装的切连科夫计数器进行的。从照相乳胶所得的爆炸性核蜕变"星形"径迹记录，可以判断是反质子轰击原子核的事件，从而证明了反质子的存在。

张伯伦和西格雷的成功标志在于：他们能从包含有许多其他粒子的射束中鉴别出非常稀少的反质子。用磁场分析射束，3万个粒子中仅有一个是反质子，而用早期的装置每15分钟才能记录到一个反质子。当他们记录到40个事件在误差范围内显示有反质子之后，他们才肯定确实是发现了反质子。

次年，考克等人也用计数器方法显示了反中子的存在。他们是用反质子轰击质子，在湮没过程中产生了中子和反中子。1958年又有人用π介子束使核乳胶记录到反Λ粒子。伯克利的阿尔瓦雷斯用氢泡室发现了反Σ粒子。

1955年西格雷和张伯伦发现反质子标志着人类对反世界的认识又上了一个新的台阶，这是狄拉克理论的一个胜利，也是人工加速带电粒子的努力所取得的又一项重大成果。

1959年诺贝尔物理学奖授予美国加利福尼亚州伯克利加州大学的西格雷和张伯伦，以表彰他们发现了反质子。

可能存在一个反世界

自1951年能够产生介子的同步稳相加速器开始在芝加哥运转以后，那里的科学家就集中力量寻找各种基本粒子存在的证据。费米发现正π介子与质子的碰撞截面显出非常高的极大值。在这以后，人们在这一能区陆续发现了数百种新粒子。

这些新发现令人们相信，反物质是存在的，甚至还可能存在一个反世界。

粒子和反粒子之间的对称性，成了物理学的一个新真理。对每个粒子都有其质量相同，电荷相反，奇异数相等也相反，自旋相等，磁矩相等和相反的反粒子。简言之，所有的性质或是相同或是相反。人们相信，如果用反质子和反中子代替原子核中的质子和中子的话，就得到一个反原子核。如果再配以反电子即正电子，就可形成反原子。再用反原子组成反分子，甚至可以构成反物质和在宇宙里存在反物质区。这一切仍然是一个神秘的未知世界。

发现 J 粒子

　　丁肇中同组员们商量，决定称它为 J 粒子，为了表示他们在探索电磁流性质方面花了 10 年工夫，才获得了这项了不起的发现。J 粒子的发现，是基本粒子科学的重大突破，对于近半个世纪以来物理学家努力寻找解释的自然 4 种力的作用，具有重大意义和贡献。

提议遭非议

　　1972 年，担任麻省理工学院实验物理学教授的丁肇中，向纽约州长岛的布鲁克海文国立实验室提出一项建议：为了在质子加速器上找到新粒子，必须制造一种更加高明的探测器。尽管投资巨大，但是成功的可能性也很大。

　　对于那些肉眼不能看见，但又瞬息万变的基本粒子来讲，探测器就是实验物理学家的眼睛。既然用以往的探测器，用老一套办法去做，什么也发现不了，那就应该改用新的探测器，丁肇中的思路无疑是有道理的。但是，这个建议遭到了物理学界的公开批评。他们认为根本不可能会有有价值的新粒子存在。一位权威人士当面指责丁肇中连基本常识都不懂，没有必要花很大的本钱去搞这种劳民伤财的玩意儿。

　　但是丁肇中认为：迷信常识的人常常会错过一些重大发现的机会。如果没有对常识的怀疑，科学要创新，历史要前进，几乎是不可能的。结果他的提议得到了支持。

　　丁肇中是属于那样一种实验物理学家：不仅仅求证理论物理学家的新猜测，而且凭自己的判断去选择能够有所创新的实验。他带领自己的粒子物理实验组，在布鲁克海文国立实验所开始着手进行准备工作。从仪器的设计、制作、安装、调试，一直到屏蔽物的租用，都要自己去动手解决。

▲丁肇中

令人心惊的意外

　　由于丁肇中计划的这次实验，要在强大的质子轰击之下进行，为了保护在场科学家的安全，必须使用大量的屏蔽物。据初步统计，大约需要上万吨水泥，以及 100 吨铝、5 吨铅、50 吨肥皂……另外，还要周密盘算实验的战略和每一步战术，其复杂程度不亚于战场上的司令官在大战前所面临的处境。如果考虑稍有不周，就可能使整个实验失败。例如一个多丝正比室（粒子探测器）里装有8000根极细的金丝，如果实验中有一根出了毛病，就得搬走围在周围的上千吨水泥才能修理。所以，事先得做到万无一失。

待一切准备就绪，已是1974年的上半年了。4月初，开动加速器的第一天，竟发生了意想不到的事故。强大的质子流刚进入主加速器，计数室的警铃就响了。丁肇中赶快下令切断质子流。大家跑到计数室一看，全都惊呆了，计数室里已经射进了致命的射线，必须立即采取紧急措施。丁肇中觉得奇怪，他们已经用1万吨水泥堆成一个小山坡，把计数室团团保护起来，按理说，这样厚的保护层应该是十分安全的，可射线又怎么钻进来的呢？整整检查了一个星期，也没找到事故的原因，大家忧心忡忡。

▲麻省理工学院

一天，丁肇中的得力助手贝克发现了破绽，原来是粒子束制动器的顶部保护得不够严密，强大的辐射就是从那里渗出来的。堵塞了这个漏洞后，待在里面的工作人员就不会再有什么危险，这样加速器又可以重新启动了。

为了保证实验不出差错，及时处理随时可能出现的意外情况，丁肇中实行让物理学家跟班工作的制度，还把工作人员分成两班，让他们相互竞争。他反复告诫这些工作人员说："你们必须避免根据常理作出的任何判断。要记住，每一个实验必须做两次，再检查两次。"大家全都明白，丁肇中是他们中干劲最大的，他以能够长时间连续工作闻名遐迩。他每天工作16小时以上，常常半夜里起床检查工作。

发现与命名

日夜奋战达3个多月，直至8月份，他们在能量为$4 \times 10^9 \sim 5 \times 10^9 \mathrm{eV}$的区域里反复寻找新粒子，都毫无收获。有人泄气了，埋怨说："看来批评我们不懂基本常识的人是说对了。"丁肇中说服大家依然坚持干下去。接着，他们把能量范围调整到稍低一些的标准内，继续进行实验探索。当能量达到$3.1 \times 10^9 \mathrm{eV}$时，突然仪器出现了反常现象，计数器接收的信号骤然增强，测量到的电子对数目成倍地上升。"难道是仪器出现了毛病？"经检查，测量仪器一切完好。于是进行重复的实验，结果又得到同样的记录。"难道果真有一个新粒子？"丁肇中意识到可能是他们期待已久的奇迹将要出现。他竭力抑制住自己的激动心情，再三叮嘱组员们："重新测试，检查，再检查！"

直到10月底，他们一共积累了500多个十分难得的同类事例，证明确实有一种新粒子存在。最使他们兴奋的是：测量数据表明，这个新粒子是不带电的，而且寿命比近些年来相继发现的新粒子长1000倍——尽管在常人看来它也极其"短命"，只能活0.00000000000000000001秒。其能量宽度十分狭窄，它的质量很大，是质子的3倍多。

这些特点表明，它与以前发现的粒子有本质的差别。全体实验小组的成员挤在小小的控制室里，抑制不住万分兴奋的心情，互相热烈地握手、拥抱。数不清付出了多少辛劳和汗水，度过了多少不眠之夜，终于，丁肇中带领他的实验小组夺取了丰硕的果实。

新粒子如何命名呢？丁肇中同组员们商量，决定称它为 J 粒子，为了表示他们在探索电磁流性质方面花了 10 年工夫，才获得了这项了不起的发现（文献中习惯用"J"来表示电磁流）。后来有人以为 J 粒子就是丁粒子，是为了纪念丁肇中的贡献，这显然是误会。

争夺发现权

为了进一步搞清新粒子的某些性质，丁肇中决定暂时不马上发表发现 J 粒子的消息。不久，他应邀去加利福尼亚州的斯坦福直线加速器中心参加一次学术会议。一天晚上，他刚准备睡下，服务员通知他，有紧急长途电话。丁肇中一拿起话筒，就听到对方用紧急的声音说："丁，我刚得到一个紧急的消息，你知道那个在斯坦福工作的里希特吗？他们也发现了这个粒子……"丁肇中立即明白，他必须马上公布有关发现 J 粒子的消息。他连夜把自己起草的关于发现 J 粒子的报告给《物理评论通讯》编辑部寄去。

▲斯坦福直线加速器中心

第二天早上，在斯坦福直线加速器中心的会议室里，丁肇中和里希特相遇了。丁肇中立即说："我的朋友，我有件物理学趣闻要告诉你。"里希特是个聪明人，也马上回答说："不，丁，我也有件物理学趣闻要告诉你。"几乎同时，两人各自从口袋里掏出一份实验记录，并排放在会议桌上。唯一的差别是丁肇中把他们发现的粒子叫 J 粒子，而里希特则称它为 ψ 粒子。

整个斯坦福中心沸腾了。原定的加速器例会，由于这个突如其来的好消息，临时改变议程，成了庆贺会。当喜讯传遍美国后，物理学界的教授们立即集会，商量给丁肇中的实验组拍发贺电；许多研究生原来对从事哪一项研究还游移不定，一听到这个消息，他们马上下决心搞基本粒子研究。为了纪念丁肇中小组和里希特小组的功绩，这种新粒子被重新命名为 J/ψ 粒子。

1975 年 2 月 14 日，原美国总统福特还写信给丁肇中，对他的光辉成就表示祝贺。1976 年，丁肇中同里希特共同分享了该年的诺贝尔物理学奖。